Rupert Riedl · Begriff und Welt

Begriff und Welt

*Biologische Grundlagen des
Erkennens und Begreifens*

Von Prof. Dr. Rupert Riedl

1987 · Mit 59 Abbildungen

Verlag Paul Parey · Berlin und Hamburg

Anschrift des Autors:
Prof. Dr. Rupert Riedl
Biozentrum der Universität Wien
Althanstraße 14
A-1090 Wien

CIP-Kurztitelaufnahme der Deutschen Bibliothek

Riedl, Rupert:
Begriff und Welt : biolog. Grundlagen d.
Erkennens u. Begreifens / von Rupert Riedl. –
Berlin ; Hamburg : Parey, 1987.
   ISBN 3-489-62736-9

Einband: Werner Kattner, Grafik-Design,
D-1000 Berlin 19 unter Verwendung
einer Zeichnung von Smoky Riedl.

© 1986 Verlag Paul Parey, Berlin und Hamburg
Anschriften: Lindenstr. 44–47, D-1000 Berlin
61, Spitalerstraße 12, D-2000 Hamburg 1

Satz und Druck: Saladruck Steinkopf & Sohn,
D-1000 Berlin 36

Bindung: Lüderitz & Bauer Buchgewerbe
GmbH, D-1000 Berlin 61

ISBN 3-489-62736-9 · Printed in Germany

Vorwort

In meinem Buch »Biologie der Erkenntnis« habe ich mich mit den ›stammesge-schichtlichen Grundlagen der Vernunft‹ befaßt. Die uns angeborenen Formen, die Welt anzuschauen, soweit sie uns die Grundmuster deren Ordnung darstellen, habe ich als vier Hypothesen unserer erblich-vernunftähnlichen Ausstattung be-schrieben.

Es sind dies die Hypothesen vom ›Anscheinend Wahren‹, vom ›Vergleichbaren‹, von den ›Ur-Sachen‹ und von den ›Zwecken‹. Der ersten Auflage von 1979 folgten bald weitere, es erwuchs aber auch das Bedürfnis, das zunächst im Prinzip Dargestellte in seiner praktischen Anwendung und seinen Konsequenzen auszu-führen.

Und in der Weise, wie jene Hypothesen, als die Vorbedingungen unseres Denkens, einander selbst voraussetzen, habe ich begonnen, ihnen einzelne Darstel-lungen zu geben, und zwar nun vom Unmittelbarsten zum Voraussetzungsvollsten fortschreitend.

So entwickelte ich aus den Hypothesen von den ›Zwecken‹ und von den ›Ur-Sachen‹ das Buch von der »Spaltung des Weltbildes«, das 1985 erschien, als eine Naturgeschichte der ›biologischen Grundlagen des Erklärens und Verstehens‹, mit dem Ziel, die Methoden der Natur- und Geisteswissenschaften wieder aufeinander zu beziehen.

Im vorliegenden Werk entwickle ich aus der Hypothese vom ›Vergleichbaren‹ eine Naturgeschichte der ›biologischen Grundlagen des Erkennens und Begreifens‹ mit dem Ziel, die Adaptierung unserer erblichen Ausstattung für die Entschlüsse-lung der Gestaltungen in unserer Welt aufzuzeigen, und dem Kompromiß entge-genzuwirken, in welchen uns das Sprach-Denken gezwungen hat.

Wieder danke ich dem Verlag Paul Parey, namentlich Herrn Dr. Rudolf Georgi, für die verlegerische Betreuung des Buches, Marion Deichstetter für die Reinschriften, Elfriede Bonet für die Korrekturen, Brigitte Madlo für die Betreuung der Literatur, Barbara Riedl für die Abbildungen, Konrad Lorenz und den Freunden im ›Altenberger Kreis‹ für viele Anregungen.

Wien, im Sommer 1986   Rupert Riedl

Inhalt

Einführung

Die biologischen Grundlagen des Erkennens und Begreifens sind zusammenhängend darzustellen. Daß dies nicht schon längst geschehen ist, hing weniger mit dem Mangel unserer Kenntnisse auf diesem Gebiet zusammen, als vielmehr mit dem Mangel einer übergreifenden Theorie.

Freilich haben die Einsichten in die Mechanismen der Wahrnehmung, in die Systeme der Aufbereitung der Sinnesdaten und deren Synthese zu Gestalten, Klassen und jenen Theorien und Erwartungen zugenommen, welche wir Begriffe nennen. Wesentlich aber ist noch die Theorie vom Werden der Ausstattung des menschlichen Verstandes, welche all jenen Einsichten einen gemeinsamen Rahmen gibt. Im Rahmen der Evolutionären Erkenntnislehre gewinnen sie ihren Zusammenhang, ihre gemeinsame Funktion (ihren Sinn) sowie eine übergeordnete Instanz der Prüfung und Bewährung. Das System der Zusammenhänge gewann die nötige Breite.

Ferner profitieren wir von der Systemtheorie, die ebenfalls der Biologie entstammt. Mit ihrer Hilfe läßt sich das physikalistische Weltbild, welches die Erkenntnis- und Wissenschafts-Theorie der Moderne angeführt hat, auf die Lebensprozesse erweitern. Das analytisch-deduktive Verfahren läßt sich zu einer analytisch-synthetischen und induktiv-deduktiven Methode erweitern, welche den Phänomenen des Lebens zu entsprechen beginnt. Sie wird uns den Vorgang des Erkennens und Begreifens als einen ordnenden Prozeß verstehen machen, der dem Prozeß der Entstehung der geordneten Dinge in dieser Welt (eben jener, die sich begreifen lassen) entgegenläuft.

Im ganzen geht es um die Begriffsbildung: ein Thema, dessen Rätsel oder Wunderbarkeiten unsere ganze Kulturgeschichte beschäftigt haben, nun aber ganz bezogen auf deren Lösung aus den biologischen Grundlagen. Und auch dies ist nicht zufällig. Denn die Biologen entwickelten eine noch kaum eingeholte Erfahrung hinsichtlich dieses Prozesses. Sie haben das umfänglichste Begriffssystem unserer Kultur entwickelt: mehrere Millionen empirisch geprüfter Begriffe der vergleichbaren Anatomie und der Systematik. Eine Begriffswelt, welche den Begriffsumfang der großen Sprachen um eine Größenordnung übertrifft.

Es geht um den Zusammenhang von Begriff und Welt. Und darum interessieren uns aus der Fülle der Begriffe (aller uns denkbaren Sinnerfüllungen eines Wortes) die für alle Erkenntnis grundlegenden Klassenbegriffe oder Kollektivbegriffe; und zwar als jene Realbegriffe, von welchen wir erwarten, daß sie eine Entsprechung in dieser Welt haben, seien es Quanten, Wälder oder Religionen. Vom Vorgang ihres Zustandekommens, ihrer Begründung und Berechtigung soll dieser Band handeln.

Eine Beschränkung des Themas auf die biologischen Grundlagen hat zum Ziel, unsere natürliche Ausstattung für diese Leistung darzulegen, die Natürlichkeit des Vorganges als Adaptierung an diese Welt zu verstehen, aber auch mit seinen aus Vereinfachung, Sprache und Extrapolation entspringenden Irreleitungen. Auf die rein philosophischen Werke zur Begriffsbildung wie z. B. von THEODOR HAERING (1947, 1963) oder von WILLARD VAN ORMAN QUINE (1963) und die rein psychologischen z. B. von ALEXANDER WITTWOLL (1926), selbst auf so Grundlegendes wie von KONRAD DAUMENLANG und ERWIN ROTH (1974), kann nur verwiesen werden. Ein sehr einschlägiger Band von J. HOFFMANN erschien 1986 nach Abschluß des vorliegenden und konnte nicht mehr berücksichtigt werden. Dagegen werde ich aus aller angrenzenden Literatur zitieren, die sich unmittelbar auf unseren Zugang und seine Problematik bezieht (zum ganzen »technischen Apparat« vgl. die Fußnoten). Denn der Leser soll an jeder Stelle wissen, wo das Thema in unseren Wissenschaften von heute steht.

In einer *Dreiteilung* meine ich meinen Gegenstand übersichtlich machen zu können.

Teil 1 gibt einen Abriß der Entwicklung des Problems. Er soll zeigen, welchen Effekt das Werden des Bewußtseins hatte und welcherart Schwierigkeiten daraus den spekulativen Kräften des Denkens entstanden.

Teil 2 beschreibt die biologische Entwicklung unserer Ausstattung, ausgehend von der Evolutionären Erkenntnislehre; von den grundlegendsten Adaptierungen an die Strukturen dieser Welt bis zur vorbewußten und naiven Begriffsbildung. An diese schließt die Schilderung des Kompromisses an, welchen unsere beiden Ausstattungen, zu begreifen und zu sprechen, in unserer Kultur einzugehen hatten.

Teil 3 behandelt die Frage, auf welche Weise unser Begreifen, trotz des eingegangenen Kompromisses, wieder der Komplexität unserer Welt angepaßt werden kann; im Wesen unser definierend-logisches Sprach-Denken an eine komplexe, typologisch organisierte Welt der Verflechtungen und Übergänge. Die biologische Systemtheorie liefert dabei die Möglichkeit, das Werden der Strukturen des Begreifens mit dem Werden der Strukturen der Dinge zu vergleichen.

Teil 1: Erkennen und Begreifen als Problem

Sollten wir nicht bestimmen können, wie wir unsere Begriffe verstehen? Welches Problem sollte sich hier verbergen? Aber: Welche Höhen bilden einen Berg, wieviele Bäume einen Wald, wieviele Körner einen Haufen? Was macht den Vormenschen zum Menschen, den Schizophrenen zum Gesunden? Oder: Was verwandelte Byblos, den griechischen Umschlaghafen für Papyrus, zur Bibliotheca (der Lederhülle für Schriftrollen), zur Bibel, zum Buch und zur Bibliothek: nur die Konvention?

Ferner: Ist ›der Baum‹ aus ›den Bäumen‹ zu verstehen oder aus ›Stamm und Ästen‹, das Wort aus dem Satz oder aus den Buchstaben? Oder ist vielmehr das Ganze umgekehrt? Bestimmen Baum und Wort die Bäume und Äste ebenso wie die Sätze und Buchstaben?

Und nochmals: Wieviele Schwäne muß man gesehen haben, um behaupten zu können: ›alle Schwäne sind weiß‹, wieviele Kreatur muß hinscheiden für die Behauptung: ›alles Leben ist vergänglich‹, und ist deshalb auch SOKRATES sterblich? Was bedeutet ›alle Zahlen‹? In welche Welt gelangen wir, wenn wir meinen, zur größten Zahl immer noch Zahlen hinzufügen zu können?

Und abermals: Welcher Messung bedürfte es, um zu wissen, daß es den rechten Winkel gibt, das rechtwinkelige Dreieck? Welchen Experimentes, um zu beweisen, daß uns ein Raum umgibt, in dem die Zeit fließt? Ist das nicht *an sich* schon gewiß und ebensolche Gewißheit in den logischen Schlüssen, wie in jeder *in sich* richtigen Sprache? Und auf welche Weise könnten wir uns dessen gewiß sein?

Gewiß ist all das keines unserer Alltagsprobleme. Auch die Wissenschafts- und Erkenntnistheoretiker erkennen und begreifen so wie wir die Gegenstände ihres Alltags und führen ihr Leben unbesorgt oder doch unbenommen solcher Spitzfindigkeit oder akademischer Querelen. Was also, noch einmal, ist das Problem, das uns betrifft?

Fragt man beispielsweise nach der Natur des Natürlichen Systems, so scheiden sich die Geister bereits deutlicher. Wie sollte die Frage entschieden werden, ob Begriffen wie Kohlmeise, Meisenvögel, Vögel, Wirbeltiere, Tiere nun Realitäten in der Welt entsprächen oder ob sie vielmehr Konstruktionen unseres Denkens sind, nur angetan, in die Vielheit ein uns faßbares System zu bringen? Das trifft uns als Art und Gattung selbst. Ja, dieses Problem um die Realität der Dinge führt durch alle unsere Begriffe fort, hinunter bis zu jenen Photonen, da es zum Erkennen der Realität der Quanten des Beobachters an seinem Instrument bedarf. Und hinauf führt es zur Frage, ob Raum und Zeit, Ursachen und Zwecke Naturdinge seien oder aber Krücken oder gar Fiktionen unseres Denkens. Für die Naturgesetze gilt dann das gleiche, und nicht minder für das, was wir als die Gesetze der Mathematik und die unserer Logik erleben.

Hier steht der naive Realismus oder, wie zu zeigen sein wird, der empiristische Nominalismus gegen die Ideenwelt des metaphysischen Idealismus, der materialistische Monismus gegen den spiritualistischen Dualismus unseres Weltbildes. Da häufen sich das Abstraktions- und Induktionsproblem, das Abgrenzungs-, das Zirkularitäts- und Begründungsproblem auf dem Problemfeld möglicher Erkenntnis überhaupt. Unterdessen kommen und vergehen unsere Staaten, die Lebensstile wechseln, ebenso die Weltauffassungen und Ideologien. Und während wir dabei sind, diese Welt zu ruinieren, wissen wir im Grundsätzlichen noch nicht, wie uns geschieht.

Nun fand das Phänomen des Erkennens kaum das Interesse der Philosophie. Man betrachtete es als eines, das man heute zur Sinnesphysiologie rechnet. Und mit der Bildung unserer Begriffe, mit deren Hilfe wir uns das Bild von unserer Welt zusammensetzen, verhielt es sich kaum anders. Die Philosophen verließen sich zum Gutteil auf die Geschäftigkeit der empirischen Wissenschaften, und diese wiederum nahmen unbekümmert das Problem entweder nicht wahr oder, falls sie es nicht ignorierten, verhielten sie sich so, als sei dessen Lösung eine Sache der Philosophen, unbenommen deren widersprüchlicher Konstruktionen. Versuchen wir uns also zunächst an der Rekonstruktion der Konstruktionen.

Vom Staunen zur Kontroverse

Was muß das Entstehen des Bewußtseins für ein Abenteuer gewesen sein! Freilich eines über Jahrmillionen. Und, zugegeben, es ist eines, das uns eben heute noch beschäftigt. Das Bewußtsein ist das Dilemma der menschlichen Kreatur. Vorstufen oder dunklere Formen des Bewußtseins werden im Stamm der Säugetiere, sicher ab den Primaten, anzunehmen sein. Die Rekonstruktion des Weges in seine klareren Formen stützt sich auf die frühen Begräbnis- und Jagdzauber, Werkzeuge und Statuetten, auf die Frühentwicklung unserer Kinder und auf die Geisteshaltung noch unberührter Naturvölker.

Hier beginnt sich diese Welt in der Welt der Kreatur zu wiederholen. Und zwar nicht nur in dem Sinne, wie der Kenntnisgewinn des Erbmaterials die Gesetze etwa der Hydrodynamik in der Form des Delphins wiederbildet oder die Gesetze der Optik in unserem Auge. Über jeder Wiederbildung der Naturgesetze in der Evolution des Körperlichen entsteht eine Fülle abrufbarer Widerbilder. Es sind nun Gedächtnisinhalte, welche nach zunächst noch völlig uneinsehbaren Prinzipien und Deutungshilfen abrufbar und vergleichend handhabbar werden.

Die ersten Stadien mögen wie beim Kleinkind eine Art von Egozentrismus gewesen sein, so schloß schon JEAN PIAGET, dem Solipsismus verwandt; einer philosophischen Lehre des Idealismus ähnlich, in welcher die Welt als Traum gedeutet wird. Man kann auch sagen: in der Welt und Vorstellung dasselbe wären. Und, sagt PIAGET, »die Intelligenz beginnt so weder mit der Erkenntnis des Ich noch mit der der Dinge als solchen, sondern mit der Erkenntnis ihrer Interaktion«. Und mit der allmählichen Abhebung dieses Ichs von der Welt wird das emotionelle Erlebnis zur Deutung des Ereignisses.[1]

---

[1] JEAN PIAGET, Schweizer Pionier der Entwicklungs-Psychologie, wird uns noch in einigen wichtigen Zusammenhängen begegnen. Wenn auch in Details als überholt geltend, ist sein Zugang zum ›Weltbild‹ besonders des Kleinkindes richtungsgebend. Das Zitat aus J. PIAGET II, 1975, S. 341.

Ich werde später zu zeigen haben, daß den Organismus aus dem Strome der Sinnesdaten nur das erreicht, was bereits als relevant interpretiert ist. So sind auch »kognitive Prozesse«, sagt FRIEDHART KLIX, »ohne die affektive Komponente der Motivation kraftlos; und die Dynamik des Affektes ist ohne kognitive Richtung blind«. Und »die Bewertung bleibt darin erhalten, daß erreichte Handlungsziele als Erfolge, nicht Erreichtes als Mißerfolg durch den Affekt seine positive oder negative Valenz erhält«.

Naiver und metaphysischer Realismus

Wo immer man die Menschwerdung ansetzen will, mit dem aufrechten Gang, dem Werkzeuggebrauch oder der Handhabung des Feuers: sicher haben wir den denkenden Menschen vor uns, sobald er über sein Kommen und Scheiden in dieser Welt reflektierte. Und dies ist bereits vom *Homo erectus,* der vor 800 Jahrtausenden existierte, zu vermuten, gewiß aber vom *Homo sapiens neandertalensis* nachgewiesen. Vor 40 oder 60 Jahrtausenden hat er Tote mit Blumenbeigaben bestattet. Etwas wie das metaphysische Problem muß ihn beschäftigt haben. Die Rätsel nehmen ihren Anfang.

Freilich muß ihm das denkbar Jenseitige so real wie das erlebte Diesseitige erschienen sein. Denn noch zwingender als uns heute mußte das Unbekannte in Analogie zum Bekannten interpretiert werden. Und, so folgen wir KLIX weiter: »Unsicherheit im Wissen wird durch die Sicherheit im Glauben aufgehoben. Animistisches Denken schließt die weiten Lücken des Wissens über die Ursachen des Naturgeschehens. Es schafft Entscheidungssicherheit für das Verhalten, wo — rational gesehen — vollständige Ratlosigkeit geboten wäre.«[2]

Daß das Denken in Analogien immer noch eine Wissensquelle für die Art unserer menschlichen Ausstattung darstellt, hat KONRAD LORENZ (1974) in seinem Nobel-Vortrag dargelegt. Auch das Überbrücken des Unbekannten durch Glaubenssätze ist uns geblieben. Nur reden wir heute von Paradigmen und deren Hypothesen. Was sich aber in der Altsteinzeit auch schon vorbereitet hat, das ist die Symbolik. Zum einen ist es die Sprache, die schon eine beträchtliche Entwicklung genommen haben muß. Denn es lassen sich archetypische Wortstämme nachweisen, die in allen bekannten Sprachen in denselben fundamentalen Begriffen vorkommen. Ihre Wurzeln werden sie darum in der Eiszeit haben. Zum anderen sind es die symbolischen Zeichen, welche über jene 25 Jahrtausende des Paläolithikums entwickelt und verwendet wurden. Es sind das, wie MIRCEA ELIADE zusammenfaßt, magisch-religiöse Symbole, z. B. ein Komplex für Schlange — Wasser — Regen — Sturm und Wolken. Das Alter der re-ligio wird deutlich und die Herkunft ihrer Universalität: der Umstand, daß wir kein Volk dieser Erde kennen, das nicht metaphysisch-kosmogonische Vorstellungen pflegte.

Dies gibt eine Vorstellung vom Alter dessen, was wir die ›suggestive Macht der Symbolik‹ nennen. Ein Wort oder auch ein Zeichen kann uns gleichbedeutend sein

[2] Die Einsicht in metaphysisch bestimmte Handlungsweisen beziehen sich auf die Entdeckungen in den Shanidar-Höhlen. Literatur und Details in R. RIEDL, 1981 und 1985. Die Zitate stammen von dem Psychologen F. KLIX aus dem Werk von 1980 (S. 98 u. 139) ›Erwachendes Denken‹. Diesem, sowie dem Band von 1976, werden wir noch wesentliche Dokumente entnehmen.

mit einem Zustand oder Ereignis. Man denke, mit welcher Unmittelbarkeit wir das Kreuz-Zeichen für die Anrufung der Trinität nehmen, den Fluch für die erfolgte Verurteilung. Wie identisch mit der Sache muß das Symbol also erst damals gewesen sein. So identisch, wie dem Naiven noch heute das Erlebnis ›Rot‹ für die Wellenlänge von 750 Nanometer gilt, wiewohl dieses Symbol schon als Qualität nichts mit einem Längenmaß zu tun haben kann.

Kurz, es entsteht ein Beziehungssystem, welches GÜNTER DUX sehr treffend eine subjektivistische oder absolutistische Logik nennt. »Sie kennt aus sich selbst entstehende und in sich selbst ruhende Anfänge.« Aber er fügt hinzu: »Das subjektivistische Schema ... schafft Erwartungshaltungen, die nahezu unbeschränkt flexibel sind, eben deshalb aber auch kaum einmal enttäuscht werden können.« Eine animistisch-totemistische Welt-Interpretation muß die Folge dessen sein, was CLAUDE LÉVI-STRAUSS schon früh ›das wilde Denken‹ genannt hat. Das Prinzip der Selbstbestätigung von Prognosen, die selbsterfüllende Prophezeiung, hat schon im archaischen Denken seine Wurzel.[3]

Wort und Zeichen müssen die Folge eines Denkens in Entitäten sein und festigend, bestätigend auf diese Denkart zurückgewirkt haben. Und die Anlage dazu wird, wie wir sehen werden, auf eine Anpassung an die reale Welt zu verstehen sein. Denn diese Welt enthält Entitäten, abgegrenzte ›Wesenheiten‹, Sachen, Zustände und Ereignisse. Aber sie enthält diese nur vordergründig. In Wahrheit sind sie nur Teile von Geschehensflüssen, Knoten in vernetzten Zusammenhängen oder Ausschnitte von Oberflächen. Wir müssen aufgrund solcher Ausstattung z. B. den Übergang vom Baum zum Wald mit Hilfsbezeichnungen zerstückeln, wir trennen in allen Sprachen der Welt in Substantiva und Verben, wie: Fuß und Laufen, und scheiden Zellen und Gewebe wie Worte und Sätze, es fällt uns schwer, das Wesen dieser Zusammenhänge, die Phasenübergänge, mitzuvollziehen.

Denn in der Tiefe sind alle Dinge und Ereignisse in dieser Welt von typologischer Art, das heißt: mit merkmalsreicher Mitte und Unschärfen, gleitenden Übergängen an ihren Grenzen. Mit definitorischer Schärfe ist ihnen nicht oder nur verzerrt zu entsprechen. Aber in der Entwicklung von Sprache und Denken entstand eine trennende Symbolik. Und diese Trenn-Symbolik tyrannisiert nun seit Jahrtausenden unser Sprach-Denken.

Wir werden darum versuchen müssen, einer Begrifflichkeit des Scheidens eine Begriff-Fassung der Zusammenhänge zur Seite zu stellen.

Die Anlage des Dilemmas

Das Paradoxon eines metaphysischen Realismus, wie man heute empfände, beherrscht die Weltdeutung. Und so werden die Kräfte und Zwecke aus dem eigenen Erleben in die Welt projiziert. Und diese beginnt sich mit welterschaffen-

---

[3] Zu den sprachlichen Universalien und Archetypen vgl. R. FESTER, 1980, W. MAYERTHALER, 1981, und W. WILDGEN, 1985, zur Symbolik und Magie der Zeichen das monumentale Werk von M. ELIADE, 1978, über die ›Geschichte der religiösen Ideen‹ (Bd. I, S. 33). Zitate: G. DUX, 1982, S. 143 u. 260. Auf den Band von C. LÉVI-STRAUSS, 1981, kommen wir noch ausführlicher zurück.

den Göttern und Demiurgen zu bevölkern, höchst absichtsvollen Kreaturen, ausgestattet mit all den guten und schlechten Eigenschaften, wie der Mensch sie von sich selbst kennt, in überhöhter Weise. Aber auch diese Projektion ist uns geblieben; reden wir doch unbedenklich von den Zwecken z. B. eines Flügels, sei es nun der eines Vogels oder Flugzeugs. Und nicht minder verlängern wir unser Krafterlebnis bis in die Kräfte der Gravitationsfelder zwischen den Galaxien und die Elektronenwolken des Atombaus. Aber dieser Eigentümlichkeit unserer Denk-Ausstattung habe ich hier nicht weiter nachzugehen.[4]

Was im vorliegenden Zusammenhang verfolgt werden soll, das ist nicht unsere Auftrennung der Welt in Kräfte und Zwecke, sondern jene in Physisches und Metaphysisches: in eine Welt der Erfahrung und in eine solche der Ideen.

Freilich war es dahin in unserer Kulturgeschichte noch ein weiter Weg. Der reine (wilde) Totemismus hatte noch zehn Jahrtausende vor sich, bevor die Breite seines Stromes an einer schmalen Stelle Widerstand fand. Denn zunächst wächst mit der Differenzierung der Wahrnehmung, der Tätigkeiten und der Gruppenstrukturen auch der Himmel der Götter. Diese »in Gegenlage befindlichen Mächte der Außenwelt«, sagt GÜNTER DUX, »verlangen Rücksicht; sie sind im Zweifel stärker«. Es komplizieren sich die Riten, und um solche Komplikationen verbindlich zu meistern, entstehen Kenner und Spezialisten dieser ›Materie‹; die Seher, Sänger und Priester. Diese eignen sich nun, die Zusammenhänge zu erkennen, auszudeuten und die erforderlichen Beschwichtigungen zu zelebrieren. So weit ist es noch Rekonstruktion aus den Figurinen, Altären und Kultplätzen durch unsere Frühgeschichtler. Sobald uns aber mündliche Überlieferung erreicht, aus dem 2. und vielleicht dem Ende des 3. Jahrtausends v. Chr., sind es bereits gewaltige Epen, Kosmogonien und verwickelte Genealogien aus jener konstruierten Gegenwelt.[5]

Ich meine, daß diese Verstrickung in jenseitige Verpflichtungen und die mit ihren Widersprüchen entstandenen Schwierigkeiten mit eine Ursache dessen waren, was wir in der Folge als eine Revolution in unserer Geistesgeschichte erleben; mit höchst einschneidenden Konsequenzen: einem Zerfall unseres Erlebens in die rationalistischen wie empirischen Anteile unserer Weltdeutung. Denn so, wie PIAGET das Erwachen unserer Intelligenz aus einem Wechselspiel zwischen dem Ich und der Welt versteht, welches zur Auftrennung von Subjekt und Objekt führte, in derselben Weise verstehe ich den Schritt zu ihrer Differenzierung. Es entsteht ein Wechselspiel aus Vernunft und Erfahrung und es führt zur Ahnung des Unterschieds ›innerer‹ und ›äußerer‹ Wahrheiten. Und diese Auftrennung plagt uns bis in unsere Tage.

Daß ich scheinbar so leichthin über ein Problem rede, das seit 25 Jahrhunderten das Rätselraten um unserer Erkenntnismöglichkeit beherrscht, das Zeiten, Schulen und die Denker selbst gespalten hat, hat gute Gründe. Ihre Basis bildet die

---

[4] Den Konsequenzen unserer Kraft- und Zweck-Erlebnisse und ihrer Projektion in die Welt bin ich an anderer Stelle nachgegangen. Sie sind Anlaß zur ›Spaltung des Weltbildes‹ (R. RIEDL, 1985) geworden. Ging es dort um die ›biologischen Grundlagen des Erklärens und Verstehens‹, so geht es hier eben um die davorliegenden ›Grundlagen des Erkennens und Begreifens‹.

[5] Das Zitat aus G. DUX, 1982, S. 260. Die sumerische Gilgamesch-Tradierung findet man ausführlich wieder bei M. ELIADE, 1978, Band I. Aber auch die Epen und Hymnen HOMERS, wie sie im 8. Jh. v. Chr. verfaßt worden sind, fußen auf einer bis ins 2. Jahrtausend zurückreichenden Tradition der Homeriden.

Evolutionäre Erkenntnistheorie, von welcher ich ausgehe. Sie kann uns die Spaltung in Vernunft und Erfahrung wieder schließen. Nunmehr nicht allein mittels jener Widersprüchlichkeit unserer spekulativen Kräfte, sondern eben aus einem Wechselspiel aus Vernunft und Erfahrung; mittels einer wissenschaftlichen Methode, die am Scheitern ihrer Prognosen lernen kann. Wir sind am Kern unseres Themas.

Die Spaltung des Ich

Freilich liegen die Wurzeln dieser Revolution im trüben Licht des Randes unserer tradierten Kulturgeschichte. Wir dürfen auch annehmen, daß sie sich über Jahrhunderte würden verfolgen lassen. Deutlich werden sie in unserer europäischen Kultur mit der archaischen Philosophie, mit den sogenannten Vorsokratikern. Von ARISTOTELES ist die Ansicht überliefert, daß man THALES VON MILET als den Ahnherrn der Wissenschaft (der Naturphilosophie) betrachten könne, dessen Wirken im 7. vorchristlichen Jahrhundert begann. Und freilich kann von ihm nur ein einziger Satz als verbürgt überliefert gelten: alles entspringe dem Wasser.[6]

Aber die Philologie scheint, nach aller Wägung, ARISTOTELES recht zu geben. Unter den ›sieben Weisen‹ scheint er der einzige gewesen zu sein, dessen Interesse über die Weisheiten von Nutzen, Erfolg und Praxis hinaus den Dingen der Natur um ihrer Erkenntnis selbst willen nachgegangen ist. Die Fesseln des mythischen Denkens werden gesprengt. Es wird nach Naturkräften gefragt, während der Volksglaube fortfährt, Poseidon, den Weltenerschütterer, zu beschwichtigen und weiterhin den Zorn seiner Stürme und Erdbeben zu fürchten.

»Während die Dichtung eines HESIOD«, sagt WILHELM CAPELLE, »oder die der Orphiker und noch die Kosmogonie des PHEREKYDES die Entstehung der Götter und des gegenwärtigen Weltzustandes nur durch das Eingreifen persönlicher, übernatürlicher Wesen ... zu erklären wußte und so noch im Gewebe des Mythos hängenblieb, führt THALES, und er zuerst, die Dinge auf eine natürliche Ursache zurück.«

Gewiß ist aber der Durchbruch mit ANAXIMANDER vollzogen, nur etwa zwei Generationen nach THALES VON MILET. Eine neue ›Wahrheit‹ tritt zutage. »Ich schreibe«, stellt ANAXIMANDER fest, »was meines Erachtens die Wahrheit ist; denn die Überlieferungen der Griechen scheinen mir zu zahlreich und zu lächerlich.« Die *Erfahrung* muß es also sein, welche über die Wahrheit richtet.

Aber schon um die Zeit ANAXIMANDERS Tod fällt die Geburt des PYTHAGORAS von Samos, und mit und um ihn entsteht aus einem religiös-mythischen Lebensideal eine Genossenschaft, in der sich ethische Reformations-Spekulationen ebenso entwickeln wie spekulative wissenschaftliche Forschung. Es entsteht Geometrie und Mathematik. Mit der Wanderung der unsterblichen Seele wird die Vernunft zum Richter der Wahrheit. EMPEDOKLES nennt PYTHAGORAS einen Mann, »der

---

[6] Von THALES, griechischer Naturphilosoph, wird angenommen, daß er im kleinasiatischen Milet um 650 v. Chr. geboren und um etwa 550 v. Chr. gestorben ist. Nach ARISTOTELES' Meinung ist er der Begründer jener Philosophie, die stoffliche Prinzipien annimmt. Auch soll er versucht haben, zeitlich zusammenfallende Ereignisse in ursächlichen Zusammenhang zu bringen.

einen ungeheuren Reichtum des Genius besaß ... Denn wenn er sich einmal mit all seinen Geisteskräften reckte, dann sah er mühelos ein jedes von allen Dingen.«

Von da an, so faßt WILL DURANT die Entwicklung zusammen, »lassen sich in der Geschichte der griechischen Philosophie zwei Strömungen erkennen, die nebeneinander laufen: eine realistische (empiristische) und eine idealistische. Diese nahm von PYTHAGORAS ihren Ausgang und lief über PARMENIDES, HERAKLEITOS, PLATON und KLEANTHES zu PAULUS und PLOTINOS; jene nahm ihre erste weltliche Gestalt in THALES an und verlief über ANAXIMANDER, XENOPHANES, PROTAGORAS, HIPPOKRATES und DEMOKRIT zu EPIKUR und LUCRETIUS«. Die Spaltung in das, was heute noch als idealistisch-rationalistische Weltdeutung der materialistisch-empiristischen gegenübersteht, ist vorbereitet.[7]

Aber wiederum kann weder die Erfahrung allein die Vernunft entdeckt haben, noch die Vernunft allein die Erfahrung; sondern mit der allmählichen Wahrnehmung ihrer Interaktion müssen sie in ihren Möglichkeiten uns in ihrem Unterschied bewußt geworden sein. Und nun wartet ein emotionelles Erlebnis ganz neuer Art. Da eine vor jeder Erfahrung gegebene Möglichkeit der Einsicht, dort eine nur durch die Erfahrung ermöglichte Korrektur von Erwartungen.

Von da an führt das Dilemma in eine Kontroverse, die unsere ganze Geistesgeschichte durchzieht. Denn sowohl die Erfahrung als die von ihr unabhängige Vernunft kann aus dieser Sicht Anspruch auf Priorität im Prozeß unseres Erkenntnisgewinns erheben. Und so scheiden sich die Geister; wechselgewichtet nach den Strömungen des Zeitgeistes und nach dessen temporären Schulen. Nicht, weil die Spaltung in den Kulturen läge. Sie liegt im Individuum. Aber dessen Spaltung meint einer der Alternativen den Primat geben zu müssen; und es scheint mir eher die Konsequenz des Dilemmas zu sein, daß die Spaltung vom Individuum in das Kollektiv seiner Kultur verlegt wird, um von dort aus Hilfe für seine Entscheidung zu finden.

Wir werden beide Positionen aus den Vorgängen der Evolution auf denselben Grund zurückführen können; auf den genetischen wie auf den assoziativen Kenntnisgewinn; auf die stammesgeschichtlichen gegenüber den individuellen und kulturellen Entwicklungen. Diese Lösung konnte aber freilich noch lange nicht sichtbar sein. Und so haben wir den Folgeproblemen nachzugehen; wie sie sich für die Begründung des Bildens von Begriffen aus dieser unsicheren Situation ergaben.

Von der Kontroverse zum Dilemma

»Die Lehre vom Begriff«, sagt ERNST CASSIRER zur Situation der Wissenschaftstheorie, »wird zu einem eigentlichen Kardinalproblem der systematischen Philosophie; sie wird zum Angelpunkt, um den sich Logik wie Erkenntnistheorie, Sprachphilosophie wie Denkpsychologie bewegen.« Gewiß, denn wir wünschten dieses

---

[7] Die Zitate sind W. CAPELLE, 1968, S. 4 u. 101, entnommen. Von dort stammt auch das Fragment des EMPEDOKLES. Die Stelle aus W. DURANT, in der deutschen Ausgabe der 32bändigen ›Kulturgeschichte der Menschheit‹, findet sich im Band IV, »Ägäisches Präludium; Der Aufstieg Griechenlands«, auf S. 239 u. 232. ANAXIMANDER: ca. 610–546 v. Chr.

Grundsätzlichste, das unser Reden und Verständigen macht, zu begründen. Aber die kognitiven Leistungen, die vom Erkennen zum Begreifen führen, steigen aus dem Vorbegrifflichen zum Begreifbaren. Und »kognitive Leistungen, die nicht an begriffliche Bestimmungen oder sprachlichen Ausdruck gebunden sind«, so stellt FRANZ VON KUTSCHERA zur gegenwärtigen Lage fest, »bleiben üblicherweise außerhalb des Horizonts der Erkenntnistheorie, und damit auch die wichtige Frage nach Eigenart und Grenzen begrifflicher Erkenntnis«.[8]

Dies mag ein Grund dafür sein, weshalb das Problem der Begriffsbildung keine erkenntnistheoretische Bearbeitung in der Gegenwart gefunden hat. Zwar findet man es schon bei ARISTOTELES, später bei den Empiristen oder Sensualisten ab JOHN LOCKE und nochmals bei HELMHOLTZ, THEODOR ZIEHEN und ERNST MACH. Aber mit der Wendung zum Neopositivismus überließen die Erkenntnistheoretiker das Problem der Begriffsbildung den empirischen Wissenschaften; und diese meinten, es den Erkenntnisstheoretikern überlassen zu sollen.

Und so unrecht war das nicht. Denn gerade unsere evolutionäre Betrachtung wird nun die Wurzeln des Erkennens und Begreifens in den Wissenschaften der Sinnesphysiologie, Ethologie, Entwicklungs- und Neuropsychologie finden lassen; diese aber entwickelten sich in den letzten Jahrzehnten sprunghaft.

Zu referieren bleiben also die Positionen, die in unserer Geistesgeschichte mit ihren Widersprüchen tradiert worden sind: einzelne Szenarien, in welchen sich das Problem der Begriffsbildung verdeutlicht.

Begriffe von innen oder von außen?

Man wird das als eine seltsame Frage empfinden. Aber das Seltsame liegt in der Szene, in die wir nun eintreten. Wir hätten mit der Scholastik auch fragen können ›Begriffe aus dem *intellectus* oder der *sensatio*‹; oder mit IMMANUEL KANT ›Begriffe der Vernunft oder des Verstandes‹? Aber selbst diese Begriffe vom Begriff wandelten sich. Und trotz allen Wandels werden die extremen Positionen, zu welchen die spekulativen Ambitionen unsere Geistesgeschichte geführt haben, zeigen lassen, daß selbst eine ›Begriffsbildung von oben oder von unten‹ unsere Weltinterpretation gespalten hat. Denn erst heute können wir sehen, daß es im einen Falle unsere angeborenen Anschauungsformen sein müssen, jene höchst vernünftigen Vorbedingungen unseres Verstandes, im anderen Falle die Wahrnehmungen aus der individuellen und kulturellen Erfahrung.[9]

Die bedeutende Entdeckung dieser Zweiseitigkeit ist das Verdienst PLATONS. Er vertieft die Dialektik seines Lehrers SOKRATES zur Einsicht in den Wechselbezug

---

[8] Die beiden Zitate stammen aus E. CASSIRER (1928, S. 135) und F. v. KUTSCHERA (1982, S. XIII). Selbstverständlich wurden erkenntnistheoretischen Einzelproblemen, welche mit der Begriffsbildung zusammenhängen, umfangreiche Studien gewidmet, allein in einer Monographie von über 500 Seiten dem Abstraktionsproblem (E. OESER, 1969). Ich komme darauf zurück.

[9] ›Vernunft‹ verwende ich hier im Sinne unserer genetischen Ausstattung, ähnlich dem von der Erfahrung unabhängigen *Intellectus* oder KANTS logisch-metaphysischer Ideenbildung. ›Verstand‹ im Sinne adaptiven Wandels nach Sinnes- und Verarbeitungsprozessen, ähnlich der *Sensatio* oder KANTS Vermögen der Auslegung unter den Bedingungen spezieller Kenntnisse. Die Lösung findet sich bei K. LORENZ, 1941 und 1973, sowie bei R. RIEDL, 1981.

zwischen dem sich Wandelnden der Sinneserfahrung mit dem Gleichbleibenden der im reinen Denken faßbaren Ideen. Schon damit ist nicht nur die Zweiseitigkeit der Grundlagen unserer Erkenntnismöglichkeit aufgedeckt, sondern darüber hinaus das Unwandelbare unserer Ausstattung gegenüber der Wandelbarkeit der individuellen Erfahrung erkannt. Mit der Gegenüberstellung des Sinnlichen, ›das bei uns ist‹, und dem jenseits des sinnlichen Wandels Gelegenen, das ihm übersinnlich erscheinen muß und das später das Transzendente genannt werden wird (das jenseits Gelegene), wird er auch zum Begründer der Metaphysik.

Aber noch Grundsätzlicheres ist erkannt. Seine Ideen umfassen neben Allgemeinvorstellungen auch die Vorstellungen *a priori,* welche der Mensch schon immer besitzt, die allem Denken vorausgesetzten Strukturen und Gründe. Und der Abgrund zwischen den zwei Zugängen wird durch die ›Teilhabe‹ des Sinnlichen an den vorgegebenen Ideen überbrückt, wie auch die Ideen sich in einer Teilhabe verbinden. So ist alles ›Seiende‹ miteinander verbunden. Zweifellos, denn ebenso ist uns unsere Ausstattung vorgegeben, wie alle sinnliche Deutung Teil ihrer Vorbedingung ist und die *a priori*-Ausstattungen einen Zusammenhang bilden, den wir nun als Anpassung an die Strukturen unserer Welt verstehen.

Von PLATONS Wirkung auf seinen Schüler ARISTOTELES vollendet sich nun die Wende, welche der Vorstellung von der Welt *a priori* und der sinnlichen Erfahrung *a posteriori* ihre Unleugbarkeit und Selbständigkeiten sichert. An der Frage der Unvergänglichkeit aber, dort der Seele und der Ideen, da der Materie und des Werdens, scheiden sich die Geister.[10]

Die Folge ist die Polarisation unserer Geistesgeschichte, deren Achsen in der Form eines metaphysisch-ideistischen (idealistischen) Rationalismus und eines realistisch-materialistischen Empirismus erhalten bleiben; trotz ihrer kürzeren Seitenzweige und Hybride, und trotz des immer wieder wahrgenommenen Dilemmas. Denn dieselbe Ausstattung mit den Vorbedingungen unseres Verstandes *a priori* und den Möglichkeiten der Erfahrungen *a posteriori* hat die meisten dazu verleitet, jeweils der einen den Primat einer Vorbedingung über die jeweils andere zuzusinnen. Bis auf wenige Ausnahmen, die aber ihre Zeit vor besondere Rätsel stellten, und die entweder wieder umgedeutet wurden oder deren Exegese zu keinem Abschluß zu kommen vermag. Selbst ARISTOTELES und KANT, die größten Erkenntnistheoretiker, gehören hierher.

Der Geschichte dieser Kontroverse darf ich hier nicht nachgehen, sondern ich kann nur auf jene Positionen eingehen, wie diese in der Neuzeit die Vorstellungen von der Begriffsbildung beeinflussen.

Die Achse des Empirismus führte in den Nominalismus. Schon JOHN LOCKE war der Ansicht, daß das Allgemeine nur eine Erfindung des Verstandes sein könne, welche dieser lediglich zu seinem Gebrauche erschafft. Auch der mit DAVID HUME entstehende empiristische Positivismus gibt den Eindrücken vor den Fakten den

---

[10] SOKRATES 470–399, PLATON 427–347, ARISTOTELES 384–322 v. Chr. Im Dialog ›Eudemos‹, sagt E. OESER (1969, S. 109), »vertritt ARISTOTELES noch weitgehend PLATONS Ansichten von der Präexistenz der Seele ... wie PLATON im ›Phaidon‹ bekämpft er die materialistische Auffassung der Seele als der Harmonie des Körpers und versucht, ihre Unsterblichkeit zu beweisen.« Während er, setzt OESER (S. 116) fort, »in ›De Anima‹ einen völlig anderen Weg einschlägt, der sich auf Grund seiner zumindest im Ansatz empirischen Haltung mit der vorhergehenden nicht mehr vereinbaren läßt.«

Vorrang. Und nach JOHN STUART MILLS Darstellung wird der abstrakte Begriff überhaupt irreal und fiktiv, denn alle Vorstellung sei doch nur Vorstellung von Einzelnem. Genaugenommen gäbe es nichts Universelles, sondern letztendlich nur Namen. Will man also Begriffe überhaupt begründen, so nur vom engsten aus: von unten.

Ich werde später zu zeigen haben, in welchem Maße diese Ansicht die Naturwissenschaft noch heute behindert; indem selbst Psychologen und Lerntheoretiker, die mit Arten experimentieren, mit Vögeln und Säugern, an der Realität dieser Einheiten zweifeln. Wo wir doch überzeugt sein können, daß jene Merkmale, wie sie z. B. jeden Vogel eindeutig kennzeichnen: Gefieder, Schnabel, Umwandlung der Hand, vierter Aortenbogen nach rechts und vieles andere, genetisch festgeschrieben sind; und darüber hinaus durch Bedingungen innerer Selektion jeder mutativen Veränderung den Erfolg versagen. — Kurz: der lupenreine Empirismus stünde vor einer entweder unbegreiflichen oder aber fiktiven Welt.[11]

In das gegenläufige Extrem steuert die rationalistisch-idealistische Reflexions-Philosophie. Nachdem HEGEL nun auch KANT zu überwinden trachtete, entfallen sowohl die metaphysischen Hintergründe, ›das Ding an sich‹, wie auch die ganze Wahrnehmungsproblematik. Schon SCHELLING nennt das, was übrigbleibt, ›spekulative Theologie‹. Aber auch die weniger extreme ›metaphysische Begriffslehre‹ muß zum Schluß kommen, daß der jeweils übergeordnete Begriff auch der jeweils realere sein müsse. So käme nun die Begründung eines Begriffs vom weitesten her, etwa vom ›Sein‹ oder der Idee von diesem: also von oben.

Die Wirkung dieser Ansicht war nicht minder behindernd für die wissenschaftliche Begriffsbildung. Denn noch bei ALWIN DIEMER findet man die nun über fast zwei Jahrhunderte tradierte Irrmeinung referiert: Ideen seien »so in Natur und Geschichte die bestimmenden ›Kräfte‹, wobei HEGEL hier GOETHE begegnet, der in ihnen ›Urphänomene‹ sieht«. Dem ganz entgegen waren für GOETHE übergeordnete Begriffe, am eindeutigsten die seines Typus, solche, die ohne Kontrolle durch die Erfahrung nicht zu gewinnen sind. Das aber paßte nicht in die Philosophie der Zeit, die um ihn folgte. Und so wurde die Morphologie, die er begründete, scheinbar idealistisch, und damit ging der Biologie ihre methodische Hauptstütze verloren. Kurz: der lupenreine Idealismus stünde entweder vor einer inhaltsleeren oder aber vor einer nicht minder fiktiven Welt.[12]

In Wahrheit kann natürlich nur eine zweiseitige Begriffsbestimmung unserer Ausstattung wie auch der Struktur dieser Welt gerecht werden. Die abstrahierende Vorstellung ist so unverzichtbar wie die gegenständliche Wahrnehmung. Die angeborenen Anschauungsformen bilden ebenso die allgemeinsten, abstrakten Strukturen der Welt ab wie die Sinne stets die speziellsten und konkretesten. Und da alle Differenzierung dieser Welt hierarchische Muster von Vorbedingungen (der

---

[11] Die erwähnten englischen Empiristen folgen etwa zwei bis drei Generationen aufeinander: LOCKE 1632–1704, HUME 1711–1776 und MILL 1806–1876. Selbst die Diskussion um die Bedeutung der Systematik unter Biologen ist vom Nominalismus nicht verschont geblieben. Man vergleiche P. SNEATH und R. SOKAL, 1973 (S. 421–422). Die Lösung ist mit der Einsicht in die inneren Selektionsbedingungen verbunden: R. RIEDL, 1975.

[12] Literatur zu diesem Thema: E. OESER, 1969, K. MARC-WOGAU, 1936, zur Übersicht A. DIEMER und I. FRENZEL, 1977. Das Zitat stammt aus diesem Werk; ein Beitrag von DIEMER, S. 179. Auf die Mißinterpretation der Goetheschen Begriffslehre bin ich häufiger eingegangen (z. B. R. RIEDL, 1975, 1981, 1985); man vergleiche GOETHES ›Morphologische Schriften‹.

Vorbedingungen) ihrer Entstehensweise zeigt, ist auch das Gemeinsame (des Gemeinsamen) zumeist ein für unsere Sinne Verstecktes. Und so läuft der Erkenntnisweg dem Entstehungsweg der Dinge entgegen. Dies habe ich an anderer Stelle (R. RIEDL, 1985 a) dargelegt.

Über Zirkularität

»Nichts anderes ist ja in einer Begriffsbestimmung«, erklärt ARISTOTELES, »als die oberste, ausgesagte Gattung und die Artunterschiede. Die dazwischenliegenden Gattungen werden gebildet durch die oberste Gattung, zusammen mit den entsprechenden Unterschieden.« Den Begriff aber gleichermaßen aus seinen Einzelheiten, den Merkmalen (intensional), wie aus dem noch Allgemeineren, dem Umfang (extensional), bilden zu sollen, erscheint den Aristoteles-Interpreten, so resümiert ERHARD OESER, bis heute eine Schwierigkeit. Denn wie sollten die Unterbegriffe aus einem Oberbegriff gebildet werden, wenn der Oberbegriff gleichzeitig aus den Unterbegriffen zu bilden ist. »Was aber den meisten Interpreten«, stellt OESER fest, »als äußerlicher ... Widerspruch in der Aristotelischen Philosophie selbst erscheint..., ist im Grunde genommen nur der Ausdruck für abstrakte, aber notwendige Teilaspekte eines Systemganzen.«

So ist es. Der Wechselbezug, wie er in der Begriffsbildung den zweiseitigen Entstehungs-Ursachen aller Differenzierung entsprechen muß, ist hier schon vorweggenommen. Kennt man aber dieses Differenzierungsprinzip nicht, und noch weniger die Adaptierung unserer Ausstattung an diese Struktur der Welt, so könnte wohl an Zirkularität geglaubt werden.[13]

Ganz ähnlich entstanden Schwierigkeiten, KANT zu verstehen. Er unterscheidet zunächst eine allgemeine von einer transzendentalen Logik. Erstere handelt von der Form der Erkenntnisprodukte, die zweite von den Gesetzen des Verstandes und der Vernunft. Das Allgemeine aber, das Verstand und Vernunft uns zu bilden anregt, soll nicht schon im Begriff liegen, sondern erst mit dem Gebrauch des Begriffes gegeben sein. Explizit stellt KANT fest: »Eine Vorstellung ... muß ... in synthetischer Einheit ... gedacht werden, ehe ich die analytische Einheit ... denken kann.« Dies ist das gleiche Thema. Und nun erscheint den Kant-Exegeten diese Begriffslehre nicht eindeutig.

Die Praktiker hingegen kannten die Lösung. »Die Erfahrung«, sagt GOETHE in seiner Morphologie, »muß uns vorerst die Theile lehren ... und worin die Theile verschieden sind. Die Idee (die Vorstellung) muß über dem Ganzen walten und auf eine genetische (zusammenhängende) Weise das allgemeine Bild abziehen. Ist ein solcher Typus zum Versuch aufgestellt, so können wir die bisher gebräuchlichen Vergleichungsarten zur Prüfung derselben sehr wohl benutzen.« Denn weder kann ein Einzelnes Muster des Ganzen sein, noch das Ganze eine Bestimmung des

---

[13] Das Aristoteles-Zitat stammt aus E. OESER, 1969, S. 171, das folgende von S. 174. Die Zirkularität, wie ich sie in der obigen Formulierung andeutete, existiert natürlich nicht. Sie löst sich dadurch auf, daß das Allgemeine und das Spezielle allein einander nicht wechselseitig bestimmen. Vielmehr ist der ganze Zusammenhang zweiseitig, weil das Allgemeine stets das Spezielle des noch Allgemeineren ist, wie das Spezielle das Allgemeine des noch Spezielleren. Diese Lösung in R. RIEDL, 1985 a.

Einzelnen. Und für die Philologie erkannte AUGUST BOECKH den gleichen Wechselbezug, denn das zunächst »unvollständige Verständnis der Gattung (einer Literatur) erschließt dann wieder einzelne Seiten der Individualität, wodurch die generi-
sche Auslegung neue Grundlagen erhält«. Beide Standpunkte aber werden bald
verdreht und vergessen sein.

Ähnlich finden wir die Einsicht auch bei ERNST CASSIRERS Feststellung: »Das
Einzelne ... besteht selbst nur in Hinsicht auf den Zusammenhang ... und ebenso
kann das Allgemeine sich nur aus dem Besonderen manifestieren.« Was freilich
UEBERWEG, MARC-WOGAU und vielen anderen wiederum wie ein Zirkelschluß
erscheinen mußte. Die Unsicherheit hat sich bis in unsere Tage erhalten. Was für
eine Welt von Begriffen jedoch wäre das, könnte sich die Begriffsbildung dem
Verdacht auf Zirkularität nicht entziehen?[14]

Wechselbezüge zu ahnen und sie wieder wegzurationalisieren, verstehen wir
wieder aus unseren Anlagen. Einerseits lenkt uns unsere Ausstattung dazu, Innen-
und Außenbedingungen zu unterscheiden. Sie können uns, wie zu zeigen sein wird,
auch wie Struktur- und Lagebedingungen erscheinen, wie Dispositions- versus
Auswahlbedingung, selbst wie Inhalt versus Sinn oder wie Kräfte versus Zwecke.
Andererseits aber erleben wir den Zusammenhang dessen, was wir Ursachen oder
Gründe nennen, vereinfacht in Kettenform, in linearen Sequenzen, die Rückläufe
und Vermaschung ausschließen. Die rationale ›Prüfung‹ kann dann dazu führen,
seiner Ausstattung mehr zu vertrauen als seiner Erfahrung; lieber an der Welt zu
scheitern als an sich selbst; an dem, was uns aufgrund unserer Ausstattung als
unverbrüchliches Gesetz erscheint. Dies führt fast in jeder Wissenschaft zu einer
Art Denaturierung der Natur.

Das Problem der Abstraktion und der Wahrheit

»Kein kritisches Philosophieren kann sich heutzutage die Abstraktion ersparen,
besonders dann nicht, wenn es konkret sein will ... Denn«, fährt ERHARD OESER
fort, »alle unsere Begriffe sind als solche grundsätzlich abstrakt und es ist gerade
die Abstraktion, vor der das bloß erbauliche Reden in der Philosophie in tödliche
Verlegenheit gerät.«

Woher also stammt jene Verlegenheit, überhaupt die Schwierigkeit oder das
Problem in einer Sache, die jedes Kind meistert und jedes Naturvolk gemeistert hat,
von dem ich zeigen werde, daß es jeder Organismus meistert, ja daß diese Leistung
zu den Grundanlagen des Lebens überhaupt gehört? Das Problem stammt, nun
noch einmal, aus dem Gegenüber der rationalen Extrapolation unserer Ausstattung und der Struktur unserer Welt. Die einfachen, genetisch festgelegten Entscheidungshilfen, jene *apriorischen* Vorbedingungen unserer Vernunft, werden als
unverbrüchliche Gewißheiten genommen. Und weil die von ihnen suggerierten

---

[14] KANT unterschied im vorliegenden Sinne ebenso zwischen einer inneren und einer äußeren Erfahrung, stellt
F. v. KUTSCHERA (1982, S. 153) fest. Und auch hier wird eine ›innere Erfahrung‹ bald zum Problem und von
WITTGENSTEIN, G. RYLE und anderen insgesamt bestritten. — Das GOETHE-Zitat stammt aus den Morphologi-
schen Schriften, 1858, Bd. 36, S. 275, jenes von A. BOECKH aus der neuen Ausgabe, 1966, S. 131; man vergleiche
K. MARC-WOGAU 1936, S. 192 u. 21.

Lösungen als gewiß gelten, wird angenommen, von ihrer Grundlage aus ebenso ungestraft wie beliebig weit extrapolieren zu dürfen. Das war schon bislang das Grundproblem. Was hier hinzukommt, sind die Ausmaße der Extrapolation.

Woraus also ergibt sich das Problem? Abstraktion ist ja zunächst nicht viel mehr als die Wahrnehmung von Wiederholung oder Koinzidenz; konkreter, das Heraussondern des Gleichen aus dem Ungleichen, der Ordnung, der Gesetzlichkeit und möglichen Prognostik aus dem Unvorhersehbaren. Und das vermag jede Kreatur, so auch jeder Philosoph. Er wüßte ansonsten nicht mehr, was ein Haus wäre, ein Mensch oder selbst ein Philosoph. Er fände nicht mehr nach Hause. Er könnte nur mehr unter Hospitalisierung überleben. Das Problem ergibt sich aus der (seltsamen) Tatsache, daß unsere bewußte Reflexion, bei einiger Abhebung der Frage von den Zwängen der Realität, eben eher bereit ist, an der Welt zu scheitern als an sich selbst.

Nun war schon bei ARISTOTELES der Begriff der Abstraktion, wenn auch nicht ausgeführt, so doch in all seinen Möglichkeiten angelegt, und, so folgen wir OESER, stellt »auch in dieser Hinsicht die unüberholbare und grundsätzliche Problemstellung dar«. Wir finden bei ihm eine ›Erfahrung des Denkens‹, die dem Menschen unmittelbar gegeben ist, einer ›Erfahrung der sinnlichen Wahrnehmung‹ gegenübergestellt, die sich mittelbar, also an der Kenntnis der Gegenstände und Zustände der Umwelt, orientiert.[15]

Wir erkennen darin wieder die *apriorische* Komponente der Vernunft, gegenüber den *a posteriorischen,* empirisch gewinnbaren Kenntnissen des Verstandes. Die Begründung oder Bedingung ihrer Möglichkeit liegt in der Wirklichkeit, in einer Übereinstimmung von Gegenstand und Denkform. Im Erfolg, würden wir sagen, in der Anpassung der Denkordnung an die Naturordnung.

KANT hat ARISTOTELES' Zugang als empiristisch kritisiert. Aber auch ihm geht es gerade darum, »jene Identität von Gegenstand und Denkform wieder herzustellen, die schon ARISTOTELES für das ›wirkliche Wissen‹ in Anspruch nimmt«. Aber, so schließe ich mich OESER weiter an, »KANT geht es nicht um ... eine Wissenschaft von den Anfangsgründen des Seienden«, wie ARISTOTELES, »sondern es geht ihm zunächst und überhaupt um die ersten Prinzipien der Erkenntnis. Darin folgt er in einem gewissen Sinne dem Rationalismus«, dem Vertrauen auf verläßliche Ableitungen aus der eigenen Reflexion. »In Kants Theorie der Erfahrung verbindet sich zwar ein ontologischer Realismus mit einem erkenntnistheoretischen Idealismus«, sagt FRANZ VON KUTSCHERA, »aber er vertritt keine Abbildtheorie.« Wir begegnen hier den gegensätzlichen Wahrheitstheorien. Darum sei kurz auf sie eingegangen.

Man pflegt neuerdings der konventionellen Korrespondenztheorie (der Wahrheit) eine Kohärenztheorie gegenüberzustellen. In der ersteren gilt als wahr, wenn eine Proposition mit der Wirklichkeit übereinstimmt, in der zweiten, wenn Sätze untereinander logisch verträglich sind. Vereinfacht kann man von dem Gegensatz empirischer und logischer Wahrheit sprechen. Aus der Sicht unserer Evolutionären

---

[15] Die zitierten Stellen sind E. OESERs Monographie (1969) über die Abstraktion entnommen (S. 7–9); auf diese sei hier ausdrücklich verwiesen. Man schlage dort die Geschichte der Debatte um Wesen und Begründung der Abstraktion nach, da ich mich auf die Darlegung jener Problematik beschränken muß, in der sich unser Denken als an der Natur nicht zureichend adaptiert erweist.

Erkenntnislehre scheint auch dieser Gegensatz unbegründet, ja die eine Wahrheit nur aus der jeweils anderen begründbar.

Die Korrespondenz eines Systems (eines Organismus) mit seinem Milieu ist ebenso Voraussetzung seiner Erhaltungs-Chancen, also seiner Existenz, wie die Kohärenz, die Abstimmung seiner Teile und Funktionen untereinander. Keiner dieser Konnexe könnte des anderen entbehren. Innere und äußere Selektion sind einander Voraussetzung wie die Kohärenz in der Betriebsorganisation und die Korrespondenz mit den Milieu- oder Markt-Bedingungen. Dies ist (wie Ei und Henne) schon eine Konsequenz meiner Systemtheorie der Evolution.

Fortgesetzt in eine ›Systemtheorie des Erfolges‹, verlangt diese Entwicklung sowohl eine Übereinstimmung (eine Korrespondenz) des Inhalts einer Erwartung (einer Handlung oder Theorie über Gegenstände) mit der außer-subjektiven Wirklichkeit, als auch die Widerspruchsfreiheit (die Kohärenz) der Erwartungen untereinander (einer Logik oder Theorie der Vorbedingungen). Eine Theorie von den Gegenständen ohne eine der genannten Vorbedingungen ließe weder den naiven Realismus noch den Solipsismus vermeiden; eine Theorie von den logischen Bedingungen ohne eine solche von den Gegenständen verzichtet auf die Korrespondenz mit der Welt. Nun zurück zum allgemeinen Gegensatz:[16]

Der Umstand, selbst schon der bloße Verdacht, daß jene großen Geister, die unserer Auffassung so nahe sind, dort eine empirische, da eine rationalistische Schlagseite aufwiesen, läßt erwarten, in welchem Maße man in unserer Geistesgeschichte ganz allgemein von der Mitte abgekommen ist.

Die Auseinandersetzung nimmt ihren ersten Höhepunkt im Universalienstreit der früh- bis spätmittelalterlichen Philosophie; mit den Positionen, daß für das Abstrakte oder Allgemeine nur Worte stünden (der erwähnte Nominalismus), daß dagegen dem Allgemeinen eine von der ›Individuation‹ (vom einzelnen) getrennte Realität entspräche (der Begriffsrealismus) oder aber, daß eine Bestimmung des Allgemeinen von der Individuation nicht getrennt wäre. Die neuere Philosophie hat das Problem dann in der Empirismus-Rationalismus-Polarisation wieder aufgenommen.

Die rationalistische Version setzt die Vorstellung vom Allgemeinen mit dem idealistischen Konzept einer dem Menschen vorgegebenen ›Wesensschau‹ fort, mit der Vorstellung angeborener Ideen. Sie führt mit der Transzendentalphilosophie zur reinen Reflexion über das Subjekt und scheitert mit HEGEL am völligen Verlust der Gegenstände. Das Reden über das Allgemeine wird zu gegenstandsloser Spekulation.

Das ist entlang der empiristischen Achse anders. Es entsteht der Widerspruch des ›logischen Empirismus‹. Denn schon beim Empiristen JOHN LOCKE, der, wie erinnerlich, das abstrahierte Allgemeine für eine reine Erfindung hielt, überwiegt die rationale Reflexion, das Vertrauen in die Verläßlichkeit der, wie wir uns heute

---

[16] Die Zitate stammen aus E. OESER, 1969, S. 35, und F. v. KUTSCHERA, 1982, S. 202. (In der Folge KANTS läßt der Neukantianismus zwei Zweige unterscheiden: einen philosophischen, zunächst den der ›Marburger Schule‹, mit P. NATORP und H. COHEN, der auf die Anschauungsformen verzichtet, und einen naturwissenschaftlichen, in welchem H. VON HELMHOLTZ und sein Schüler H. HERZ uns verwandte Ansichten entwickeln.) — Zur ›Systemtheorie der Evolution‹ R. RIEDL, 1975, 1977, 1980a, 1983 und 1983c. Meinen Freunden ERHARD OESER und GÜNTER WAGNER verdanke ich wichtige Anregungen zum Thema der Wahrheitstheorie; in späteren Arbeiten wollen wir dies näher ausführen.

sagen, uns angeborenen Denkstrukturen. Das aber konnte freilich noch nicht sichtbar sein. Und so folgte eine Entwicklung, die besonders tief eingeschnitten hat in die stets so gesuchte Widerspruchsfreiheit unseres Weltbilds.

Das Dilemma der Logik

Das Thema, mit dem ich fortzusetzen habe, ist das gleiche: die Kontroverse des Gewichtens angeborener versus empirischer Erfahrung. Was dieses aber endgültig in ein Dilemma führt, das ist, wie gesagt, die Extrapolation, die sich unserer bewußten Reflexion nahelegt. Vielleicht gelingt es mir, mich dem Leser verständlich zu machen, wenn ich mit dem Ansatz meiner Lösung beginne.

Das, was wir ›angeborene‹ oder ›innere Erfahrung‹ nannten, erleben wir als sehr abstrakt, und die Lösungen, welche sie uns anbietet, als unverbrüchlich und gewiß. Welche Instanz könnte uns denn an der Feststellung zweifeln lassen, daß z. B. ›Dasselbe nicht gleichzeitig sein und nicht sein kann‹, oder ›wenn A gleich B und B gleich C ist, auch C gleich A sein müsse‹, und ›wenn alle Menschen sterblich sind und SOKRATES ein Mensch ist, auch SOKRATES sterblich sein muß.‹ Keine Instanz. Das sahen schon PARMENIDES, PLATON und ARISTOTELES. Aber wie abstrakt ist das, wenn von ›Sein‹ und ›Nicht-Sein‹ die Rede ist, vom ›Gleichen‹ oder überhaupt von einem ›Alles‹; und nicht, wie uns die Empirie Bescheidenheit lehrt, besser nur von ›allen Menschen, die wir kennen‹ zu sprechen.[17]

Der Grund für diesen hohen, für unsere Begriffe nachgerade maximalen Abstraktionsgrad solcher ›innerer Erfahrung‹ muß nach der evolutionären Betrachtung im Lebenserfolg liegen, der mit der rationalen Extrapolation erblicher, unserer Vernunft vorgegebener Anschauungsformen verbunden sein muß. Das nun ist eine Frage der Treffsicherheit, genauer: einer möglichst positiven Bilanz von richtiger versus falscher Prognostik. Denn richtige Prognostik relevanter Lebensumstände ist ein direktes Maß für den Lebenserfolg. Und damit aber wird das Allgemeinste einer Erwartung das größte Anwendungsfeld zur Folge haben und die wenigsten Ausnahmen. Dies, wieder ein Grundprinzip der Ausstattung des Lebendigen, werde ich in *Teil 2* näher zu begründen haben. Hier sei es nur einmal vorausgesetzt, um zunächst den Faden fortzuführen.

Aber noch ein Zweites ist schon zum Ansatz solcher Denkentwicklung festzuhalten. Treffsicherheit folgt ja zwei Bedingungen: richtiges Zustreben und definiertes Ziel. Ich werde darum ebenso zu zeigen haben, welche Bedeutung dies für den Lebenserfolg hat. An dem Aufwand, den die Evolution der Organismen mit der Entwicklung von Signalen treibt, kann man das ablesen. — Wenn uns die Extrapolation unserer Ausstattung mit abstrakten Erwartungen von einem ›Alle‹ zu einer Menge, und zwar für ein ›Jegliches‹ von diesen ›Allen‹, etwas zu prognostizieren veranlaßt, so wird die Treffsicherheit mit der Schärfung der Zielgrenzen zunehmen. Die schärfste Definition müßte die gewisseste Trefferfolge sichern.

---

[17] Wie man sieht, ist hier von ›traditioneller Logik‹ die Rede, die aus der unbewußt richtigen Verwendung der Worte und deren Verknüpfung entstanden ist. Sie ist erst durch die Reflexion über diese Gesetzlichkeit korrekten Sprechens zur Logik geworden. Sie hieß bei ARISTOTELES noch Analytik. Der Begriff hat sich erst mit der Gliederung der Philosophie in Logik, Physik und Ethik eingebürgert.

So sichert sich auch schon das mythische, wilde und totemistische Denken seine definitorischen Gewißheiten. Beispielsweise, wie zu zeigen sein wird, durch scharfe Schnitte glatter, dichotomer Unterteilung aller relevanten (oder als relevant gedachten) Gegenstände. Man darf sich — nach Art unseres indo-europäischen Denkens — z. B. mit Behauptungen darüber, was ›allen Menschen‹ eigen sei, nicht einlassen auf Gedanken über das Mensch-Tier-Übergangsfeld; oder, was den Archaiern näher lag, über die Hybride zwischen den sterblichen Menschen und den unsterblichen homerischen Göttern. Das ist aber schon Empirie; und es mag nun die Rationalisierung deren Möglichkeiten gewesen sein, die ANAXIMANDER zu jener Ansicht führten, daß die Überlieferungen der Griechen zu zahlreich und zu kindisch wären, um sich mit der Wahrheit zu vertragen.

Natürlich haben die Logiker das Problem erkannt und versucht, jene ›ewigen Gesetze‹ auf die der Psychologie zurückzuführen, um sie dem Unbestimmten des Metaphysischen zu entheben. Wie aber könnte, so zeigte es sich bald, eine sich wandelnde Psyche Grundlage unwandelbarer Gesetze sein? Und als man dies erkannte, kam, wie man es ausdrückte, die Logik »aus dem Gefängnis der Psychologie wieder zurück in das Gefängnis der Metaphysik«. Oder, wie GÜNTHER PATZIG sagt, sie trachtete »hindurchzusteuern zwischen der Scylla der Logik als einer bloßen Sammlung von Denkregeln, die sich nicht weiter begründen lassen, und der Charybdis einer Logik, die ein Gebiet der empirischen Psychologie hätte sein müssen«. Diese ist schädlich, weil sie den Wandel verlangte, jene gefährlich, fährt PATZIG fort, »weil niemand verpflichtet ist, eine solche, über alle Erfahrungsmöglichkeit hinweggreifende platonische Existenzbehauptung anzunehmen«.[18]

Heute ließe sich die Logik biologisch begründen. Das ist zwar auch eine empirische Wissenschaft und von der sich wandelnden Kreatur, aber der genetische Wandel erfolgt so langsam, daß die Ausstattung mit den Vorbedingungen unserer Vernunft als für die Menschheit zureichend universell und für die Zeitmaße der Kulturentwicklung getrost als stationär angenommen werden kann, wobei wir den Irrtum eines Biologismus vermeiden, indem wir nicht die Epiphänomene der Psychologie und der Kulturwissenschaften aus der Biologie erklären, sondern deren biologische Grundlagen und die Wirkung der tieferen Schichtgesetze auf die höheren.

Die Lösung war der Logik nicht zur Hand. Man hat sie auch gar nicht angestrebt. Vielmehr hat sie sich immer mehr auf die formalen Regeln, die Möglichkeiten ›innerer Gewißheiten‹, zurückgezogen. In ihrem Rahmen, erklärt KARL POPPER, »können wir auf den Gebrauch der Begriffe ›wahr‹ und ›falsch‹ verzichten. An ihre Stelle treten logische Überlegungen über Ableitungsbeziehungen.« Dabei können wir »als logisch notwendig das bezeichnen, was in jeder denkbaren Welt gelten würde«. Und »Naturgesetze sind aus Beobachtungssätzen nicht ableitbar«. Und was die Begriffe betrifft, schließt POPPER: »Wir müssen sie als undefinierte Ausdrücke einführen, mit Ausnahme jener, die wir durch andere, nicht erfahrungsgemäße Universalien definieren.« Das aber müssen jene uns

---

[18] Die beiden Zitate aus dem Beitrag ›Logik‹ von G. PATZIG, erschienen in A. DIEMER und I. FRENZEL, 1977 (S. 132–133), ein Band, der sich allgemein zur Einführung empfiehlt. Gegen den radikalen Psychologismus der Logik, wie ihn besonders J. ST. MILL vertreten hat, ist G. FREGE (1848–1925) aufgetreten (Hauptwerk 1879), und E. HUSSERL (1859–1938) hat den Schritt um die Jahrhundertwende vollzogen.

vorgegebenen abstrakten Begriffe sein, wie sie die Logik nun metaphysisch begründen will. Ein logischer Empirismus aber, der sich auf eine metaphysisch zu begründende Logik stützen muß, ist ein metaphysischer Empirismus: ein Widerspruch. Auch das Scheitern an den vor der Erfahrung liegenden Universalien muß uns interessieren.

»Nach dem Ursprung der Merkmale«, so kritisierte schon ERNST CASSIRER, wird nicht gefragt; ihn hat nicht die Logik, sondern ihn hat die gegebene Welt der ›Dinge‹ oder aber die gegebene Welt der ›Eindrücke‹ zu verantworten. »Die Logik kann zwar«, setzt er fort, »erklären, daß sie ihrerseits auf den ›Ursprung‹ der Merkmale nicht zu reflektieren braucht ... Aber auf die herrschende und führende Stellung im System der wissenschaftlichen Erkenntnis ... müßte sie nunmehr freilich verzichten.« Es muß die Erkenntnistheorie Priorität vor der Logik (der formalen Logik) beanspruchen.[19]

Das logische Dilemma der Abstraktion

Im Rahmen unserer Anlage zum Erwerb äußerer Erfahrung liegen die Dinge ganz anders. Und das muß auch so sein. Denn ›innere Erfahrung‹ ist eine, die von den durchlaufenen Generationenketten erworben wurde; sie ist genetisch verankert und hat für das Individuum den Rang einer fixen Ausstattung. Die ›äußere Erfahrung‹ dagegen ist eine Erwerbung des Individuums, sie wird durch neuronale Verschaltungen ermöglicht, verankert und gelöscht, in dem, was wir als Gedächtnis erleben; und sie kann auf diese Weise den enormen Vorteil ungleich schnellerer Anpassung, umgehenden Adaptionsvermögens und Revidierbarkeit nutzen. Dieser Möglichkeit einer Einstellung auf die Augenblicks-Information hat sie, wie zu zeigen sein wird, ihren enormen selektiven Vorteil zu verdanken; und damit auch ihre Durchsetzung in der Evolution.

Dieses assoziative Lernen entsteht bereits bei einfachen Organismen als der auch beim Menschen wohlbekannte Bedingte Reflex; und es beruht auf der Verknüpfung von sinnlich wiederholt wahrgenommenen Koinzidenzen. Dieses Prinzip steuert, wie ich zeigen werde, auch die Wahrnehmung jener Koinzidenzen, die bewußt erlebt werden. Dies ist die Assoziation. Sie regelt das, was wir Prognostik einer Regelhaftigkeit nennen. Einer Regelhaftigkeit, für welche wir ein Gesetz aufstellen, um die Prognostizierbarkeit zu sichern und zu vereinfachen; was auch die Falsifizierbarkeit der Prognosen verbessert. Erkenntnistheoretisch entspricht dem Vorgang der heuristische, als schöpferisch erlebte Prozeß der Abstraktion einer Theorie aus beobachteten Fällen: die Induktion. Und diese, so zitiert WOLFGANG STEGMÜLLER den Spott C. D. BROADS, »ist der Siegeszug der Naturwissenschaften und die Schmach der Philosophie«.

Tatsächlich erweisen sich nämlich alle empirischen Wissenschaften als in diesem Sinne ›induktive Wissenschaften‹. Die Philosophie hingegen vermag den Vorgang

[19] Die Zitate stammen aus K. POPPER, ›Logik der Forschung‹ (1973, S. 219, 383, 255 u. 378); man wünschte sich ihr aus POPPERS Hand eine ›Erforschung der Logik‹ gegenübergestellt, so, wie dem Titel ›Der logische Aufbau der Welt‹ von R. CARNAP (1928) der Gegentitel ›Der weltliche Aufbau der Logik‹ entgegenzusetzen wäre. Die Zitate aus E. CASSIRER (1928, S. 135). Dazu vergleiche man G. HEYMANS, 1928.

der Induktion nicht zu begründen. Und zwar dann nicht, wenn sie sich, wie es heute ihrem Trend entspricht, auf jene Logik stützt, die wir eben kritisierten. Paradoxerweise gerade jene philosophische Wissenschaftstheorie, welche sich die Kritik wie die Stützung der empirischen Wissenschaften zur Aufgabe macht. Denn tatsächlich ist ein wahrheitserweiternder Schluß nicht möglich. Denn niemals muß deshalb, weil wir bislang nur weiße Schwäne gesehen haben, der nächste Schwan, den wir sehen werden, ebenfalls weiß sein.

Der Vorgang hat mit zwingenden Schlüssen nichts zu tun. Besteht man aber darauf, daß die empirischen Wissenschaften mit solcherart Schlüssen vorankommen müssen, dann muß man, wie das KARL POPPER tut, die Existenz von Induktion überhaupt leugnen. Aber nicht nur der induktive Erwerb unserer Theorien und Hypothesen, selbst jener unserer Begriffe wird in Frage gestellt. Denn zu Recht erkennt man, daß auch die meisten unserer Begriffe vom Einzelnen abstrahieren und eine Bezeichnung für etwas Allgemeines (Universelles) sein wollen. Und damit haben sie den Charakter einer Hypothese. »Die Hilfsmittel der Logistik«, sagt darum POPPER zu Recht, »werden dem Universalienproblem ebensowenig gerecht wie dem Induktionsproblem.«

In jeder Theorie der empirischen Wissenschaften, wie auch in jeglichem Allgemeinbegriff, wird natürlich eine Erwartung eingeschlossen, die über die bisher gemachte Erfahrung hinausgeht. Dies ist ja Sinn und biologischer Zweck der beiden. Solches Vorausgreifen nennen wir Prognostik, und wir wissen um seine lebenserhaltende Bedeutung.

Natürlich entstammen Theorie wie Begriff der Erfahrung. Meint man aber, wie POPPER, der Vorgang müsse auf jener Logik gründen, dann »können sie nicht auf Erfahrung reduziert werden«.

Die großen Erfolge des assoziativen Kenntnisgewinns beruhen aber gerade auf dessen Revidierbarkeit. Er ist stets offen, Theorien wie Begriffe zu adaptieren oder zu verwerfen. Und für eine Logik, die auf eindeutigen Definitionen und zwingenden Schlüssen baut, ist dieser Konflikt, wie FRANZ VON KUTSCHERA sagt, »der Preis, den wir für eine prinzipiell unbegrenzte Anpassung unserer Überzeugungen und unseres Verhaltens an die Umwelt bezahlen«. Wir werden auch unsere Logik dieser Welt anpassen müssen, wir müssen, nun wieder ganz im Sinne POPPERS, das Scheitern unserer Theorien wahrnehmen. Und, so meine ich, auch das Scheitern der Theorie von der Selbstgewißheit, die unserer Logik unterlegt ist.[20]

Die ›schmutzige Wirklichkeit‹ sieht nämlich anders aus. Sie wird sogleich wieder sichtbar, sobald wir unserer erblichen Ausstattung nicht mehr allein vertrauen, unseren Hochmut ablegen und bemerken, daß sich das ›Saubere‹ in dieser Welt allein in unserem Denken findet. Dann stellt es sich sofort heraus, daß sich die Dinge und Ereignisse in dieser Welt zwar in großen Zahlen wiederholen, Briefe, Rosen und Sterne, wie Rufe, Geburten und das Fallen von Gegenständen; daß sie sich aber *fast nie identisch* wiederholen. Und dies ist auch die Ursache, daß man nur über eine Abstraktion aus diesen annähernden Wiederholungen, allmählich

---

[20] Im obigen ist aus W. STEGMÜLLER, 1971, S. 13, zitiert, ferner aus K. POPPER, 1973, S. 39 und 378, sowie aus F. v. KUTSCHERA, 1982, S. 469; letzterer stellt auf S. 477 fest: »Davon, daß Popper das Induktionsproblem gelöst habe, wie er das beansprucht, kann also keine Rede sein.« POPPER sucht die Induktion durch eine Art ›Quasi-Induktion‹ zu ersetzen. Den realen psychophysiologischen Vorgang schließt er aus dem Erkenntnisprozeß aus.

und näherungsweise, zu dem gelangen kann, was wir eine ›empirische Wahrheit‹ nennen.

Daher kann auch A nur ungefähr gleich B sein, und B nur ungefähr gleich C; und wenn das so ist, dann muß C keineswegs mehr gleich A sein. Auch ob etwas noch ›ist‹ oder nicht mehr ›ist‹, das läßt sich nicht scharf abgrenzen. Stellen wir nur die klassische Frage nochmals: ›Wieviele Körner machen einen Haufen?‹, dann wird es bereits unsinnig, eine bestimmte Körnerzahl als die verläßliche Grenze anzugeben, ab welcher ein Haufen ›ist‹. Unsere Ausstattung schließt nicht einmal die Erwartung ein, daß quantitative Veränderungen allein schon zum Entstehen neuer Qualitäten führen müssen. Und wenn wir empirisch ›alle‹ (Schwäne) sagen, dann meinen wir etwas, das zwischen unserer bisherigen Erfahrung liegt und einer Prognose über die nächst zu erwartende Erfahrung. Nur unsere höchst abstrakte Ausstattung macht uns glauben, wir könnten logisch auf ›alles‹, was möglich ist, schließen; sogar auf alles, was ›in allen denkbaren Welten‹ möglich wäre. An dieser Erwartung aber scheitern wir vor dieser Welt immer wieder, wollen aber unser Scheitern, wie erinnerlich, nicht eingestehen.

Das Dilemma der Abstraktion beginnt mit den unterschiedlichen Auslegungen, die wir der Anleitung in unserer Ausstattung zumessen; dort als den höchst abstrakten Entscheidungshilfen, den unwandelbaren Vorbedingungen unserer Vernunft, da als den Adaptierungshilfen an eine höchst konkrete Welt. Und das Dilemma blüht voll auf, wo immer wir meinen, von solcher Anlage aus ungestraft und beliebig weit extrapolieren zu dürfen. Es kumuliert mit der unkontrollierten Extrapolation.

Die Denaturierung der Natur

Natürlich ist Logik als die ›Gesetzlichkeit vom richtigen Denken‹ aus der Welt unseres Denkens nicht wegzudenken. Ein Maß für ihre Leistung mag jener Verlust an möglicher Voraussicht und Orientierung sein, der entstünde, wenn man versuchte, auf die Hilfe, die uns mit ihr gegeben ist, zu verzichten. Außerdem: wie anders als *mit* ihr sollten wir denken? Nur Münchhausen könnte sich mittels seiner Logik *aus* seiner Logik befreien. Wo immer wir aber unter ihrer Anleitung an der Erfahrung scheitern, sollten wir dies wahrnehmen. Ein Beweis ihrer Übereinstimmung mit der Welt aufgrund innerer Widerspruchsfreiheit kann nicht genügen.

Ähnlich verhält es sich mit der aus ihr extrapolierten Praxis, der Mathematik. Die hohe Abstraktion, die auch diese verlangt, schreibt beispielsweise vor, von sämtlichen Unterschieden der Gegenstände, die wir zählen, abzusehen, um lediglich deren Vorhandensein oder Fehlen zu registrieren. Das ist freilich ebenso möglich wie eine beträchtliche Vereinfachung der Welt. Und die Übereinstimmung dieser Abstraktionsform mit der Natur muß damit zusammenhängen, wie weit es zulässig sein kann, das Entstehen neuer Qualitäten, man kann auch sagen: die Phasenübergänge von Qualität zu Qualität, in den Systemen dieser Natur zu vernachlässigen. Dies ist korreliert mit der Komplexität des betrachteten Systems, also am zulässigsten in der Physik, schon weniger in der Biologie, am wenigsten in manchen Kulturwissenschaften.

Den Glauben, daß die Quantifizierbarkeit einer Systemschichte ein Maß für die Wissenschaftlichkeit ihrer Behandlung sein solle, muß man daher aufgeben, wiewohl ihn uns so große Geister wie GALILEI und KANT nahelegten. — Im Zusammenhang mit der Bewertung von Begriffen und Prozessen der Begriffsbildung will ich hier den Standpunkt RUDOLF CARNAPS besprechen, der nachhaltigen Einfluß auf unsere Zeit genommen hat, weil er das physikalische Wissenschaftsideal seiner Zeit so konsequent zu rechtfertigen trachtete.

CARNAP unterscheidet Stufen der Wissenschaftssprache: unter den empirischen die qualitativen und quantitativen, unter den qualitativen die klassifikatorischen und komparativen, wobei die komparativen Begriffe die Entwicklung der klassifikatorischen zu den quantitativen ermöglichten. Diese wären, nach dem Wissenschaftsideal eben der Physik, das ihm vorschwebt, die anzuzielende, höchste Form wissenschaftlicher Begriffe. »Die ersten Worte, die ein Kind lernt«, stellt er fest, »›Hund‹, ›Katze‹, ›Haus‹, ›Baum‹, sind von klassifikatorischer Art ... Ein klassifikatorischer Begriff ... stellt einen Gegenstand in eine Klasse. Das ist alles. Ein komparativer Begriff ... teilt uns (dagegen) mit, in welcher (Maß-)Beziehung ein Gegenstand zu einem anderen steht.« In der Entwicklung der Begriffe ist das ganz anders! Alle klassifikatorischen Begriffe entstehen bereits auf eine assoziativ vergleichende, also komparative Weise.[21]

Die Entwicklung der Begriffe, wie ich zeigen werde, beruht vielmehr darauf, daß die ersten vorbewußt und auf alle Fälle vorsprachlich entstehen; daß sie zunächst äußerst weit (oder großzügig) angelegt sind; und daß sie erst mit zunehmender Erfahrung enger (und merkmalsreicher) werden. Selbst die Individualbegriffe, wie ›Papa‹, entstehen, wie jeder Begriff vom Vertreter einer Spezies, zunächst als Universalbegriffe. Entgegen den Problemen der logischen Empiristen sind für die Ausstattung der Kreatur nicht die Universalien problematisch; diese bilden den biologisch programmierten Ansatz. Die Individualien herauszuschälen bildet das Problem für die Kreatur.

Für CARNAP dagegen besteht der höhere Rang des komparativen Begriffs in seiner Möglichkeit, zum (logisch) metrisch-quantitativen überzuleiten. Denn »ganz unabhängig davon, ob man komparative Begriffe auf gewisse Tatsachen in der Natur anwenden kann, sind sie ... an eine gewisse logische Struktur gebunden ... ohne darauf zu achten, ob die Klasse in unserer Welt leer ist oder nicht«. Denn ob sie empirisch leer ist oder nicht, »das ist keine logische Fragestellung«. Die höhere Verläßlichkeit wird also, abgewendet von der ›schmutzigen Wirklichkeit‹, durch den Rückzug auf ein Denksystem gesucht, von dem wir feststellten, daß es aus dem ›Gefängnis der Psychologie‹ zurückkehrt in das ›Gefängnis der Metaphysik‹, in die nur mehr metaphysische Begründbarkeit der Logik. Wiewohl »Der logische Aufbau der Welt« von CARNAP gegen die Metaphysik geschrieben wurde. ›Der weltliche Aufbau der Logik‹ (auch der formalen) wäre ihm zur Seite zu stellen.

Wenn aber daraus die Frage entsteht, ob nun unsere Begriffe, wie die Naturgesetze, rein auf bloßer Konstruktion oder aber Konvention beruhen, die, unbeachtet

---

[21] Da CARNAP unter Klassifikation definitorische Trennschärfe voraussetzt, müßte man seiner Serie noch den ›abbildenden‹ oder ›injunktiven Begriff‹ voransetzen, der sich durch den Mangel an Trennschärfe auszeichnet. Man vergleiche B. HASSENSTEIN (1954 und 1976). Die Zitate aus R. CARNAP, 1974, S. 59–60.

der Natur, aus den logisch möglichen Welten zufällig eine herausgebildet hat, wie das HUGO DINGLER, HENRI POINCARÉ und andere befürchten, dann, stellt CAR-NAP fest: »Wir müssen unser System an die Tatsachen in der Natur anpassen, wie wir sie eben vorfinden.« Wir befinden uns dann wieder dort, wo wir begannen.

Der quantitative Begriff, die Zählung und Messung, ist dann die abgehobenste und in sich scheinbar zwingendste Fassung. Aber was, wenn wir nicht wissen, was wir zählen? Welche Zählung oder ›Metrik der Welt‹ könnte stichhaltiger sein als die begriffliche Bestimmung dessen, was gezählt oder vermessen wird. Selbst Sätze der Mathematik, insofern sie sich »auf die Wirklichkeit beziehen«, sagt ALBERT EINSTEIN, »sind nicht sicher, und sofern sie sicher sind, beziehen sie sich nicht auf die Wirklichkeit«.

Messen, was zu messen ist, wie GALILEI verlangt, ist wohl zu Recht empfohlen. Aber die »Absolutsetzung der Kategorie der Quantität«, sagt KONRAD LORENZ, »ist erkenntnistheoretisch falsch. Auch sie ist nur eine Schachtel, die schlecht und recht, für die Bedürfnisse der Arterhaltung ausreichend, auf die Gegebenheiten der außersubjektiven Realität paßt.« Und, fährt er fort, unsere Zählmaschine »arbeitet gleichsam wie ein Schaufelbagger, der ein Schäufelchen voll irgend etwas zum vorhergehenden addiert. Wirklich stimmig und widerspruchsfrei ist ihre Arbeit nur, solange sie leerläuft und immer nur das Wiederkehren ihrer einzigen Schaufel, der eins, abzählt. Sowie wir diese Maschine in die inhomogene Materie der außersubjektiven Wirklichkeit eingreifen lassen, geht die absolute Wahrheit ihrer Aussage sofort verloren.«[22]

Zur Überschätzung des Quantitativen haben der Positivismus, der ›Boom‹ der Physik und der logische Empirismus zusammengewirkt und das Wissenschaftsideal des formalisierten Axiomensystems entwickelt. Aber auch dieses Ideal beginnt man zu relativieren. Denn zunächst hatte man Axiome (Grundannahmen: z.B. einer Geometrie) als *a priori* einleuchtende Annahmen begründet, die weitere Plausibilitäten anschließen ließen. Da aber erkannt wurde, daß das, was uns unmittelbar als plausibel einleuchtet, keinen unmittelbaren Anspruch auf Gewißheit haben kann, mußten auch die von ihnen ableitbaren Lehrsätze ihre Ansprüche reduzieren. Daher war den Axiomen der Charakter ›impliziter Definitionen‹ zu geben. Das heißt, als Bedeutung der verwendeten Ausdrücke darf nur mehr das in den Axiomen selbst Festgelegte gelten. Und damit erweisen sie sich auch nur mehr als logisch wahr. Welches ihrer Modelle der Wirklichkeit entspricht, darüber entscheidet wiederum die Erfahrung. Nochmals sind wir im Kreise zurückgekehrt.

Daß es Isomorphien, Strukturentsprechungen zwischen unseren formalen, quantifizierenden Anlagen und dieser Welt gibt, ist nicht zu bezweifeln. Eine hoch redundante Weltstruktur ist voll der zählbaren (und in der Folge der meßbaren) Objekte. Und wieder kann die Korrespondenz des Quantifizierens mit der Welt an ihren Erfolgen geschätzt werden. Aber zu meinen, daß das alles sei, daß der Wandel des Qualitativen und das Werden der immer wieder neuen Systemqualitä-

---

[22] Zitiert ist aus R. CARNAP, 1974, S. 65 und 67. Es ist aufschlußreich, daß diese jüngste Auflage ›Einführung in die Philosophie der Naturwissenschaft‹ betitelt ist, wohingegen die Originalausgabe ›Philosophical Foundations of Physics‹ geheißen hat. Man erkennt das Vertrauen in das Wissenschaftsideal Physik. Die übrigen Zitierungen aus den jeweiligen, leicht zugänglichen Neuauflagen von A. EINSTEIN, 1972, S. 119, und K. LORENZ, 1965, S. 267. — Um eine empirische Begründung der Logik bemühten sich z.B. G. GUTZMANN, 1980, und W. LOK, 1984.

ten und deren begriffliche Fassung übersehen werden dürfte, das ist ein gefährlicher Irrtum.

Die Abhebung von der äußeren Erfahrung führt zu einer Denaturierung der Natur. Die außersubjektive Welt wird uns zwar durch die innere Erfahrung zugänglich. Aber auch diese ererbte Anleitung ist ein Produkt der Erfahrung; nun nicht des Individuums, sondern seiner Stammesgeschichte. Auch sie muß aus zahllosen Versuchen und deren Korrektur hervorgegangen sein. Die Kohärenz, die Verträglichkeit (die Abstimmung) der Teile unserer Ausstattung untereinander, bildet zwar nur deren Übereinkünfte ab. Darum ähneln Organismen nur äußerlich (oberflächlich) ihrem Milieu. Wo immer aber die Funktionen dieser Abstimmung mit dem Milieu zu tun haben, sind es Korrespondenzen gewesen, welche die Erhaltung der Kohärenzen des Stammes in seinem Milieu ermöglichten.

Und wie wir sehen werden, bedarf es sogar der Anforderungen, der Herausforderungen durch das Milieu, um die inneren Anlagen (in bestimmten sensiblen Phasen) durch eine Schulung an der außer-subjektiven Wirklichkeit aus ihrer Latenz tätig werden zu lassen. Die Kohärenz im Subjekt ist nicht nur stammesgeschichtlich unter der Anleitung von Korrespondenzen mit Objekten entstanden; selbst die Entwicklung des Subjektes bedarf der Objekte zu seiner Ausformung.

Rückblick

Das Problem, das sich mit unserem Abbilden der Welt verbindet, ist nur mittelbar eines unseres Alltags. Die meisten Menschen haben sich in ihrer Welt, oder in dem, was ihre Kultur ihnen daraus gemacht hat, ganz passabel zurechtgefunden. Erkennen und Begreifen als Problem entstand zunächst mit der Reflexion. Unsere vorbewußte Ausstattung, mit abstrakten Anleitungen die Welt zu interpretieren und mit konkreten Wahrnehmungen, die geeignet sind, jene Interpretationen einigermaßen zu adaptieren, hat im Rahmen einfacher Lebensprobleme auch ausreichend funktioniert: im Rahmen jener Lebensprobleme nämlich, für deren Lösung uns diese Interpretations- und Adaptationshilfen durch das genetische Spiel um Erfolg und Mißerfolg appliziert wurden.

Genetische Anpassung aber ist ein langsamer Prozeß. Jene Lebensprobleme liegen Jahrzehntausende zurück. Sie sind von der Kulturevolution längst überrannt worden. Und eine solche Ausstattung, die für den Frühmenschen noch adaptiv gewesen sein mochte, gerät zunehmend in Bedrängnis, da unser Eingreifen in diese Welt so weit ausgegriffen hat, daß es notwendig wird, selbst die Gesetze der Evolution zu verstehen, um ihr gerecht zu bleiben; die Gesetze der Evolution sogar unserer eigenen Ausstattung, wenn wir als Spezies Aussicht haben wollen, adaptiert zu bleiben.

Diese Sicht der Evolutionären Erkenntnistheorie gab die Anleitung, die Probleme darzulegen, vor welchen sich unser Vermögen spekulativen Denkens befindet. Und es ist das große Verdienst der Philosophen, sie mit immer größerer Deutlichkeit aufgedeckt zu haben. Die Vielfalt dieser Probleme aber scheint sich auf die zunächst natürlich rätselhafte Zweiseitigkeit unserer Ausstattung und auf die höchst unterschiedliche Anleitung zurückführen zu lassen, aus welcher wir die

Konsequenzen jener inneren und äußeren Erfahrbarkeiten erleben — dies noch gepaart mit der Erwartung, es müsse letzte (oder aber erste) Gründe geben, seien es nun erste Ursachen oder aber letzte Zwecke dieses Kosmos, wie auch unseres Seins.

Ob nun den inneren oder aber den äußeren ›Gewißheiten‹ die letzte Gewißheit zu entnehmen wäre, war naturgemäß nicht zu entscheiden. Und das Wechseln zwischen den beiden mußte den Verdacht erregen, unser Begreifen wäre zirkulär. Die allzu konkreten Zugänge, die unsere äußere Erfahrbarkeit vorschreiben, ließen Abstraktion und Induktion zweifelhaft erscheinen; vor allem, wenn man der inneren Erfahrbarkeit vertraut. Umgekehrt mußten die Gegebenheiten der inneren Erfahrbarkeit, die Logik, fragwürdig werden; vor allem, wenn man den Blick auf die äußere Erfahrbarkeit richtet. — Und es sei nochmal daran erinnert, daß dieses Problem allen Denkern in irgendeiner der beiden Formen begegnet ist. Die Schulenbildung ist nur die soziokulturelle Fortschreibung des grundsätzlichen Dilemmas.

Freilich hat sich die Lösung schon wiederholt angedeutet. Wir haben in diesem Zusammenhang auf ARISTOTELES und nochmals auf KANT verwiesen. Es ist deshalb nicht die kulturgeschichtliche Polarisierung allein, welche die Richtung einer möglichen Lösung angedeutet hat. Es sind auch jene Geister, die dem Schlüssel so nahe waren, die die evolutionäre Lösung nahelegten. Besonders ist hier HANS VAIHINGERS zu gedenken, auf dessen Voraussichten mich jüngst GÜNTER TEMBROCK aufmerksam machte.

Schon 1920 schreibt VAIHINGER, daß seine ›Philosophie des Als-Ob‹ wesentliche Anregung gewann durch »die biologische Erkenntnistheorie (sic!), wie sie durch MACHS ›Analyse der Empfindungen‹ (1886) und durch AVENARIUS' ›Kritik der reinen Erfahrung‹ (1888) begründet worden ist. Was in dieser Richtung von wirklich dauerndem Wert ist«, sagt VAIHINGER, Seite XIV, das ist »die Erfassung der Erkenntnisprozesse als Lebensfunktionen und damit die Unterstellung der Denkprozesse unter die Gesetze der Lebensvorgänge . . .«. Und auf Seite 313 stellt er zu KANTs Kategorien fest, daß »die heutige Kategorientafel (als) das Produkt einer natürlichen Selektion und Anpassung« zu verstehen ist. Damit ist die entscheidende Einsicht schon vorweggenommen. Aber »natürlich«, schreibt TEMBROCK, »steht das bei VAIHINGER selbst alles im Kontext seiner ›Als-Ob‹-Philosophie«.

Es ist aufschlußreich, daß die Positivisten des ›Wiener Kreises‹ in der Wende zum (logischen) Neopositivismus diese Position einer ›biologischen Erkenntnistheorie‹, wie sie VAIHINGER schon bei ERNST MACH interpretierte, aufgegeben haben. In VIKTOR KRAFTS Rückblick auf die Entstehung des Neopositivismus findet man: »Synthetische Urteile *a priori* . . . kann es nicht geben. Aussagen über Tatsachen können nur auf Grund von Erfahrung gelten.« Das genetische Lernprodukt wird übersehen (und ebenso die LORENZsche Studie von 1941).

Auch vom englischen Empirismus wendet man sich ab. »Dieser«, so referiert KRAFT, »wie er von J. ST. MILL und SPENCER klassisch formuliert worden ist und auch heute noch vertreten wird, hatte geglaubt, auch die Mathematik und Logik auf Erfahrung begründen zu müssen.« Davon müsse abgegangen werden, denn ansonsten wären sie durch Erfahrung widerlegbar. Nur räumt KRAFT ein: »Genetisch konnten Logik und Mathematik auf Erfahrungen, d. h. auf Zusammenhänge von Erlebnissen, zurückgeführt werden, diese werden die Anregung zu ihrer

Ausbildung gegeben haben; aber es sind durchaus selbständige Systeme damit geschaffen worden, die in ihrer Geltung von der Erfahrung völlig unabhängig sind.« Der Anschluß ist vertan.[23]

Dennoch ist es nicht von ungefähr, daß deutsche Professoren den Wiener Kreis ignorierten, dafür aber eine Beziehung der Lehre KANTS mit der der Psychologie vermuteten und den Dozenten KONRAD LORENZ als Ordinarius nach Königsberg holten. Und so ist es auch kein Zufall, daß KONRAD LORENZ, eben als er in Königsberg unter den Nachschatten Kants als Arzt und Ethologe den Lehrstuhl für vergleichende Psychologie bezog, 1941 den entscheidenden Schritt getan hat.

Aller Wandel des Denkens ist im Wandel des Zeitgeistes zu sehen; und kein Denker, mochte er noch so original und zeitenwendend gewirkt haben, ist von der Wirkung seiner Zeit befreit. So hat sich selbst seit jenen vierziger Jahren auch das Umfeld unseres Problems gewandelt.

Zunächst ging man ja unter Führung der Philosophie »von einem Ideal wissenschaftlicher Erkenntnis aus, nach dem ›echte‹ Erkenntnis nur da vorliegt, wo die Notwendigkeit des erkannten Sachverhalts eingesehen wird. Da empirische Untersuchungen nur kontingente Tatsachen, aber keine Notwendigkeiten aufweisen, wurde ihnen eine geringere Dignität zugesprochen als den *apriorischen* Einsichten der Philosophie. Heute«, so folgen wir FRANZ VON KUTSCHERA weiter, »hat sich das Verhältnis umgekehrt« durch die Erfolge der Naturwissenschaft, »in deren Verlauf sich manche ›*apriorischen* Einsichten‹ der Philosophie als falsch erwiesen«. Das philosophische Erkenntnisideal ist durch das naturwissenschaftliche abgelöst worden.

»Und jene universale Zuständigkeit für alle wichtigen Fragen über die Welt und den Menschen, die früher viele Philosophen für sich reklamierten, nehmen heute mit ähnlich naiver Unbefangenheit manche Naturwissenschaftler für sich in Anspruch.« Dies ist eine der Konsequenzen, die wir wahrzunehmen haben werden.[24]

In diesem Wandel sind für unsere Fragestellung einige der neuen Perspektiven von recht unmittelbarem Belang: Zunächst, daß ALBERT EINSTEINS Relativitätstheorie die uns evident erscheinende Betrachtung des Raumes als dreidimensional und der Zeit als davon unabhängig und eindimensional als einen nur im Kleinräumigen akzeptablen Spezialfall ausgewiesen hat. Daß er zeigte, daß man sich im Konflikt zwischen (wir sagen:) angeborenen Anschauungsformen und empirischer Erfahrung sich letzterer zu beugen hat; daß wir die angeborene ›innere‹ Erfahrung zu übersteigen vermögen.

---

[23] RICHARD AVENARIUS' ›Empiriokritizismus‹, den er in dem genannten Titel vertrat, der Versuch eines metaphysikfreien, natürlichen Weltbegriffs, ist es, gegen welchen sich LENINS Hauptwerk »Materialismus und Empiriokritizismus« (1908) wandte. Die Zitate aus V. KRAFT, 1968 (Erstausgabe 1950; Zeitraum der Bearbeitung: bis 1938), S. 12, 15 und 16. Unter dem Empirismus, der »heute noch vertreten wird«, ist J. BROSS und G. BOWDERY, 1939, gemeint.

[24] Für unser Vorhaben ist dieser letzte Hinweis besonders wertvoll (zitiert aus F. v. KUTSCHERA, 1982, S. VII–VIII). So ist es unkorrekt, »Aussagen über das menschliche Erkennen insgesamt machen zu wollen, ohne auch jene Verfahren in die Untersuchung einzubeziehen, auf die sich diese Aussagen stützen«. KONRAD LORENZ (1973) wird ausgenommen, weil er die Bewährung seiner »hypothetischen Grundlage für die Erforschung der Erkenntnisleistungen« aus einer kohärenten Theorie dieser Leistungen« erwartet (S. IX).

In ganz anderer Weise bedeutungsvoll sind die Einsichten THOMAS KUHNS, der die soziologische Komponente der Wissenschaftsdynamik aufdeckt. Gegen POP-PERS nachgerade wissenschaftsmoralistische Ansicht, nach welcher der zutreffen-deren Theorie der baldige Sieg gebühre, erweist sich im Filz eines Paradigmas, einer Weltanschauung, das ›Schlüsselexperiment‹ noch lange nicht als der Schlüssel zum allgemeinen Wandel.

Wieder von anderer Seite das Wirken WILLARD VON ORMAN QUINES, der zeigt, daß es eine scharfe Trennung zwischen analytischen und synthetischen Sätzen nicht gibt oder höchstens als ein Dogma des Empirismus in Erscheinung tritt; ferner, daß unsere Begriffe stets theoriebeladen von oft sehr unbestimmten Annahmen über diese Welt abhängen. — Aber was sich in der Systemtheorie, Physik und Linguistik ereignete, ist hier ebenfalls von Bedeutung.

Und nochmals von anderer Seite die Wiener Achse: ERNST MACH, der Erkennt-nisprozesse mit Lebensfunktionen zusammensieht, LUDWIG BOLTZMANN, der unsere Logik als Anpassungsprodukt betrachtet, KARL POPPER, der unseren Organen Hypothesencharakter zumißt, KONRAD LORENZ, der Leben überhaupt als einen kenntnisgewinnenden Prozeß erkennt, und ERHARD OESER, der die Existenz erster Tatsachen und letzter Gründe widerlegt. Damit bin ich aber schon inmitten der evolutionären Lehre vom Kenntnisgewinn sowie bei meinen eigenen Ansichten und Beiträgen.

Aber auch die englischsprachigen Philosophen, namentlich NELSON GOODMAN, HILARY PUTNAM und NICHOLAS RESCHER seien nicht übersehen. Manche parallele Entwicklung zeichnet sich ab, und ihr Ineinanderwirken ist vorherzusehen.

Im folgenden sei versucht, die Probleme, die dieses Kapitel aufgelistet hat und die den traditionellen Formen der Erkenntnistheorie unlösbar blieben, zu lösen. Die Einsichten, welche manche zeitgenössischen Erkenntnistheoretiker entwickelt haben, werden uns weiterhin als Stütze dienen. Sei es, daß sie, wie HOIMAR VON DITFURTH, HANS MOHR, GERHARD VOLLMER und FRANZ WUKETITS an der Entwicklung der Theorie selbst mitgewirkt haben, sei es, daß sie, wie CARL FRIEDRICH VON WEIZSÄCKER, EVE-MARIA ENGELS, FRANZ VON KUTSCHERA und einige andere begannen, sich ernsthaft mit ihr auseinanderzusetzen.

»Als Grundlage der Begriffsbildung im empirischen Bereich können wir angebo-rene Dispositionen annehmen... Es gibt eine vorrationale Abstraktion.« Und, so liest man bereits bei FRANZ VON KUTSCHERA: «Wenn PASCAL sagt, die Vernunft gehe von Voraussetzungen aus, die sie nicht rechtfertigen könne, so gilt das auch in dem Sinn, daß unser Begriffssystem auf vorrationalen Unterscheidungen beruht, nicht nur auf undefinierten Grundbegriffen, sondern auf angeborenen Erlebnis-weisen.« Dies ist der Ansatz zu unserem Thema.[25]

---

[25] Die Zitate sind F. v. KUTSCHERA, 1982, S. 441 und 442 entnommen. Zum Nachschlagen verwende man A. EIN-STEIN und L. INFELD, 1965, TH. KUHN, 1976, W. QUINE, 1951, zusammenfassend 1964 und 1980. Zur Wiener Achse: E. MACH, 1886, L. BOLTZMANN, 1979, K. POPPER, 1973, K. LORENZ, 1973, E. OESER, 1976, und R. RIEDL, 1981 und 1985 a; ferner N. GOODMAN, 1965, H. PUTNAM, 1975, und N. RESCHER, 1979. Zu den weiteren ›Evolutionisten‹ zählen: G. VOLLMER, 1975, H. v. DITFURTH, 1976, H. MOHR, 1981, F. WUKETITS, 1981, und Autoren in K. LORENZ und F. WUKETITS, 1983, zu den kritischen Positionen vgl. C. F. v. WEIZSÄCKER, 1977, F. v. KUTSCHERA 1982, und E.-M. ENGELS, 1985.

Teil 2: Theorie von der Evolution unserer Ausstattung

Nun gehen wir von einer Wissenschaft aus. Also von einer bestimmten Methode und einem Zusammenhang von Hypothesen. Von diesen Hypothesen erwarten wir, daß die aus ihnen erstellten Prognosen an den realen Dingen dieser Welt bestätigt werden oder aber scheitern können. Im engeren Sinne ist es die Evolutions- oder Deszendenztheorie, deren Hypothesensystem, auf der methodischen Grundlage vor allem der Vergleichenden Anatomie, letztlich behauptet, daß die Muster der Ähnlichkeiten im Bau, in der Funktion, im Verhalten der Organismen — nebeneinander wie in der Zeitfolge — aus gemeinsamer Abstammung zu verstehen sind.

Die Evolutionäre Erkenntnistheorie im Speziellen, und auf sie kommt es im folgenden an, betrachtet Leben als einen kenntnisgewinnenden Prozeß. Sie soll uns verständlich machen, wie die Kreatur zum Erkennen und Begreifen dieser Welt gelangt. Als eine evolutionäre Theorie vom Kenntniserwerb der Organismen wäre sie eine der Satelliten-Theorien innerhalb der Evolutionstheorie. In diesem Sinne würde eine gute Kenntnis der Methode der Vergleichenden Anatomie für ihre Anwendung genügen. Und von einem Buch über biologische Evolution wird man eine erkenntnistheoretische Präambel nicht erwarten.[1]

Unsere evolutionäre Betrachtung aber übergreift eine Schnittstelle der konventionellen Fächer: jene zwischen der biologischen Lehre vom Kenntniserwerb und der Erkenntnislehre, die der Methode und der Herkunft nach als eine Disziplin der Philosophie verstanden wird. Dieses Grenzgebiet muß betreten werden, weil unsere Theorie aus der Entwicklung der ›Weltbild-Apparate‹ der Organismen auch Einsichten in die stammesgeschichtlichen Vorbedingungen und ererbten Grundlagen unserer eigenen Vernunft vermitteln wird. Und in einer solchen Verbindung entsteht ein ungewohnter Methoden-Theorien-Zusammenhang.

Methodisch versuchen wir, das Gebiet der Wissenschaften nicht zu verlassen, indem wir die Theorie nicht weiter führen, als ihre Behauptungen immer noch an der empirischen Erfahrung scheitern könnten. Wir bemühen uns also um die Entwicklung einer objektiven Wissenschaft vom Kenntniserwerb: daß sich die Erkenntnistheorie, wie KANT es für die Philosophie erhoffte, auf den »sicheren Weg der Wissenschaft« bringen ließe.

Demgegenüber ist aber nicht zu übersehen, daß wir hier mittels unserer Vernunft über Bedingungen dieser Vernunft sprechen. Und damit muß den Ansprüchen einer Erkenntnistheorie Genüge getan werden, indem nämlich »ihre eigenen Einsichten

---

[1] ›Leben als kenntnisgewinnender Prozeß‹ ist von K. LORENZ 1971 zum Thema gemacht worden; daß es die Vergleichende Anatomie ist, welche der Ethologie die Grundlage der Methode bietet, hat er oft betont, zuletzt 1978. Es zeigt sich, daß sich Verhaltensweisen, ja sogar das ganze System kenntnisgewinnender Ausstattungen der Organismen zu einem Stammbaum ordnen läßt (K. LORENZ, 1973), der dem ihrer Körperstrukturen entspricht.

einen Teil ihres Gegenstandes bilden und nicht aus der Reflexion ausgeklammert werden können«. Ob dazu aber nur die kritischen oder analytischen Kräfte unserer selbstreflektierenden Spekulation aufgerufen sein können, bleibt wohl fraglich.[2]

Denn es hat sich bereits gezeigt — und die vorliegende Untersuchung wird weiteres Material zu diesem Thema erbringen —, daß die Vorbedingungen unserer Vernunft und unseres Verstandes den Dingen der außersubjektiven Welt vielfach gar nicht entsprechen, und daß wir diese Mängel ohne unsere biologische Methode gar nicht entdeckt hätten. — Dennoch: Die erkenntnistheoretische Position ist zu bezeichnen.

Die Rückseite des Spiegels

»Wer den Pavian verstünde, täte mehr für die Metaphysik (= die Philosophie im allgemeinen, einschließlich des Erkenntnisproblems) als LOCKE.« So findet sich's bereits, woran uns JEAN PIAGET erinnert, in den berühmten ›note-books‹, die CHARLES DARWIN in den Jahren 1837–1839 verfaßte. Doch stellt man fest, daß in der Folge »die meisten Biologen beim Versuch, eine allgemeine Adaptationstheorie auszuarbeiten, die Existenz der kognitiven Funktionen fast völlig außer acht gelassen haben ... Auffallenderweise«, setzt PIAGET diesen Rückblick fort, »haben sich nur die Vitalisten und Finalisten systematisch mit dem Problem auseinandergesetzt, weil ihnen die Intelligenz nicht auf einen Mechanismus rückführbar erschien. Aber außer in bezug auf bestimmte Punkte LAMARCKs haben die meisten Evolutionstheoretiker versäumt, sich zu fragen, ob die Übereinstimmung der Erkenntnis mit den Gegenständen in ihr Erklärungsmodell paßt.«

Es mag der Glaube der Fachwissenschaften an die Autorität der Philosophie gewesen sein, und entsprechend die Mutmaßung der Unklärbarkeit der Frage, welche die Sache aufschieben ließ. Denn bis auf wenige Ausnahmen, wie ERNST HAECKEL, wurde mit der Möglichkeit einer natürlichen Erklärung nicht gerechnet.

So war seit DARWINs Notizen ein Jahrhundert vergangen, bis man 1941 bei KONRAD LORENZ hätte lesen können: »Für den Naturforscher ist es Pflicht, den Versuch der natürlichen Erklärung zu machen, ehe er sich mit der Heranziehung außernatürlicher Fragen zufriedengibt, und diese Pflicht besteht in vollem Maße für den Psychologen, der sich mit der von KANT (von PLATON?) entdeckten Tatsache auseinandersetzen muß, daß es so etwas wie apriorische Denkformen gibt.« Aber gelesen wurde das kaum. So ruhten die weiteren Veröffentlichungen auch bei LORENZ über die Spanne einer Generation, bis er in seinem Senium 1973 »Die Rückseite des Spiegels« veröffentlichte.

Nun erst griffen die Dinge ineinander. Im gleichen Jahr war mein Band über die Evolution abgeschlossen, der dieselbe Übereinstimmung von Denk- und Naturordnung berührte, 1974 erschien eine entscheidende Studie DONALD CAMPBELLS über

[2] Der Hinweis auf KANT aus F. v. KUTSCHERA (1982, S. X); doch, setzt dieser fort: es sei »eine der grundlegendsten Einsichten der Erkenntnistheorie, die durch keinen Fortschritt der Naturwissenschaften überholt ist, daß sie sich nicht ›von außen‹ oder ›von einem höheren Standpunkt aus‹ betreiben läßt, sondern nur als eine immanente Selbstkritik des Erkenntnisvermögens möglich ist, als eine Reflexion des Denkens auf sich selbst«.

KARL POPPER, 1975 der Band von GERHARD VOLLMER, der den Begriff der ›Evolutionären Erkenntnistheorie‹ aufgreift, und innerhalb weniger Jahre schlossen sich die einschlägigen Bände von ERHARD OESER, HANS MOHR, FRANZ WUKETITS sowie meine Veröffentlichungen an: die Übersetzungen von JEAN PIAGETS Werken und die ersten Sammelbände und Portraits zu der neuen Lehre.[3]

Die ersten ernsthaften Reflexionen von seiten der Philosophie, so von EVE-MARIA ENGELS, FRANZ VON KUTSCHERA und CARL FRIEDRICH VON WEIZSÄCKER folgten. Besonders EVE-MARIA ENGELS ist für die Übersicht zu danken, welche sie den bisherigen Stellungnahmen gegeben hat. Die ›Evolutionisten‹ konnten noch kaum antworten. Die Diskussion steht an ihrem Beginn. Und hier soll der Ort nicht sein, in diese einzugreifen. Vielmehr ist es meine Absicht, durch die Anwendung der Theorie, wie schon in meiner Darstellung der ›Biologischen Grundlagen des Erklärens und Verstehens‹, im Rahmen der Theorie ihre Materialien weiter zu entwickeln.

Damit ist auch die Frage, ob es sich um eine ›Wissenschaft vom Kenntnisgewinn‹ handelt oder um eine ›Biologische Erkenntnistheorie‹, erst in zweiter Linie von Bedeutung, ebenso die Frage, ob eine Theorie der Erkenntnis »wissenschaftlich betrieben werden kann«, was HANS MOHR bejaht, FRANZ VON KUTSCHERA jedoch, wie erinnerlich, in Frage stellt. Gewiß aber ist zu den drei Hauptfragen jedes Zuganges zu Erkenntnisfragen Stellung zu beziehen: Was ist Erkenntnis, wie kommt sie zustande, und wie verläßlich sind ihre Ergebnisse?[4]

Hypothetischer Realismus

Erkenntnis definiert man meist als Einsicht in einen Sachverhalt und als diesen Vorgang. Aber spricht man von der Erkenntnis der außersubjektiven Wirklichkeit, dann findet man sich bereits vor der merkwürdig anmutenden Frage, wie deren reale Existenz überhaupt zu beweisen sei. Verfolgt man das Konzept des philosophischen Idealismus, der eine Welt der Ideen zum Inhalt hat, in sein Extrem, den Solipsismus, so findet man die Mutmaßung, daß diese Welt ohnedies nur in meiner (oder des Lesers) Vorstellung existiert. Und tatsächlich: nichts spräche zwingend dagegen, daß die Welt nur ein Traum sei; es gibt allerdings auch nichts, was dafür spricht. »Wenn wir aber alles bezweifeln wollen, weil wir nicht alles erkennen können«, sagte schon JOHN LOCKE, »so handeln wir ungefähr ebenso weise wie derjenige, der seine Beine nicht gebrauchen wollte, sondern stillsaß und zugrunde ging, weil er keine Flügel zum Fliegen hatte.«

---

[3] Die Zitate aus J. PIAGET, 1983, S. 1 und 67–68, sowie von K. LORENZ aus K. LORENZ und F. WUKETITS, 1983, S. 96. Im übrigen beziehe ich mich auf die Bände von K. LORENZ, 1973, G. VOLLMER, 1975, E. OESER, 1976, H. MOHR (Biologische Erkenntnis), 1981, F. WUKETITS, 1978, R. RIEDL (Biologie der Erkenntnis), 1981 (Evolution und Erkenntnis), 1985 b, und J. PIAGET (Biologie und Erkenntnis), 1983. Die Sammelbände von K. LORENZ und F. WUKETITS, 1983, von R. RIEDL und F. KREUZER, 1983, und F. KREUZER, 1984, die Portraits von F. KREUZER, 1981 und 1981 a.

[4] Dazu vergleiche man E.-M. ENGELS, 1983, 1985 und 1985 a (in diesem Beitrag S. 63 ff. eine weite Literaturübersicht der Diskussion), ferner F. v. KUTSCHERA, 1982, und C. F. v. WEIZSÄCKER, 1977. — Die Stellen bei H. MOHR, 1981, S. 24, bei F. v. KUTSCHERA (vgl. vorletzte Fußnote), 1982, S. X, ›Die biologischen Grundlagen des Erklärens und Verstehens‹ in R. RIEDL, 1985 a.

Ich finde diesen Vergleich heute besonders passend, weil es sich tatsächlich zeigt, daß wir uns wohl zu Fuß auf den Weg machen müssen, um eine komplizierte Landschaft zu durchziehen, von der man hoffte, sie ganz einfach im Höhenflug überwinden zu können.

Geht man auch nicht in die Falle des ›naiven Realismus‹, nämlich zu glauben, daß die Gegenstände der Erkenntnis eben geradeso wären, wie sie uns erscheinen, dann liegt der Wunsch nahe, wenigstens ihre Existenz, wie diese Gegenstände auch immer beschaffen sein mögen, zwingend beweisen zu können, und zwar mit den Mitteln der Logik. Und da stellt es sich heraus, daß auch das nicht möglich ist. KANT wie POPPER haben diesen Umstand einen ›Skandal der Philosophie‹ genannt. Die Bemühung mündet stets in das, was HANS ALBERT das ›Münchhausen-Trilemma‹ der Erkenntnis nennt: in der Anerkennung des unendlichen Regresses, eines logischen Zirkels oder in den Abbruch der Verhandlungen.[5]

Wir haben aber schon festgestellt, daß die Logik aus dem ›Gefängnis‹ der Psychologie nur wieder in dasjenige der Metaphysik versetzt worden ist; daß es also auch für die Gewißheit ihrer Regeln keinen Beweis geben kann. Wir hätten uns auf ihre Beweiskraft ohnedies nicht verlassen.

Darum beziehen wir einen Standpunkt, den DONALD CAMPBELL treffend den des ›hypothetischen Realismus‹ genannt hat. Denn tatsächlich ist in der Evolution stets jene Struktur übriggeblieben, die sich, möchte man sagen, so verhält, als ob man erwarten könne, am besten zu fahren, wenn man zunächst einmal annimmt, daß die Dinge der Welt ihrem Erscheinungsbild so unähnlich nicht sind. Ganz zu Recht sagt KARL POPPER, daß wir selbst die Organe als Hypothesen auffassen können, gewissermaßen versuchsweise mit dieser Welt umzugehen.

Von diesem Gesichtspunkt aus eröffnet sich eine überwältigende Zahl von Bestätigungen für unsere Hypothese, wenn man bedenkt, wie viele Lebensfunktionen wie vieler Arten (nämlich heute noch $2 \cdot 10^6$) über wie viele Jahre (nämlich $3,5 \cdot 10^9$) mit dieser Hypothese Erfolg hatten. Ein Erfolg, der darin besteht, zu existieren, übriggeblieben und den Anforderungen dieser Welt entsprechend geformt worden zu sein.

Philosophisch, so sagt man, ein zwar vertretbarer, aber schwacher Standpunkt. Vertrauen wir aber der äußeren Erfahrung, die im Zweifelsfalle doch eine letzte Instanz bedeutet, dann ist er der stärkste. Und wünscht man einen Zugang über unsere innere Erfahrung, etwa über die Gewißheit unseres Denkens, so stellen wir fest, daß die Kenntnisse des Lehrlings ›Leben‹ nicht realer sein können als die Lehre des Meisters ›Welt‹. Sie ist es, so vertrauen wir, von deren wie auch immer hypothetischen Realität wir Erkenntnis gewinnen können, indem wir trachten, ihren Gesetzen zu entsprechen. Von den Gesetzen unserer Umwelt bis zu jenen der Ausstattung und Grenzen unserer Vernunft.[6]

---

[5] Das Zitat von J. LOCKE ist G. VOLLMER, 1975, S.25 entnommen; dort ist auch eine Übersicht der Postulate wissenschaftlicher Erkenntnis aufgeführt. Die Stelle bei I. KANT findet sich in der Vorrede zur »Kritik der reinen Vernunft«. Und nach K. POPPER (1974, S.44) »ist es der größte Skandal der Philosophie, daß, während um uns herum die Natur — und nicht nur sie — zugrunde geht, die Philosophen weiter darüber reden, ... ob diese Welt existiert«. Die Stelle aus H. ALBERT, 1968, S.13.

[6] Die hier wegweisenden Studien von D. CAMPBELL sind jene aus den Jahren 1959 und 1974. — Was die Suche nach einem Orte letzter (erster) Gewißheit betrifft, wird man sich erinnern, daß ihn DESCARTES (cogito ergo sum) in der Gewißheit, daß wir denken, zu finden meinte. Auch die Gesetze der Geometrie wurden in Betracht genommen und freilich auch die der Logik.

Die Rückseite des Spiegels, gespiegelt

Das Zustandekommen von Erkenntnis wiederum muß in der Entwicklung eines Wechselbezuges zwischen Subjekt und außersubjektiver Realität bestehen. Die Pragmatiker sagen: in einer Korrespondenz mit der Vorstellung, einer ungebrochenen Kette von Bestätigungen deren Prognosen. Haben wir uns nun auch über einen hypothetischen Realitätsbegriff geeinigt, so bleibt doch noch immer die zweite Seite des Wechselbezuges zu betrachten, eben unsere Ausstattung, die Rückseite des Spiegels.

Nun ist es richtig festzustellen, daß es ja gerade KONRAD LORENZ' Anliegen war, die Zusammensetzung dieser ›Rückseite des Spiegels‹, und zwar aus dem Zustandekommen desselben, zu rekonstruieren. Ebenso richtig ist aber auch CARL FRIEDRICH VON WEIZSÄCKERS Replik. »Wenn das Bewußtsein ein Spiegel ist, so kennen wir die Rückseite des Spiegels nur gespiegelt. Das heißt nicht, die Dinge seien nur unsere Vorstellungen, da wir zwischen einem nur vorgestellten und einem beobachteten oder beobachtbaren Ding sehr gut unterscheiden können. Der peinliche Eindruck, den das Herumreden über diese scheinbaren Trivialitäten erzeugt, liegt daran, daß hinter ihnen ungeklärte nicht-triviale Strukturen auf ihre Aufhellung warten. Und hier tritt LORENZ' Fragestellung wieder in ihr volles Recht ein.«

Die Probleme, die der Aufhellung bedürfen, müssen aber nicht mehr im sogenannten ›Leib-Seele-Problem‹ verpackt bleiben, das je nach Betrachtungsseite wieder trivial oder aber unlösbar erscheinen wird. Mein evolutionärer Standpunkt eines ›Kognitiven Dualismus‹ anerkennt, daß unsere Ausstattung dazu beitragen kann, die Welt als zweigeteilt zu vermuten, ungeachtet des Umstandes, daß es nichts in unserer empirischen Erfahrung gibt, das zwingend für diese Annahme spräche.

Wir können nunmehr die durchaus nicht mehr trivialen, dafür aber dem Prinzip nach lösbaren Einzelprobleme formulieren, die alle den Wechselbezug zwischen den Theorien von unserer Ausstattung und jenen von der realen Außenwelt betreffen; ob diese nun von einer Theorie der Strukturen, der Vorderseite also, auf die Rückseite des Spiegels blicken, oder aber umgekehrt.

»Wir haben in der Wissenschaft unseres Jahrhunderts«, sagt VON WEIZSÄCKER, »zumal in der theoretischen Physik, das Mißtrauen gelernt, ob Fragen, deren prinzipielle Unbeantwortbarkeit einsehbar ist, überhaupt sinnvolle Fragen und nicht bloß die Folge unklar definierter Begriffe sind.« Gleiches beginnen wir in der zweiten Hälfte des Jahrhunderts aus den Themen der theoretischen Biologie zu lernen. Man denke an Begriffe wie ›Fulguration‹, des nicht prognostizierbaren Auftretens neuer Qualitäten, der Kausalität-Finalität-Beziehung, der Passungsmängel unserer Logik.[7]

---

[7] Die zitierten Stellen sind K. LORENZ' Band von 1973, S. 32, und jenem C. F. v. WEIZSÄCKERS von 1977, S. 190–192 entnommen. V. WEIZSÄCKER macht in diesem Zusammenhang auf die Studie von BARBARA VON WULFFEN (1974) aufmerksam. LORENZ' Themen sind, trotz seiner Kulturkritik, die Phänomene der Anpassung unserer Vernunft. Mein ausdrückliches Anliegen ist es dann geworden (z. B. in R. RIEDL, 1978–1979, 1981, 1983 und 1985 a), mit den Legitimationen der Anpassung eben jene Anpassungsmängel darzustellen. Meine Darstellung des Leib-Seele-Problems in R. RIEDL, 1983 a: ›Mind and Body‹.

Eben dies macht die evolutionäre Betrachtung zugänglich. Denn wo immer unsere Ausstattung mit der empirischen Erfahrung in Widersprüche gerät, besteht der Verdacht mangelnder Passung. Und überall dort, um jenes LORENZ-Wort weiterzuführen, ›ist es für den Naturforscher Pflicht, den Versuch der natürlichen Erklärung zu machen, ehe er sich mit der Heranziehung außernatürlicher Gründe zufriedengibt‹.

Der Einwand, man könne nicht mit den Möglichkeiten seiner Vernunft über die Möglichkeiten seiner Vernunft argumentieren, geht ins Leere, weil wir mit den Möglichkeiten empirischer Erfahrung über die Passungsmängel erblicher Anschauungsformen reden. Gewiß, das ist ›pedestrian‹ (gewissermaßen prosaisch, im Ochsentrott), zu Fuß gegangen; aber immerhin in einem Tritt, der jeden prognostischen Schritt an der Empirie der durchschrittenen Landschaft scheitern oder korrigieren läßt.

Interessanter ist dagegen der Umstand, daß jene Trias des erkenntnistheoretischen Dilemmas, evolutionistisch betrachtet, ein ganz verständliches Pendant findet. Der Regreß, über welchen wir die Ausstattung unserer Vernunft zurückführen, ist tatsächlich fast unendlich, läuft er doch bis in die Anfangsbedingungen des Lebendigen zurück. Der Kreislauf des kenntnisgewinnenden Prozesses ist fast zirkulär, wenn man die winzige Steigung des Schraubenumganges, jenen kleinen Gewinn, der stets zwischen Erwartung und Erfahrung steht, als vernachlässigbar betrachtet. Und selbst der Abbruch der Verhandlung hat sein reales Gegenüber, weil man zum Beispiel die Qualität des Denkens in der Reizleitung auch nicht in Spuren wiederfinden wird und die der Reizleitung ebensowenig im Biomolekül.

Der Ort der Gewißheit

So, wie ich den Standpunkt unserer Theorie hinsichtlich der Fragen nach dem Was und Wie ihrer Erkenntnismöglichkeit darstellte, mag der Eindruck entstehen, daß nun alle Verantwortung auf die dritte Frage verschoben wäre; nämlich welche Art von Gewißheit über welchen Weg zu erreichen sei. Ich will darum gleich vorausschicken, daß ein Ort absoluter Gewißheit nicht zu finden ist, so wenig wie erste Ursachen und letzte Gründe. Dennoch kann mit der Erreichung der höchsten uns möglichen Gewißheitsgrade gerechnet werden, und zwar inmitten des Netzes oder Systems kohärenter Theorien.

Um diese Sicht zu verdeutlichen, ist zunächst von der ›Psychologie des Erklärens und Verstehens‹ zu sprechen. So ist daran zu erinnern, daß keine Theorie sich selbst erklärt. Sie kann selbst nicht mehr enthalten als eine Gruppierung von Termen (Größen oder Begriffen), die über die Fälle in einem bestimmten Gegenstands- oder Ereignisbereich Prognosen zulassen, die sie stützen. Als erklärt erleben wir eine Theorie dann, wenn sie mit anderen, gleichrangigen Theorien die Fälle einer Obertheorie bildet, aus welcher nun sie selbst, als ein Fall deren Geltungsbereiches, prognostiziert werden kann, und so fort. Man denke zum Beispiel, wie die Planetengesetze KEPLERS und die Fallgesetze GALILEIS erst aus der Gravitationstheorie Newtons gemeinsam zu verstehen sind.

Somit können weder die Beobachtungs- oder Protokollsätze einen Vorrang beanspruchen, wie die Positivisten meinten, noch irgendeine der Theorien im

Schichtsystem der Theorienzusammenhänge. Denn alle Beobachtung ist theoriebeladen und nicht mehr wert als der Überbau der zugehörigen Theorien; noch könnte eine Theorie besser sein als der Unterbau ihrer ›Fakten‹ und der Überbau, dem sie angehört.[8]

Selbst solch ein ›Oben‹ und ›Unten‹ löst sich auf, weil alle Differenzierungen dieser Welt, ob anorganisch, organisch oder kulturell, als Einschübe entstanden sind; eingeschoben zwischen den jeweils vorgegebenen, selegierenden Obersystemen und den Disponibilitäten der Teile der Untersysteme. Bezogen auf den Schichtenbau der Differenzierung dieser Welt gewinnt die Hierarchie der Theorien eine spiegelbildliche Struktur. Und damit ergibt sich ein deutlicher Zusammenhang zwischen den Mustern der Entstehung und der Erklärung der Dinge, zwischen der Ontologie und der Erkenntnisstruktur, eine Isomorphie zwischen der außersubjektiven Wirklichkeit und den subjektiven Systemen deren Erkenntnis.

Die erreichbaren Grade an Gewißheit, oder der Wahrscheinlichkeit, daß eine Gruppe von Theorien der Realität entspricht, hängt mit ihrer Bewährung zusammen, die sich aus der Zahl bestätigter Prognosen, aus dem Umfang der eingeschlossenen Fälle und ihrer Einbettung in Obertheorien zusammensetzt, sowie aus der Genauigkeit, in der sie formuliert werden können. Das muß jedoch nicht deren mathematisch axiomatisierte Formularisierbarkeit sein; denn es gibt Gesetze in der Biologie, welche den Gewißheitsgrad mancher physikalischer Gesetze leicht erreichen.

Rückblick

Es mag aufgefallen sein, daß in dieser Beschreibung des Standpunktes der evolutionären Theorie von Logik kaum die Rede war. Sie wird mit Vorbehalten betrachtet. Obwohl nicht zu zweifeln ist, daß die Werkzeuge unserer Logik in gewissen Grenzen in den Rahmen des Mesokosmos passen, haben wir doch keinerlei Gewähr, daß sie in allen Fällen passen müssen. Und, wie man sich dessen erinnert, ist derlei auch keine Frage heutiger Logik, sondern eine empirische Frage.

Da unsere Theorie die Ambition enthält, selbst die Passung der erblichen Vorbedingungen unserer Vernunft und unseres Verstandes zu prüfen, muß auch die Möglichkeit bedacht werden, unsere Vorstellung von den Gewißheiten der Logik in die Prüfung einbeziehen zu können. Freilich muß sie weiterhin ihre altgewohnte Hilfestellung leisten, kann aber nicht die alleinige Grundlage der Prüfung sein und noch weniger deren einziges verläßliches Fundament. »Wie wird es jetzt um das stehen, was man in der Logik Denkgesetze nennt?« fragte schon LUDWIG BOLTZMANN. »Nun, diese Denkgesetze werden im Sinne Darwins nichts anderes sein als ererbte Denkgewohnheiten.« Dem ist Rechnung zu tragen.[9]

[8] Dieser hierarchische Theorienbau ist mit dem Namen Subsumptions-Schema in der Wissenschaftstheorie eingebürgert oder nach seinen Autoren auch H.-O.-Schema genannt: C. HEMPEL und P. OPPENHEIM, 1948, zuletzt in C. HEMPEL, 1977. Ich habe dasselbe zur spiegelbildlichen Form ergänzt, seine Beziehungen zu Entstehungs- und Erklärungsweg entwickelt und zur Szientistik und Hermeneutik hergestellt (den natur- und geisteswissenschaftlichen Methoden). Dies findet man ausführlich in R. RIEDL, 1985 a.

[9] BOLTZMANN macht seine Bedenken noch deutlicher mit der Feststellung: »Man kann die Denkgesetze aprioristisch nennen, weil sie durch die vieltausendjährige Erfahrung der Gattung dem Individuum angeboren sind. Jedoch es scheint nur ein logischer Schnitzer von KANT zu sein, daß er daraus auch auf ihre Unfehlbarkeit in allen Fällen schließt.« Sieht man das Augenzwinkern des großen Mannes, der über den logischen Schnitzer redet, der Logik zu vertrauen? Aus L. BOLTZMANNS Populären Schriften, zuletzt in F. KREUZER, 1981, S. 121.

Was die Evolutionäre Theorie hinsichtlich der oben berührten Grundfragen jeder Erkenntnistheorie, wie ich meine, vertreten muß, unterscheidet sich zum Teil nur graduell von den in der ›Philosophy of sciences‹ heute vertretenen Standpunkten. Am weitesten hebt es sich ab vom Logischen Positivismus, wenn man darunter jene Richtung versteht, welche an die Stelle biologischer und psychologischer Erörterung die logische Prüfung, namentlich der sprachlichen Gebilde (der Sätze) setzt, schließlich, wie WITTGENSTEIN und RUSSELL meinen, daß die Logik, jenseits jeder Erfahrung, ihre Gültigkeit allein aus Axiomen und Definitionen logisch eindeutig bestimmter Verhältnisse bezöge.

Diese wohlbekannte tautologische Formulierung soll an HEGELS Bemerkung erinnern, die offenbar für jeden der konventionellen erkenntnistheoretischen Ansätze zutrifft: ›daß es geraten sei, schwimmen zu lernen, bevor man sich ins Wasser wagt‹. Wie also können wir der Tautologie entkommen?

Den Standpunkt einer biologisch-psychologischen Erkenntnistheorie (oder einer solchen Wissenschaft vom Kenntniserwerb?) wollen wir als den eines ›Kritischen Empirismus‹ neu bezeichnen; weil eben nicht nur die Gegenstände der außersubjektiven Welt, sondern auch die Ausstattungen des Subjekts, mit deren Anleitung es die Welt betrachtet, als empirisch prüfbar betrachtet werden. Kann aber die Kamera, die mittels ihrer Bilder die Welt kontrolliert, gleichzeitig ihre Ausrüstung kontrollieren? Tatsächlich befindet sich der reine Empirismus kritischer Prägung in einer anderen Situation: er kann es.

Wenn es sich nämlich fortgesetzt zeigt, daß die Fehler in den Abbildungen dieselben bleiben, wie die Kamera dieselbe bleibt, die diese Welt (oder welchen Teil von ihr auch immer) betrachtet, dann nimmt die Wahrscheinlichkeit zu, daß der Fehler in ihrer eigenen Optik liegt.

Wenden wir uns also der Kamera zu. Lernen wir im Seichten schwimmen, bevor wir uns ins Tiefe wagen.

Disposition für innere Erfahrung

Wie erinnerlich, war die Frage, wie ›innere‹ Erfahrung oder ›innere‹ Logik möglich wäre, wie ihre Herkunft zu verstehen und sie überhaupt zu rechtfertigen sei, ein Hauptproblem der konventionellen Erkenntnistheorie, ja der Philosophie überhaupt. Aus der Sicht der Biologie ist dies gar nicht mehr problematisch. Fast ist es, im Gegenteil, das Erstaunlichere, daß als die Konsequenz der inneren Erfahrung eine ›äußere‹ entstehen konnte. Denn daß jede die Vorbedingung der anderen sein mußte, sowie Schwächen der einen und Vorteile der anderen diese Entwicklung förderten, das werde ich noch zeigen können. Die innere Erfahrung oder innere Logik, wie dies KANT bezeichnet hat, ist im wesentlichen jene, die der Biologe als die stammesgeschichtlich erworbene und genetisch gespeicherte betrachtet.[10]

---

[10] Hier ist der Differenzierung des Apriorischen, wie sie KANT vornimmt, noch nicht nachzugehen. Es sei nur daran erinnert, daß er ausdrücklich den Begriff der Kategorien von PLATON übernimmt. Auf die Gegenüberstellung der beiden Formen der Erfahrung bei KANT hat uns schon F. v. KUTSCHERA (1982, S. 153) aufmerksam gemacht. Zu KANTS Differenzierung einer allgemeinen (äußeren) und transzendentalen (inneren) Logik Einschlägiges z. B. bei K. MARC-WOGAU, 1936, S. 59 ff.

Natürlich ist die Entstehung der äußeren Erfahrung, die wir als eine ›Abstraktion aus der Augenblicks-Erfahrung‹ zu bestimmen haben werden, was man landläufig Assoziation nennt, die Voraussetzung, eine ›innere‹ überhaupt zu unterscheiden. Und es ist die Entstehung des Bewußtseins, die beim Menschen der Anlaß wurde, diese Parität auch noch zu problematisieren.

Und auch diese Problematisierung hat ihre tiefen biologischen Wurzeln. Sobald wir, weiter unten, Ursache haben werden, die selektiven Bedingungen des Entstehens von Bewußtsein darzulegen, wird dieses Thema wiederkehren. Es werden sich die Konflikte zwischen den schon reichhaltig entwickelten, ererbten Entscheidungshilfen als zu den Gründen gehörend erweisen, die dem Bewußtsein seinen wesentlichen Selektionsvorteil verschafften; nämlich als eine Schlichtungsstelle, als eine übergeordnete Instanz zur Erhöhung der Erfolgswahrscheinlichkeit notwendiger prognostischer Entscheidungen.

Ich werde in den einzelnen Kapiteln dieses evolutionsbiologischen Buchteils in einer einheitlichen Weise vorgehen. Zum einen werden wir entlang der phylogenetischen Entwicklung fortschreiten, von den genetischen, assoziativen und bewußten bis an den Rand der kulturellen Erkennensprozesse, und von den Materialien der Molekularbiologie, Physiologie, Ethologie bis zum Kulturvergleich. Zum anderen werde ich die jeweils ersten Absätze dem Prinzip des Phänomens der Schichte widmen, den zweiten der evolutionären Deutung und die folgenden den Einzelphänomenen, soweit ihnen zur Dokumentation und zur Weiterführung des Zusammenhangs Raum zu geben ist.

Affinität, Symbolik und Erkennen

Das Prinzip dieser Natur, das von Grund auf den Erfahrungsgewinn im Lebendigen möglich macht, und zwar genetischen wie auch assoziativen, ist bereits eines der unbelebten Materie. Das treffende Wort, das diese bereits komplexe Eigenschaft bezeichnet, ist ›Affinität‹. Ich meine damit Verwandtschaft, vorwiegend im Sinne der Geometrie.[11]

Man ist verführt zu sagen: Moleküle erkennen einander. Natürlich ›erkennen‹ sie gar nichts. Vielmehr erkennen wir, daß unter Normbedingungen bestimmte Moleküle miteinander in der gleichen Weise reagieren. Das gilt auch für die katalytischen Prozesse, wo im Idealfall der Katalysator im Prozeß des ›Erkennens und Umwandelns‹ sich nicht verbraucht; und in der Autokatalyse, in der die Menge des Moleküls sogar zunimmt. In der zeitgenössischen Molekulargenetik ist die Metapher, die Moleküle ›erkennen einander‹, nämlich an den Geometrien und Ladungsverhältnissen ihrer Oberflächen, zur bislang unwiderlegten Theorie geworden. Selbst wenn die, oft sehr komplizierte, Struktur der Moleküle noch nicht gänzlich aufgeklärt ist, darf wohl zu Recht angenommen werden, daß

---

[11] Unter ›affiner Abbildung‹ versteht man die Eigenschaft, daß Punkt und Gerade wieder Punkt und Gerade entspricht und daß Parallelität, Teil-, Flächen- und Raum-Verhältnisse in einem festen Verhältnis stehen. Der biologische Begriff der Ähnlichkeit des Zugeordnetseins und der Verwandtschaft kommt jenem nahe. Die Chemie hat den Begriff (über den anfänglichen Sinn des Wortes hinaus) zu einem Maß für Arbeit im Molekülbereich erweitert. Näheres zu obigem Thema in R. RIEDL, 1985.

Originale ihre Negative (oder Abgüsse) erzeugen, von welchen wieder Originale geformt werden, und so weiter.

Dieses ›Erkennen‹, das gleiche Reagieren gleicher Materiestrukturen, ist das Grundprinzip der Selbstreplikation des Keimmaterials und der Übersetzung ihrer Instruktion in die Eiweiße, ferner das der regulativen Prozesse in jedem Organismus, wie auch das seiner Reaktion auf die für seine Existenz relevanten und seinem Sensorium erreichbaren Bedingungen seines Milieus.

Wenn eine Kette von Kernsäure-Molekülen, ein Gen, in eine komplexe Eiweißstruktur übersetzt wird, wenn das Parapodium einer Amöbe eine (gefährliche) saure Stelle berührt und diese Nachricht in die Aktion einer phobischen Reaktion übersetzt wird (sich sofort zurückziehen), so liegt dasselbe Prinzip zugrunde. Und man erkennt auch damit den, wir können sagen, symbolischen oder zeichenhaften Charakter, der zu diesem Prinzip gehört. Denn weder hat ein Eiweiß irgendeine Struktur-Ähnlichkeit mit einer Kette von Kernsäure-Molekülen, noch hat eine Säure Ähnlichkeit mit der phobischen Bewegung eines ganzen Organismus.

Noch deutlicher wird man den Zeichencharakter, diese Symbolik vor Augen haben, wenn man sich daran erinnert, daß die Photonen, die auf eine Sehzelle treffen, keine Ähnlichkeit haben mit den Wandlungen des Sehpurpurs, die sie verursachen, und der Wandel des Sehpurpurs wiederum keine Struktur-Ähnlichkeit mit den chemischen Prozessen der Reizleitung in den der Sehzelle angeschlossenen Nervenzellen.[12]

Die Art der Symbolik kann völlig beliebig sein. Von lebenserhaltender Bedeutung ist vielmehr die Sicherung der einmal bewährten Zusammenhänge. Und zwar deshalb, weil diese durch Versuch und Irrtum der Mutationen herzustellenden Zusammenordnungen von Symbol und Bedeutung so kostspielig sind. Kostspielig, weil die Trefferchance aller solcher Zufallsänderungen sehr gering ist und der Mißerfolg der Mutante meist ›das Leben kostet‹. Jeder Versuch ist lebensgefährlich.

Mit dieser Einsicht in die lebenserhaltende Bedeutung der Erhaltung der Zusammenhänge solcher symbolperpetuierter Nachrichten sind wir aber auch beim Wesentlichen dieses Prinzips. Es enthält das, was wir unter dem Begriff des ›Erkennens‹ selbst erleben: es ist dies das ›Wiedererkennen‹. Auch was immer wir selbst zu erkennen meinen, ist bereits irgendwelchen Zuständen oder Vorgängen zugeordnet, die wir schon kennen, oder die, wie annähernd oder irrtümlich auch immer, wir zu kennen vermuten. Das Prinzip ist uralt.

Umwelt und Bedeutung der Prognostik

«Leben ist Lernen» lautet der Titel eines Gespräches, das FRANZ KREUZER mit KONRAD LORENZ über dessen Leben und Werk geführt hat. Das ist so treffend wie

---

[12] Man mag den Zusammenhang beliebig weiterspinnen: Vom Auftreffen einer bestimmten Luftschwingung zur Reizung einer speziellen Nervenzelle im Innenohr; von der Aussendung leisen Baby-Weinens zur sofortigen Alarmierung einer übermüdeten Mutter, die soeben bei beliebigem, beziehungslosem Lärm noch tief geschlafen hat; vom Eintreffen einiger Geruchsmoleküle zur Abrufung einer höchst komplexen Lebenserinnerung.

die schon erwähnte Feststellung, daß Evolution als ein kenntnisgewinnender Prozeß betrachtet werden kann; denn tatsächlich ist die Beteiligung des Energieumsatzes stets auf Optimierung eingestellt, da die Resourcen immer beschränkt sind. Der Gewinn an Kenntnis aber hat in der Evolution eine Tendenz zur Maximierung; und der Zuwachs ist nicht von außen begrenzt, sondern von den Mitteln des jeweiligen Systems. Lernen und Kenntnis allerdings in einem Sinne, der auch den Kenntnisgewinn, wie er im Erbgut gespeichert wird, einschließt.[13]

Der Zweck, oder die lebenserhaltende Funktion, ist im Lebendigen überhaupt, oder doch bis an die Grenzen der kulturellen Evolution, ein rein pragmatischer. Es geht um das, was in unserer Sprechweise richtige Voraussicht, Prognostik oder Vorwegnahme des Problems genannt wird: um richtige Entscheidung, um Antizipation der Problemlösung aus der Erfahrung. Lebenserfolg beruht selbst noch in unserer Lebenssphäre auf der richtigen Voraussicht von Lebensproblemen. Das Prinzip ist aber so grundsätzlich und alt, daß wir sagen können, die Möglichkeit des Lebens überhaupt beruht auf der Antizipierbarkeit der Problematik der Lebenserhaltung.

Das wieder setzt den Besitz eines Speichers für die Konservierung lebenserhaltender Lösungen voraus. Und diese Anleitungen müssen abrufbar sein, und sie dürfen sich auch durch beliebig wiederholte Abrufung nicht verbrauchen. Derlei nennen wir Gedächtnis. Und wir sprechen im gegebenen Fall zu Recht von einem molekularen Gedächtnis, welches übrigens, wie das unsere, vom Vergessen bedroht wird; und wieder, wie das unsere, im Falle eines erlernten Irrtums, muß es in der Lage sein, umzulernen.

Daß aber Prognostik möglich ist und nur über einen Prozeß der Erfahrungsgewinnung optimierbar, das hat wieder mit der Struktur dieser Welt zu tun, in der sich jenes Prinzip entwickelte, ja entwickeln *mußte*. Dieses grundsätzliche Lebensprinzip ist also einem Strukturprinzip der Welt ähnlich, es hat dieses nachbilden müssen, sollte Leben überhaupt möglich werden. Genauer: Nur jene offenen Systeme, weit vom thermodynamischen Äquilibrium, die wir lebendig nennen, haben ausreichende Erhaltungsbedingungen entwickelt, sind übriggeblieben, in welchen durch Zufallsprozesse Grundstrukturen dieser Welt nachgebildet wurden.

Damit begegnen wir in diesem Zusammenhang nun konkret jenem Prinzip, das uns aus der Sicht der Evolutionären Erkenntnistheorie weiter begleiten wird: dem Prinzip der Isomorphie. Dem Wortsinne nach einer Struktur-Ähnlichkeit: einer Ähnlichkeit der Antizipation, der Reaktion, des Verhaltens, später auch der erblichen Entscheidungshilfen des Organismus mit den Grundstrukturen dieser Welt.[14]

Hier kann man von einer Isomorphie 1. Ordnung reden, weil sie die Vorbedingung aller weiteren Strukturähnlichkeiten darstellt. Und jene Grundstrukturen, die

[13] Das erwähnte Gespräch in F. KREUZER, 1981; ferner sind zu diesem Thema einschlägig die Arbeiten von K. LORENZ, 1971 und 1973, von R. RIEDL, 1981 und 1985, sowie die Sammelbände von K. LORENZ und F. WUKETITS, 1983, und von F. KREUZER, 1984.

[14] Unter Isomorphie versteht man in der Botanik Gleichheit der Formen im Generationswechsel, in der Mineralogie Gleichheit von Kristallformen, in der Psychologie nach WOLFGANG KÖHLER seit den zwanziger Jahren (zuletzt in W. KÖHLER, 1958) Gestaltgleichheit von Erscheinung und dem physiologischen Korrelat im Nervensystem. Zur Diskussion K. PRIBRAM, 1984, und MARY HENLE, 1984. Meine Verwendung des Begriffs für die evolutionäre Lehre besonders in R. RIEDL, 1983 und 1985 a.

das Lebendige wiederbilden können und müssen, betreffen die Konstanz, die Redundanz und den Schichtenbau der Strukturen dieser Welt.

Da ist zunächst die Entsprechung, welche sich auf die Stetigkeit in den Strukturen und Prozessen in der Natur bezieht. Das ist nicht trivial, weil nur aus Gesetz und Ordnung Prognosen möglich sind, vieles in dieser Welt aber nicht determiniert, daher nach Ort und Zeitpunkt (was wir zufällig nennen) nicht vorhersehbar ist.

Da ist ferner die Entsprechung mit der hohen Redundanz in dieser Welt. Man erinnere sich, in welch hohem Maße sich ihre Strukturen und Prozesse in fast identischer Weise, nach ihrem Informationsgehalt redundant, wiederholen. Von den Fichten eines Waldes, über die Nadeln einer Fichte, den Adenin-Molekülen (im Code des Erbgutes aller Organismen) bis zu Wasserstoffmolekülen, Elektronen und Photonen im Kosmos. Von den Wogen eines Meeres über die gesungenen Strophen einer Vogelart bis zu den Auflagen der Bibel. Dies wieder ist nicht trivial, weil einmalige Gesetzlichkeit uns als solche, als Ordnung in dieser Welt gar nicht erkennbar wäre; Ordnung ist »Gesetz mal Anwendung«. Das gilt für unser Weltverständnis noch ebenso wie für das Lernen des Erbmaterials der Amöbe. Und da die meisten Wiederholungen nicht identisch, sondern nur sehr ähnlich verlaufen, ist auch ein gewissermaßen photographischer Speicherprozeß von Gesetzlichkeit nicht möglich. Wie wir noch sehen werden, kann es nicht genügen, jeweils eines der Phänomene für die Prognostik aller anderen präzise zu speichern. Wir sehen die Notwendigkeit der Abstraktion voraus sowie den Prozeß ihrer Optimierung[15].

Und da ist schließlich die Entsprechung mit dem Schichtenbau dieser Welt, der von den Quanten, Atomen, Molekülen, Kernstrukturen, Zellen, Geweben, Organen und Organismen zu den Populationen, Sozietäten und Kulturen immer wieder neue Qualitäten und neue Gesetzlichkeiten auftreten läßt. Wobei aus dem Erlernen einer Schichtgesetzlichkeit die der nächsthöheren noch lange nicht hinreichend zu antizipieren ist. So ›erlernt‹ das Auge die Quantengesetze der Photonen anders als die Verdauung die der chemischen Bindungen oder das Nistverhalten die Handhabung von Baumaterial.

Zuletzt ist bereits in diesem Zusammenhang auf ein Prinzip aufmerksam zu machen, das uns später noch beschäftigen wird, das Prinzip der Abstraktion. Man wird sich erinnern, daß wir die Möglichkeit und Begründbarkeit des Abstrahierens als ein Grundproblem der Philosophie kennenlernten. Gleichermaßen werden wir es als ein Grundprinzip allen Kenntnisgewinns des Organischen wiederfinden. Aber schon in dieser Ebene niedersten Isomorphiegrades stellen wir fest, daß das, was das Organische aus den Gesetzlichkeiten dieser Welt extrahiert, zu den universellsten und abstraktesten ihrer Gegebenheiten zählt. Der Prozeß des Kenntnisgewinns des Organischen beginnt bei den abstraktesten Phänomenen, so, wie der Kenntnisgewinn der Wissenschaft wieder bei ihnen endet. Das Konkrete, der Einzelfall, ist nicht das Ziel der Operationen, es ist der Anlaß.

---

[15] Über die Redundanz, Ordnung und Schichtenbau habe ich an anderen Stellen ausführlichere Darstellungen gegeben. Besonders zur Struktur und Organisation des Organischen R. RIEDL, 1975, zur allgemeinen Struktur der Welt in den Arbeiten von 1978–1979, sowie 1985 und 1985 a, über den Erkenntnisvorgang 1981 und 1983.

Der Algorithmus des Erfahrungsgewinns

Ein weiteres Kennzeichen des Gewinns von Erfahrung ist die Einfachheit der Stereotypie des Prozesses und der Umstand, daß das Prinzip durch alle Schichten des Kenntnisgewinnens hindurchreicht. Dieses Prinzip beruht auf dem Festhalten sich wiederholender Bestätigungen in Form einer Iteration.[16]

Beim genetischen Erlernen ›innerer‹ Kenntnisse beruht der schraubenförmige Prozeß auf zwei Umlaufhälften, die man als Mutation und Selektion kennt; genauer: die eine Seite im Organismus enthält die Alternativen der identischen Replikation versus der Möglichkeit einer mutativen Änderung im Erbmaterial, die andere Förderung oder Behinderung der Vitalität, des Lebenserfolges, letztlich der Reproduktion. Koinzidiert eine Veränderung im Erbgut und damit eine Lebensfunktion mit dem Lebenserfolg, so wird sich die Mutante erhalten und vermehren. Und bestätigt sich diese Koinzidenz über viele Generationen (und Individuen), so wird sich die Veränderung in der ganzen Art durchsetzen.

Daß der einfache Vorgang tatsächlich Kenntnisgewinn ermöglicht und daß es sich dabei um eine Art Extraktion von Gesetzlichkeit des Milieus handelt, zeigt schon unser Auge; mit welcher Akribie dieser Prozeß in unseren Vorfahren alle Entsprechungen der für sie relevanten Gesetze der Optik ihrem Milieu entnommen und in Aufbau- und Betriebsanleitung dem Organ eingebaut hat. Unsere Physiker haben diese Gesetze gewissermaßen nur wiederentdeckt, und zwar unter Anleitung ihres Auges.

Auch das prognostische Element dieses Prozesses ist nicht zu übersehen. Dies zeigt der Regelfall der Reproduktion, der einer Re-Etablierung des Etablierten entspricht; man möchte sagen: einem Vertrauen auf Erfolgsrezepte. Und dieses begründet sich wieder aus der (relativen) Konstanz der Natur.

Ferner spielt schon in dieser ersten Lernschichte eine Beziehung eine Rolle, die uns erst in den höheren Schichten eingehender wird beschäftigen müssen. Es handelt sich um die Beziehung simultaner (gleichzeitiger) und sukzedaner (aufeinanderfolgender) Koinzidenzen. Die sukzedanen verstehen sich von selbst. Sie entsprechen der bestätigenden Bedeutung der Wiederholung. Die simultanen erleben wir eher als Merkmalsreichtum. In dieser einfachen Schichte entspricht dem etwa das Muster an veränderten Ausstattungen, die eine mutative Veränderung zur Folge hat, gegenüber dem Muster der Lebensfunktionen, die sich gewandelt haben mögen.

Dieses genetische Lernen baut natürlich nicht nur alle unsere Körperstrukturen und -funktionen, sondern auch die Regelkreise aller uns verfügbaren ›unbedingten‹ Reflexe. Und die Verknüpfungsmöglichkeiten zwischen diesen unbedingten Regulationen bilden die physische Grundlage des bedingten Reflexes, der nächsthöheren Lernschichte, des assoziativen Lernens, in einem Sinne der ›äußeren‹ Erfahrung.[17]

---

[16] Unter einem Algorithmus versteht man bekanntlich einen nach festen Regeln bestimmten Rechen- oder Problemlösungsvorgang, unter einer Iteration einen Algorithmus, der durch die stete Wiederkehr weniger Prozeduren gekennzeichnet ist; ähnlich der Division, die Dezimale für Dezimale das Ergebnis optimiert.

[17] Ein unbedingter Reflex ist z. B. der Patellarsehnen-Reflex, der (mit vielen anderen) das Gehen steuert, sowie der Lidschluß-Reflex, der bei einer Störung (einem starken Luftstrahl) das Augenlid automatisch schließt. Ein unbedingter Reflex verknüpft (assoziiert) einen unbedingten mit einem bedingten Reiz. Läßt man im Experiment

Es überrascht uns dann schon weniger, daß auch beim assoziativen Lernen (also dem ›Lernen‹ im gewohnten, engeren Sinne) die Wiederholung von Bestätigungen die gleiche Rolle spielt. Was allerdings im assoziativen Lernen hinzukommt, ist die Reaktion auf Koinzidenzen in der Augenblicksinformation. Gegenüber der Langzeit-Information, auf welche das genetische Lernen reagiert, wird ein unmittelbarer Zugang zu den Gesetzlichkeiten, der Prognostizierbarkeit der Milieubedingungen, erschlossen. Denn was regelmäßig als koinzident wahrgenommen wird, dem wird so etwas wie ein notwendiger Zusammenhang zugedacht. Davon später noch mehr. Aber nochmals spiegelt sich in diesem Lernprinzip die Stetigkeit der Natur; denn was in ihr regelmäßig koinzidiert, wird mit großer Wahrscheinlichkeit auch real zusammenhängen.

Adaptation, Konstruktion und alte Hypothesen

Mit der Disposition zur Gewinnung ›innerer Erfahrung‹ ist aber noch ein Phänomen verbunden, das tief in das Werden unserer Ausstattung eingreift. Ich erkläre es als die Wirkung einer ›inneren Selektion‹, die erst ins Auge fällt, wenn man die Systembedingungen in Betracht zieht, welche im Evolutionsprozeß eine wachsende Rolle spielen müssen. Diese innere Selektion verhält sich zur äußeren, welche die Biologen seit CHARLES DARWIN und ALFRED R. WALLACE im Auge haben, wie die Betriebs-Selektion (Betriebs-Organisation) zur Markt-Selektion. Und sie führt dazu, daß sich die belebte Welt in eine hierarchische Ordnung von Verwandtschaftsgruppen gliedert, daß die Evolution in Bahnen verläuft und daß alle Adaptierbarkeit ihre Grenzen hat.[18]

Nur die dritte dieser allgemeinen Konsequenzen braucht uns vorerst zu beschäftigen. Sie ist mit der Erfahrung plausibel zu machen, daß komplexe Funktionssysteme die Freiheit beliebiger Änderbarkeit verlieren. So kann man im europäischen Fernsehen zwar noch die Programme, aber nicht mehr das Prinzip, zum Beispiel die zeilenweise Übertragung, ändern. Ebenso kann der genetische Code der Moleküle nicht mehr grundsätzlich verändert werden. Es zeigt sich, daß die Erfolgsaussichten grundsätzlicher Änderungen überhaupt mit dem Wachsen funktioneller Verfilzung dramatisch sinken. Und das führt dazu, daß alte Konstruktions-Bedingungen nur mehr oberflächlich zurechtadaptiert oder gar nicht mehr verändert werden können.

Dies zeigt schon unsere physische Ausstattung in den evolutiven Kompromissen: etwa daß unsere Geburt ausgerechnet durch den einzigen nicht erweiterbaren Knochenring erfolgen muß, daß Atem- und Speisewege einander kreuzen und daß der ›Film‹ in der Kamera unseres Auges weiterhin verkehrt eingelegt bleibt; all dies war bei unseren amphibischen Vorfahren noch optimal gelöst.

vor jedem Luftstrahl (unbedingter Reiz) regelmäßig eine Lampe leuchten (bedingter Reiz), so wird nach einigen Wiederholungen das Auge schon beim Aufleuchten der Lampe reflektorisch geschlossen. Es wird zur Vorwarnung der erwarteten Störung.

[18] Für unser Thema der Grundlagen unserer Begriffsbildung sind diese Systembedingungen der Evolution nur von mittelbarer Bedeutung. Ich fasse mich daher kurz. Der Ambitionierte möge die ausführliche Darstellung in R. RIEDL, 1975, nachschlagen, oder die fachliche Kurzfassung in R. RIEDL, 1977, die allgemeine in 1985 b, einer Ausgabe meiner populären Schriften.

Es nimmt dann nicht mehr wunder, daß sich auch die Grundlagen, die unser assoziatives Lernen ermöglichen, als nicht mehr beliebig adaptierbar erweisen. Rational betrachtet erscheint uns jene Ausstattung naiv, die uns (schon im bedingten Reflex) in unbelehrbarer Weise dazu zwingt, auf Koinzidenzen, sobald sie sich wiederholen, sofort mit einem einprägenden Lernvorgang zu reagieren. Besonders das Experiment zeigt, wie wir auf beliebig erzeugte Koinzidenzen hereinfallen.

Aus den Ausstattungen von solcher, genetisch festgelegter Art rekrutieren sich aber auch die Vorbedingungen unseres Erkennens. Ein Zusammenhang, der uns noch eingehend beschäftigen wird. Gleichzeitig sind sie aber von unserem reflektierenden Verstand insofern völlig unabhängig, als sie sich auch von ihm nicht verändern lassen. Es sind das, wie sie KONRAD LORENZ nennt, ›angeborene Anschauungsformen‹, die zusammen das konstituieren, was EGON BRUNSWIK parallel zu ihm einen vernunftähnlichen, ›ratiomorphen Apparat‹ genannt hat. Ich habe die phylogenetische Systematik dieser Ausstattung untersucht und finde, daß sie sich rational als ein System von Hypothesen, hypothetischen Vorausurteilen und als Entscheidungshilfen verstehen läßt.[19]

Am Rande dieses Zusammenhangs stehen zunächst unsere Hypothesen, den Raum als dreidimensional und die Zeit als eine vom Raum ganz unabhängige Qualität, als eindimensional zu erleben. Schon dies führt uns zwei weitere Eigenschaften der ratiomorphen Hypothesen vor. Zum einen zeigt es sich, daß es Anpassungen an den Mesokosmos sind, wie HANS MOHR unsere Zwischenwelt zwischen Mikro- und Makrokosmos bezeichnet. Denn nur in diesem Mittelbereich sind sie passable Näherungen. Im Makrokosmos, aus dem uns die Relativitätstheorie das Herrschen eines Raum-Zeit-Kontinuum nachweist, wären sie auch sinnlich falsch. Und im Mikrokosmos paßten sie nicht in die Unbestimmtheit der Ort-Zeit-Relation. Zum anderen bemerkt man ihre Unbelehrbarkeit in dem Sinne, daß wir sie trotz der rationalen Belehrung, indem wir ALBERT EINSTEINS Einsicht mitvollziehen, nicht ändern können. Auch der Umstand, daß wir auf die sogenannten ›Perspektivischen Täuschungen‹ hereinfallen, demonstriert, wie wir sehen werden, diesen Zusammenhang.

Was nun die erste unserer fundamentalen Hypothesen betrifft, so steht sie in Zusammenhang mit der Art, wie uns, begonnen mit dem bedingten Reflex, die Interpretation der sich wiederholenden Koinzidenzen eingepflanzt ist. Rational betrachtet erscheint sie als eine ›Hypothese vom anscheinend Wahren‹. Sie ist die Grundvoraussetzung unserer Wahrnehmung von Gesetzlichkeit und jeder möglichen Voraussicht und damit die Grundbedingung unserer assoziativen Orientierung in dieser Welt.

Sie nun suggeriert uns, und dies in einer wieder unbelehrbaren (unveränderbaren) Weise, ›daß mit der Bestätigung einer Prognose die Bestätigung der Folgeprognose wahrscheinlicher werden würde‹. Dies ist nun rational ebenso unbegründbar wie logisch unhaltbar und damit die Ursache jener ungeschlichteten Auseinandersetzung um das Abstraktions-, Universalien- und Induktionsproblem, die wir

---

[19] Man vergleiche die Studien von K. LORENZ von 1941 und 1943 sowie 1973 und 1978 mit jenen von E. BRUNSWIK von 1934 sowie von 1955. Im Zusammenhang der Begriffsbildung sind auch die ratiomorphen Hypothesen nur im zweiten Glied der Zusammenhänge zu sehen. Wir werden ihnen allen in den Kapiteln des Teiles 2 begegnen. Ihre systematische Darstellung und Begründung findet sich in R. RIEDL, 1981.

schon kennenlernten. Gleichzeitig ist diese Erwartung aber unverzichtbare Voraussetzung und Begründung jedes Forschens und jeglichen Experimentierens. Ohne diese Erwartung gäbe es keine Orientierung und schon gar keine Wissenschaft.

Und gerade deshalb ist es gut, sich den Umstand zu vergegenwärtigen, daß wir aufgrund solcherart erblicher Ausstattung und unbelehrbarer Erwartungen die Perspektive des Russellschen Huhnes höchstens nur graduell, meist aber überhaupt nicht verlassen können — jenes Huhnes, von dem BERTRAND RUSSELL sagt, daß es mit jedem Tag der Fütterung seinen Fütterer mehr für seinen Wohltäter halten muß, ohne ahnen zu können, daß es ebendies jenem Tage nahebringt, an welchem ihm derselbe Fütterer den Kragen umdrehen wird.

Man achte darum (nicht nur auf seine Fütterer) auf die selbst geringfügig erscheinenden und, wie auch immer, durch Konvention und Paradigma kaschierten Unstimmigkeiten mit seiner Prognostik. Eben dies ist das Anliegen meiner Abhandlung über die Grundlagen unseres Begreifens.

Biologie der Abstraktion

Man erinnert sich, daß es für die Erkenntnistheorie ein Problem geblieben war, wie ›innere‹ Erfahrung zustande kommen und begründet werden sollte, und daß es sich in biologischer Sicht gerade umgekehrt zeigte: das Werden innerer Erfahrung erwies sich als die Grundbedingung des Lebendigen, die Entstehung der äußeren hingegen als das Erstaunliche. Der gleichen Umkehrung begegnen wir nun im Problemkreis der Abstraktion.

Abstraktion, mit ihren Formen der Induktion, der Generalisation, der Universalien, ja der Klassenbegriffe überhaupt, ließ sich logisch nicht begründen. Begriffe fanden wir von POPPER als undefinierte Ausdrücke bestimmt. Nur Worte sind es, behaupteten ferner die Nominalisten; gewiß und real wäre nur das Einzelding. Das ist in der Evolution wieder umgekehrt. Die Kreatur beginnt mit der Reaktion auf das Allgemeinste, das Erkennen des Einzelnen wird bereits zur höheren Leistung.

Es ist fast trivial festzustellen, daß die einfachsten Lebensformen, mit welchen die Evolution der Organismen beginnt, auch mit einfachsten Mitteln einer Flut von Ereignissen genügen müssen. Aber es ist nicht trivial festzustellen, auf welche Weise diese Abstraktion der ›Fakten‹ eingerichtet wird, wie dieser so generalisierte Zugang zur Welt schrittweise bis zur Wahrnehmung der Individualität differenziert wird, und wie es kommt, daß dieser Ablauf auch die Entwicklung der menschlichen Erwartungshaltung steuert; wiewohl ebendieser Ablauf, rational betrachtet, gerade nur in der Gegenrichtung begründbar erscheint.

Ein System von Bedeutungen

Der Gewinn ›innerer‹ (genetisch gespeicherter) Kenntnisse erfordert, wie gezeigt, beträchtlichen Aufwand; lebensgefährliche Aufwände. Zudem setzen sich derlei ›Kenntnisse‹ überhaupt erst durch, sobald sie sich in zahlreichen Generationen und in der massiven Mehrheit der Individuen einer Population bewährt haben. Sie entsprechen damit Entscheidungen, die in allen Folgefällen wie in den Folgegenerationen Erfolg hatten. Solche Kenntnisse haben also die Funktion von Urteilen im voraus, von Voraus- oder Vorurteilen. Und will man unter ›Vorurteilen‹, wie üblich, meist irrige Urteile im voraus verstehen, so sind dafür die Mutanten sehr charakteristisch. Denn die überwiegende Zahl der Mutationen bewährt sich nicht. Was von ihnen übrigbleibt, das sind jene Zufallstreffer, die sich bewähren: die erfolgreichen (richtigen?) Vorausurteile.

Das betrifft zunächst eine noch unübersehbare Urteilsfülle des ›internen, kohärenten Funktionierens‹ der sich differenzierenden Lebensfunktionen; das, was man unter Organisation versteht. Die Entwicklung dieser Entscheidungsfindung muß ich beiseite lassen. Denn hier geht es um Vorausentscheidungen über die ›Korrespondenz‹ mit der Außenwelt, über die dem Organismus erreichbaren und für ihn relevanten Bedingungen in seinem Milieu. Es geht um die Evolution der Sinne. Und gerade in dieser Frage haben wir Biologen Wesentliches dazugelernt.

Noch vor einer Generation pflegte man die Entwicklung eines Sinnesorgans, besonders des Auges des Menschen, wie die der Photoapparate darzustellen, deren Ziel es sein mußte, mit verbesserter Optik, Fokussierung und Blende die Realität dieser Welt immer präziser und vollständiger auf die Filmebene des Bewußtseins zu projizieren. Diese Sicht erwies sich als naiv, anthropozentrisch und finalistisch; kurz, als ganz falsch. In Wahrheit müssen wir erwarten, daß unser Bewußtsein überhaupt nur von jenen Reizen erreicht wird, die bereits vorgefiltert, gedeutet und interpretiert sind. Dem gegenteiligen ›Augenschein‹ zum Trotz wird unserem Augenschein alles vorenthalten, was nicht schon mittels eines Urteils im voraus eine Bedeutung appliziert hat.

Daß dies im Tierreich so ist, das hat zunächst die Verhaltensforschung gezeigt. Und im Anschluß daran haben die Neurophysiologen vorerst die einfacheren Filter, Wechselverrechnungen und ›Deutungs-Schaltungen‹ aufgedeckt. Die Physiologie hat diese Selektivität, wie sie auch unsere eigene Wahrnehmung steuert, erst mit der Überwindung des Behaviourismus wahrnehmen können.[20]

Alle Wahrnehmung ist also Interpretation von Bedeutungen, so wie alles Erkennen ein Wiedererkennen ist. Wobei es im Grunde darauf ankommt, eine bestimmte Reiz-Konstellation mit einer ganz bestimmten (nämlich der richtigen) Antwort, eine Reaktion im Inneren mit einem Verhalten nach außen, sofort und treffsicher zu verknüpfen. »In dieser gegenseitigen Beziehung von Reaktion und Rezeption«, erinnert uns KARL POPPER (1979, S. 24), erblickte schon ERNST MACH »die psychologische Grundlage des Begriffes«. — »Worauf in gleicher Weise reagiert wird«, sagte MACH (1900, S. 416), »das fällt unter einen Begriff. So vielerlei Reaktionen, so vielerlei Begriffe.« Dies wird uns noch näher beschäftigen. Jedenfalls erkennt man in der Psychologie, wie FRIEDHART KLIX (1976, S. 202) zusammenfaßt, Informations-Reduktion, Invarianten- und Klassenbildung als wichtige Grundlagen organischen Zeichenerkennens.

[20] »Die Selektivität der Wahrnehmung«, sagen H. WIMMER und J. PERNER 1979, »kommt dadurch zustande, daß nur jene Sinnesinformation, die durch inhaltliche Erwartungsbildung ... als sinnvoll interpretiert werden kann, dem Bewußtsein zugänglich wird.« Was die Überbauung der behavioristischen Psychologie durch die ›kognitive Wende‹ betrifft, so war die Kritik durch NOAM CHOMSKY, 1959, und den Band von ULRIC NEISSER, 1967, wichtig. Das Zitat von S. 162; Übersicht dieser ›Wende‹ und weitere Schlüssel-Literatur auf S. 9–16 und 27.

Umwelt, Bedeutung und Entscheidung

In der Evolution der Einzeller scheint die notwendige Verknüpfung einer Gruppe von Reizen mit einer lebenswichtigen Entscheidung schon dadurch gesichert, daß nur ein einziger ›Sensor‹ für eine Reiz-Reaktions-Koppelung vorgesehen ist. So ist für das Pantoffeltier eine bestimmte Konzentration von Wasserstoff-Ionen ›Indikator‹ für das Vorhandensein der gesuchten Bakterienansammlung. Entgegen der Erwartung des lupenreinen Empirismus, daß nur das Einzelobjekt (hier das Bakterium) Vertrauen in die Realität der Dinge geben könne, wird hier der höchst abstrakte ›Begriff‹ der Ionenkonzentration zur Steuerung der die Realität, die Existenz des Pantoffeltierchens, erfolgreich erhaltenden Reaktion.

Sobald sich mit den Vielzellern das Nervensystem entwickelt, entsteht über den Vorteil einer neuerlichen Kanalisierung die Steuerung des Schlüsselreizes in Richtung auf die lebenserhaltende Antwort des Verhaltens. So wird auch noch unsere eigene Bewegung, etwa das Gehen und Laufen, von unbedingten Reflexen gesteuert, die, im Regelfall erfolgreicher Meldungen, unserem Bewußtsein völlig entzogen bleiben. Und auch hier wird nichts Konkretes vom Untergrund oder der Wegsituation gemeldet, sondern höchst abstrakt, physikalisch, die Spannungsänderungen als Indikator für die erforderlichen Muskelkontraktionen verwendet; wie sie auch das Stolpern kompensieren und das Stürzen vermeiden.

Und wo immer komplexe Sinnesorgane entstehen, die in der Lage wären, eine Flut von Daten in das Gehirn zu lenken und ein völliges Entscheidungsdilemma hervorzurufen, ist nochmals vorgesorgt. Nämlich durch bestimmte Reizfilter, die eine wiederum recht abstrakte Klasse von Reizen mit der richtigen Antwort verbinden. Für die Zecke etwa wird ›Säugetier‹ (an dem zu saugen ist) durch die Meldung von Buttersäure ›definiert‹, für ein Rotkehlchen das, was angebalzt werden soll, durch einen roten Fleck; ein roter Flederwisch wirkt daher attraktiver als das Stopfpräparat eines echten Weibchens. Und auch wir fallen auf solche Übertreibungen herein; durch das Zuneigung auslösende, wieder abstrakte ›Kindchenschema‹, zum Beispiel auf die ›herzigen‹ (ans Herz zu nehmenden) Disney-Figuren.[21]

Freilich werden mit der Evolution die Dinge dieser Welt schrittweise konkreter wahrgenommen. Aber der Ansatz, und darauf kommt es mir an, beginnt im Abstrakten. Was immer, so können wir sagen, als Klasse von Reiz-Situationen mit dem Lebenserfolg koinzidiert, konnte genetisch festgeschrieben werden. So kann es nicht überraschen, daß das assoziative Lernen auf derselben Wahrnehmung von Koinzidenzen aufbaut, daß es unsere Erwartung, wie beim bedingten Reflex, steuert, als ob bei der Wahrnehmung sich wiederholender Koinzidenzen, was wieder ein abstrakter Ausdruck ist, mit weiterer Wiederholung zu rechnen wäre. Wir erleben dies über die Mutmaßung eines notwendigen Zusammenhanges.

Unsere Ausstattung hat mit der erwähnten ›Hypothese vom anscheinend Wahren‹ zu tun, nun aber schon mit einer zweiten: mit der Hypothese vom Vergleichba-

---

[21] All das lese man aus erster Hand in K. LORENZ, 1973. Dort findet man diese Kanalisierung der Entscheidungshilfen über die angeborenen Auslösemechanismen und die autonomen Einrichtungen, wie dem Appetenz- oder Begehr-Verhalten, ausführlich begründet; hier muß ich bei der Frage der Abstraktionsgrade bleiben.

ren. In ihrer ersten Lesung, nach dem vorliegenden Zusammenhang, enthält sie die Erwartung, daß das Ungleiche im Vergleichbaren weggelassen werden dürfe. Und diese Erwartung erklärt sich aus einer weiteren Isomorphie mit der Struktur der Welt, in der sich das Gleiche tatsächlich nie in derselben Weise wiederholt. Formen, Zeitpunkte und äußere Umstände werden sich immer ändern. Man bedenke, unter welch verschiedenen Umständen man einem Freund begegnen, unter welchen Perspektiven man denselben Baum sehen und welche Formen das haben kann, was wir einen Felsen nennen.

Es ist höchst zutreffend, wenn KARL POPPER feststellt, »daß alle Wiederholungen, die wir erleben, (nur) annähernde Wiederholungen sind«, und daß zwei ähnliche Dinge »nur in gewisser Hinsicht«, ja sogar »in verschiedener Weise ähnlich sein können«, selbst »ein bestimmtes Interesse oder eine Erwartung voraussetzen«. Das spricht gewiß gegen eine logische oder deduktive Begründbarkeit der Abstraktion, aber ebenso eindeutig für ihre Notwendigkeit in der Entwicklung von Kenntniserwerb im allgemeinen Sinne.[22]

Kehren wir mit dieser Begründung der Abstraktion vom Gefängnis in der Metaphysik wieder zurück in eines der Wissenschaft? In einem gewissen Sinne. Wir müssen die Gefangenschaft unserer Sinne und der Anleitung, diese Welt zu deuten, eben im Sinne genetischer Festschreibungen anerkennen. Verglichen mit den Möglichkeiten der Psyche sind sie ja tatsächlich nicht wandelbar. Aber sie sind durch die Erfahrung übersteigbar. Ein Gefängnis ist es gewiß, doch sehen wir es bereits von außen.

Differenzierung des Verhaltens

Diesen Umstand, daß das Lebendige in seinem Bezug zur Umwelt im Allgemeinsten beginnt, um schrittweise ins Konkrete vorzudringen, zeigt sich deutlich auch im Verhalten. Die Bestimmung des Guten, das in jedem philosophischen System im Zielpunkt der Reflexionen liegt, bildet in den einfachsten Lebensformen den alleinigen Ausgangspunkt.

Jene Bestimmung des Säuregehaltes, von der wir sprachen, steuert die Kinesis-Reaktion vieler Einzeller. Das bedeutet, daß sie sich im bevorzugten Milieu langsam bewegen, im nachteiligen aber das Tempo ihres Zufallskurses beschleunigen. Ähnlich wie der Pilz-Sammler im fündigen Waldgrunde mit Umsicht pendelt, die pilzlosen Strecken aber flott durchschreitet. Hier wird das ganze Bewegungsverhalten allein von der Unterscheidung ›gut‹ und ›schlecht‹ gesteuert.

Beträchtlich höher stehen schon die Taxien, die dem Organismus (etwa im Rahmen der Phototaxis) die Richtung mitteilen, in der er sich in seinem Milieu bevorzugt zum Licht bewegen soll. Damit wird bereits ein Winkel zwischen seiner Bewegungsachse und dem Ort des ›Guten‹ bestimmt.

Bis zur Wahrnehmung von Gegenständen ist dann der Weg noch weiter, als man gewöhnlich annehmen möchte. Beim Frosch zum Beispiel stellte es sich heraus, daß

[22] Die Zitate aus K. POPPER sind dem Band von 1973, S. 374–376, entnommen. Sie beziehen sich auf eine Passage DAVID HUMES, der die Funktion der Wiederholung für die Logik zwar auch ablehnt, ihre psychologische Funktion aber akzeptiert.

er bei schnellen Objekten, die mehr als 15 % des Sehfeldes einnehmen, auf Flucht geschaltet wird, bei langsameren und kleineren (8—10 % des Sehfeldes) auf Zielorientierung für den Beutefang. Zwischen beiden bleibt ein Feld der Reaktions-Unbestimmtheit (der Ratlosigkeit?). Und noch eines ist an dieser abstrakten Unterscheidung von Feind und Beute von Interesse. Es gibt ein jeweils ›ideales‹ oder optimales Feind- bzw. Beute-›Bild‹, bei dem am sichersten geflüchtet beziehungsweise zugeschnappt wird. Etwas wie einen Prototypus, ein Phänomen, das wir noch bis in das wissenschaftliche Denken des Menschen verfolgen werden.[23]

Allein die Rezeption von Helligkeitsgrenzen, wie sie sich als Voraussetzung für die Objekt-Wahrnehmung erweist, ist ein schon in der Retina vorgenommener Abstraktionsvorgang (vgl. Abb. 1, S. 59). Es haben sich Schaltungen nachweisen lassen (Abb. 3, S. 64), welche die Geraden vermelden, ihre verschiedenen Lagen zur Augenachse, Krümmungen von Helligkeitsgrenzen, sowie die Richtung ihrer Bewegung. Bei der ›Entschlüsselung der Gestalt‹ kommen wir darauf zurück.

Was aber schon hier interessiert, das sind die auch unserer Wahrnehmung vorgegebenen Deutungen. Schon HERMANN VON HELMHOLTZ nennt dies ›unbewußte Inferenzen‹. LUDWIG WITTGENSTEIN wußte, daß wir alles schon ›als etwas‹ gedeutet sehen; HEINZ WIMMER und JOSEF PERNER sprechen treffend von einem ›indirekten Realismus‹. Je konkreter die Erscheinungen werden, die von der Wahrnehmung der evolvierenden Organismen erreicht werden, um so mehrschichtiger müssen wir uns die erbliche Organisation der interpretierenden Einrichtungen denken. »Wir haben es«, sagt FRIEDHART KLIX anschaulich, »mit einer Kaskade informationsreduzierender Verarbeitungsstufen des Nervensystems zu tun, die als Grundlage perzeptiver und kognitiver Invarianzleistungen anzusehen sind.« Hierbei wird aus der Flut der Informationen die Instruktion für das lebensfördernde Verhalten herausgefiltert.[24]

Differenzierung der abstrakten Wahrnehmung

Dieses Thema ist unter einem veränderten Blickwinkel weiterzuführen. Dort nämlich, wo die neuronalen Systeme bereits so komplex sind, daß sie der Aufklärung noch widerstehen, kann man jedoch mit der Frage fortfahren, was Organismen in ihrem Milieu differenzieren. Auch hier wird ein zunächst höchst generelles Bild von der Welt, das nur ›gut‹ und ›schlecht‹ beinhaltet, dann das Da und Dort, endlich Feind und Futter weiter differenziert. Und was wir Differenzierung nennen, sei es des Verhaltens selbst, oder interpretiert als Wahrnehmung, das entspricht einem schrittweisen Abbau der hohen Abstraktionsgrade der ersten Ansätze.

Sichergestellt ist natürlich von Anfang an die Reaktion auf den Geschlechtspartner. Aber bis in die Differenzierungsstufe der Fische kann das Geschlecht eines

---

[23] Die ausführliche Darstellung und Bedeutung der Kinese und der Taxien mit Literaturverweisen in K. LORENZ, 1973 und 1978. Hinsichtlich der Originalarbeiten, die das Frosch-Thema betreffen, konsultiere man H. BARLOW, 1953, J. LETTVIN und Mitarbeiter, 1959, H. MATURANA und Co-Autoren, 1960, sowie U. GRÜSSER-CORNEHLS, O.-J. GRÜSSER und T. H. BULLOCK, 1963.

[24] Die Angaben beziehen sich auf die Bände von H. v. HELMHOLTZ, 1896, und L. WITTGENSTEIN, 1958. Der Hinweis und weiteres Material ist H. WIMMER und J. PERNER, 1970, entnommen. Das Zitat stammt aus F. KLIX, 1976, S. 238. Vgl. auch E. HUNT, J. MARTIN und P. STONE, 1966.

Individuums noch wechseln. Und die Evolution treibt dann einigen Aufwand mit der Differenzierung von Signalen, Änderungen der Färbung, Zeichnung und des Verhaltens, um den physiologischen Zustand des Partners mitzuteilen. Drastische Maßnahmen gewissermaßen, die zeigen, wie unsicher die Fähigkeit zu differenzieren noch immer ist.

Und ist der Artgenosse und sein Zustand erkannt, so bedeutet das noch lange nicht ein Erkennen einer Individualität. Diesen bedeutenden Schritt in der Evolution soll man nicht unterschätzen, denn er führt zum Partner, zur Ehe und zur Freundschaft, die ein Leben lang währen kann.

Der Weg dahin aber geht über Jahrmilliarden, denn zunächst ging es lediglich um die Unterscheidung der Arten; zuerst durch chemische Affinitäten und erst viel später über optische und akustische Nachrichten. Aber selbst die in Schulen und Scharen zusammenlebenden Wirbeltiere bilden zumeist noch anonyme Verbände. Für das Individuum sind es Mengen und nicht Individualitäten von Individuen.

Nun beginnt im Differenzierungsprozeß der Interpretation der Welt die Art eine neue und besondere Rolle zu spielen. Sie wird zur ›Drehscheibe‹, zum Modell dafür, was uns Erwachsenen als der Unterschied zwischen Individual- und Klassenbegriff so selbstverständlich erscheint. Aber man wird verstehen, daß Individualbegriffe im Anorganischen keinen und im Außerartlichen nur einen bescheidenen Sinn haben. Erst innerhalb der Art wird die Angelegenheit zunächst biologisch wichtig, folglich zum Problem, und dieses schließlich gelöst.

Es ist JEAN PIAGET, der den gleichen Zusammenhang in der Kindesentwicklung entdeckte (1975, Band 2), und CLAUDE LÉVI-STRAUSS (1981) faßt ihn ähnlich aus der ›Logik‹ der Naturvölker zusammen. Ich werde darauf zurückkommen, denn wieder läßt sich hier ein uraltes Prinzip unserer Lernanleitung aufdecken, gemeinsam mit seiner Isomorphie, der Möglichkeit, den Selektionserfolg aus der Übereinstimmung mit Grundstrukturen dieser Welt zu verstehen.

Es wäre naiv zu glauben, daß ein Tier ebenso mit Individualitäten in seiner Umgebung ›rechnet‹, wie wir das tun. Denn in Wahrheit übertragen wir nur die Kenntnis von dieser Differenzierungsmöglichkeit, die wir an einigen Beispielen kennenlernten, in die Menge; sei es in die Menge in einem Sportstadion, in die eines Vogelschwarmes, dessen Individuen einander vielleicht gar nicht unterscheiden. Und wir übertragen den Gedanken sogar in die Mengen der Berge, der Straßen und Autos. Sie erhalten Namen wie Mitglieder von Familien, oft liebevolle, und können dann ebenfalls Freunde bleiben — ein Leben lang.[25]

Weiter ist an einem anderen Zusammenhang fortzusetzen; am Erkennen der Gestalt. Wir haben nochmals im Systemzusammenhang zurückzugreifen, um voranzukommen. Aber es ist ein Kennzeichen von Systemzusammenhängen, daß es gleich schlecht ist, an welchem Ende die Beschreibung beginnt. Wieder eine Konsequenz unserer Ausstattung, die Folge unserer Kommunikationsweise, Mehrdimensionales doch nur in eindimensionaler Sprache darstellen zu können.

---

[25] Auch höhere Säuger haben angesichts eines Zieles meist noch Schwierigkeiten, ein Hindernis zu umgehen. Selbst vertraute Wege schließen meist keine bewußte Ortskenntnis in unserem Sinne ein. Das zeigt sich z. B. am Verhalten vor einem gewohnten, plötzlich fehlenden Hindernis. Vor diesem wird im flotten Lauf innegehalten, orientiert, um es dann doch, als wäre es existent, zu überspringen. Beispiele in K. LORENZ, 1973, 1978, und I. EIBL-EIBESFELDT, 1978.

Die Entschlüsselung der Gestalt

Schon das Wort ›Gestalt‹ hat seine Eigentümlichkeit. Friedrich Kluge erklärt, daß es für ›Aussehen‹ (!) und ›Beschaffenheit‹ erst im 13. Jahrhundert auftritt und aus ›Ungestalt‹ gefolgert sein dürfte; aus dem mittelhochdeutschen Gegenüber von ›wolgestellet‹. Es ist in der fremdsprachigen Fachterminologie überall in seiner deutschen Schreibung eingedrungen. Es gibt wohl in keiner anderen Sprache ein gutes Äquivalent.[26]

Denn der deutsche Begriff schließt sehr weise einen Bezug zwischen Objekt und Betrachter ein; einerseits die Aufbau- und Strukturgesetzlichkeit einer objektiven Einheit, andererseits die begriffliche Ordnungseinheit, den Ausdruck und den Sinngehalt, welchen das Subjekt in ein Gestalterlebnis hineinlegt (aus ihm empfängt). Der erkenntnistheoretische Instinkt ist ja zuweilen besser ausgestattet als seine rationalisierten Entsprechungen.

Folglich hat auch die Deutung der Gestalt gependelt zwischen den Extremen: alles sieht so aus, wie es ist, und: nichts ließe sich so erkennen, wie es wirklich ist. Ähnlich wiederholt sich dies nun in der Sinnespsychologie. Das eine Extrem, das mit einem physiologischen Gedächtnisäquivalent für jede aus der Erfahrung stammende Gestaltkenntnis rechnet; man hat es zutreffend mit der Erwartung einer ›Großmutterzelle‹ im Gehirn karikiert. Das andere, das die ebenso ungeeignete Vorstellung von mechanischen Schablonenvergleichen karikiert, indem es ihm ein ›Pandämonium‹ von Gespenstern gegenübersetzt, die in wirrem Durcheinander um die Lösung ringen.[27]

Wohl werden uns zwar keine Gespenster begegnen, aber der Schichtenbau der Dechiffrierung der Gestalten, allein soweit er uns bis heute bekannt oder doch rekonstruierbar wurde, umfaßt eine erstaunliche Weite.

Neuronale Abstraktion

Will man in die Tiefe dieses Zusammenhanges sehen, so ist mit einem sehr einfachen Effekt zu beginnen, der Mittelwertbildung. Ein simples Experiment kann ihn verdeutlichen.

Man befinde sich mit geschlossenen Augenlidern dicht vor einer starken Lichtquelle oder (besser) im Liegestuhl in der Sonne. Bedeckt man die Augen mit den Händen, wird das Sehfeld bald ganz schwarz erscheinen. Nimmt man die deckenden Hände von den weiterhin geschlossenen Augen, so wird nach kurzer Blendung das Sehfeld rot bis (je nach der Lichtintensität) leuchtend orange erscheinen. Die

---

[26] Englisch: *form, figure, shape,* (Wuchs) *stature.* Französisch: *forme,* (Wuchs) *taille,* (Zuschnitt) *façon,* (der Erde) *configuration.* Italienisch: *forma,* (des Menschen) *figura.* Lateinisch: *figura, species, facies,* (schöne) *forma,* (Körper) *statura,* (Haltung) *habitus.* Am nächsten kommt noch Griechisch: *Morphe.* — Zur Ethymologie des deutschen Wortes F. Kluge, 1967.

[27] Die sog. ›Großmutterzelle‹ wird von G. Stent, 1981, S. 109, und von S. Lea, 1984, S. 270, treffend kritisiert. Der Terminus ›Pandaemonium‹ geht (ernstgemeint) auf O. Selfridges Modell zur maschinellen Erkennung von Morsekodes zurück und wird zuletzt von H. Wimmer und J. Perner, 1979, im Abschnitt ›Mustererkennen‹, S. 33 ff., systematisch behandelt.

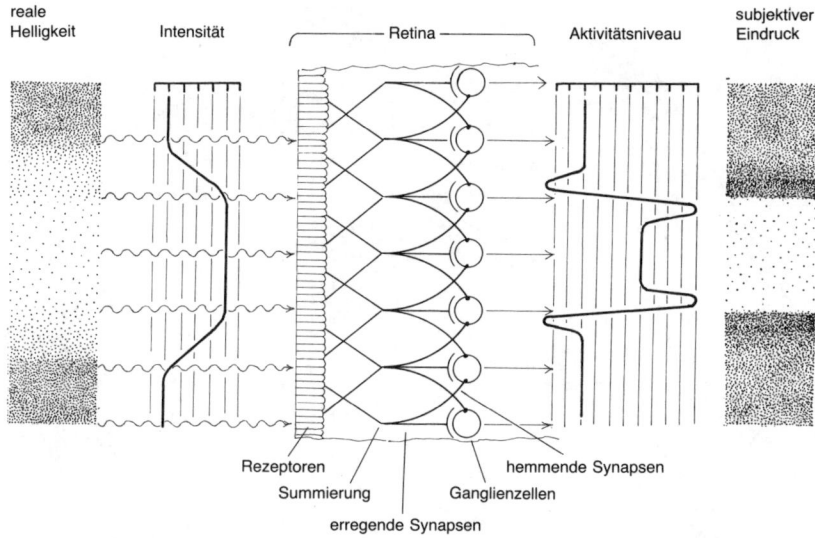

reale Helligkeit   Intensität   — Retina —   Aktivitätsniveau   subjektiver Eindruck

Rezeptoren   hemmende Synapsen   Summierung   Ganglienzellen   erregende Synapsen

Abb. 1. *Kontrastverstärkung* des subjektiven Eindrucks aufgrund spezieller Schaltung der Synapsen in der Retina (sog. Laterale Inhibition); stark vereinfacht. Der biologische Gewinn beruht auf einer Schärfung aller Helligkeitsgrenzen (nach D. RUMELHART, aus H. WIMMER und J. PERNER 1979, Seite 3; etwas ergänzt).

durchleuchteten Blutgefäße im Lid sind die Ursache. Nun zähle man die Sekunden, und man wird feststellen, daß der Farbeindruck ›ausblaßt‹ und nach ca. 20 Sekunden nur mehr den Eindruck eines unbestimmten Hellgrau übrigbleibt.

Die neuronale Prozedur ist noch relativ einfach. Die dominierende Farbperzeption der Sehzellen wird so lange gegeneinander abgezogen, bis sie ausgeglichen ist. Der Effekt ist dagegen schon entscheidend. Ein Gesicht wird unter grünem Blätterdach wie im Abendrot seine normale Färbung zurückerhalten. Die Täuschung, welche die reale Welt, in diesem Sinne, bereithält, wird vermieden.

Das nächste Phänomen kennt man als Kontrastverstärkung (Abb. 1). Alle Helligkeitsgrenzen werden zwischen den Sehzellen so verrechnet, daß der Rand des Dunklen noch dunkler und der des Hellen noch heller erscheint. Und wieder ist damit eine Adaptierung von Bedeutung erreicht. Denn die meisten Helligkeitsgrenzen in der Natur sind Grenzen von Objekten, und gerade auf deren verstärkte Wahrnehmung kommt es an.[28]

Phänomene der erwähnten Art gehören noch zur ›retinalen Abstraktion‹; die Schaltungen liegen bereits in der Netzhaut. Nun schließen die Abstraktionen (eigentlich Syntheseschritte) in Richtung auf die Hirnrinde an. Im visuellen Kortex ließen sich Zellen nachweisen, die besonders auf helle Linien ansprechen, und

---

[28] Die Entdeckung beginnt 1953 mit STEPHEN KUFFLERS Feststellung von Retina-Schaltungen. Und für solche Vorgänge hat BERNHARD HASSENSTEIN schon 1965 Modelle vorgeschlagen. Übersichtliche Darstellungen zuletzt in B. HASSENSTEIN, 1977, und D. RUMELHART, 1977. Auf die erkenntnistheoretische Verwirrung, welche diese Phänomene einer ›Reizunabhängigkeit der Wahrnehmung‹ in Richtung auf die idealistische Philosophie ausgelöst haben, hat F. KLIX, 1973, S. 242, hingewiesen.

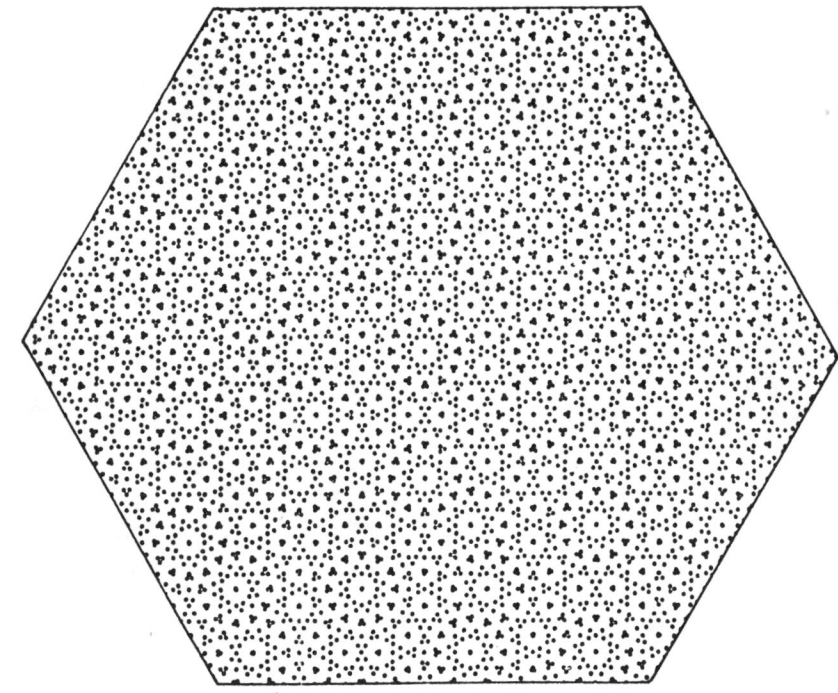

Abb. 2. *Nachweis autonomer Strukturierungs-Prozesse der Wahrnehmung.* Das Muster ›brodelt‹ vor gefundenen und konkurrierend wieder verworfenen Deutungen der Zusammenhänge (nach J. MARRO-QUIN Diss. MIT, 1976, aus D. MARR 1982, Seite 50).

sogenannte ›komplexe Zellen‹, die Linien bestimmter Neigung registrieren; schließlich ›hyperkomplexe Zellen‹, welche die Bewegungsrichtung solcher Linien und Helligkeitsgrenzen vermelden.

Der Gedanke, daß einzelne Neuronen synthetische Leistungen aus der Retina empfingen und damit realen Zusammenhängen in der außersubjektiven Welt entsprächen, geht auf HORACE BARLOW zurück. Diese Annahme bestätigte sich bald durch DAVID HUBEL und TORSTEN WIESEL sowie durch andere Autoren hinsichtlich der Farb- und Stereo-Wahrnehmung. Das war insofern revolutionär, als derlei Schaltung synthetischen Urteilen *a priori* entspricht und die Ursache für eine solche Einrichtung zu suchen war.[29]

Aus evolutionärer Sicht sind wir nun in dieser Frage nicht verlegen. Eine solche Entwicklung kann nur aus einem Selektionsvorteil verstanden werden, und dieser kann wiederum nur auf der ›Entdeckung‹ einer Entscheidungshilfe, einer Übereinstimmung des Verschaltungsergebnisses mit sehr generellen, häufigen und biologisch wichtigen Strukturen in der Welt beruhen. Eben auf einer Isomorphie. Und da zeigt es sich, daß tatsächlich alle relevanten Gegenstände von Linien verschiede-

---

[29] Wichtige Originalliteratur von H. BARLOW, 1953, D. HUBEL und T. WIESEL, 1967, H. BARLOW, 1972, J. PETTI-GREW, 1973, sowie S. ZEKI, 1975; Zusammenfassungen von F. KLIX, 1976, H. WIMMER und J. PERNER, 1979, und vor allem von G. STENT, 1981.

ner Richtung begrenzt sind: das, was wir Konturen nennen, und daß sich alle Bewegung wiederum am sichersten in der Verschiebung dieser Konturen ausdrückt (Abb. 2).

Ein Mesokosmos der Gestalten

THOMAS KUHN hat uns, wie erinnerlich, vor Augen gehalten, daß der wissenschaftliche Fortschritt nicht nur auf dem selbstverständlichen Wettbewerb der Theorien um verbesserte Übereinstimmung mit der Welt beruht, sondern nicht minder auf einer Auseinandersetzung mit den etablierten Majoritäten und deren (nicht minder lebenserhaltenden) Selbstverständlichkeiten. Nun begegnen wir einem Schulbeispiel dieser These.

Zu den Ruhmesblättern der Psychologie gehört die Entdeckung der ›Gestaltqualitäten‹ durch CHRISTIAN VON EHRENFELS. Er zeigt mit der ›Übersummativität‹, daß das Ganze mehr als die Summe seiner Teile ist, und, besonders am Paradigma der Verlaufsgestalt der Melodie, die ›Transponierbarkeit‹, daß sie unabhängig von Tempo und Tonlage erkennbar bleibt.[30]

In der ›Berliner Schule‹, namentlich mit MAX WERTHEIMER, KURT KOFFKA, KURT LEWIN und WOLFGANG KÖHLER, grenzt sich die Gestaltpsychologie nach der Jahrhundertwende von der ›Elementarpsychologie‹ der angelsächsischen Assoziations-Theoretiker ab. Und sie gelangt zu der wesentlichen Einsicht, daß das Gestalterlebnis die Dinge nicht aus Teilen zusammensetzt, vielmehr analytisch, vom Ganzen ausgehend, die Elemente (als jeweiliges ›Teilganzes‹) ausgliedert. Daß der kenntnisgewinnende Prozeß, wie wir nun sagen, vom Abstrakten, Generellen, zum Konkreten, Individuellen fortschreitet. Mit dem Einzug des Nationalsozialismus wandert die Schule fast zur Gänze ab, namentlich in die USA. Sie findet dort noch weniger Anschluß an die nun von der Neuropsychologie dominierte Fachrichtung und stirbt damit praktisch aus; und sie wird bald in einem Maße unterschätzt, daß sie in führenden Handbüchern unserer Tage nicht einmal mehr erwähnt wird.[31]

Es spricht nun für die ›ausgleichende Gerechtigkeit‹, wie man sie sich so oft von der Geschichte wünscht, daß nicht nur die klassische Einsicht in die Gestaltgesetze in den neunziger Jahren des 19. Jahrhunderts eine Renaissance erlebte, sondern in unseren siebziger Jahren nun auch die Einsicht in die Psychologie (oder Biologie) der Gestalterkenntnis.

---

[30] TH. KUHN, 1976. — Die Einsicht in die ›Übersummativität‹ kennt man von PLATON, ARISTOTELES, LAO-TSE und GOETHE. Die Renaissance des Gedankens entwickelte sich in den Wiener neunziger Jahren um ERNST MACH (1838–1916), FRANZ BRENTANO (1838–1917) und dessen Schüler EHRENFELS (1859–1932), ALEXIUS VON MEINONG (1853–1920) und setzte sich in zwei Strömungen fort: der Gestalt- und der Ganzheitspsychologie; CH. V. EHRENFELS, 1890.

[31] Einführung in die Gestaltpsychologie findet man z. B. in K. BÜHLER, 1913, W. EHRENSTEIN, 1947, K. KOFFKA, 1935, W. KÖHLER, 1925 und 1933, G. MÜLLER, 1923, F. SEIFERT, 1917, sowie M. WERTHEIMER, 1923 und 1925. — Über das Ausmaß, in dem das Gebiet vergessen wird, kann man sich im ›Handbuch psychologischer Grundbegriffe‹ (T. HERRMANN u. Mitarbeiter, 1977) eine Vorstellung bilden. — Freilich hat das Gestaltkonzept in der LORENZ‹- und VON HOLST'schen Ethologie weiter eine Rolle gespielt, blieb aber ohne Einfluß auf die vom Behaviorismus dominierte Psychologie.

Diese Renaissance ging freilich nicht mehr von der Gestaltpsychologie aus, auch nicht, wie es solche Gesetze wollen, eigentlich von der Psychologie, sondern von der Sinnesphysiologie. Sie nimmt ihre Wurzeln in den erwähnten Untersuchungen von KUFFLER, BARLOW, HUBEL und WIESEL und findet in zwei Männern die rechte Struktur. DAVID MARR entwickelt mit seinen Mitarbeitern in den siebziger Jahren die Materialien für die neue Theorie, und GUNTHER STENT erkennt ihre erkenntnistheoretische Reichweite. Die Isomorphie unserer Ausstattung, der ›wahrnehmungssynthetischen‹ Einrichtungen *a priori*, mit der Welt, die uns beschäftigt, beginnt sich aufzuschließen.[32]

Wir verstehen schon, daß die Evolution des Erkennens vom Abstrakten zum Konkreten verläuft und daß in einer analytischen Weise das Abstrakte, Generelle zum Individuellen synthetisiert wird. Aber wir müssen uns weiterhin um die selektiven Vorteile kümmern, die adaptiven Werte und die konstruktive Kanalisation auffinden.

Da ist es nützlich, sich zunächst das Allgemeinste vor Augen zu führen; daß nämlich dieser Mesokosmos, mit dem sich die Anpassung auseinanderzusetzen hatte, ein Kosmos der Gestalten ist. Man wird das nachvollziehen, wenn man bedenkt, daß der Mikrokosmos durchaus keine Gestalten in unserem Sinn enthält. Die anschaulichen Atom- und Molekülmodelle sind bekanntlich Krücken für die uns angeborene Anschauungsweise. In Wahrheit stehen auch sie nur stellvertretend für Elektronenwolken, Aufenthaltswahrscheinlichkeiten von unkörperlichen Kräftezentren. Und ganz ähnlich ist es im Makrokosmos mit seinen galaktischen Nebeln, Wirbeln kosmischen Staubes und sphärischen Massen, die meist wieder nur Zentren ohne faßbare Oberflächen sind, würden sie aus der Nähe betrachtet.

Das ist im Mesokosmos unseres Planeten grundverschieden. Gerade das Lebendige selbst hat ihn strukturiert. Wälder, Korallenriffe, selbst die Kleinwelt in den Wiesen und Moospolstern, all das ist eben wieder bis ins Kleinste strukturiert. Und all diesen Strukturen sind gewisse Bauprinzipien gemeinsam, höhere Formen der Invarianten; die achsen- und zylinderförmigen Wachstumsbedingungen, die Gabelungen und Gliederungen in ›Ganze‹ und ›Teilganze‹, in welchen sich in komplexen Serien die Strukturprinzipien wiederholen; eben bis ins Gewirr der letzten Seitenästchen eines großen Waldes.[33]

Selbst die Entwicklung der Organismen folgt analogen Differenzierungsprinzipien, vom Algenfaden zum Baum, von der Wurmform zum Gliedertier; was also wunder, wenn man den auf diese lebenswichtigen, alles überziehenden Milieubedingungen adaptierten Dekodierungsprozeß nach eben diesen Prinzipien organisiert fände? Kurz: Die Synthese von Gestaltpsychologie und Sinnes- und Neuropsychologie war fällig. So wie die Systemtheorie, die uns die Wechselbezüge aller Organisationsprozesse vor Augen hält, und die evolutionäre Theorie vom Kennt-

---

[32] Die erste einschlägige Studie von D. MARR ist 1976, die letzte des so früh Verstorbenen 1982, bereits posthum, herausgegeben worden. G. STENTS bedeutender Beitrag ist 1981 erschienen. Ich verdanke ihm auch in anderen Zusammenhängen wertvolle Anregung (vgl.. R. RIEDL, 1985 a) und Stütze gegen eine sich in reduktionistische Einseitigkeit verlierende Biologie.

[33] Fachlich gehört diese Betrachtungsweise in die biologische Analogieforschung; denn freilich sind Algenfaden und Wurmform, Ast und Tentakel, Nadel und Haar unabhängig voneinander, doch nach denselben physikalischen Wachstumsgesetzen entstanden. ›Achse und Umfang‹ nennt STEVEN WAINWRIGHT eines seiner einschlägigen Kollegs. Ansätze dazu in S. WAINWRIGHT und Mitarbeiter, 1976.

niserwerb, welche uns die Organisation unserer Dekodierungsprozesse als Anpassung an die Systembedingungen dieser Welt verstehen läßt.

Zerebrale Hermeneutik

GUNTHER STENT vergleicht die Weise, in der wir Gestalten entschlüsseln, mit der Problematik der Hermeneutik. Man muß den Kontext verstehen, um die Wörter und Sätze verstehen zu können, aber gleichzeitig muß man Wörter und Sätze verstehen, um den Kontext verstehen zu können. »Um diesem logischen Zirkel zu entkommen«, fährt STENT fort, »beruft sich die hermeneutische Theorie auf die Annahme gegebenen ›Vorverständnisses‹.«[34]

Das ist gewiß richtig. Und um dieses Vorverständnis selbst zu gewinnen, bedarf es wieder eines Vor-Vorverständnisses und so fort. Und zudem ist vorauszusetzen, daß diese ganze Serie, alle diese Vorverständnisse — gleich jenen, die zur Aufklärung zwischen Wort, Satz und Kontext erforderlich sind — stufenweise selbst wieder aus Wechselbezügen entstehen, Wechselbezügen nämlich zwischen den Organisationsschichten des Organismus, stets evolviert unter den Selektionsbedingungen des Milieus. Wobei sich mit der Differenzierung neuer Organisationsformen weitere Bedingungen des Milieus erschließen.

Mit der Aufklärung und Begründung dieser Wechselkausalität des Werdens, wie auch des Verstehens des aus zweiseitigen Ursachen Gewordenen, befaßt sich mein Buch über ›Biologische Grundlagen des Erklärens und Verstehens‹, der Zwillingsband zu den vorliegenden ›Biologischen Grundlagen des Erkennens und Begreifens‹. Jenem Thema ist also hier nicht zu folgen. Nun ist auch unser Erkennen und Begreifen zu erklären und zu verstehen. Die dort für unseren Gegenstand festgestellten nützlichen Einsichten werde ich verwenden.[35]

Der Gedanke, daß die uns gegebene Dekodierungsweise adaptiven Ursprungs sein müßte, hat auch schon andere Vertreter gefunden. GIBSON etwa spricht von einer ›Ökologischen Optik‹ und nimmt an, «daß unsere Sinnesorgane sich im Laufe der Evolution speziell für die Registrierung derartiger höherer Invarianten ausgebildet hätten, da diese lebenswichtige Information repräsentieren«. So nimmt auch KLIX an, daß es sich »um eine phylogenetisch vorgeformte Informationsauswertung handelt«.[36]

DAVID MARRS Entschlüsselungstheorie geht von der Annahme aus, daß das System darauf angelegt ist, auch vor jeder assoziativen Erfahrung dem Bilde

---

[34] Die Praxis der hermeneutischen Methode kennt der Leser aus der Entzifferung ungewohnter Handschrift. Hier erschließt man die Bedeutung unlesbarer Zeichen aus den Fällen lesbarer Worte, wie man die Bedeutung unlesbarer Worte aus den Fällen lesbarer Zeichen erschließt. G. STENT (1981, S. 108) verweist auf die Hermeneutik-Darstellung von E. CORETH (1969), die mir nicht zugänglich ist.

[35] Im Beitrag R. RIEDL, 1985 a, mag man nachschlagen und einschlägige Beispiele in den Kapiteln zu ›Molekularbiologie und Physiologie‹, zur Keimesentwicklung, zur ›Vergleichenden Anatomie‹ und zur ›Psychologie‹ finden. Die Diagramme zur graphischen Übersicht der Wechselbezüge stehen auf den Seiten 180, 182, 188 und 236. Sie befassen sich mit den Erkenntnis- und Erklärungswegen und hängen mit den Entstehungswegen zusammen.

[36] Der Hinweis auf die Studien von J. GIBSON, 1961 und 1976, ist H. WIMMER und J. PERNER, 1979 (S. 42) entnommen. Das Zitat aus F. KLIX ist von 1976, S. 188. Dort wird auch auf die Arbeit von G. RÉVÉSZ, 1934, verwiesen. Man beachte auch die Nahbeziehung, welche diese Betrachtungsweise mit der neuen Strömung der ›Kognitiven Psychologie‹ verbindet.

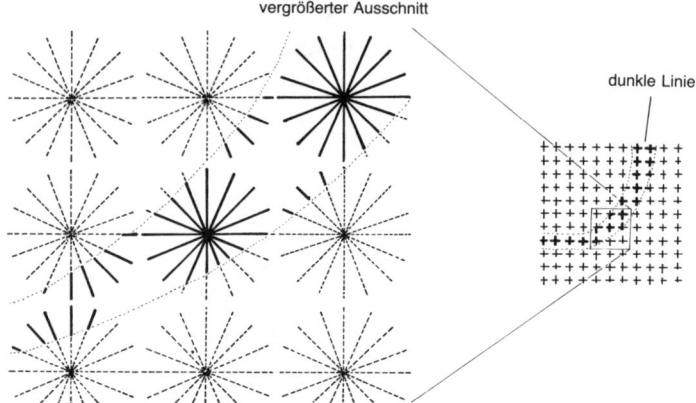

Abb. 3. *Richtungsbestimmung* von Konturen als Grundelement der Erstskizze. Die Theorie nimmt Meßpunkte aus achtstrahligen Rosetten in der Sehrinde an, entlang jedes Strahles die Helligkeits-Unterschiede registriert werden. Daraus ergibt sich, wie im obigen Beispiel, die Wahrnehmung des Verlaufes einer dunklen Linie und deren relative Bewegung (nach P. WINSTON, aus H. WIMMER und J. PERNER 1979, Seite 49; etwas ergänzt).

Bedeutungen zu entnehmen, wobei freilich Bild, Umstände und Erwartungen ineinander wirken. Und das verlangt keineswegs spezielle, sondern nur höchst generelle Vorkenntnisse über die Grundstrukturen dieser Welt. Es rekonstruiert einen Ablauf, der, so sagt GUNTER STENT (1981, S. 110), der Entwicklung einer Graphik ähnlich, von der Feststellung der Grenzen und Proportionen ausgehend, die Details entwickelt (Abb. 6 B, S. 69). Etwa fünf Stufen kann man unterscheiden:

1. Eine Primärskizze stellt zunächst über die Abstraktion und Schärfung der Helligkeits- oder Farbgefälle die mutmaßlichen Abgrenzungen fest. Das kennen wir schon. Solche Grenzen festzustellen muß eine erste Isomorphie mit der Welt darstellen, weil diese zumeist den aufzufindenden Objektgrenzen entsprechen werden.[37]

2. Ein erster Zusammenhang, ein Aufbau von Grenzen zu Objekten, kann über die Auffindung von Grenzverbindungen erschlossen werden. Rosetten von auch nur acht Helligkeits-Meßstrecken über vielen Orten der Retina (später des Cortex) können, wie P. WINSTON (1977) am Rechner zeigt, über die von HUBEL und WIESEL aufgedeckten Komplex-Neuronen (Abb. 3) Verläufe von Grenzen bestimmen sowie Flecken vergleichbarer Farbe oder Helligkeit. Dieser Entschlüsselungs-schritt muß, wie ich meine, selektiv entstanden sein, weil die größte Wahrscheinlichkeit gegeben ist, daß Objekte geschlossene Oberflächen und in sich zurückführende Konturen haben werden.

Die Hermeneutik der Entwicklung eines ›Verständnisses‹ von solchen Geschlossenheiten setzt aber nicht nur die fördernde Selektion durch die Übereinstimmung mit den Milieustrukturen voraus, sondern selbst wieder ein Vorverständnis. Dieses

---

[37] Einige Literatur zu diesem Thema Konturen-Verschärfung und deren Lagebestimmung wurde schon erwähnt. Im weiteren sind die Arbeiten von D. MARR, 1978, D. MARR und N. NISHIHARA, 1978, D. MARR, T. POGGIO und S. ULLMAN, 1979, D. MARR und E. HILDRETH, 1980, und von D. MARR und T. POGGIO, 1980, einschlägig.

Vorverständnis nun muß aus dem Selektionserfolg der Primärskizze beruhen, die in der Auffindung der Helligkeitsgrenzen selbst gelegen ist. Und deren Äquivalente in der Organisation des Organismus sind die für die Feststellung der Zusammenhänge schon vorfabrizierten Reihenablesungen in der Retina (als Untersystem) und deren zentralnervöse Verknüpfung mit einem lebensfördernden Reaktionsverhalten (als Obersystem); selbstredend gemeinsam mit der genetischen Verankerung ihrer Aufbau- und Betriebsanleitungen. Und dieses ›Vorverständnis‹ über die relevanten Grundstrukturen dieser Welt muß ein Vor-Vorverständnis über den biologischen Nutzen der Richtungswahrnehmung voraussetzen, dieses eines vom Vorteil der Lichtperzeption, und so hinunter bis zur Reizbarkeit des Protoplasmas.[38]

3. Die Abhebung eines Zusammenhangs von der Umgebung, was wir ›seinen Hintergrund‹ nennen, hängt mit relativen Größen und Bewegungen zusammen. Hier sind nun mehrere Direktiven einbeschlossen, um dies zu bewerkstelligen. Wiederum entsprechen sie alle hohen Wahrscheinlichkeiten hinsichtlich grundsätzlicher Strukturen der Außenwelt: der Erwartung, daß das, was sich gemeinsam bewegt, zusammengehört (die Umkehrung allein führte zu einer absurden Welt), daß Größen- und Formveränderungen eher Entfernungs- und Lage-Änderungen als Wachstums-Änderungen sein werden. Daß, wenn sich alles im Sehfeld gleichartig bewegt, wahrscheinlich alles ruht und nur ich mich bewege. Darauf beruht die ›Fahren wir schon?‹-Täuschung. Daß, wenn sich der Großteil des Sehfeldes relativ zu einem kleinen Teil bewegt, wahrscheinlich der große Teil ruht und der kleine in Bewegung ist, die Täuschung im ›Brücken-Effekt‹.[39]

Der Schlüssel zur Gestaltwahrnehmung

Folgen wir weiter der Achse der MARRschen Hermeneutik. Doch soll der Absatz andeuten, daß wir von den Belegen aus der Neurophysiologie bereits mehr in jene der Wahrnehmungs- und Gestaltpsychologie hinübergehen. War bisher aus den Ergebnissen der Neurologie zu erkennen, was das Verrechnungsmodell können muß, und daß seine Ausstattung *a priori* auf Gestaltwahrnehmung abzielt, die adaptiv, *a posteriori,* aus Isomorphien mit Grundstrukturen dieser Welt zu erklären ist, so wechseln nun die Gewichte.

Mit der höheren Komplexität, die eine Aufklärung der neuronalen Systeme noch nicht zuließ, wechselt im Theorienzusammenhang die Blickrichtung. Nun gehen wir mehr von den Wahrnehmungsphänomenen aus, die wir gestaltpsychologisch aus Isomorphien erklären, und prüfen, ob ein Modell die Aufgabe von jeder

---

[38] Dies entspricht im allgemeinen dem, was ERWIN SCHRÖDINGER (1951) ein ›Order on Order‹-Prinzip genannt hat; und im speziellen meiner Erfahrung (R. RIEDL, 1985 a), daß alle Differenzierung in Form von Einschüben etabliert wird, einer Wechselkausalität zwischen den Bedingungen der Disponibilität von Untersystemen (Bauteilen) und den Selektionsbedingungen des jeweiligen Obersystems (oder Teil-Ganzen).

[39] Das ›Fahren wir?‹ kann man im stehenden Eisenbahnwaggon erleben, wenn sich in Wahrheit der Nachbarzug in Bewegung setzt. Dagegen wird beim Blick von der Brücke, falls der Strom das Bildfeld füllt und ein Pfeiler nur einen kleinen Teil desselben, sich scheinbar der Pfeiler in Bewegung setzen, während das Wasser eine ungewohnte Bewegung am Orte aufzuführen scheint.

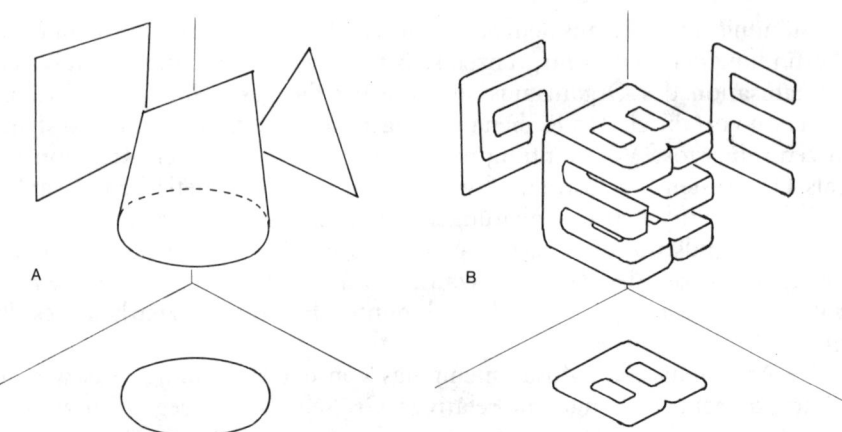

Abb. 4. *Gestaltswahrnehmung durch Bewegung.* Selbst eine so einfache Figur wie ein Kegel-Keil (A) läßt in der Projektion drei grundverschiedene Ansichten zu. Noch mehr gilt dies für komplizierte Gestalten, wie die G. E. B. (Gödel-Escher-Bach)-Struktur (B; aus D. HOFSTADTER 1985). Keine wäre ohne Drehungen aufschließbar.

assoziativen Erfahrung zu leisten vermag, und ob diese Leistung *a priori* adaptiv aus jenen Isomorphien verstanden werden kann.

Das Theorem bleibt dasselbe: Die evolutionäre Theorie läßt erwarten, daß die Entschlüsselung der Gestalt Leistungen *a priori* zur Voraussetzung hat, biologische Grundlagen, die als Anpassungsprodukte *a posteriori* zu verstehen sind. So wie die Krümmung der Zehen aller Baumvögel die ›Bedeutung‹ der Rundung der Ast-Querschnitte vorwegnimmt, muß ihre Wahrnehmung die Bedeutung der Geraden und der Richtung der Ast-Erstreckung vorwegnehmen, noch bevor auf dem ersten Ast zu landen war. Zurück also zur Entschlüsselung.[40]

4. Die ›Erschaffung‹ der dritten Dimension ist ein weiterer, nicht zu unterschätzender Schritt, wie es am Fernseh-Monitor so überzeugend zu demonstrieren ist. So sagt STENT: »Die Veränderung der Erscheinung eines sich drehenden Objektes gibt Aufklärung über die räumliche Struktur.« Das setzt zwei Erwartungen voraus: einmal, daß die ähnlichsten Teile einer Struktur in den aufeinanderfolgenden Bildern jeweils dieselben sein werden, zum anderen, daß eine wahrgenommene Formänderung eher auf eine Änderung der Perspektive als auf die Deformation einer Struktur zurückzuführen sein wird (Abb. 4).

Erstere Erwartung verweist schon auf EHRENFELS' ›Transponierbarkeit‹ und die Grundlage unseres Bewegungssehens überhaupt. Beide Erwartungen aber setzen voraus, wie das MARRS Mitarbeiter SHIMON ULLMAN gezeigt hat, daß Objekte eher steif als in ihren Zusammenhängen permutierbar sein werden. Man bedenke nur, in welcher Überzahl der Fälle diese Erwartung in der Natur auch zutrifft.

---

[40] Auf die Fülle an wahrnehmungspsychologischen Ergebnissen kann hier nicht eingegangen werden. Man findet sie vorzüglich zusammengefaßt z. B. in den erwähnten Büchern von H. WIMMER und J. PERNER, 1979, und in D. MARR, 1982. Und in diesen zeigt sich das Wesentliche, daß sich in der Sicht der ›Kognitionspsychologie‹ Gestalt- und Neuro-Psychologisches sehr wohl zusammenfügt. Siehe auch H. MATURANA, 1982, V. BRAITENBERG, 1983, und vor allem G. ROTH, 1985.

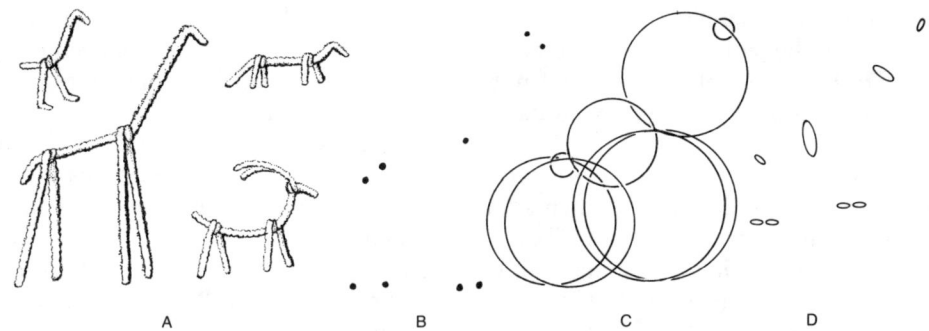

Abb. 5. *Die Bedeutung der Körperachsen;* am Beispiel der Draht- oder Pfeifenputzer-Figuren (A) sind die Tiere ziemlich leicht zu erkennen (nach G. STENT 1981, Seite 116). Stellt man die Achsen hingegen durch die Endpunkte (B), durch die Sphären (C) oder durch deren mittlere Querschnitte dar (D), so ist die Giraffe (stünde sie nicht daneben) kaum auszunehmen.

Aber auch eine grundsätzliche Wendung ist mit diesen Erwartungen verbunden: eine Evolution von der betrachterzentrierten zur objektzentrierten Interpretation. Wir werden diese Wende auch aus der Entwicklung des Kleinkindes durch JEAN PIAGET dokumentiert finden. Es wird nun gleichzeitig die Erwartung eines Raumes, und zwar eines schon ›ziemlich‹ euklidischen Raumes, vorausgesetzt. Freilich muß in ihm Erfahrung gesammelt werden, um seine Möglichkeiten ganz ausschöpfen zu können, aber daß wir in angeborener Weise mit seiner Existenz rechnen, das scheint gewiß.[41]

Daß auch diese Möglichkeit des Erwerbs eines Vorwissens auf die vorausgehende Fixierung eines Vorwissens über ›Abhebung‹ zurückgeht und daß dieses eine solche vom ›Zusammenhang‹ voraussetzt, daran sei nochmals erinnert.

5. Die Formung der Raumgestalt setzt also schon das Vorwissen über eine gleichbleibende (verläßliche) Geometrie voraus. Dieses Vorvertrauen muß in uns verankert sein, denn es ist nun im Gegenlauf die Voraussetzung für die uns angeborene Interpretation der Raumgestalt. Denn »erst wenn die Vorgänge auf der Retina so unregelmäßig sind, daß sie von keinem sich bewegenden Festkörper hätten entstehen können, wird ein sich deformierender Gegenstand wahrgenommen«. WIMMER und PERNER referieren diese Erfahrung, wie sie uns durch den Alltag begleitet und (weil so selbstverständlich) uns auch so leicht entgeht. »Das aber«, so stellt STENT ebenso richtig fest, »hat sich auf sogleich identifizierbare geometrische Figuren zu beziehen, und deren räumliche Anordnung muß mit deren Strukturen in Beziehung stehen.« Und da stellt es sich heraus, daß neben der Feststellung von Ort und Größen die Achsen das Wesentliche sind; die Achsen und deren Verbindungen.

Tatsächlich erlaubt die Abstraktion einer Gestalt auf ihre Hauptachsen die mit Abstand eindringlichste Kennzeichnung. Das zeigen schon die ›Draht-Männchen‹

[41] Die zitierte Stelle aus G. STENT ist von 1980, S. 114. Man vergleiche ferner S. ULLMAN, 1978, und R. WOLF, 1985. Zur angeborenen Raumerwartung ist der Abwehrreflex des Säuglings zu erwähnen; dieser tritt auch dann ein, wenn man ihm einen Film vorführt, in welchem ein Ball in Kollisionskurs auf ihn zuzukommen scheint. Zuletzt ist I. EIBL-EIBESFELDT, 1984, das Beispiel auf S. 77.

(vgl. Abb. 5 A); namentlich dann, wenn man andere, gleichrangige Formen der Abstraktion bedenkt. Etwa solche auf die Orte oder die Querschnitte der Bauteile (5 C, D). Eine Abstraktion auf die Knotenpunkte wiederum (5 B) genügt erst unter Einbeziehung der Bewegung, weil dann die Achsen eben hinzugedacht werden.[42]

Daß die Achsen eine so große Rolle spielen, wird nicht mehr verwundern, wenn man sich erinnert, daß sich in ihnen die wesentlichen Wachstumsverhältnisse der Organismen abbilden. Daß es sich somit um die ältesten und universellen, daher geübtesten und verläßlichsten Indikatoren handeln wird.

6. Die Hierarchie der Raumgestalt endlich bringt uns zu den höchsten Formen des Vor-Verständnisses von Gestalten, zum Erkennen von Proportionen und Zusammenhängen. Man kann auch sagen: zur Einsicht in Bedeutungen und Funktionen. Und zwar über das Ineinandergreifen von angeborener Ausstattung und assoziativ gemachter Erfahrung. Schon das hermeneutische Prinzip erinnert an diesen Zusammenhang. Zum einen ist keine Erfahrung ohne Vorauserfahrung zu machen. Der ontogenetische Lernprozeß setzt den phylogenetischen voraus. Aber auch umgekehrt wird die Anlage vielfach erst durch ihren Einsatz an der Erfahrung aktiviert. Hier spiegelt sich noch immer die Wechselweise der Entstehung.[43]

MARR und NISHIHARA nehmen an, daß die hierarchische Entschlüsselung der Achsen z. B. einer menschlichen Gestalt von der Körperhauptachse ausgeht. Von dieser aus würde die Achse des Rumpfes zu jenen von Kopf und Extremitäten differenziert. Die Achse eines Arms zerfiele weiter in die Subachsen von Ober-, Unterarm und Hand. Und erst aus der Hauptachse der Hand würden die nächsten Subachsen der Finger bestimmt (Abb. 6 A).

Es ist erstaunlich, wie mit diesem Modell der Entschlüsselung die Entwicklung der bildnerischen Wiedergabe der menschlichen Gestalt ebenso übereinstimmt wie die stammes- und die keimesgeschichtliche Entstehung der Achsengliederung selbst: Ob Kinderzeichnung oder Aufbau einer künstlerischen Komposition (6 B), ob Entwicklung vom Urfisch oder von der Embryonal-Anlage zum Menschen: Die Reihenfolge des Entstehens der Achsen entspricht völlig dem MARR-NISHIHARA-schen Prinzip.

Ganz wesentlich für unsere weitere Betrachtung ist daraus die Erfahrung, daß jeglicher Bauteil nur im Zusammenhang mit seiner Zuordnung und seinen Lagebeziehungen seine Bedeutung erkennen läßt; daß nichts, was wahrgenommen wird, seinen eigenen, sondern nur einen relativen Maßstab gewinnt (wir kommen auf diesen wichtigen Gegenstand auch mit den Abb. 47 und 48, S. 188 und 189 noch ausführlich zurück).

---

[42] Das Zitat von H. WIMMER und J. PERNER, 1979, S. 96. Die Autoren berufen sich dabei auf den Beitrag von G. JOHANSSON, 1975. Das Zitat von G. STENT, 1980, S. 114. Der Hinweis auf den Primat der Achsen geht auf die Studie von D. MARR und H. NISHIHARA, 1978 a, zurück. Dokument zur Bewegungsinterpretation von Lichtpunkten bei G. JOHANSSON, 1973.

[43] Es gibt gute Indikationen dafür, daß schon die einfachsten synthetischen Leistungen, wie die Feststellung von Liniengrenzen, zu ihrem Aufbau in der Retina der Herausforderung an der gegenständlichen Erfahrung bedürfen. Werden Kätzchen in einem Milieu ohne optisch vertikale Grenzen aufgezogen, so haben sie späterhin in irreversibler Weise Schwierigkeiten, diese wahrzunehmen. C. BLAKEMORE und G. COOPER, 1970, T. WIESEL und D. HUBEL, 1971, für den Menschen; R. FREEMAN et al., 1972, P. MARLER und H. TERRACE, 1984, sowie W. SINGER, 1985.

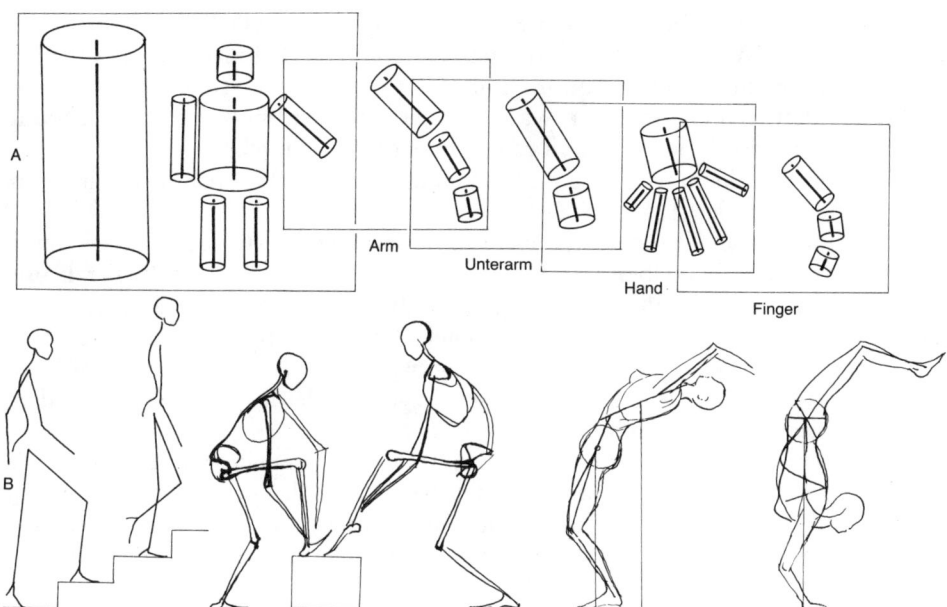

Abb. 6. *Hierarchische Entschlüsselung der Achsen;* von der Körper-Hauptachse zu den Extremitäten, der Glieder und Subglieder fortschreitend, am Beispiel eines Zylinder-Männchens. (A; nach G. STENT 1981, Seite 117). Zum Vergleich Künstler-Skizzen (aus J. BARCSAY 1978, Tafeln CXXVII und CXXIX, und aus einem Skizzenblock von ALEXANDER ROTHAUG, im Besitz des Autors).

Eine Isomorphie einer derartigen Differenzierungshöhe wird man nicht mehr allein auf erbliche Ausstattung zurückführen dürfen. Es wird ein Wechselspiel aus Anlage und Erfahrung vorliegen. Derlei Wechselbezug ist sowohl aus der Entwicklung der anatomischen als auch der Verhaltensstrukturen bekannt. In einem Fall spricht man von Homoiologien, im anderen von Instinkt-Dressur-Verschränkung.[44]

Ergänzung durch Erfahrung

In einem zweifachen Sinn ist mit Ergänzung durch Erfahrung zu rechnen. Einmal im eben besprochenen Zusammenhang, da vielleicht die meisten erblichen Anlagen überhaupt erst durch ihre Übung am Gegenstand ausgeformt und verankert (anatomisch festgeschrieben) werden. In dem Sinne wiederholt sich die Hermeneutik ihrer stammesgeschichtlichen Entstehung zu Beginn der Individualgeschichte.

In einem zweiten Sinn hat Ergänzung durch Erfahrung mit dem Hinzufügen des jeweils Erwarteten, aber gerade nicht Sichtbaren zu tun. Raumgestalten bieten stets

---

[44] Homoiologien sind Analogien auf homologer Basis, das heißt gleiche Adaptierungen an gleiche Umweltbedingungen, wie sie unabhängig von Stammesverwandtschaft auftreten (Analogien), auf der Grundlage stammesverwandter (homologer) Anlagen. Instinkt-Dressur-Verschränkung nennt man ein Zusammenwirken angeborener und erworbener Verhaltensweisen. Einzelheiten (über die Indices zu finden) in R. RIEDL, 1975, und I. EIBL-EIBESFELDT, 1978.

eine Vielfalt von Ansichten; das hat zur Folge, daß das jeweils Sichtbare naturgemäß etwas von der Gesamtstruktur verdeckt, und daß dieses Verdeckte aber hinzugedacht werden muß, wenn man an der Unauflösbarkeit eben der Gesamtstruktur festhalten will. Das aber, was hinzuzudenken ist, muß aus der Erfahrung stammen. Namentlich deshalb, weil es sich in der Regel um sehr spezielle, konkrete Formbildungen handeln wird, für welche keine Erbanleitung vorgesehen sein kann (man erinnere sich der Abb. 4, S. 66).

Schon der Erwerb der Einsicht, daß verschwundene Objekte, wenn sie wieder in Erscheinung treten, dieselben sein werden, muß im Kindesalter durch Erfahrung gewonnen werden. JEAN PIAGET schildert, daß mit der Permanenz eines Objektes, z. B. eines unter den Kasten gerollten Bällchens, erst im dritten Lebensjahr gerechnet wird, daß die Suche unter Berücksichtigung der Verlagerung erst im fünften beginnt und eine Vorstellung von dieser Lageveränderung wohl erst ab dem sechsten Lebensjahr angenommen werden kann.

Daß höhere Organismen sofort auf Feind oder Beute reagieren, auch wenn sie nur eines Teils derselben ansichtig wurden (selbst nur deren Stimme hörten), ist evident und auch von lebenserhaltender Bedeutung. Daß aber die Ergänzung Erfahrung voraussetzt, das löst einen scheinbaren Widerspruch, der in der jüngeren Literatur auftauchte.

HERRNSTEIN referiert Experimente von CERELLA, nach welchen Tauben Schwierigkeiten haben, teilweise abgedeckte Dreiecke noch als solche zu erkennen. Die Lösung scheint mir darin zu bestehen, daß abstrakte Dreiecke im Leben von Tauben keine Rolle spielen, und daß es einer ganz speziellen Erfahrung bedarf, um zu wissen, was ein Dreieck ›ist‹ und warum es im Falle nicht völliger Sichtbarkeit ergänzt werden soll.[45]

So bleibt die Frage, ob es in unserer Ausstattung überhaupt erbliche Interpretationsanleitungen gibt, die gänzlich ohne Erfahrung zur Wirkung kommen. Man denke zunächst an die ›perspektivischen Täuschungen‹. Sind wir nicht in einem Maße auf perspektivische Interpretation geprägt, daß wir Täuschungen in unbelehrbarer Weise unterliegen? Es kann nämlich im Tierreich das Vorliegen eines angeborenen Auslösemechanismus als verbürgt gelten, wenn das Tier auf Attrappen regelmäßig hereinfällt. Man muß aber beim Menschen die Möglichkeit offenlassen, daß die Interpretation erst durch das Wechselspiel von Anlage und empirischer Verstärkung ausgeformt wird. Nur *daß* eine Anlage beteiligt sein muß, kann bei allen optischen Täuschungen als gewiß gelten.

Adaptation, Konstruktion und Täuschung

Der Beziehung von Adaptabilität und konstruktiver Festlegung sind wir im Kapitel ›Biologie der Abstraktion‹ schon begegnet. Festgeschriebene Adaptierung bedeutet

---

[45] Einzelheiten in J. PIAGET, 1975, Band 2, die Stelle in R. HERRNSTEIN, 1984, S. 242 ff., die Studie von J. CERELLA, 1980. Ein ähnlicher Fall scheint vorzuliegen, da Tauben Würfelabbildungen nur bis zu einem begrenzten Verdrehungswinkel wiedererkennen. J. CERELLA, 1977, referiert von H. HERRNSTEIN, 1984, S. 239 ff. Daraus aber zu schließen, daß sie keine Perspektive erkennen, scheint mir unbegründet. Vgl. dazu L. UHR, 1966, und R. McKIM, 1972.

also immer zugleich Flexibilitätsverlust gegenüber all jenen Fällen, für welche die Adaptierung eben nicht vorgesehen ist. In dieser Weise muß es nun auch mit unseren festgeschriebenen Anlagen zur Entschlüsselung der Gestalt zugehen. An jeder ›Attrappe der Realität‹, an der eine Täuschung auftritt, wird ein Problem vorliegen, das eine erbliche Anlage erwarten läßt.

Das müßte sogar als Test gelten für sämtliche vermuteten Ausstattungen. Von der Mittelwertsbildung über die Stufen der Gestaltsynthese nach MARR ebenso wie für die Gestaltqualitäten nach WERTHEIMER als auch für meine ›Hypothese vom Vergleichbaren‹; in der erwähnten ersten Lesung mit der Erwartung, daß das Ungleiche im Gleichen weggelassen werden könnte; nun in zweiter Lesung, daß das Erwartete dem Wahrgenommenen hinzugefügt werden dürfe.[46]

Umgekehrt muß man erwarten können, daß keine optische Täuschung als bloßer ›Gerätefehler‹ zu betrachten ist, sondern als Konsequenz einer höchst zweckvollen Adaptierung, die an der Künstlichkeit (Unnatürlichkeit) der jeweils speziellen Aufgabe scheitert. Ich glaube, daß schon ERICH VON HOLST dieser Meinung war. Heute scheint sie sich zu verdichten.

Manche Phänomene, die der Laie zu den Täuschungen zählen würde, sind sogar im Gegenteil Beweise dafür, daß sich das System eben nicht täuschen läßt. Eines der schönsten Beispiele ist als ›Visueller Wettstreit‹ bekannt. Man ordnet in einem Guckkasten zwei Bilder so an, daß das eine Auge ein vertikales Streifenmuster sieht, das andere ein horizontales: was erwartet man als Ergebnis? Wer die Wahrnehmung einer Summe der Reize erwartete, ein Karomuster, unterschätzte seinen Wahrnehmungsapparat. Derselbe läßt sich so einfach nicht beschwindeln. Er steht ja vor einem Ding der Unmöglichkeit. Was man ›wahr‹-nimmt, ist wechselweise eine Querstreifung, auf der wachsende und schrumpfende, sich teilende und fusionierende Inseln senkrechter Streifung sich amöbenhaft (suchend) herumbewegen, oder vice versa. Der Apparat sucht eine Lösung. Es gibt keine. Und es ist rührend zu erleben, daß er, *bona fide,* die Suche nie aufgibt.[47]

Ähnlich ist es mit den Scheinbewegungen, wie sie angesichts komplexer Muster (etwa von der Art in Abb. 2, S. 60) entstehen. Das wechselnde Auftreten und Verlöschen sich überschneidend-konkurrierender Einheiten (z. B. Kreise) ist ein Hinweis auf die im visuellen System ablaufenden Gruppierungsprozesse. Mit Gruppierungen von Grenzen ist in der Natur aber sehr wohl und zu Recht zu rechnen. Nur daß sie sich in unentscheidbarer (ungewichtbarer) Weise konkurrieren (wie in Abb. 2), kommt in der Natur nicht vor.

Auch die Tendenz unserer Interpretation zu einfachen, harmonischen Lösungen, etwa der METZGER-Figuren (Abb. 7 A, B) ist keine Täuschung, sondern folgt der Plausibilität und Wahrscheinlichkeit natürlicher Strukturen. Sie zielt auf etwas für das Leben Entscheidendes ab, den Abbau von Redundanz und damit auf die

---

[46] Bezug ist hier auf M. WERTHEIMERS berühmte ›Punktearbeit‹ von 1923 genommen. Zu den Gestaltbedingungen werden dort gezählt: die Nähe der Teile, Ähnlichkeit der Form oder des Verhaltens, Geschlossenheit und kurvengerechte (harmonische) Fortführung der Konturen und die Nachwirkungen von Einstellungen oder Erfahrungen. — Die von mir beschriebenen ratiomorphen Hypothesen wieder in R. RIEDL, 1981.

[47] Man vergleiche z. B. die Studie von E. v. HOLST, 1957, von W. KRISTOF, 1961, und von R. TAUSCH, 1959. Ausführliche Darstellung nebst einer Anleitung zum Experimentieren in C. VON CAMPENHAUSEN, 1981. Das obige Beispiel, dessen Eindruck ich Herrn CHRISTOPH VON CAMPENHAUSEN selbst verdanke, findet sich in Bd. I, S. 319 ff., in Bd. II, S. 147 ff. dargestellt.

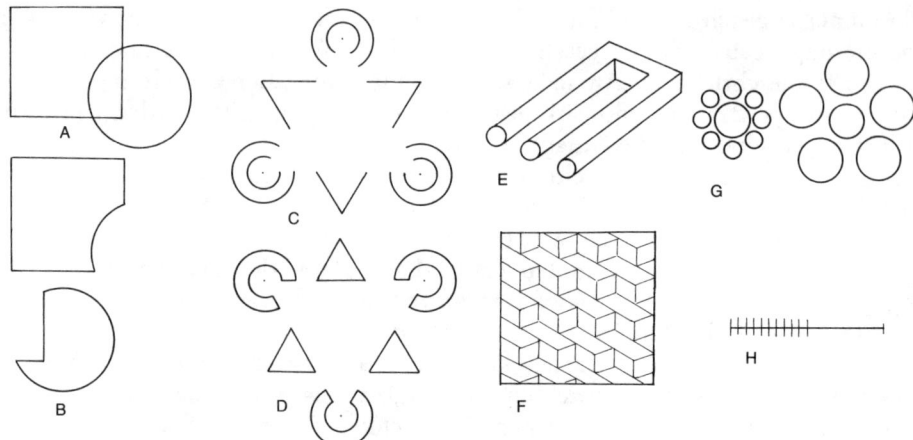

Abb. 7. *Sogenannte optische Täuschungen;* A ist schwer so wie in B zu sehen (Metzger-Figuren), in C taucht ein imaginäres Dreieck auf, das in D erlischt (Kanizsas-Täuschung), E und F ›unmögliche‹ Figuren, in G erscheint der zentrale Kreis ungleich groß, in H die geteilte Strecke länger (C, D aus H. WIMMER und J. PERNER 1979, Seite 55; E, F aus C. MUELLER und M. RUDOLPH 1974, Seite 163; G, H aus C. v. CAMPENHAUSEN 1981, Band II, Seite 15, mit vielen Test-Anleitungen).

Auffindung von Gesetzmäßigkeit. Das zeigt schon das Tarnmuster beispielsweise vieler Riff-Fische, die ihre Gestalt optisch nahezu auflösen, indem ihre Zeichnung zur ›plausiblen‹ Fischform geradezu quer verläuft.

Eher zu den Täuschungen kann man die ›verkehrten Bewegungen‹ rechnen. Man wird dies z. B. von Speichenrädern kennen, die bei zunehmender Geschwindigkeit gelegentlich die Drehrichtung umzukehren scheinen. Dies hängt damit zusammen, daß uns der jeweils nächste Erscheinungsort eines Gegenstandes (hier eine Speiche) vernünftigerweise als dessen Ortsbewegung gemeldet wird. Da der Verrechnung eine Grenze in der Geschwindigkeit gesetzt ist, verwechseln wir die Speichen; eine so identische Wiederholung aber kommt in der Natur (der Schwirrflug ausgenommen) nicht vor.

Zu den Ergänzungstäuschungen wiederum zählt das Auftreten subjektiver Konturen. So ›sehen‹ wir in der KANIZSAS-Täuschung (Abb. 7 C, D) zwischen den Randfiguren ein weißes Dreieck schweben, wobei dieser Eindruck geschwächt wird oder ganz erlischt, wenn die Randfiguren innere Begrenzungen erhalten. Der biologische Nutzen aber liegt auf der Hand. Wie ansonsten sollte bei mäßiger Sehschärfe z. B. ein grünes Blatt auf grünen Blättern wahrgenommen werden können? Die Ergänzung ist ein Fundament der Interpretation.

Die perspektivischen Täuschungen sind von zweierlei Art. Der eine Typ hat mit Größenkonstanz zu tun. Setzt man in eine Zeichnung, die zu stark perspektivischer Deutung zwingt, gleiche (oder gleich große) Figuren in den Vorder- und Hintergrund, so wird die hintere bekanntlich zwingend größer erscheinen. Das ganze ist selbstverständlich unnatürlich, ein Zeichentrick, und zeigt nur, wie sicher wir uns auf die Vorauskorrektur der Perspektive verlassen können, wie lebenswichtig es ist, das ferne Raubtier, weil erst winzig auf der Netzhaut, nicht deshalb für ungefährlich zu halten.

Die zweite Art enthält die ›unmöglichen Figuren‹, also solche, die einen räumlichen Eindruck suggerieren, den Strukturgesetzen jedoch widersprechen (Abb. 7 E, F). Alle bekannten Beispiele beruhen wieder auf Zeichentricks. MAURITS ESCHER allerdings hat sie zu köstlicher Kunst entwickelt. Nichts von alledem ist in der Natur möglich; wieder ein Nachweis für die Verläßlichkeit unserer Ausstattung.

Am aufschlußreichsten jedoch sind die sogenannten ›Proportionstäuschungen‹. Zu den einfachsten Fällen zählt die DELBŒUFsche Täuschung oder die bloße Teilung einer Strecke (Abb. 7 G, H). Im ersten Fall erscheint ein Kreis kleiner, wenn er sich zwischen großen Kreisen befindet, und größer zwischen kleinen. Im zweiten kann eine Strecke länger erscheinen, selbst wenn sie nur unterteilt ist. Auch Kindern erscheint eine Menge größer, wenn ihre Gegenstände weiter auseinander liegen. Das bringt einen Zusammenhang in Erinnerung, dem wir schon begegneten, daß nämlich alles automatisch in Zusammenhängen interpretiert wird, und zwar nach Lage, Zugehörigkeit oder Beziehung nach außen, wie auch nach Struktur, Gliederung oder Beziehung nach innen (man vergleiche nochmals die Beispiele in den Abb. 47 und 48, S. 188 und 189).[48]

Es gibt eben keine zusammenhanglosen Gestalten in dieser Welt. Und gäbe es sie, besäßen sie keine Bedeutung. Auf die Entschlüsselung aber gerade der Bedeutungen kommt es letzten Endes an. So wird man in der Abbildung 8 a das Männerportrait der Figur I auch in den Figuren II, III und IV wiedererkennen. Geht man aber von dem weiblichen Akt in der Abbildung 8 b der Figur VII aus, so wird man denselben auch in den Figuren VI, V und IV sehen. Und nun überzeuge man sich, daß die Figuren IV in den Abbildungen 8 a und b identisch sind. Es ist also keineswegs das Netzhautbild allein, welches die Interpretation der Gestalt bestimmt; es ist mehr noch die Deutung, die Theorie oder Erwartung, welche unsere Auslegung lenkt und ihr Bedeutung gibt.

Abstraktion der Augenblicksinformation

Bisher ist von Langzeit-Information die Rede gewesen, und zwar in dem Sinn, als jene Nachrichten aus dem Milieu der Organismen, die eine Chance haben, einen Niederschlag im genetischen Gedächtnis der Art zu finden, über viele Generationen der Individuen einer ganzen Population gleich bleiben müssen. Natürlich strömen über alle Organismen auch fortgesetzt Augenblicksinformationen herein. Selbst die Langzeitinformationen könnte man als einen Strom von Augenblicksinformationen auffassen.

Der Unterschied beruht aber auf einer neuen Reaktionsweise: auf der in vielen Fällen lebenserhaltenden Bedeutung schnellerer Adaptierung des Verhaltens, nicht mehr den Erfolg der Durchsetzung von Mutanten abwarten zu müssen. Ist bislang eine Serie von Ereignissen nur zufällig überstanden oder aber ebenso zufällig zur

---

[48] Originalliteratur z. B. bei W. METZGER, 1966, Gruppierungsprozesse bei D. MARR, 1982 (Beispiel S. 50), Bewegungstäuschung bei S. ULLMAN, 1979, ferner G. KANIZSA, 1976. Bildbände über M. ESCHER beispielsweise 1971 und 1975. Die DELBŒUFsche Täuschung wird oft erwähnt, so auch in C. v. CAMPENHAUSEN, 1981, Bd. II, S. 15. Weitere Beispiele in B. JULESZ, 1971, sowie in P. COREN, C. PORAC und L. WARD, 1979.

I

II

Abb. 8 a. *Figuren-Transformation*. Betrachtet man zunächst das Männerportrait in Figur I, so wird man keine Schwierigkeiten haben, in den zunehmend verzeichneten Figuren II bis IV dieselben Bedeutungsgehalte wiederzufinden. (Die Vorlagen zu Abb. 8 wurden mir von Prof. Dr. FREDMUND MALIK, Management-Zentrum St. Gallen, überlassen, wofür ich herzlich danke). Nun vergleiche man die Abb. 8 b.

Katastrophe ausgeufert, so kann auf sie nun rechtzeitig reagiert werden: nun nicht mehr durch eine Adaptierung der Erbprogramme einer Art, sondern durch eine Adaptierung des Verhaltens eines Individuums; mit einer Verhaltensänderung, die, so wie sie entsteht, auch wieder verschwinden kann, ja, rechtzeitig verschwinden können *muß,* weil die Kurzzeitbedingungen morgen schon wieder andere sein können. Es wird also von Assoziation die Rede sein und von dem, was wir landläufig ›Lernen‹ nennen.

»Als die primitivste Form von Lernen überhaupt kann man eine Verbesserung der Funktion durch Funktionieren betrachten«, sagt KONRAD LORENZ; dies ist etwa vergleichbar dem »›Einfahren‹ eines Automotors«. Man nennt dies Bahnung. Ähnlich entwickelt sich die Sensitivierung, nun aber durch ein Wecken von ›Aufmerksamkeit‹.[49]

Mit der Sensitivierung verwandt sind gewisse traumatisch erworbene Vermeidungsreaktionen, wie man sie selbst schon von niederen Würmern kennt; und vielleicht deuten sie den Übergang an von der Sensitivierung zur Assoziation. In letzteren liegt bereits eine Verknüpfung von in der Regel wiederholten Fällen dicht aufeinanderfolgender Reizsituationen vor.

Jene Verknüpfungsweise, die uns weiter interessiert, kann man als eine Assoziation, eine Zusammenziehung bereits vorgegebener nervöser Regulative oder ›unbedingter Reflexe‹ auffassen. Wie im ›Algorithmus des Erfahrungsgewinns‹ schon angedeutet, entsteht aus einer solchen Verknüpfung zweier Reizsituationen der

---

[49] »Ein Regenwurm«, illustriert LORENZ die Sensitivierung, »der eben nur ein ganz klein wenig gezwickt wurde und durch seine rasche Fluchtreaktion entkam, reagiert in der allernächsten Zeit auf viel geringere Reize ebenso, und er tut gut daran, ›damit zu rechnen‹, daß die Futter suchende Amsel noch in der Nähe ist, die ihn zuerst gezwickt hat.« Aus K. LORENZ, 1978, S. 212; das obige Zitat von S. 24.

III   IV

bedingte Reflex. Gewissermaßen der einfachste Fall, aber schon mit dem Prinzip der Assoziation, das bis in unser Denken vorhält.

Sinn und Unsinn der Assoziation

Um es gleich vorwegzunehmen: Assoziationen sind wir ebenso ausgeliefert, wie in ihnen gefangen. Ausgeliefert in dem Sinne, als es Nervenbahnen sind, die zunächst einen Zusammenhang ›zur Kenntnis nehmen‹, und zwar auch die absurdesten Zusammenhänge wie im Beispiel des Experiments, das zum bedingten Lidschluß-Reflex führt. Wird regelmäßig vor einem scharfen Luftstrahl auf die Cornea (dem unbedingten Reiz, der zum unbedingten Reflex des Lidschlusses führt) ein beliebiger Reiz ausgelöst, so wird auch durch diesen nun bedingten Reiz der bedingte Reflex ausgelöst.

Der Sinn des Programms beruht wiederum auf einer Isomorphie, nämlich darauf, daß in der Natur regelmäßige Koinzidenzen eben meist nicht zufälliger Natur sind. Das bedeutet zunächst freilich viel: die Möglichkeit, dieser Welt Gesetzlichkeit rein reflektorisch entnehmen zu können. Aber eben um den Preis, auf alle Häufungen von Zufällen ebenso sicher hereinzufallen. Im Experiment kann der bedingte Reiz, der assoziiert wird, ein Ton, ein Lichtzeichen, selbst eine Berührung der Hand sein. In diesem Sinn besteht der Preis in einer völligen Kritiklosigkeit. Denn alles, was der Versuchsleiter sich ausdachte, wird assoziiert. Und nichts davon hat in der Natur mit der Vorwarnung einer kommenden Störung des Auges zu tun, was ja der selektive Vorteil (der unmittelbare Zweck) des Programms wäre. Kurz: Wir sind Assoziationen ausgeliefert.

Gefangen sind wir in den Assoziationen in der Weise, als sie lediglich dort möglich sind, wo geeignete Reflexbögen schon anatomisch vorliegen. Der unbedingte Patellarsehnen-Reflex beispielsweise läßt sich eben in keiner Weise mit einem bedingten Reiz verknüpfen. Das mag im Bereich des Großhirns schon anders

IV   V

Abb. 8 b. *Figuren-Transformation zweiter Teil.* Nun betrachte man den weiblichen Akt in Figur VII. Vergleicht man daraus schrittweise die Figuren VI bis IV, so wird man trotz der Änderungen unschwer die gleichen Inhalte verfolgen können. Vergleicht man aber die Figuren IV in Abb. 8 b mit 8 a, so wird man sich von der Identität der beiden Graphen überzeugen können, obwohl diese einmal als Portrait, ein andermal als Akt gedeutet werden können.

sein. Aber wie sollten wir wissen, welche Assoziationen wir nicht zu bilden vermögen?

Einen speziellen Typ von Assoziationen bildet die Prägung. Sie ist gekennzeichnet durch eine sensible Phase in der (frühen) Jugend, in der sie allein applizierbar ist, und durch die Unauslöschbarkeit des Eingeprägten. Der Sinn der Prägung liegt im Festschreiben wichtiger, natürlicher Zusammenhänge. Das, was z. B. am ersten Lebenstag eines Vogels am Nest auftaucht, werden die Eltern sein, und das Bild hat tunlichst ein Leben lang vorzuhalten. Wie das Experiment aber zeigt, kann ein Luftballon, eine Spielzeuglokomotive ebenso irreversibel zum Elternbild geprägt werden und schafft ebenso ein lebenslanges Dilemma oder eine Katastrophe. Und in welcher uns ganz undurchschaubaren Fülle von zufälligen Prägungen (und in der widersprüchlichsten Weise) mögen wir gefangen sein?[50]

Eine wesentlich höhere Form, gewissermaßen der Inbegriff des Lernens, ist erst über etablierte Rückkoppelkreise erreicht sowie jeweils einen ›angeborenen Lehrmeister‹. Und dieser, so sagt LORENZ, »muß phylogenetisch erworbene Informationen darüber besitzen, was ein Erfolg war und was ein Mißerfolg einer Verhaltensweise ist«. Über ein Appetenz- oder Begehrverhalten und einen AAM (einen angeborenen Auslösemechanismus) führt der Kreis zurück zu einer zielbildenden Endhandlung oder Endsituation.

---

[50] Was bisher unter assoziativem Lernen besprochen wurde, gehört zur ›klassischen Konditionierung‹ (Lern-Typ S) und erfolgt ohne Rückmeldung des Erfolgs. Gelernt wird, »auf einen Reiz hin etwas zu tun oder zu lassen … dies ist das Prinzip der Reiz-Selektion … das Tier lernt daraus, daß ihm etwas passiert oder nicht«. K. LORENZ, 1978, S. 228. — Nun verfolgen wir mit der Entwicklung der Rückmeldung das instrumentelle Lernen, die ›operante Konditionierung‹ (Typ R). Gelernt wird aus dem Erfolg und Mißerfolg des Handelns oder Lassens.

VI   VII

Der Sinn dieser Weiterentwicklung besteht in einer erfolgsgerechteren Auswahl der möglichen Zusammenhänge, einem nun aktiven Lernen mit der Möglichkeit zielführender Adaptierung, wobei das Individuum »eine Problemsituation dadurch zu bewältigen lernt, daß es in ihr verschiedene Verhaltensweisen anzuwenden versucht und aus der Erfahrung lernt, welche von ihnen das Problem löst«. Freilich wieder um den Preis, völlig Unzusammenhängendes sogar in scheinbar notwendigen Zusammenhang zu bringen.

»Ein Pferd« beispielsweise, sagt LORENZ weiter, »lernt auszuschlagen, um Zucker zu bekommen, eine Bewegung aus dem System der Verteidigung gegen Freßfeinde wird zur Appetenz nach Nahrung.« Ein Zwergpapagei von KARL VON FRISCH lernte Kot zu drücken, um aus dem Käfig zu dürfen. Diese Umwege kommen der ›selbsterfüllenden Prophezeiung‹ nahe, die schließlich darauf beruht, die wiederholte Koinzidenz irgendeiner Handlung mit irgendeiner Erwartung selbst zu fördern und dann für einen notwendigen Zusammenhang zu halten.[51]

Ein Mesokosmos differenzierter Wiederholungen

Dieser lerntheoretische Schichtenbau ist für das Verständnis der Wurzeln des Erkennens und Begreifens aufschlußreich. Zum einen ist es ratsam, den passiven vom aktiven Kenntnisgewinn zu unterscheiden. Schon deshalb, weil man die Wirkung des passiven sowohl für die Evolution als auch für unser eigenes Welterleben leicht unterschätzen kann, und außerdem, weil damit der Zufallscharakter einer Fülle der in uns einsickernden Deutungen, Meinungen und Einstellungen verschleiert würde.

[51] Wie oft haben wir selbst schon ›auf Holz geklopft‹, um ein Ereignis abzuwenden? Und ist es nicht tatsächlich in fast keinem der Fälle eingetreten? Der Weg vom relativen zum baren Unsinn geht vom Zusammenhängen des Nicht-Zusammenhängenden zur selbsterfüllenden Prophezeiung. — Die obigen Zitate aus K. LORENZ, 1978, S. 231, 245 und 246.

Zum anderen muß man diese Unterscheidung treffen, weil der assoziative Kenntnisgewinn des Individuums an sich wieder bei Null, einem Ort absoluter Ungewißheit, beginnen müßte, da vor jeder empirischen Erfahrung jedes mit jedem assoziiert werden könnte, läge nicht schon eine Vielzahl von erblichen Anleitungen vor — phylogenetisches Vorauswissen, welches der Entwicklung baren Unsinns steuert und den Beginn der Assoziation selbst erst nützlich macht.

»Diese Verflechtung phylogenetisch vorgeformter Reizverarbeitungs- und lernabhängiger Differenzierungsprozesse in der Wahrnehmung«, so stellt auch FRIED-HART KLIX fest, »bildet eine wesentliche Grundlage für die Entwicklungs- und Ausbildungsmöglichkeiten höherer kognitiver Prozesse.« Man könnte ansonsten nicht verstehen, setzt er fort, »wie die Fähigkeit sich ausbilden kann, eine umgebungsgemäße Informationsauswertung auch dort zu erzielen, wo sie ursprünglich nicht da ist«.[52]

Die assoziative Interpretation dieser Welt beginnt für uns alle wieder im allerweitesten Abstraktionszusammenhang, in der puren Unterscheidung von gut und schlecht. Genau so, wie wir das von der genetischen Entwicklung der Verhaltensweisen schon kennen, ob nun zum Gewinn von Zucker mit den Hufen auszuschlagen oder zum Gewinn von Freiheit Kot zu drücken wäre.

Sachlich pflegt man zu sagen, daß jede Erwartung, liegt sie vor jeglicher Erfahrung, im Gebiete rein subjektiver *Apriori*-Wahrscheinlichkeit beginnen müsse. Das ist ebenso richtig wie die Erwartung, die wir daran knüpfen, daß sich die Sache aus der Erfahrung korrigieren und zu einer objektiven *Aposteriori*-Wahrscheinlichkeit wandeln werde. So mag man also am Anfang getrost irren. Nur dauern auch unsere Anfänge oft jahrhundertelang. Man denke nur an unsere Fixierung, Ursachen und Zwecke für Gegensätze zu halten.

Und wiewohl uns schon DAVID HUME einsichtig machte, daß man das ›weil‹ nicht der Natur zu ihrem Verständnis entnehmen kann, vielmehr es erfinden und in sie hineinlegen muß, um sie zu verstehen, bleiben wir auch in so grundsätzlichen Fragen in unseren erblichen Assoziationen gefangen, da wir in einer Hypothese von den Ur-Sachen gezwungen werden anzunehmen, daß gleiche Dinge dieselbe Ursache haben werden. Dies erweist sich logisch als ebenso unbegründbar wie lebensnotwendig. Denn wer diese Annahme umkehrte, könnte nur unter Hospitalisierung überleben.[53]

Daß ein Lernfortschritt solcher Art überhaupt möglich wird, ist, wie schon erwähnt, auf die hohe Redundanz der Erscheinungen in dieser Natur zurückzuführen und auf die nicht beliebige Kombinierbarkeit deren Merkmale. Aber es ist keine völlig determinierte Welt. Und darum weisen die Koinzidenzen, aus welchen wir zu lernen vermögen, in ihren Wiederholungen alle Stufen von Differenzierungen auf. Also ist ihnen auch nur mit allen möglichen Stufen der Abstraktion unserer Assoziationen beizukommen.

---

[52] Die beiden Zitate sind F. KLIX, 1976, S. 283 und 291, entnommen. Die Abkehr vom behavioristischen Lernmodell, welches die Psychologie lange beherrscht hat, ist hier ausschlaggebend. Dazu vergleiche man auch die Haltung der Ethologie (K. LORENZ, 1978; speziell zu K. FOPPA, 1975, S. 228) und der Kognitionspsychologie (H. WIMMER und J. PERNER, 1979).

[53] Die Einzelheiten zu den angeborenen Hypothesen wieder in R. RIEDL, 1981, sowie in R. RIEDL, 1978–1979. Dort findet man auch die Bezüge einer biologischen Betrachtung der Wahrscheinlichkeit zu den verschiedenen Wahrscheinlichkeitstheorien, welchen hier nicht nachgegangen werden kann.

So bleibt denn in einer solchen Welt, für unsere Ausstattung zu assoziieren, zunächst nicht viel mehr als die Funktion der Heuristik, der Fabulier- und Erfindungskunst; die Einladung, Verknüpfungen zuzulassen (auszudenken), wo immer sich solche anzudeuten scheinen. Nur mit unserem Vertrauen in solcherlei Verknüpfung ist es eine andere Sache. Wir vertrauen sogar einer Theorie, die die Koinzidenz der Verteilung von Gravitonen mit der Bahn des Jupiter annimmt, obwohl bislang alle Mühe, ein Graviton nachzuweisen, enttäuscht wurde. Hingegen trauen wir der Koinzidenz der Zahl der Störche mit den Geburten in Polen nicht, obwohl ein jeder die polnischen Babys und Störche sehen kann.

Evolutionäre Psychologie?

»Woran es mangelt, sind Theorien«, sagen WIMMER und PERNER, nämlich »die das so Offenbare zu erklären vermögen«. Dabei hat schon ARISTOTELES für die Assoziation die Bedeutung der Ähnlichkeit, des Gegensatzes und der räumlich-zeitlichen Nähe erkannt. Ferner hat die Assoziationspsychologie in England von JOHN LOCKE bis JOHN STUART MILL, und dann in Deutschland von JOHANN FRIEDRICH HERBART bis THEODOR ZIEHEN in fast ungebrochener Tradition dreier Jahrhunderte tief in die Psychologie von heute hineingewirkt.

Aber nach dem Scheitern der großen Lerntheorien sind an deren Stelle, wie KLAUS FOPPA resümiert, »›Miniatursysteme‹ getreten, die das Risiko eines offenkundigen Mißerfolges dadurch zu verringern trachten, daß sie ihre Aussagen auf ganz spezifische (experimentelle) Situationen beschränken. Die Erwartung, aus der Zusammenfassung solcher Detailmodelle werde sich einmal eine umfassende Theorie ergeben, ist freilich ebenso illusorisch wie der Wunsch, das theoretische System lasse sich direkt aus den Fakten selbst extrahieren. Man vergißt nämlich nur allzu leicht, daß jedem Miniaturkonzept, jedem Experiment und jeder Fragestellung bereits ein gerüttelt Maß an impliziter Theorie vorangeht.« So ist es.

Zugleich aber steht FOPPA auf dem Standpunkt, daß die seit PAWLOW und WATSON üblich gewordene, ›therimorphe‹, d. h. vom Tier hergeleitete Theorie, wie sie der bedingte Reflex nahelegt, und zwar mit der »Annahme, die Kontinuität der Entwicklung müsse sich in der Konstanz bestimmter ... hypothetischer Organisationsstufen äußern, durch nichts zu begründen ist«.

Aber wieder gilt die Erfahrung, daß die Verhaltenslehre LORENZ', VON HOLST', MITTELSTAEDTscher Prägung in der Lernpsychologie noch kaum Spuren hinterlassen hat.[54]

Anders liest sich dies schon bei HANS AEBLI, der im Nachlaß des Werkes von PIAGET in der Einleitung sagt: »Die Analyse ... zeigt, daß die biologischen Invarianten zu einer Art von funktionellen *Apriori* der Vernunft werden, wenn sie im Verlauf der großen Etappen der geistigen Entwicklung vom Bewußtsein erarbei-

[54] Die obigen Zitate stammen aus H. WIMMER und J. PERNER, 1979, S. 43, und von K. FOPPA, 1975, S. 377–378, die Stelle bei ARISTOTELES in der Schrift über »Gedächtnis und Erinnerung«. — Die Autoren K. LORENZ, E. v. HOLST und H. MITTELSTAEDT kommen z. B. in K. FOPPAS wichtiger Monographie (1975) gar nicht vor. Die Lerntheorien haben zwar auch auf die Ethologie nicht stark gewirkt, sie wurden aber immerhin wahrgenommen. Man vergleiche zudem E. MENERT, 1960.

tet und durchdacht worden sind.« Auch FRIEDHART KLIX, wie man sich erinnert, spricht von einer Verflechtung phylogenetisch vorgeformter und lernabhängiger Differenzierung. »Wahrscheinlich«, stellen HEINZ WIMMER und JOSEF PERNER fest, »hat sich phylogenetisch über Millionen von Jahren ein für unsere Welt angemessener Bezugsrahmen gebildet.« Und, so schließt eben FRANZ VON KUTSCHERA: »Unser Lernen aus der Erfahrung hat also letztlich biologische Grundlagen. Auch hier geht also Vernunft von Voraussetzungen aus, die jenseits rationaler Begründbarkeit liegen.«

Die Betrachtung beginnt sich also zu wandeln. Die wenigen Zitate, die ich hier einreihen darf, stammen gerade aus den jüngsten, bedeutenden Werken, die von der Entwicklungspsychologie über die Allgemeine Psychologie und die Kognitionspsychologie bis zu deren erkenntnistheoretischer Durchdringung reichen. Die neue Sicht hat folglich begonnen, in die Breite des Faches zu wirken.[55]

Die neue Theorie wird von der Wahrnehmung eines Schichtenzusammenhangs ausgehen müssen. Denn es kann als eine nicht mehr zu bezweifelnde Bedingung der Natur angesehen werden, daß in jedem komplexen System alle tieferen Schichtgesetze durch alle übergelagerten Schichten hindurchreichen. Zwar sind die Systembedingungen der jeweils übergeordneten Schichte keineswegs zur Gänze auf die der darunterliegenden zurückzuführen (zu reduzieren); aber sie sind auch ohne diese nicht möglich.

Auf dieser Grundlage, die NICOLAI HARTMANN (1964) vorbereitet hat, die KONRAD LORENZ beeinflußte und die ich in meinen Büchern weiter entwickelt habe, ist auch schon der Versuch einer »Evolutionären Psychologie« (1985) von GERHARD MEDICUS gemacht worden. Damit ist zusätzlich nicht nur die Psychiatrie in unseren Kreis getreten. Auch die allgemeine Diskussion wird zu einem neuen Ansatz herausgefordert.

Es mag noch immer richtig sein, daß es an einer allgemeinen Theorie assoziativen Kenntniserwerbs mangelt. Aber es zeichnet sich ab, in welcher Weise unsere Ausstattung zu dieser Leistung aufschließbar werden kann.

Abstraktion, Konstruktion und ihre Grenzen

Nun ist noch zu fragen, ob es im Rahmen der Assoziationsprozesse im einzelnen universelle Prinzipien gibt. Denn was bei der Verarbeitung von Augenblicksinformation kultur- und sprachunabhängig gleich bleibt, mag wieder mit der genetischen Ausstattung des Menschen in Verbindung stehen und auffindbar sein, unabhängig davon, ob nun eine generelle Lerntheorie vorliegt oder nicht.

Unsere erste Feststellung kann lauten: Solche Prinzipien gibt es gewiß. Die Frage ist daher eher die, wie weit sie ins Komplexe reichen. Obwohl diese Frage das große Gebiet der Assoziationspsychologie nicht explizit beschäftigt hat, ist doch aus der dort üblichen Formulierungsweise implizit einiges zu entnehmen.

---

[55] Die obigen Stellen findet man in den Werken von J. PIAGET, 1975, S. 19, von F. KLIX, 1976, S. 283, von H. WIMMER und J. PERNER, 1979, S. 172 und von F. v. KUTSCHERA, 1982, S. 468. — Und freilich ist dies die Auffassung, die K. LORENZ, E. OESER, R. RIEDL, F. WUKETITS und andere ›Evolutionisten‹ schon in vielen Beiträgen vertreten haben.

So wird nicht daran zu zweifeln sein, daß das Ausmaß der Bekräftigung oder Enttäuschung einer Erwartung hierher gehört, sowohl nach Anzahl und Zeitintervallen als auch nach den relativen Häufigkeiten. Nicht minder wird dies für die Beiträge der Motivation, der Aufmerksamkeit, der Vorkenntnisse und Einstellungen gelten, für die Übung und das sogenannte ›warming up‹.[56]

In einer zweiten Sicht ist zu fragen, ob nicht ein Großteil dessen, was in den Assoziationsprozessen unbewußt abläuft und sich vom Bewußtsein auch in keiner Weise beeinflussen läßt, in den Bereich der Ausstattung gehört. Und da Assoziationen, wie es scheint, fast zur Gänze unserer bewußten Steuerung entzogen sind, wäre das erstaunlich viel. Dabei bleibt allerdings zu berücksichtigen, daß auch alle ontogenetisch erworbenen Assoziationsinhalte mutmaßlich rechts-hemisphärisch zu neuen Assoziationen gelenkt werden und sich schon dadurch dem bewußten Zugriff (fast?) ganz entziehen.

Ein dritter Zugang ist der, nach der Universalität der Zwecke (der lebensfördernden Funktionen) in der Verarbeitung von Augenblicksinformation zu fragen und von da aus die Arten der Information und deren Behandlung zu untersuchen. Das hat besonders FRIEDHART KLIX unternommen.

Grundprinzipien, die hierbei auftauchen, sind zunächst die der Informationsverdichtung und der Transformationen, die auf höhere Konstanzleistungen hinwirken; was wir beispielsweise als Prävalenz von Merkmalen erleben, beruht auf einem »Mechanismus der Merkmalsselektion«. Denn »das Auftreten bestimmter Merkmale oder Merkmalsänderungen in vergangenen Ereignisfolgen führt zur Erwartung gleicher oder ähnlicher Merkmale unter gleichen oder ähnlichen Situationsbedingungen«.[57]

Ferner werden Gestaltbildungsprozesse aus sukzedanen (aufeinanderfolgenden) und simultanen Koinzidenzen deutlich, die für unsere weitere Untersuchung noch nützlich sein werden. Denn »es zeigt sich: Bestimmte Verknüpfungen der Quellenelemente führen zu Einheitsbildungen in der phänomenalen Struktur, denen je eine bestimmte Verknüpfungsregel zugeordnet werden kann.« Was hier KLIX (1976, unter Bezug auf E. LEEUWENBERG 1968) referiert, ergänzt, was wir bei DAVID MARR kennenlernten.

Auch das Prinzip der hierarchischen Verarbeitung, das uns von der Aufschlüsselung konkreter Gestalten bekannt ist, kehrt im Abstrakten wieder. Einerseits zeigt es sich, daß komplexe Merkmale »eine Markierung, eine Art Etikette erhalten, durch das der abstraktive Verkürzungsprozeß sozusagen fixierbar gemacht wird«, sagt KLIX, in »perzeptiv einfach aufnehmbaren Einheiten«. Andererseits wieder »haben die Begriffe in ihren Oberbegriffen jeweils die kognitive Funktion von Elementen. Noch wissen wir nicht, ob dieses Abstraktionsprinzip lediglich eine ökonomische Durchdringung« bezweckt. Es ist aber zu vermuten, »daß auch noch

---

[56] Dies geht allein schon aus der universellen Weise hervor, wie sich diese Phänomene dargestellt finden (beispielsweise wieder in K. FOPPA, 1975, und F. KLIX, 1976). Es berührt das Thema der ›biologischen Zwänge‹ (constraints) und dessen Diskussion, wie zuletzt bei P. MARLER und H. TERRACE, 1984 (man vergleiche die Einführung der Herausgeber). Und es ruht auf den Gebieten der Lern- und Assoziations-Physiologie, in welchen die Annahme von Universalien zum Paradigma gehört.

[57] Die Stellen sind aus F. KLIX, 1976, S. 595, mit einem speziellen Hinweis auf die Arbeit von L. SPRUNG, 1969. Aus der umfassenden, hier einschlägigen Literatur verweise ich weiter auf wichtige Beispiele: die Studien von M. ARNOULT und F. ATTNEAVE, 1956, O. CREUTZFELDT, 1966, und wieder von F. KLIX, 1969.

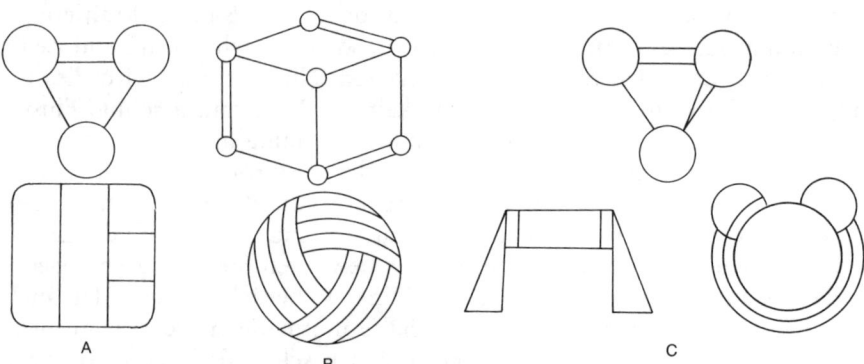

Abb. 9. *Topologie und Gestaltwahrnehmung.* Die jeweils untereinander stehenden Figuren sind topologisch äquivalent. Sie werden aber keineswegs als ähnlich empfunden. Im Gegenteil: unsere Gestaltsbetrachtung behindert uns wahrzunehmen, daß äquivalente Felder und Verknüpfungen vorliegen. Die Figuren A und B aus F. KLIX 1976, Seite 283, die Figuren über C aus meinen Hörsaal-Experimenten (eine ist nicht äquivalent).

andere Prozesse . . . von diesem Wirkprinzip getragen werden«. Nun haben wir hier schon die bewußte Begriffsbildung berührt; also sei nicht weiter vorgegriffen. Aber der Zusammenhang ist so wichtig für unsere spätere Untersuchung der Wechselwirkung von Merkmalsgewichtung und Grenzen von Ähnlichkeits-Feldern (Oberbegriffen), daß er auch hier nicht unerwähnt bleiben durfte.[58]

Ein vierter Zugang zur Frage angeborener Ausstattung für den komplexen Bereich zeichnet sich aber noch ab. In diesem ist zu untersuchen, was unser assoziativer Apparat nicht leistet, wo er gewissermaßen auf ›Attrappen‹ hereinfällt. Dies scheint mir aussichtsreich: einmal, weil man (paradoxerweise) Funktionen und Mechanismen am sichersten durch ihre Mängel und Fehler aufdeckt; das ist selbstverständlich auch bei der Entdeckung der erwähnten Auslösemechanismen und Prägungen so gewesen. Zum anderen, weil bewußt nicht korrigierbare Assoziationsfallen sehr wahrscheinlich mit unserer erblichen Ausstattung zu tun haben werden.

Als Beispiel eignen sich topologische Figuren (vom Typ der Abb. 9), an welchen es deutlich wird, daß wir von äußeren Ähnlichkeiten so abgelenkt (absorbiert) werden, daß, wie KLIX (1976, S. 283) feststellt, »die perzeptiven Grenzen der Wiedererkennung topologisch äquivalenter Konfigurationen« geradezu direkt sichtbar werden.

Derlei Kanalisierungen unserer Wahrnehmungseinrichtungen sind bedeutsam. Denn sie zeigen, in welcher Weise man sich auch hier vorstellen kann, wie ein zur Förderung des Lebenserfolges selegierter Apparat durch die Spezialisierung, welche die natürliche Folge jeder Konstruktion sein muß, an seine Grenzen stößt. Und

---

[58] Der Interessierte sei nochmals auf den Band von F. KLIX, 1976, verwiesen, wo man ›die kybernetischen Aspekte der Informationsverarbeitung‹ erschöpfend dargestellt findet, und noch nicht beeinflußt von dem Thema ›zerebraler Hermeneutik‹, das ich schon darstellte. Zitate S. 600–601.

zwar gerade an solche Grenzen, die für die Beurteilung der Vernetzungen unserer komplexen Zivilisation zu gefährlichen Fehleinschätzungen Anlaß sein können.

Letztes Ziel aller Wahrnehmungsinterpretation ist die Wägung von Bedeutungen der Dinge, ihrer Merkmale und ihrer Zugehörigkeiten. Es geht um das ›versteckte Gemeinsame‹, um die Aufdeckung dessen, was den Dingen zugrunde (in ihrer Tiefe) liegt. Und das sind meist die Vorbedingungen ihrer Entstehung, was auf ihrem Entstehungsweg am Anfang lag. Es wird dann auf unserem Erkenntnisweg von diesen Dingen in der Regel an dessen Ende zu suchen sein.

Begriffsbildung vor dem Bewußtsein

Was unter einem Begriff zu verstehen wäre, meinen wir zu wissen: »die Zusammenfassung von Objekten und Ereignissen zu einer Klasse auf Grund von Merkmalen«. Mit dieser Bestimmung FRIEDHART KLIX' kann man gewiß übereinstimmen. Von ERNST MACH zitierten wir schon: »Worauf in gleicher Weise reagiert wird, das fällt unter einen Begriff.« Das wieder kann wohl nur für bewußte Begriffe gelten. Denn wenn ein Einzeller auf Licht ›in gleicher Weise reagiert‹, nämlich mit Kurs auf die Lichtquelle, so nennen wir das treffender Phototaxis.

Andererseits ist die Begriffsbildung zweifellos vor dem bewußten Denken entstanden. Die beiden werden einander in ihrer Entwicklung gefördert haben. Man kann, neutraler oder allgemeiner, von Klassifizierung, Kategorien- oder Klassenbildung (classification und categorization) sprechen. Dann aber muß man PREMACK zustimmen, daß vorsprachliches Klassifizieren ein unmittelbarer Vorläufer des sprachlichen Klassifizierens sein muß. Auch ist Sprache ja gewiß mehr als Klassen- und Begriffsbildung. Die Diskussion um diese Grenze, sagt HERRNSTEIN richtig, leidet gewöhnlich an zwei Arten von Übertreibungen: entweder an der Unterschätzung des menschlichen Verstandes, oder aber an einer Überschätzung des Ranges des Klassifizierens.

Besser also ist es, die Frage zu behandeln, mit welchen Merkmalen die Klassen- oder Begriffsbildung beginnt, wobei zu bedenken ist, »daß Theorien, die von der menschlichen Leistung ausgehen«, wie HERRNSTEIN warnt, »an den wesentlichsten Kennzeichen wahrscheinlich vorbeigehen«. Was in der Erschließung dieser Frage geholfen hat, war darum nicht das Studium des Menschen, auch nicht so sehr das der Menschenaffen. An einer viel niedrigeren Schichte hat die Frage die Diskussion beflügelt: am Studium der Klassenbildung bei Tauben.[59]

Was von der Bildung eines Begriffes, zunächst im Sinne einer Kategorie oder Klasse von Gegenständen erwartet werden muß, das ist die Fähigkeit zur Extrapolation. Wir kennen dies schon als das ›Universalienproblem‹ der philosophischen Erkenntnistheorie, ein Dilemma der Logik. Über die bloße Zuordnung eines

---

[59] Die Zitate stammen aus F. KLIX, 1976, S. 618, aus E. MACH, 1900, S. 416 (worauf KARL POPPER, 1979, S. 24, aufmerksam machte), aus D. PREMACK, 1976, S. 215, und R. HERRNSTEIN, 1984, S. 234. Man vergleiche C. RISTAU und D. ROBBINS, 1982, zur Beziehung von Klassifikation und Sprache. Jüngste Literatur in H. ROITBLAT, TH. BEVER und H. TERRACE, 1984.

Gegenstandes oder eines Ereignisses in den Rahmen definierter Größen (oder die Ausgliederung nach denselben) muß etwas hinzukommen. Und zwar die Fähigkeit der Kreatur, auch neue, noch unbekannte Fälle zuzuordnen oder auszugliedern, welche den Rahmen der definierten Größen selbst verändern.

Das gilt vor allem für jene Gegenstände und Ereignisse, an welchen die Begriffsbildung geschult wurde und ihren Ausgang genommen haben mußte. Denn, sagt TERRACE: »Zum Unterschied von physikalischen Gradienten wie Wellenlängen und Intensitäten, oder Kombinationen aus denselben, gibt es keine bekannten Größen, nach welchen ›natürliche Begriffe‹ bestimmt werden könnten.« Solche Bestimmungsprozesse, wie sie fortgesetzt in uns ablaufen, nennen wir ›Denken‹.

Dies setzt uns, fährt TERRACE fort, »vor eine so verblüffende wie fundamentale Frage. Denn da wir heute gute Gründe haben, an DESCARTES' Behauptung zu zweifeln, daß Tieren die Fähigkeit zu denken mangelt, ist es angemessen zu fragen: wie denken Tiere?«[60]

Anlagen zur Begriffsbildung?

Wie Tiere denken, ist eine ambitiöse Frage. Zumal man zugeben muß, daß selbst der Vorgang unseres eigenen Denkens nicht als aufgeklärt gelten kann, obwohl, wie man annehmen möchte, uns dank unseres Bewußtseins die Möglichkeit gegeben sein sollte, den Denkvorgang mitzuvollziehen. Es kann darum auch nicht die Aufgabe dieser Studie sein, aufzuklären, was Denken ist. Vielmehr sei vorerst gefragt, ob mit einer erblichen Ausstattung selbst für den Denkprozeß gerechnet werden soll. Ich beginne mit der Schilderung zweier Positionen.

»In Situationen«, sagt der Psychologe PETER HOFSTÄTTER, »für deren Bewältigung wir weder ererbte Instinkthandlungen noch auch mehr oder minder automatische, zur Gewohnheit gewordene, erlernte Verhaltensweisen bereithalten, pflegen wir unser Tun für eine Weile zu unterbrechen, um uns das weitere Vorgehen zu überlegen. Was in dieser Pause geschieht, bezeichnet man als Denken.« Bei wachem Bewußtsein ist es wohl ein Probehandeln im gedachten Raum. Was aber wäre es vor dessen Erwachen? Aus der Beobachtung des Anderen gewinnen wir nur noch ein weiteres Merkmal. Das besteht in der spontanen Lösung (Lösungshandlung) eines Problems oder Konfliktes, sobald aus der Unterbrechung des Handelns wieder Aktivität einsetzt.

Nun aus der Ethologie: KONRAD LORENZ beschreibt ein Männchen des Juwelenfisches, »das am Futter kauend ein Jungtier erblickt, und, dem Behütungsinstinkt folgend, dieses aufschnappte: Der Fisch hatte zwei Dinge im Maul, von denen eines in den Magen, das andere in die Nestgrube sollte. Was würde geschehen? ... Der Fisch stand starr, mit vollen Backen, aber ohne zu kauen... Man konnte deutlich sehen, wie es in ihm arbeitete. Und dann löste er den Konflikt... Er spie den ganzen Inhalt des Mundes aus ... dann wendete er sich entschlossen dem Wurm zu

---

[60] Diesem Thema sind mehrere Beiträge in dem von H. ROITBLAT, TH. BEVER und H. TERRACE, 1984, herausgegebenen Sammelband gewidmet. Aus diesem stammen auch die Zitate; von S. LEA, 1984, S. 271, und aus H. TERRACE, 1984, S. 19 und 22. Ein Vorläufer dieses Bandes wurde von S. HULSE, H. FOWLER und W. HONIG, 1978, herausgegeben.

und fraß ihn ohne Hast auf — aber mit einem Auge auf das ... am Boden liegende Kind. Als er fertig war, inhalierte er es und trug es heim ...«

Aber auch für diese Situation trifft HOFSTÄTTERS Anspruch noch zu, daß die Lösung des Problems weder aus einem Instinkt noch aus Erfahrung allein zu meistern war. Beim Fisch wird mit einem Probehandeln im gedachten Raum nicht zu rechnen sein. Ein Zusammenwirken von Anlage und Übung aber könnte das Problem lösen.[61]

Und sollte das der Fall sein, dann ist die Anlage ebenso unentbehrlich wie die Erfahrung. Was aber in dem weiten Problemrahmen ›Denken‹ noch der Lösung harrt, scheint im Subproblem der Begriffsbildung der Lösung nahezukommen. Und die Lösungsmöglichkeit, die sich für das Problem des Denkens andeutet, wird durch die der Begriffsbildung unterstützt, wie sie auch im Gegenzuge dieser nicht widerspricht. Deshalb habe ich das Thema wenigstens berührt.

Die Begriffsbildung setzt also voraus, daß die neuen Fälle auf die Bestimmung des Rahmens einer Kategorie zurückwirken, unter dessen Auspizien sie zunächst geprüft wurden. Das ist wieder ein hermeneutischer Bezug. Die Rückwirkung, die ich für diese Leistung postuliere, setzt Erfahrung voraus. Daß es aber nützlich (nötig) ist, Ähnlichkeiten überhaupt festzuhalten, also in allem Beziehung herzustellen, das ist wieder die Voraussetzung für die Bildung einer jeden möglich werdenden Erfahrung. Und da sie als deren Voraussetzung nicht aus der äußeren Erfahrung stammen kann, muß es innere Erfahrung sein, genetisch erworbener Kenntnisgewinn, angeborene Erwartungshaltung: also Anlage.

Ein Mesokosmos der Zusammenhänge

Nichts Spezielles kann im voraus gewußt werden. Was also ist dann jenes Allgemeine, das wir, als eine Art von Vorkenntnis, aufgrund unserer Ausstattung erwarten? Dies ist wieder die Frage nach der Isomorphie von Welt und angeborener Erwartungshaltung.

Was wir für die Leistung der Begriffsbildung im allgemeinen beanspruchen, bestätigt sich nämlich auch in der Psychologie. »Die Klassifizierungsregel«, bemerkt FRIEDHART KLIX, »bildet sich im aktiven Verhalten, d. h. durch Rückwirkung der realen Objekte auf eine hypothetische Zuordnung.« Dies ist schon deshalb erforderlich, weil man nicht vorhersehen kann, was wir an natürlichen Gegenständen zu einer Klasse werden zu zählen haben. Darum hat es »in psychologischer Sicht nicht viel Sinn, den in der Logik verwendeten Terminus des Begriffsumfanges zu verwenden«.[62]

---

[61] Zitiert aus P. HOFSTÄTTER, 1965, S. 86–87. In solchen Fragen berühren sich die Ambitionen von LORENZ und PIAGET besonders deutlich. PIAGET, meint EVE-MARIE ENGELS (1985, S. 143) »distanzierte sich von LORENZ nicht nur in Detailfragen..., sondern auch in der grundsätzlichen Frage nach den Mechanismen der Evolution«. Das ist richtig. Die beiden unterscheiden sich wie die Betonung der darwinistisch-selektivistischen Evolutionskomponente in der englisch- und der deutschsprachigen Kultur von der lamarckistisch-adaptionistischen in der gallischen. Aber dies ist auch der ganze Grund für unterschiedliche Gewichtungen im Detail (vgl. J. PIAGET, 1983, S. 242 ff.).

[62] Die beiden Zitierungen sind F. KLIX, 1976, S. 619, entnommen. Und man wird sich erinnern, daß damit wieder die Gegenüberstellung von logischer und psychologischer Begründung berührt wird, von welcher schon ausführlicher die Rede war.

Die Möglichkeit einer Rückwirkung der neuen auf die gemachte Erfahrung muß also auch generell oder doch im Hinblick auf vermeintlich vergleichbare Umstände vorgesehen sein. Denn selbst ein und dieselbe Wahrnehmung oder Reizsituation wird in verschiedenen (wenn auch nur vermeintlich verschiedenen) Erfahrungszusammenhängen Verschiedenes bedeuten. Das resümiert auch HERRNSTEIN, aus den Experimenten verschiedener Autoren, schon von der Leistung der Tauben: »Merkmale, die die Zugehörigkeit eines Objektes zu der einen Klasse bestimmen, haben wenig zu tun mit der Zugehörigkeit zu einer anderen.« Und, auf den Menschen angewendet, bestätigt er uns: »Der ›gesunde Hausverstand‹ (common sense) kommt zu derselben Lösung.«

Das ist ein wichtiger Zusammenhang. Denn unter dem ›gesunden Hausverstand‹ (oder gesunden Menschenverstand) pflegen wir jene Leistungen zu subsumieren, die ohne bewußtes oder absichtsvolles Eingreifen, ohne Reflexion, gewissermaßen von selbst zur Lösung und Entscheidung über unser Verhalten gelangen. Sie sind, wie es EGON BRUNSWIK beschreibt, von einem nur vernunftähnlichen ›ratiomorphen Apparat‹ gesteuert.[63]

Der Inhalt einer solchen Erwartungshaltung, übersetzt man ihn in unsere Alltagssprache, ist aber von nahezu trivialer Einfachheit: nämlich damit zu rechnen, daß alles mit allem in Verbindung stehen könne. Oder, was weniger trivial klingt, daß alles irgendwo zugehörig ist, irgendwo hingehört; in funktioneller Betrachtung: seinen Zweck hat. Formuliert als Hypothese von den Zwecken (R. RIEDL 1981, S. 159), enthält sie die Erwartung, daß die Funktionen ähnlicher Systeme als Subfunktionen desselben Obersystems zu verstehen sind.

Die Kategorienbildung, sagt HERRNSTEIN, »muß einen derartigen Evolutionsvorteil mit sich bringen, daß er wohl als ein universelles Prinzip der (höheren) Organismen gelten dürfte«. Gewiß, denn wieder geht es um Prognostik und ihre Trefferchance; dies kennen wir als Grundlage lebenserhaltender Bedingungen überhaupt. Und die Kategorien- oder Begriffsbildung erlaubt es, nun über die Rückwirkung der neuen auf die alten Erfahrungen, komplexe Zustände und Ereignisse, sogar über das bislang Bekannte hinaus, mit einiger Wahrscheinlichkeit richtig zuzuordnen. Das heißt, das Kommende in seiner Bedeutung vorauszusehen.

Erkenntnistheoretisch betrachtet erwarten wir, daß sich somit auch die Zusammenhänge dieser Welt — allmählich verbessert, in unseren Begriffen wiedergegeben — prognostizieren ließen. Die Kenntnis der Naturgesetze ist dann in diesem Sinne die höchste Form uns möglicher Prognostik. Und man versteht, daß auch dies durch ererbte Antriebe, Neugier und Spiel gefördert wird und daß uns die ›Leidenschaft des Begreifens‹ packen kann, wie es ALBERT EINSTEIN formuliert.[64]

---

[63] Die wiedergegebenen Stellen stammen aus F. KLIX, 1976, S. 619, und aus R. HERRNSTEIN, 1984, S. 253. E. BRUNSWIKS Haltung kann man aus einem frühen Buch größer angelegt (1934) und einer späten, kleinen Mitteilung (1955) gut entnehmen.

[64] Zitiert aus R. HERRNSTEIN, 1984, S. 253. Über die Anlagen zu Neugier und Spiel das Wesentliche in K. LORENZ, 1973 und 1978, sowie I. EIBL-EIBESFELDT, 1978. Die Bemerkung von A. EINSTEIN aus der Studie von 1950. Man vergleiche auch die populäre Darstellung von M. HUNT, 1984.

Unbenannte Begriffe

Mit dem Begriff ›Unbenanntes Denken‹, den wir Otto Koehler verdanken, entwickelte sich ein Forschungsgebiet, das in den drei Generationen seit Wolfgang Köhlers ›Intelligenzprüfungen an Menschenaffen‹ seine Linie weitgehend bewahrt hat. Methodisch ging es darum, den Mißbrauch der finalen Betrachtungsweise der ›Zweckpsychologie‹ ebenso zu vermeiden wie die Leugnung des Vorliegens erblicher, der Arterhaltung dienlicher, zweckmäßiger Programme durch den ›Behaviourismus‹. So ist in der englischsprachigen Literatur von einer ›Kognitiven Revolution‹ die Rede, mit der Einsicht, zur Lösung der vorliegenden Fragen den Behaviourismus überwinden zu müssen. Freilich mit der unnötigen (unzutreffenden) Befürchtung »einer Wendung zum Rationalismus«, wie Thomas Bever meint, »der unbefangenen *(unashamed)* Beschreibung des tierischen Verstands *(of animal minds)*«.[65]

Wo immer aber die Auseinandersetzung überstanden war (oder gar nicht bemerkt wurde), ist reiches Material zutage getreten. Man wird vor allem die Experimente mit Menschenaffen vor Augen haben, deren Auslegung als ›die Sprache der Primaten‹ Eingang in die Öffentlichkeit fand. Es hat dies mit ihrer verblüffenden Fähigkeit zu tun, Symbole mit Begriffen zu assoziieren, wie sie der Versuchsleiter suggerierte, um über diese Rede und Antwort zu stehen, sogar Sätze zu bilden, die, nach menschlichem Dafürhalten, etwas wie unseren Konditional enthalten. Da aber beginnen auch schon die Schwierigkeiten. Heute berechtigen die Untersuchungen zur »Vorsicht, wenn es um die Extrapolation in Richtung auf menschliche Denkprozesse geht«. Dies gibt Terrace zu bedenken, denn Begriffsbildung bei Tieren »mag sich beträchtlich von der des Menschen unterscheiden«.[66]

So mag im gegenwärtigen Stand der Diskussion die ›Welt der Tauben‹ aufgrund einer großen Menge neuer Materialien und des zureichenden Abstandes der Verwandtschaft einen verläßlicheren Ansatz bieten, zumal uns die einfacheren Formen der Klassenbildung interessieren müssen. Und was zutage kommt, ist erstaunlich genug.

In Herrnsteins Experimenten ergab es sich, daß Tauben, nach zwei bis vier Trainingsdurchgängen, jeweils 40 verschiedene Abbildungen von Bäumen (in verschiedenen Ansichten und Ausschnitten) von ebenso vielen Nicht-Bäumen zu unterscheiden vermochten. Nun aber wurde der entscheidende Schritt getan. Es wurden neue Bilder in die Serie aufgenommen, und es zeigte sich, daß auch diese bisher nie gesehenen Ansichten und Ausschnitte mindestens ebenso sicher unterschieden wurden wie die bislang bekannten.

Hier wirkt also »ein Prinzip der Generalisierung, das über die ursprüngliche Kollektion hinausgeht. Und da es über die gemachte Erfahrung hinausgreift«,

---

[65] Ich beziehe mich hier auf die Arbeiten von O. Koehler, 1952, W. Köhler, 1921, und auf K. Lorenz, 1978, die Bemerkung zu den Vermeidungsweisen auf S. 29. Die ›Kognitive Revolution‹ ist jener ganz entsprechend, welche wir schon aus der Psychologie kennenlernten. Argumente und Probleme findet man gut in C. Gallistel, 1980, und Th. Bever, 1984, das Zitat auf S. 61.

[66] Selbstredend sind die Ergebnisse an Primaten nach wie vor von großem Interesse. Man verwende die Arbeiten, die A. Schrier und F. Stollnitz (1971) zusammenstellten. Die Diskussion des Problems bei D. Premack, 1971, R. Gardner und B. Gardner, 1978, und E. Savage-Rumbaugh und Mitarbeiter, 1980. Vieles davon schon übersichtlich in B. Rensch, 1973. Das Zitat von H. Terrace, 1984, S. 22.

schließt HERRNSTEIN, »kann es nur von einer Disposition kommen, die im Empfänger bereits vorhanden war«. Ganz entsprechende Befunde liegen von Experimenten mit verschiedenen Eichblättern vor und mit Ansichten von Menschen, Gesichtern, Brustbildern und Gruppen.[67]

Ist am Prozeß der Generalisierung nicht mehr zu zweifeln, so bleibt zunächst die Frage, wie man sich solch ein Generalisierungsprodukt vorstellen soll: in Bildern? Von Primaten kann das als gesichert gelten. Vor allem DAVENPORTS Experimente zeigen, daß sogar das bloße Betasten von Gegenständen mit ihren Abbildungen sicher assoziiert wird. Aber schon seit den Arbeiten von BUTLER und WOOLPY bestätigte es sich, daß auch niedere Affen in Bildern generalisieren. Nun zeigt sich dies auch bei Tauben. LOONEY und COHEN haben nachgewiesen, daß erregte Tiere durchaus nach dem Kopf des gebotenen Taubenphotos picken. Es kann nicht einmal gesagt werden, daß Vögel eine schlechtere Bildvorstellung hätten als Primaten.

Ganz Entsprechendes ist hinsichtlich der Generalisierung von Funktionen bekannt, wie sich das besonders schön bei BERNHARD RENSCH findet. Aus einem Arsenal an Geräten wählt die Schimpansin jene aus, die sich zum Öffnen einer Serie von Kistenverschlüssen jeweils eignen. »Dies kann nur dadurch bedingt sein«, bestätigt auch FRIEDHART KLIX, »daß die für unseren Begriff ›Schraubenzieher‹ relevanten Merkmale wie Stab, Steckkante und Drehbarkeit erkannt und im Gedächtnis fixiert werden.« Und zwar für eine Anzahl von Anwendungen in äußerlich gar nicht so ähnlichen Situationen. Und »die Verknüpfungen dieser so bestimmten Merkmale sind der Begriff Schraubenzieher — gleichviel, ob ein Wort dafür da ist oder nicht«.[68]

Generalisation und Konstruktion der Begriffe

Endlich bleibt die Frage, auf welche Weise generalisiert wird, beziehungsweise welche Art von Festlegung oder Konstrukt das Ergebnis ist und in welcher Beziehung dasselbe zu unseren rationalen Lösungsintentionen der Begriffsbildung steht. Denn es wird sich (in *Teil 3*) zeigen, daß sich die Bemühungen um die rationale Lösung des Problems in ganz anderen Bahnen bewegen, und es sei nicht übersehen, daß wir uns hier noch immer um die Aufklärung unserer erblichen Ausstattung und deren ratiomorphe Leistungen bemühen.

Da taucht zunächst gleich eine alte Vorstellung auf, welche von analytischen Naturwissenschaftlern eher mit Mißtrauen verfolgt wird. Aber wenn es richtig ist, daß uns unsere Anlage veranlaßt, ins Unbekannte hinein zu extrapolieren, dann enthält die Erwartung, und zwar schon der ›unbenannte Begriff‹, mehr als die Erfahrung. Folglich, sagt LEA, »müßte der Begriff *(concept)* mehr sein als die

---

[67]   Die Untersuchung von R. HERRNSTEIN ist von 1972, das Zitat von 1984, S. 237. Die Studie über Menschenbilder ist von R. MALOTT und J. SIDDALL, 1972, jene über Eichenblätter von J. CERELLA, 1979. Man vergleiche auch die Studie von P. JUDT und U. KREBS, 1983.

[68]   Man vergleiche R. DAVENPORT, C. ROGERS und I. RUSSELL, 1975, ferner R. BUTLER und J. WOOLPY, 1963, sowie T. LOONEY und P. COHEN, 1974 (weitere Literatur in R. HERRNSTEIN, 1984). Eine hervorragende Übersicht der Werkzeug-Experimente gibt B. RENSCH, 1973. Das Zitat ist F. KLIX, 1980, S. 79, entnommen.

Abb. 10. *Polymorphie der Wahrnehmung*. Obwohl die Netzhautbilder der wiedergegebenen Gegenstände in hohem Maße verschieden sind, besteht doch kein Zweifel hinsichtlich ihrer gestaltlichen Konstanz der starren wie auch der formvariablen Objekte (aus R. RIEDL 1981 und 1985).

Summe seiner Teil-Strukturen und Teil-Zustände«. Ich meine, er enthält zusätzlich jeweils seine Theorie.

Ferner hat der Polymorphismus der Begriffe von Naturdingen mit der Komplikation zu tun, daß oft keines der Merkmale für die Bestimmung ausreichend ist, gleichzeitig aber auch keines unentbehrlich. Zudem wird der Generalisierungsgrad gegenüber der Feinheit der Unterscheidung von der Streuung der Merkmale bestimmt, gleichzeitig aber auch vom Umfeld der Ähnlichkeiten, in welches eine Klasse von Ähnlichkeiten selbst wieder eingefügt zu sein scheint. Ersterem Phänomen werden wir rationalisiert in der Form der ›Merkmalsevaluierung‹ wieder begegnen, letzterem in der Form der Wechselbezüge von ›Merkmal und Feld‹ oder ›Struktur und Lage‹.[69]

Da ist nun nochmals an die Isomorphie dieser Erwartungshaltung mit den Grundstrukturen dieser Welt zu erinnern. Denn zweifellos bestimmt das Umfeld den Gegenstand (die Perspektive die Größe, Nachthimmel oder Märchenbild den Stern, Käfer oder Flugzeug den Flügel), ebenso wie der Gegenstand das Umfeld bestimmt (der Wolkenkratzer die Perspektive, der Stern den Himmel und das Insekt das Summen des Sommers). Und ebenso »wahrscheinlich sind die Wahrneh-

[69] Das Zitat stammt aus S. LEA, 1984, S. 271. Zum Polymorphismus-Phänomen findet man Einzelheiten in R. HERRNSTEIN, 1984, S. 254 ff. zusammengestellt. Die Übereinstimmungen mit der morphologischen Theorie (des Gestaltverständnisses, welche in *Teil 3* zu behandeln sein wird) ist um so auffallender, als HERRNSTEIN diese Literatur nicht berücksichtigt.

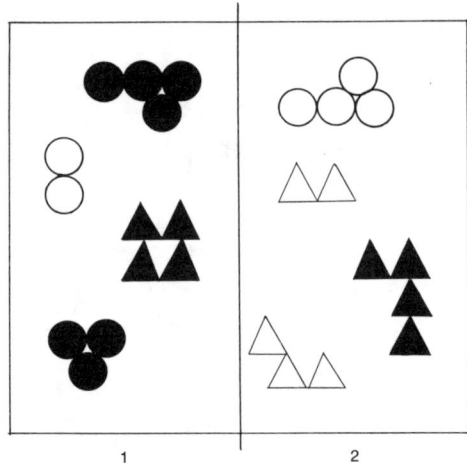

Abb. 11. *Die Schwierigkeiten polymorpher Lösungsfindung.* Die Figurengruppen der Felder 1 und 2 lassen sich einwandfrei nach den Merkmalen schwarz oder weiß, rund oder dreieckig und symmetrisch oder unsymmetrisch unterscheiden. Die Bestimmung für die Figuren eines Feldes läßt sich mit zehn Worten festlegen. Nach I. Dennis, J. Hampton und S. Lea, aus R. Herrnstein 1984.

mungen, die einen Organismus unter verschiedenen Umständen von einem (an sich gleichen) invarianten Objekt erreichen, polymorph«. Eine Erfahrung (Abb. 10), die wir leicht nachvollziehen können. Und daß alle Klassen, die gebildet werden können, offenbleiben müssen für den Zuzug neuer Repräsentanten und neuerlicher Relativierungen, das ist die Konsequenz niemals abschließbarer Erfahrung.

Was nun die Konstruktionsweise des generalisierten Bildes betrifft, so läßt schon die Interpretation des Verhaltens der Tauben das Vorliegen eines Prinzips erwarten, das uns in der ›naiven Begriffsbildung‹ im außereuropäischen Denken wie auch in mancher Theorienbildung in unserer Kultur noch beschäftigen wird: das Typus-Konzept.

Herrnstein und De Villiers prüften das Vermögen der Tauben, an Unterwasserfotos (!) solche mit Fischen zu unterscheiden von anderen, auf welchen keine Fische zu sehen waren. Das war bald erlernt. Zudem aber stellte es sich heraus, daß jenen Bildern aus der Gruppe ›mit Fischen‹, die am verläßlichsten erkannt wurden, einiges gemeinsam war. »Die besten positiven Fälle illustrieren, was für einen menschlichen Betrachter der Regelfall *(canonical view)* wäre; einen Einzelfisch in Seitenansicht«; zudem offenbar in voller Sichtbarkeit, mit horizontaler Hauptachse und nahe der Bildmitte.[70]

Ich werde also später noch gute Belege dafür vorlegen, daß die erbliche Anlage ein bildlich-typusähnliches Begriffskonzept suggeriert. Deshalb liegt es nahe, die

---

[70] Zum Polymorphismus zitiert aus R. Herrnstein, 1984, S. 255. Das erwähnte Experiment wurde von R. Herrnstein und P. De Villers, 1980, veröffentlicht. Übersicht, Auslegung und vergleichbare Literatur zudem in R. Herrnstein, 1980, S. 246 ff.; das Zitat von S. 247. Dabei unterliegt er der nominalistischen Meinung (S. 252): »Ganz allgemein sind die systematischen Begriffe der Biologen ›man-made‹.« Ein Irrtum (vgl. R. Riedl, 1975), der an dieser Stelle nützlicherweise belegt, daß der Autor sicher frei vom möglichen Verdacht projektivischen Vorurteils gewesen ist.

geschilderten Verhältnisse zum Anlaß zu nehmen, um einen ersten Vergleich der nichtbewußten (ratiomorphen) Lösung mit der absichtsvoll reflektierenden (rationalen) zu versuchen.

Folgendes Beispiel: DENNIS, HAMPTON und LEA setzten Cambridge-Studenten vor die Aufgabe, zwei Klassen von Zeichengruppen zu unterscheiden, in welchen nur die Alternativen Kreise oder Dreiecke, schwarz oder weiß, in symmetrischer oder unsymmetrischer Anordnung, vorkamen (Abb. 11). Die Lösung ist nach polymorpher Art gewählt und hätte für die eine Klasse (1) gelautet: ›die Zeichengruppen enthalten wenigstens zwei der Alternativen rund, schwarz und symmetrisch‹. Es war auffallend, welche Schwierigkeit die Aufgabe bereitete. »Falls die Personen die Sache überhaupt lösten, trachteten sie die simple Polymorphie zu umgehen und produzierten ungeschickte Kombinationen aus Disjunktionen sowie Konjunktionen« (›Oder‹- sowie ›Und-Verbindungen‹).

Später setzten LEA und HARRISON Tauben vor eine äquivalente Klassifikationsaufgabe, und es zeigte sich, daß sie diese durchaus meisterten. Das ist vorerst noch überraschender. Offenbar ist ihr Zugang ein anderer. Ihre »biologische Lösung des polymorphen Komplexes«, meint HERRNSTEIN, »scheint in den Dimensionen Ähnlichkeitsfeststellungen und Generalisierung zu liegen ... ohne nach Elementen zu analysieren«.[71]

Unser Analysieren, so werde ich im weiteren zu zeigen haben, ist von anderer Art und Herkunft. Es muß mit der linearen Struktur der Bearbeitung zusammenhängen, wie sie eine Konsequenz unserer Sprache und bewußten Denkprozesse ist.

Das System der uns angeborenen, ratiomorphen Hypothesen, so muß man sich nochmals vergegenwärtigen, ist unabhängig von und lange vor unserer Sprache durchkonstruiert worden. Und es besteht keine Ursache für die Annahme, daß die Hypothesen auf die Sprache hin entwickelt wurden. Vielmehr ist es wahrscheinlich, daß die Struktur unserer Sprache aus ganz anderen Bedingungen entstand und ihre ›Logik‹ sich mit der ratiomorphen Anleitung arrangieren mußte.

Unser logisches Denken muß also auch in dieser Hinsicht als ein Epiphänomen verstanden werden, in welchem die Verschränkung von Anleitung und Sprechweise von einem Kompromiß ausgehen mußte. Zu Recht also sind wir in diesem Kapitel tunlichst nicht von menschlichen Denkleistungen ausgegangen.

Die naive Begriffsbildung

Nun nähern wir uns dem Phänomen des Bewußtseins; und es ist eine beliebte Wendung zu bemerken, daß man nicht wissen könne, was das sei. Das gleiche aber, stellt PERCY LÖWENHARD fest, kann auch vom Leben gesagt werden. Dabei leben wir und sind uns dessen bewußt. So besteht die erste Schwierigkeit wohl darin, daß

---

[71] Die Studie von I. DENNIS, J. HAMPTON und S. LEA stammt aus dem Jahr 1973. Ich referiere sie hier nach R. HERRNSTEIN, 1984 (S. 254 ff.). Gleiches gilt für die Arbeit von S. LEA und S. HARRISON, 1978, welche mir im Original nicht zugänglich wurde. Die wörtliche Zitierung ist R. HARRISON, 1984, S. 255, entnommen.

wir, wie schon festgestellt, für das Werden neuer Qualitäten keinen leicht rationalisierbaren Zugang besitzen. Die Übergänge vom Unbelebten wie vom Nichtbewußten bereiten Schwierigkeiten. Aber in diesem Sinn müßten wir auch zugeben, nicht wissen zu können, was ein Haufen ist, weil sich der Phasenübergang von den Einzelkörnern als nicht definierbar erweist.[72]

Freilich brauchen wir auch für unsere Untersuchung nicht zu wissen, *was* das Bewußtsein ist, vielmehr *wie* es ist und in welcher Weise sich seine Funktion (Konstruktion) von den Leistungen des Nichtbewußten unterscheidet. Denn es geht uns im ganzen Zusammenhang des Themas um unsere Ausstattung, hier also um die Frage, ob auch die Konstruktion unseres Bewußtseins von erblichen Anlagen mitbestimmt ist, und wenn, auf welche Weise.

Hinsichtlich seiner stammesgeschichtlichen Entwicklung sprechen die Ethologen von einer ›zentralen Repräsentation des Raumes‹, der Fähigkeit, mit Gedächtnisinhalten, der Vorstellung von Zuständen und Vorgängen, zu experimentieren. Dies ist sehr zutreffend und läßt sich an der Beobachtung höherer Säuger und verläßlich der Primaten nachvollziehen. Vorauszuschicken ist allerdings eine wesentliche Entdeckung der Kreatur, nämlich sich selbst »als eine Ursache zwischen anderen zu erkennen«, sagt PIAGET, »und als ein Objekt, das denselben Gesetzen wie die anderen unterworfen ist«.

Vorbedingungen sind zunächst gespeicherte Erfahrungen und ihre willkürliche (allmählich steuerbare) Abrufbarkeit aus dem Gedächtnis. Zudem aber müssen sich Bedingungen eingestellt haben, die einer solchen Reflexion einen Vorteil einräumen, und zwar gegenüber den bislang für den Lebenserfolg allein verantwortlichen nichtbewußten Regulativen: Reflexen, Appetenzen oder Aversionen. Dabei deutet manches darauf hin, daß es die sehr komplex gewordenen Regulative selbst sein werden, die dazu Anlaß gaben. Denn man kann an sich selbst beobachten, daß an die Aufmerksamkeit des Bewußtseins dann appelliert wird, wenn automatische Reaktionen versagen und wenn jene Regulative untereinander in Widersprüche geraten, beispielsweise Appetenzen und Aversionen.[73]

Dann kann sich diese höhere Appellations-Instanz bewähren. Denn nun wird die Lösung nicht mehr dem Zufall der unterschiedlichen Staue der Regulationskräfte überlassen. Vielmehr kann die bisherige, mit der Situation assoziierbare Erfahrung die Treffsicherheit der Entscheidung für das Verhalten verbessern. Und es sind wieder diese Zusammenhänge, welche verständlich machen, daß die Reflexion, ungeachtet ihrer beträchtlichen Langsamkeit (gegenüber der Promptheit der Reflexe), einen Vorteil bilden wird. Nun erst kann sich der ganze Selektionsvorteil des Bewußtseins einstellen, da, wie POPPER so schön sagt, nun die Hypothese stellvertretend für ihren Besitzer sterben kann.

---

[72] Ich verweise auf die wertvolle Studie von P. LÖWENHARD von 1981, der das vorliegende Thema übersichtlich macht und reichlich Literatur referiert. Zum metaphysischen, erkenntnistheoretischen und psychologischen Bewußtseinsbegriff vergleiche man S. 19; den obigen Hinweis habe ich S. 22 entnommen. Man vergleiche auch J. BRONOWSKI, 1978.

[73] Zur Entwicklung des Bewußtseins viele wichtige Stellen bei K. LORENZ, z.B. 1973. Die zitierte Passage aus J. PIAGET, 1975, Bd. 2, S. 339. Die Überlegungen, die ich anschließe, verdanke ich Plauderstunden im ›Altenberger Kreis‹ aus jüngster Zeit (hierzu einiges in R. RIEDL, 1985 b).

Die Sonderung des ›Ich‹ aus der Welt

»Die Intelligenz beginnt«, so beriefen wir uns schon eingangs auf JEAN PIAGET, »weder mit der Erkenntnis des Ich noch mit der der Dinge als solchen, sondern mit der Erkenntnis ihrer Interaktion.« Das gleiche gilt nämlich sogar für die Wissenschaft, da man nicht entscheiden kann, »ob der Fortschritt in der Erfahrung nur auf den des Verstandes zurückgeht oder umgekehrt«. Denn, setzt PIAGET fort, »letzten Endes ist es der Prozeß der In-Beziehung-Setzung zwischen einem immer mehr außerhalb des Ichs gelegenen Universum und einer intellektuellen Aktivität zunehmender Verinnerlichung, der die Evolution der realen Kategorien erklärt, d. h. des Objekt-, Raum-, Kausalitäts- und Zeitbegriffs«.[74]

In dieser neuen Ebene stehen wir damit wieder vor der uns schon wohlbekannten Wechselwirkung zwischen den vorgegebenen Möglichkeiten des Verstandes und der durch ihn ermöglichten Erfahrung. Und man wird sich erinnern, in welch hohem Maße allein die Assoziationsfähigkeit schon im einfachsten Fall, dem des bedingten Reflexes, vom Vorliegen erblich vorausadaptierter Regulative abhängt.

Entlang dieser Wechselwirkungen erfolgt auch ein Wandel, den man in erkenntnistheoretischer Terminologie als einen der Realismus-Konzepte beschreiben kann, stets im Rahmen des ›hypothetischen Realismus‹. In der Ebene der ›sensomotorischen Intelligenz‹, wie PIAGET das bezeichnet, was wir ratiomorphe Leistungen nennen, herrscht eine Art ›Dynamischer Realismus‹: Bewegungsabläufe des Ziehens und Stoßens, die im zweiten Lebensjahr noch ohne Adaptierung an den jeweiligen Umstand sein können.

Daran schließt eine Form von ›Optischem Realismus‹, der zwar schon an Wahrnehmungszusammenhänge adaptiert ist, aber gerade durch die Mängel an Erfahrung auffällt, beispielsweise durch die Versuche, einen Gegenstand mit Hilfe eines Stockes heranziehen zu wollen. So, sagt PIAGET, »als ob der optische Kontakt mit einer kausalen Verbindung identisch wäre«. Und zu Recht weist er darauf hin, daß solcherlei Handlungsweisen bei Primaten oft zu beobachten sind.

Mit zunehmend verarbeiteter Erfahrung entsteht eine dritte Haltung, die ich ›Pragmatischen Realismus‹ nenne. So, »wie die praktische Intelligenz den Erfolg vor der Wahrheit sucht, so strebt...« das Kind »nach der Befriedigung und nicht nach Objektivität«. In dieser Phase kann man feststellen, daß Abstrakta wie Gewißheit und Wahrheit wohl erst mit der Sprache suggeriert werden. Denn die angeborene Anleitung ist, sagt PIAGET, »auf das Ziel des Erfolges oder der praktischen Adaptation beschränkt, während die Funktion des verbalen oder begrifflichen Denkens das Erkennen und Ausdrücken von Wahrheit ist«.

Diese Zwischenpositionen allmählicher Abnabelung des Subjektes von der objektiven Welt kann man auch als Abstufungen von Egozentrismus auffassen. Sie tauchen in allen Phasen wieder auf, in der Wahrnehmung (der Erwartung) von

---

[74] Die Entwicklungspsychologie wird hier wichtig, weil mit einer Wiederholung der wichtigsten stammesgeschichtlichen Evolutionsschritte durch die Individualentwicklung zu rechnen ist (HAECKELsches oder Biogenetisches Grundgesetz) und weil die Individualentwicklung stufenlos und wiederholt untersuchbar bleibt. Die Zitate aus J. PIAGET, 1985, Bd. 2, S. 341–342. Man vergleiche auch K. LORENZ und J. MITTELSTRASS, 1967. Eine Studie von P. EIMAS, 1985, belegt die Aufmerksamkeits- und Prägungs-Bedingungen beim Säugling.

Objekten, von Ursachen wie von Zwecken. Im ganzen betrachtet das Kind »das Universum als eine große, durch jemanden..., doch bestimmt durch einen Erwachsenen organisierte Maschine ... zum Wohle der Menschen und besonders der Kinder«.

Doch scheinen wir diese Zwischenpositionen nicht gänzlich verlassen zu können. Denn gewiß war das ptolemäische Weltbild egozentrisch (anthropozentrisch) im Vergleich zum kopernikanischen. Denn, schließt PIAGET, »die absolute Zeit und der absolute Raum des Newtonismus bleiben ihrerseits egozentrisch in Anbetracht der EINSTEINschen Relativität...«.[75]

Ganz offensichtlich kann die Ausgliederung des Bewußtseins aus den nichtbewußten Lebensvorgängen nur durch deren Anwendung erfolgen, durch den Wechselbezug aus Anlage und Erfahrung, und zwar notwendig in einer Weise, daß die Ausgliederung des Ich aus der außersubjektiven Welt wohl zur Gänze uns gar nicht gelingen kann.

Eine Welt der Gradienten

Sehen wir nun, was unter solchen Bedingungen der Ausgliederung die mit dem Bewußtsein entwickelten Begriffe an Grundmerkmalen zeigen — wieder mit der Frage im Hintergrund, wie weit unsere Anlage in jene hineinwirkt und in welcher Weise diese Grundmerkmale aus denselben Isomorphien mit der Struktur der Welt verstanden werden könnten.

Hinsichtlich der »elementaren Bedingungen organismischer Identifizierungsprozesse«, sagt FRIEDHART KLIX, zeigt es sich, »daß ihre Grundstruktur auch bei hochorganisierten Erkennungsprozessen erhalten geblieben ist. Eigenschaften der Struktur menschlicher Begriffe deuten auf durchgehende Gemeinsamkeiten elementarer und hochorganisierter Identifizierungsprozesse hin«.

Das bedeutet in der Terminologie JEAN PIAGETs: »Angeboren sind dem Menschen die Grundfunktionen der Assimilation und der Akkomodation. Durch sie hindurch erfolgt alle Erfahrung.« Und KONRAD LORENZ nennt dies so treffend die Leistung der ›angeborenen Lehrmeister‹; denn die Anlage muß gefordert werden, um ihre Lehren zu geben, und die Welt muß uns selbst fordern, damit wir uns in die Lehre fügen.[76]

Im Übergangsfeld vom nichtsprachlichen zum sprachlichen Begriff zeigen sich zunächst die folgenden vier Merkmale. Erstens eine Art Sanduhrform in der Entwicklung der Begriffsweite. Die ersten Begriffe, von welchen die Kleinkindsprache Kunde gibt, sind sehr weit. Nach PIAGET wird beispielsweise zusammengefaßt, was von einem Fenster aus gesehen erscheint und verschwindet (Tiere, Menschen

---

[75] Die fünf zitierten Stellen sind J. PIAGET, Bd. 2, 1975, entnommen, der Reihenfolge nach den S. 345, 349, 346, 363 und 353. PIAGET verweist im obigen Zusammenhang auf die Studie von A. REY, 1934. Hinsichtlich des Verhaltens der Primaten empfehle ich die im vorhergehenden Kapitel erwähnte Literatur.

[76] Die Zitate sind aus F. KLIX, 1976, S. 517, und J. PIAGET, 1975, Bd. 2, S. 9, und zwar aus der von HANS AEBLI verfaßten Einführung. M. HUNT, 1984, S. 244, meint, ein »Hauptmangel der PIAGETschen Theorie besteht darin, daß sie zwar interaktionistisch orientiert ist, in Wirklichkeit aber fast ausschließlich auf den Folgen der Erfahrung aufbaut«. Und, berufen auf B. INHELDER, 1978, »er negierte ausdrücklich die Existenz jeder Vorprogrammierung«. Ich glaube nicht, daß das richtig ist.

wie Fahrzeuge). ›Tsch-tsch‹: Autos — Pferde — Fuhrwerk — Mann zu Fuß; ›papa‹: Männer, die im Gehen begriffen sind, die Pfeifen anzünden. »Diese ersten verbalen Schemata sind Zwischenformen«, bestätigt PIAGET, »zwischen der sensomotorischen Intelligenz und den begrifflichen Schemata.« Aber, woran auch KLIX erinnert, die klassenähnlichen Begriffe, wie »›Onkel‹ für alle männlichen Personen, ›ata‹ für alles, was verschwindet, ›bebe‹ für alles Laufende« sind jedenfalls nicht Gattungsbegriffe in unserem, definitorischen Sinne. Es sind aber Begriffe mit Theoriengehalt. Und sie führen hin, schließt KLIX, »zum Material der eigentlichen Begriffsbildung«, zur sprachlich-definitorischen, wie wir sehen werden.

Zweitens ist es das Kennzeichen dieser Zwischenformen, daß sie »durchaus nicht einfach gut abgegrenzte Klassen« darstellen, sagt PIAGET, sondern zunächst Handlungsschemata; »anschaulich-bildliche Ding- oder Ereigniseigenschaften«, schließt KLIX. Erst mit der Sprache werden sie zur definitorischen Abgrenzung gezwungen und zunächst schrittweise enger, fortschreitend bis zum Individualbegriff, bis sie mit Kenntnis und Kultur wieder zu der Begriffsweite von Leben, Materie, All, des Unendlichen und des ›Alle‹ aufsteigen.[77]

Drittens ist die Merkmalsbildung durch den sehr aktiven Prozeß der Wahrnehmung beeinflußt. Und diese ist, wie man sich erinnert, von dem ganzen Prozeß hermeneutischer Gestalterfassung gesteuert, wobei das Sichtbare, Auffallende, Oberflächliche zunächst bestimmend wirkt. Das Merkmal wird nicht definitorisch (logisch) von seinen Grenzen her bestimmt, vielmehr gewissermaßen aus seiner Mitte heraus.

Und viertens sind die frühen Begriffe alle offen. Und zwar in dem Sinn, als bei der Begegnung eines marginal zur Klasse liegenden Objektes oder Ereignisses eher die Tendenz besteht, es aufzunehmen, also nicht eine definitorische Grenze zu bedenken und es aus dem Begriff auszuschließen, als vielmehr den Inhalt des Begriffes zu erweitern. Und das scheint mir höchst naheliegend. Setzt die definitorische Grenzziehung gegenüber Naturdingen doch voraus, deren Vielfalt einigermaßen zu überblicken. Das aber kann am Beginn keines Lernprozesses möglich sein. Vielmehr ist es eine Haltung, die uns auch bei den Vorgängen höchst bewußter (rationaler) Begriffsbildung noch beträchtliche Schwierigkeiten bereitet.

Eine typologische Anleitung

Die Merkmale der Weite und Allgemeinheit, des Gestaltcharakters und der Offenheit der Begriffe im vorsprachlichen Übergangsfeld tragen zu einem Gesamtmerkmal bei. Die von der Sprache noch nicht oder kaum beeinflußten Begriffe haben Typuscharakter.

Dabei ist die Struktur dieser Typen so aufschlußreich und verschieden von unseren durch die Sprache suggerierten Begriffsformen wie die Anleitung, die zu

---

[77] Quellen in J. PIAGET, 1975, Bd. 5, S. 278, F. KLIX, 1976, S. 628, ferner J. PIAGET, 1975, Bd. 5, S. 280. Beide Autoren urteilen kritisch über den frühen Klassenbegriff wie z. B. bei K. BÜHLER, 1930, und W. STERN, 1928. Das letzte Zitat aus F. KLIX, 1980, mit einem ausdrücklichen Verweis auf die von V. BUNAK, 1973, vorgelegten guten Gründe.

Abb. 12. *Polymorphie der Geschirre*. Man beachte, welche Mannigfaltigkeit bereits mit der Einführung der nur wenigen Variablen entsteht; und daß die Bezeichnung der einzelnen Formen (auch abgesehen von den unsinnigen) verschieden schwierig ist, je nachdem sie sich von einem geläufigen Typus entfernen (nach einer Anregung von W. LABOV in H. WIMMER und J. PERNER 1979, Seite 217).

dieser typologischen Behandlung führt. Und wir begegnen damit einer weiteren Isomorphie mit der Struktur der Welt, in zweierlei Aspekten.

Die Phänomene der biologischen Arten bilden die Anleitung: einmal zur Differenzierung der Individual- und Klassenbegriffe, zum anderen zur Wahrnehmung der Hierarchie der Klassen.

PIAGET stellt fest: »Eine häufige Beobachtung ist, daß die ersten Artbegriffe, die vom Kind verwendet werden…, auf halbem Wege zwischen dem Individuellen und dem Allgemeinen stehengeblieben sind.« (Wenn man etwa ›dem Schaf‹ oder ›dem Hund‹ begegnet.) Es scheint, fährt PIAGET fort, »alles darauf hinzuweisen, daß das Kind in einem solchen Fall die Frage nicht lösen kann und es auch gar nicht versucht. Der Begriff hat weder Individual- noch Klassencharakter«. Er ist der ›Teilhabe‹ verwandt und »schwebt zwischen dem Wahrnehmungsbild ohne Substanz und der permanenten Substanz«.[78]

Die Auftrennung in Individuum und Klasse (oder Art) ist eine spätere Leistung des individuellen Kennenlernens und der definitorischen Klassifikation. Und der sorgfältige Beobachter unseres eigenen Verhaltens vor der Natur wird bestätigen, daß es uns oft schwer fällt zu entscheiden, ob wir demselben oder einem zum

---

[78] Man erinnert sich, daß der Begriff der ›Teilhabe‹ *(Méthexis)* zu den Grundbegriffen der Philosophie PLATONS gehört. PIAGET stellt diesen Bezug nicht ausdrücklich her. Doch scheint er mit der Wahl des seltenen Wortes *(participation)* darauf hinzudeuten. Denn ganz entsprechend bestehen auch bei PLATON die Einzeldinge durch ihre Teilhabe an ihren Urbildern (Ideen). Der Gedanke liegt nahe, daß PLATON die Wirkweise unseres typologischen Begreifens erkannte, ohne die angeborene Anleitung geahnt haben zu können. Die obigen Zitierungen aus J. PIAGET, 1975, Bd. 2, S. 360.

Verwechseln ähnlichen Individuum derselben Spezies begegnen. Und in allen Zweifelsfällen lassen wir die Sache nicht minder unentschieden, mit dem Eindruck, ohnedies das eine für das andere nehmen zu können.

Ein andermal ist die Art Anleitung und erster Zugang zur Hierarchisierung von Klassenbegriffen. Denn nirgendwo ist die hierarchische Ordnung der Welt so offensichtlich und von so lebenswichtiger Bedeutung als in den Systemkategorien der natürlichen Verwandtschaft, so beispielsweise, daß etwa die Höhlenbären zu den Bären gehören und diese zu den Raubtieren. Denn allein Unsicherheiten der Wahrnehmung, sei es einer Spur oder eines getöteten Jägers, werden die Bildung der größeren Kategorien notwendig machen.

Schon HENRI BERGSON hat die Rolle des Begriffes der Art aufgrund seiner logischen Struktur für den Totemismus erkannt. Und CLAUDE LÉVI-STRAUSS stellt ausdrücklich fest: »Der Begriff der Art hat ... eine innere Dynamik: als Sammlung, die zwischen zwei Systemen steht, ist die Art der Operator, der es erlaubt (sogar dazu zwingt), von der Einheit einer Mannigfaltigkeit zur Vielheit einer Einheit überzugehen.«[79]

Die Klassen aber, die begrifflich entstehen, sind nicht definitorisch durch Merkmalsgrenzen bestimmt, vielmehr durch ein dichtes Zentrum und eine nicht genau festgelegte Peripherie: nicht durch eine Serie von Attributen, sondern nach Art eines Prototypus, zu welchem ähnliche Formen in einer näheren oder ferneren Beziehung stehen.

Dies ist uns schon von den Tauben-Experimenten der nichtbewußten Begriffsbildung bekannt. Doch haben Experimente von WILLIAM LABOV gezeigt, daß auch wir selbst zu einer solchen typologischen Begriffsbildung neigen. Versuchspersonen wurden Abbildungen von Gefäßen gezeigt, mit der Aufforderung, man solle sich vorstellen, daß man je eines in der Hand hielte (Abb. 12), um dessen Zweck und Bezeichnung anzugeben. Typische Formen, Vasen, Tassen, Teller waren schnell benannt; Übergangsformen zu benennen erwies sich als ungleich schwerer, was sich am Zeitaufwand des Benennens metrisch erfassen ließ.

Eine entsprechende Auswertung, meinen WIMMER und PERNER, würde bei »der beobachteten Tendenz zu einer sehr spezifischen geistigen Repräsentation in Form eines prototypischen Objektes führen... Die eindrucksvollste Demonstration der Ausbildung von geistigen Prototypen«, fahren die beiden Autoren fort, zeigt, «daß es nie gesehene Prototypen der Konfigurationen waren, die mit höchster Wahrscheinlichkeit als ›bereits gesehen‹ beurteilt wurden.«[80]

Was den Zweck dieser nichtbewußten Anleitung betrifft, so stimme ich mit WIMMER und PERNER ganz überein. Ein »Prototyp ist insofern eine sehr nützliche Repräsentation, als die Unterschiede zwischen den Kategorien maximiert werden«.

---

[79] C. LÉVI-STRAUSS, 1981, macht auf die Beobachtung von H. BERGSON, 1933, aufmerksam. Das Zitat von C. LÉVI-STRAUSS findet sich auf S. 160; die Bemerkung in Klammern stammt auch von diesem Autor. Wir berühren damit das Gebiet der Ethnologie, auf das noch zurückzukommen sein wird. Aufschlußreich sind auch die Studien von E. ROSCH, 1973, C. MERVIS und E. ROSCH, 1981, sowie die Diskussion in den Beiträgen von J. SNODGRASS, 1984, P. KOLERS und S. BRISON, 1984, sowie P. KOLERS und H. ROEDINGER, 1984.

[80] Übersicht in H. WIMMER und J. PERNER, 1979 (das Zitat von S. 219), sowie in M. HUNT, 1984. Wesentlich sind hier die Originalarbeiten von W. LABOV, 1973, J. FRANKS und J. BRANSFORD, 1971, sowie der Band von A. GLASS und Mitarbeitern von 1979. Unter weiteren einschlägigen Studien vergleiche man D. DÖRNER und L. KÖTTNER, 1967, M. POSNER, 1969, S. REED, 1972, und J. HOFFMANN, 1982.

Und auch MORTON HUNT ist recht zu geben, der die »einfache und naheliegende biologische Ursache« darin sieht, daß diese Vorgangsweise »die Realität unter kognitiven Gesichtspunkten am ökonomischsten abbildet«. Und damit ist auch schon die entscheidende Isomorphie angedeutet, aus welcher die Entstehung einer solchen Anleitung überhaupt erst zu verstehen ist. Unter Bezug auf ELEANOR ROSCH sagt HUNT: »Die Prototypen und Kategorien, die unser Geist von Natur aus bildet, sind strukturgleiche Merkmalsbündel in der äußeren Welt.«

Diese ›Bündelung‹ der Merkmale der außersubjektiven Wirklichkeit ist aber wiederum kein Zufall. Die nicht beliebige Kombinierbarkeit oder Interdependenz der Merkmale hat den Charakter eines Naturgesetzes; und wir verstehen den Selektionsvorteil, durch welchen sich das Prinzip in unserer erblichen Anleitung, in unserer nichtbewußten Erwartungshaltung, wiedergebildet findet. Nichts von definitorischen Anleitungen fanden wir in den ratiomorphen Hypothesen unserer Ausstattung, vielmehr das Operieren mit der Wahrscheinlichkeit von mutmaßlichen Ähnlichkeiten. Denn in dieser Welt liegen vor allem dichte Zentren von Ähnlichkeiten vor, Felder derselben in hierarchischer Anordnung und erst in letzter Linie definierbare Grenzen.[81]

Sprache und konstruktive Kompromisse

Die Kommunikation zwischen Organismen beginnt mehrdimensional und unter Verwendung von Analogien typologisch; nämlich mit der Körpersprache. Sie entwickelt sich von der Gestik zur Mimik und von den niederen Säugern zu den Raubtieren und besonders zu den höheren Primaten zu einer erstaunlichen Vielfalt des Ausdrucks. Die Deutung des Ausdrucks ist teils angeboren, teils der gemachten Erfahrung entnommen und mündet in einen Vergleich von Introspektion und Projektion ein: gewissermaßen mit der Annahme, daß sich der Partner (oder Feind) im Zustand des wahrzunehmenden Ausdrucks in der gleichen Stimmung befinden werde, in der ich mich selbst im Zustand eines solchen Ausdrucks befände.

Mit der Entwicklung spezieller Signale verhält es sich anders. Zwar sind diese zunächst auch noch von typologischer Art, aber sie sind abstrakter. Denn mit ihren beschränkten Möglichkeiten tendieren sie vor allem dazu, die Treffsicherheit der Deutung zu erhöhen. Und zudem werden sie eindimensional. Das trifft besonders für die Lautsprachen zu.[82]

Während von unseren Körperfunktionen bis zu unseren ratiomorphen Weltdeutungen alle erbliche Anleitung stets mehrdimensional verschiedenste Wechselbezüge verrechnet, wird unsere Sprache linear. Das schreiben zunächst die anatomischen Bedingungen des Kehlkopfes vor. Und unsere Hochsprachen bleiben nicht

---

[81] Die Zitate sind H. WIMMER und J. PERNER, 1979, S. 219, und M. HUNT, 1984, S. 196, entnommen, mit dem Verweis auf die Arbeit von E. ROSCH von 1978. Die Evolutionsbedingungen, welche zur Interdependenz von Merkmalen führen, habe ich 1975 (S. 222 ff.) dargelegt. Sie scheinen E. ROSCH nicht bekannt gewesen zu sein. Die Adaptierung der ratiomorphen Hypothesen dann in R. RIEDL, 1981.

[82] Übersichten zu Körpersprachen, Mimik und Signalen im Tierreich in B. RENSCH, 1973, I. EIBL-EIBESFELDT, 1978, D. BURKHARDT, W. SCHLEIDT und H. ALTNER, 1966. Eine Studie über Primaten von J. VON HOOFF, wiedergegeben in I. EIBL-EIBESFELDT, 1978, S. 173.

nur eindimensional, ein einziger Faden von Schwingungen zwischen Mund und Ohr (oder Mikrophon); sie trachten zudem, sich von der begleitenden Körpersprache zu befreien (und in den formalen Sprachen sogar von den Dingen dieser Welt!).

Schon durch diese einfache Ablösung münden zwei sehr verschiedene Anlagen, wenn sie auch nicht sogleich in Konflikt geraten, vorerst in einen Kompromiß. Denn zum einen ist es IRENÄUS EIBL-EIBESFELDT, der uns in einer Reihe von Werken von der Existenz angeborener Formen unserer Körpersprache und Mimik überzeugt hat. Zum anderen können wir seit den Arbeiten von NOAM CHOMSKY und ERIC LENNEBERG gewiß sein, daß auch die Fähigkeit zum Spracherwerb angeboren ist, eine Tatsache, wie uns WILLI MAYERTHALER erinnert, die schon WILHELM VON HUMBOLDT geahnt haben muß, der sagte, eine Sprache »läßt sich nicht eigentlich lehren, sondern nur im Gemüthe wecken«.[83]

Freilich wissen wir nicht, wie alt die menschliche Sprache ist. Gewiß aber stammt sie aus der mittleren bis alten Altsteinzeit. Aus der Zeit erster Begräbnisriten und metaphysischer Vorstellungen des Neandertalers vor 60 bis 100 Jahrtausenden; vielleicht aus der Zeit der ersten Wohnbauten und organisierten Großjagden des *Homo erectus* vor 500 Jahrtausenden; unter Umständen aus der Zeit seiner schon elaborierten Werkzeuge und dem Gebrauch des Feuers vor einer Million Jahren. Jedenfalls ist die Zeitspanne lange und rauh (oder selektiv) genug, um genetische Fixierungen wahrscheinlich zu machen, genauer, um einen Weiterbau der Ausstattung zu bewerkstelligen, die wir schon kennen: von der Dingkonstanz der Perzeption über die Gestaltwahrnehmung bis zur typologisch-theorienbeladenen, nichtbewußten Begriffsbildung.

Es nimmt darum nicht wunder, daß es sprachliche Universalien gibt, die, allen Menschensprachen gemeinsam, auf eine genetisch gleiche Ausstattung schließen lassen. So entstand im letzten Jahrzehnt, in der Tradition von HUMBOLDT, CHOMSKY und LENNEBERG, eine ›Natürlichkeitstheorie‹ der Linguistik mit der Entwicklung einer Universalgrammatik. »Als solche«, sagt WILLI MAYERTHALER, »ist die Universalgrammatik Teil der Theorie des humanen Genotypus, ergo auch eine biologische Theorie.«

Wesentlich ist dabei MAYERTHALERs Unterscheidung geschlossener und offener Anlagen. »Geschlossene Parameter stehen für absolute Universalien«, sagt MAYERTHALER, »d. h. für Eigenschaften, die alle natürlichen Sprachen aufweisen... Offene Parameter stehen für Eigenschaften, die natürliche Sprachen aufweisen können, aber nicht (biologisch) aufweisen müssen.«[84]

Was uns hinsichtlich der Kompromisse sprachlicher Begriffsbildung interessieren muß, ist zunächst die Entwicklung eines linguistischen Dualismus mit einer

---

[83] Ich beziehe mich hier auf I. EIBL-EIBESFELDT; jüngste Darstellung 1984, dort die weitere Literatur. Ferner N. CHOMSKY, 1959, E. LENNEBERG, 1972, und W. VON HUMBOLDT, 1836. Die Studie von W. MAYERTHALER von 1982 liegt mir als Manuskript vor (die Stelle aus der letzten Seite des laufenden Textes). Man vergleiche ferner: N. STEMMER, 1973, W. EICHLER und A. HOFER, 1974, sowie G. MILLER und P. JOHNSON-LAIRD, 1976.

[84] Anschauliche Übersichten dieses Abschnittes der Frühgeschichte bei E. WHITE und D. BROWN, 1973, sowie bei G. COUSTABLE, 1973, Eine Theorie über die ersten Worte der Menschheit von R. FESTER, 1980. Zu den absoluten Universalien zählt W. MAYERTHALER (1982a) »z.B. Konsonanten, Vokale, Satzintonation, Verben, Nomina, Deklarativ-, Frage-, Imperativsätze, strukturabhängige Transformationen, syntaktische Kategorien wie Nomina/ Prädikate, semantische Kategorien wie Agens/Patiens/Experiencer, Diskurskategorien wie Thema/Topic usw.«. Dokumente aus den Kreolensprachen in den Beiträgen von D. BICKERTON, 1981 und 1983.

gedanklichen Spaltung der Welt in Ereignisse und Zustände. Diese Eigentümlichkeit unseres sprachgestützten Denkens, auf dessen weitreichende Konsequenzen ich schon in früheren Schriften hingewiesen habe, erklärt sich heute aus der Aufgliederung des vorsprachlichen (vorbewußten) ›Aktionsdings‹ in Ding- und Tunworte. Erstere gehen in die Hauptworte und Nomen ein, letztere in die Verben.

In Übereinstimmung und in Fortsetzung der ›genetischen‹ und der ›evolutionären Erkenntnistheorie‹ PIAGETS und LORENZ' entsteht nach MAYERTHALER in der ›Versprachlichung‹ eine Dualisierung. Dingworte sind offenbar durch jene Komplexe angeleitet, die von der Ding-Konstanz bis zur Hypothese vom Ver-Gleichbaren reichen. Tunworte gehen vom eigenen Handeln aus. »Ja, ein Kind glaubt sogar«, sagt MAYERTHALER, unter Berufung auf PIAGET, »daß Dinge in dem Maße identisch sind, in dem man mit ihnen dasselbe tun kann.«

Dieser sprachliche Dualismus ist so festgeschrieben, daß wir z. B. für die Strukturen von Beinen und für die Vorgänge des Laufens mit scheinbar völlig zu trennenden Entitäten operieren, wiewohl wir vor Augen haben, daß kein Bein ohne Laufen entstand und noch niemand ohne Beine gelaufen ist. Dennoch trennen alle Sprachen, ebenso wie die wissenschaftlichen Terminologien, Zustände und Funktion: hinauf bis zur Dualität von Hirn und Denken, von Leib und Seele, hinunter bis zur Dualität von Korpuskel und Welle, von Information und Energie.[85]

Nicht minder einschneidend ist eine zweite Denaturierung durch die Versprachlichung unserer Welt. Und wahrscheinlich ist sie durch die erste Denaturierung angeführt: durch die Abtrennung und Erstarrung der Nomina. Zwar beginnen alle naiven Begriffe, wie zu erwarten, ikonographisch und typologisch mit einer dichten Mitte (Fokus) und offenen Rändern (Peripherien). »Der Fokus«, stellt MAYERTHALER fest, »entspricht dem Protoyp einer Kategorie; die Foci zweier Kategorien sind disjunkt (im klassischen zweiwertigen Sinn), nicht aber die jeweiligen Peripherien.« Und erst mit der Zunahme der Begriffe, gewissermaßen mit ihrer Zusammendrängung und dem gleichzeitigen Gleichbleiben ihrer Lautsymbole, verlagert sich die Bestimmung vom Fokus auf die Peripherien. Dieser denaturierende zweite Kompromiß ist die Geburtsstunde der Definition, der Erwartung, ein Begriff sei besser durch die Definition seiner Grenzen bestimmbar, als durch die Dynamik die Freiheitsgrade (die Gesetzmäßigkeit) seines Inhalts.

Angeführt wird dieser Kompromiß durch das ›Wilde Denken‹, die animistisch-totemistischen Klassifikationen. Wobei »das Auftauchen der Sprache«, sagt PIAGET, »nicht dazu ausreicht, daß sich ohne weiteres ein logisches Denken über die sensomotorische Intelligenz lagert«. Und wieder ist die Gliederung der Arten und der natürlichen Verwandtschaften (der Ähnlichkeits-Anordnung) der Organismen das Gesellenstück nun auch der reflektierten Begriffsbildung. »Als mittlerer ... Klassifikator«, stellt LÉVI-STRAUSS fest, »kann der Bereich der Arten sein Netz nach oben, d. h. in Richtung der Kategorien, ... erweitern oder nach unten, in Richtung der Eigennamen, verengen.« Wir begegnen der uns schon bekannten

---

[85] Auf diese der Welt nicht entsprechende Dualität habe ich in den Bänden von 1981 und 1985, zusammenfassend im Beitrag von 1983 a, hingewiesen. Die Bestätigung aus der Linguistik in W. MAYERTHALER, 1982 und 1982 a. »Sprachen lehren und lernen«, stellt er (1982) fest, »vollzieht sich auf der Grundlage des biologisch vorstrukturierten menschlichen Gehirns: wer meint, dies extrapolieren zu können, plädiert für eine hirnlose Linguistik.«

Isomorphie hierarchischer Anleitung und Naturgliederung nun ein zweites Mal: Angeborenes verstärkt durch Reflexion.

Es entstehen daraus bei den Naturvölkern ganz erstaunlich richtige Systematiken hierarchischer Gliederung mit oft weit über tausend Typen und Kategorien. Daraus aber folgt, was Lévi-Strauss treffend einen ›totemistischen Operator‹ nennt, eine Anleitung dazu, nun auch Körperteile, Organe, kalendarische oder magische Daten, Eigenschaften, Tabus und Wünsche in dichotomen Alternativen, quasi definitorisch zu klassifizieren. Und, bestätigt Klix, »man kann nicht ausschließen, daß diese urtümliche Form der Informationsspeicherung in der Evolutionsgeschichte gebildet, also vererbt ist«, wiewohl wir uns schon den ›offenen Parametern‹ im Sinne Mayerthalers nähern dürften.[86]

Für unsere Betrachtung naiver Begriffsbildung bleibt aber die Wirkung des definitorischen Kompromisses von Interesse. Denn auch die meisten Hochsprachen sind vom definitorischen Prinzip nicht mehr abgewichen. Im Gegenteil: Die neue Symbolik der Schriftzeichen ist durch den definitorischen Begriff erst möglich geworden und hat durch die Art der disjunkten Festschreibung den definitorischen Charakter erst recht gefestigt. Zunächst in einer wohl nur pragmatischen Konsequenz, die dann kulturell zur Notwendigkeit der Verständigung wurde und endlich zur Überzeugung von der Natürlichkeit einer auf diese Weise denaturierten Natur.

Unter den vielen Konsequenzen bedenke man nur die Schwierigkeiten, die unserem ohnedies nicht sehr ausgeprägten Verständnis für Qualitätswandel und Phasenübergänge verstärkt erwachsen: die Probleme mit den ›missing links‹, dem Werden von Leben, Bewußtsein und Denken, jene Denaturierung unserer kindlichen Frage: wieviel Körner machen einen Haufen? Man denke an das Zirkularitätsproblem, da Eigenschaften eine Klasse bestimmen sollen, die Klasse aber ihre Eigenschaften. Man bedenke nur das Definierbarkeits- und Begriffsschärfe-Ideal, das zum Wissenschaftsideal der formalisierten Systeme, der Logik führte. Man denke an den Glauben der durch Logik und Mathematik vermittels Deduktion erwarteten Gewißheiten: an die Unbegründbarkeit der Logik, an den Konflikt zwischen logischem Beweis und empirischer Bestätigung, an das Dilemma der Erkenntnis.

Schon aber sind wir von den geschlossenen über die offenen Formen unserer Ausstattung bei den Kulturabhängigkeiten gelandet. Und wie gewöhnlich bei der Beschreibung von Systemen ist wieder ein Schritt zurückzugehen, um den Faden neu aufzunehmen.

---

[86] Zitiert aus W. Mayerthaler, 1982 a (zum Ikonismus: 1980), aus J. Piaget, 1975, Bd. 5, S. 301, und aus C. Lévi-Strauss, 1981, S. 175. Weitere Quellen zu den natürlichen und künstlichen Dichotomien in F. Klix, 1980, S. 143 ff. Klix spricht anschaulich vom »rationalen Grund für irrationale Elemente« (S. 151). Das Zitat aus F. Klix, 1980, S. 250. Volks-Taxonomien z. B. bei F. LaFlesche, 1930, H. Conclin, 1954, B. Berlin, P. Raven und D. Breedlove, 1966.

Kulturformen der Begriffsbildung

»Im fernen Norden sind alle Bären weiß; Nowaja Semlja liegt im fernen Norden; welche Farbe haben dort die Bären?« Diese Frage wurde von ALEXANDR LURIA einer moslemischen Analphabetin in Usbekistan (Zentralasien) gestellt. Die Antwort: »Sie sollten die Leute fragen, die dort gewesen sind ... Wir reden nie über Dinge, die wir nicht gesehen haben.« Ähnlich versuchte sich SYLVIA SCRIBNER mit einem einfachen Syllogismus an einem analphabetischen Kpelle-Bauern in einem kleinen Dorf in Liberia. Folgend die Konversation:

»Scribner: ›Alle Kpelle-Männer sind Reisbauern. Mr. Smith ist kein Reisbauer. Ist er ein Kpelle-Mann?‹ Der Bauer (höflich): ›Ich kenne den Mann nicht. Ich habe ihn noch nie zu Gesicht bekommen.‹ Scribner: ›Denken Sie doch nur einmal über die Aussage nach.‹ Der Bauer: ›Wenn ich ihn persönlich kenne, kann ich diese Frage beantworten; da ich ihn aber nicht persönlich kenne, kann ich sie nicht beantworten.‹ Scribner: ›Versuchen Sie, die Antwort aus Ihrem Gefühl als Kpelle heraus zu geben.‹ Der Bauer: ›Wenn Sie eine Person, über die jemand Auskunft haben will, kennen, können Sie antworten. Wenn Sie die Person aber nicht kennen, über die jemand etwas wissen will, ist es für Sie schwer zu antworten.‹«

Wir lächeln? Ich will nun nicht nach Bären oder Mr. Smith fragen, sondern nach Schwänen: ›Alle Schwäne sind weiß. In Australien, sagt man, gibt es einen schwarzen Schwan. Kann das ein Schwan sein?‹ Da ist es also wieder, das logisch nicht lösbare Problem der Induktion, der Universalien, mit einer empirischen Begründung aller ›All-Sätze‹. Warum lächeln wir über die Frau aus Usbekistan und den liberianischen Reisbauern?[87]

Sie haben ihr Leben gemeistert, ebenso wie die großen Philosophen unserer europäischen Kultur. Vorausgesetzt allerdings, daß sie induktiv aus der bisherigen Erfahrung mit Verkehrssituationen die morgigen prognostizierten, daß sie den Universalien ›Mensch‹, ›Kaufmann‹ und ›Polizist‹ vertrauten; ungeachtet des Umstandes, daß sich nichts von alledem logisch beweisen läßt.

Wenn Kenntnisgewinn mit Lebenserfolg durch zutreffende Prognostik und Abbildung von Milieugesetzen zusammenhängt, sind dann Syllogismen (Schlüsse der traditionellen Logik) in diesem Sinne Gesetze? Stützt ihre Kenntnis nicht Prognostik und Lebenserfolg? Aber spiegeln sich in ihnen Gesetze der außersubjektiven Wirklichkeit? Für die Frage nach unserer Ausstattung, den Grundlagen des Begreifens, kommen wieder adaptive und konstruktivistische Lösungen in Betracht.

Da sowohl unsere Kinder vor Beginn des Schreibunterrichts als auch alle Völker ohne schriftliche Tradition eine starke Abneigung zeigen, Regeln des formalen Schließens anzuwenden, ist die logische Begriffsform dann in Korrespondenz mit

---

[87] Die Stellen sind aus M. HUNT, 1984, S. 174 und 24, zitiert. Die Quellen sind A. LURIA, 1976, und S. SCRIBNER, 1977. Und um den Analphabeten solche gegenüberzustellen, die das Alphabet beherrschen, erinnere ich daran, daß das Induktionsproblem auch das HUME-KANT-POPPERsche Problem genannt wird.

der Welt und bedarf nur der Kultur zur Ausformung, oder ist sie ein Artefakt, ein kulturelles Kunstprodukt?[88]

Die Natur des natürlichen Hausverstandes

Man redet auch vom ›gesunden Menschenverstand‹ und meint damit die Grundlage jener, meist unregistrierten, Fülle von Entscheidungen, welche als Urteile oder Handlungen von uns alltäglich vollzogen werden, ohne daß dabei unser Bewußtsein oder spezielle Erfahrung beansprucht würde. Von dieser Grundlage handelt dieser Teil des Buches. Es ist der ›ratiomorphe Apparat‹ in der Terminologie EGON BRUNSWIKS. Dieser ›Apparat‹ müßte die angeborenen Entscheidungshilfen beinhalten und interessiert in diesem Zusammenhang nochmals, weil alles, was er *nicht* enthält, in Verdacht steht, individuelles (assoziatives) Lernprodukt sein zu können, also auch Produkt der jeweiligen Kultur.

Aus diesen nichtbewußten Leistungen ist auszugliedern, was durch Übung (oder Indoktrination) aus dem Bewußtsein ins Unterbewußte gesunken ist, so z.B. die Fähigkeit, auf dem Fahrrad die Balance zu halten, beim Umblättern die richtige Bewegung, beim Lesen die passende Wortbedeutung zur Hand zu haben. Nicht auszugliedern sind Entscheidungen, zu denen das Bewußtsein nur gelegentlich, wie erinnerlich im Konfliktfall, in Anspruch genommen wird. Eine Zwischenstellung nehmen die Prägungen ein: Wahrnehmungsinhalte, die in erblich disponierter Weise als spezifische Leistungen und Urteile irreversibel festgeschrieben werden. Und an diese schließt ein Übergangsgebiet an, das wir als ›Instinkt-Dressur-Verschränkung‹ kennenlernten, da, wie erinnerlich, die angeborenen Lehrmeister, im Sinne LORENZ', erst in der Herausforderung durch die Praxis tätig werden.

Zu diesem ratiomorphen Apparat zählen alle erblichen Ausstattungen, die wir bislang besprachen, von den Konstanz- und Gestaltphänomenen bis zu den Hypothesen von Zeit und Raum, Wahrscheinlichkeit, Vergleichbarkeit, von den Ursachen und Zwecken. Hierher gehören MAYERTHALERS absolute Universalien der Sprache, EIBL-EIBESFELDTS universelle Phänomene des Sozial-, Aggressions- und Kommunikationsverhaltens, wie auch die Grundantriebe zu Kunst und Wissenschaft, Metaphysik und Re-ligio.

Hinzu kommen aber noch sehr differenzierte Formen des Urteilens und Prognostizierens, die erst wahrnehmbar werden, sobald Entwicklungspsychologie, Ethologie, Ethnologie und Linguistik über die evolutionäre Theorie miteinander in Berührung kommen.

»So bleiben«, sagt PIAGET, »Formen der anschaulichen Entsprechungen ... unentbehrlich für das Denken; sie kondensieren also den letzten Rest dieses ... bildhaften Charakters, den wir in allen Anfangsformen des repräsentativen Denkens festgestellt haben.« Kein operatives Denken ist vorgebildet. Und »die beste Bestätigung...« findet PIAGET »im Unvermögen des Kindes, einen Beweis oder

---

[88] Stellungnahmen zu dieser Abneigung zuletzt in H. WIMMER und J. PERNER, 1979, S. 184 ff., in M. HUNT, 1984, S. 167 ff. Originalstudien z.B. von M. COLE und S. SCRIBNER, 1977. PIAGET scheint vermutet zu haben, daß die kindliche Logik ein Vorstadium der traditionell-rationalen wäre, was sich aber nicht bestätigte.

eine Demonstration seiner Aussage zu finden«. — »Wir denken nicht in Symbolen und quasi-algebraischen Operationen«, resümiert MORTON HUNT, »sondern ... in Bedeutungen, denn so hat uns die Evolution ... geformt.«

»Durch diese Annahme von konkret anschaulichem Denken wird das Verhalten von Versuchspersonen«, berichten WIMMER und PERNER, nun auch »bei der Überprüfung von Syllogismen besser erklärt...; daß (nämlich) logische Denkfähigkeit weniger auf logischer Deduktion beruht, sondern auf einer angemessenen räumlich-anschaulichen Analogie.«[89]

Gibt es keine ratiomorphen Schlüsse? Nach ALLAN COLLINS gibt es einen ›Wissensmangel-Schluß‹, der bei weitgehender Ratlosigkeit auftritt. Er greift nach irgendwelchen Analogien im vermeintlichen Hintergrundswissen. Und FRIEDHART KLIX gibt eine Systematik solch halbbewußter Analogisierungen:

1. *induktive Prognosen aus Raum-Zeit-Koinzidenzen.* Eine Beschwörungsformel z. B. der Onsaga (ein Sioux-Stamm) bringt eine Blume, Mais und den Bison in Zusammenhang. Lösung: Wenn die Blume blüht, ist von der Bisonjagd zur Maisernte heimzukehren.

2. *Prognostik aus Ähnlichkeiten.* Bei Hopi-Indianern müssen Schwangere Eichhörnchen verzehren. Denn wie diese sich rasch unterirdische Fluchtwege schaffen, fördert die Beziehung die Niederkunft.

3. *Förderung des Ereignisses durch symbolische Vorwegnahme.* »›Nomen est Omen‹«, erinnert uns KLIX. Im Zauber wird das Künftige herausgefordert.

KLIX sieht dabei völlig zu Recht die Erwartung von Ursachen-Zusammenhängen. Mit Schlüssen im Sinne unserer traditionellen Logik hat dies nichts zu tun. Wie aber wäre solcherlei Erwartungshaltung zu benennen und wie zu begründen?

BENJAMIN LEE WHORF empfiehlt, dies »als ein System der natürlichen Logik zu bezeichnen — ein Terminus, der mir (ihm) besser erscheint als der Begriff des ›gesunden Menschenverstandes‹, den man oft für die gleiche Sache verwendet«. Aber mit der ›Kunst des Denkens‹ hat das sowenig zu tun wie mit ›folgerichtiger Reflexion‹ oder ›Zwangsläufigkeit‹, und schon gar nichts mit der Lehre von den ›Formalen Beziehungen zwischen Denkinhalten‹. Und sollte sich die Logik als ein Artefakt unserer speziellen Kultur erweisen, dann wäre ›natürliche Logik‹ ein Widerspruch in sich selbst. BRUNSWIKS Begriff des ›Ratiomorphen‹ mag also vorhalten.[90]

Worin aber kann der Vorteil einer Prognostik aus bloßer Analogie bestehen? Welches wären die Isomorphien zur Struktur der außersubjektiven Wirklichkeit, die allein den Selektionserfolg und damit die Etablierung einer erblichen Ausstattung verstehen lassen können?

---

[89] Zitiert aus J. PIAGET, 1975, Bd. 5, S. 309 und 300, aus M. HUNT, 1984, S. 152, und aus H. WIMMER und J. PERNER, 1979, S. 184. Wichtige Originalarbeiten zur Psychologie des ›Schließens‹ stammen von P. JOHNSON-LAIRD, 1975, T. TRABASSO, 1975, und P. JOHNSON-LAIRD und M. STEEDMAN, 1978.

[90] Hier ist besonders auf die Studie von A. COLLINS von 1978 zu verweisen. Die folgenden Zitate sind F. KLIX, 1980, S. 140, entnommen, sowie B. WHORF, 1976, S. 7. Auf diesen wichtigen Beitrag zur Metalinguistik werden wir noch zurückkommen. Man erinnert sich an den von E. BRUNSWIK (1934, 1955) glücklich gewählten Begriff des ›Vernunftsähnlichen‹, den aber WHORF offenbar nicht kannte.

Eine Welt voll abgestufter Ähnlichkeiten

Ich behaupte, daß in jedem Kenntnisgewinn, so auch in jeglicher Begriffsbildung, die Feststellung (Wahrnehmung oder Annahme) von Ähnlichkeiten eine fundamentale Rolle spielt. Gleich, ob HOMER die aufgewühlte See, ähnlich dem, was ein erzürnter König anrichtet, dem Zorn des Poseidon zuschreibt, ob LAMARCK bei der Ähnlichkeit der Veränderung von Organen in der Individual- und Stammesentwicklung die Wirkung von Gebrauch und Nichtgebrauch in der ersteren auf die letztere überträgt, ob RUTHERFORD die Planetenbewegung um die Sonne auf die Elektronenbewegung um den Atomkern anwendet: Alle Heuristik oder Erfindungs- und Entdeckungskunst fußt auf dieser fundamentalen Erkenntnis, gemeinsam mit allen Zufälligkeiten der Begegnungen, der Motive und Eingebung. Schlüsse beginnen erst bei der Prüfung von solcherart Hypothesen ihre Funktionen zu gewinnen.

GÜNTHER DUX nennt das, wie erinnerlich, eine subjektive oder »absolutistische« Logik. Sie kennt aus sich selbst entstehende und in sich selbst ruhende Anfänge. Eben diese Logik ist in jeder wissenschaftlichen Theorie ausgemerzt.« Das ist ein Fehler. KONRAD LORENZ hat vor dieser Ausmerzung gewarnt und widmet seinen Nobelvortrag der ›Analogie als Wissensquelle‹. Analogien sind nach Art unserer Ausstattung der wesentliche Zugang. Und ich behaupte, daß Ähnlichkeitsfeststellungen nicht falsch sein können. Falsch ist meist nur ihre Erklärung.[91]

Daß ähnliche Wahrnehmungen ähnliche Folgen erwarten lassen, wird der Leser schon als trivial betrachten, gleich, ob es sich um Donner handelt, eine Tollkirsche, einen Höhlenbären oder einen zornentbrannten Nachbarn. Die Schulung unserer Wahrnehmung aber reicht tiefer. Man erinnere sich der ›Drehscheibe Spezies‹, des ›totemistischen Operators‹ sowie des Umstandes, daß die für den Menschen lebensbestimmende Welt der Organismen in einem fast unerschöpflichen Feld abgestufter Ähnlichkeiten vorliegt; und man weiß, daß diese seit der Entstehung des Tierreiches, welches ja durch eine Ernährung (Zerstörung) von Lebewesen gekennzeichnet ist, ihre Wirkung tat, bis diese lebensbestimmende Welt in der industriellen Revolution überwunden schien, um im Umweltproblem unserer Tage nur umso vehementer wiederzukehren.

Diese abgestuften Ähnlichkeiten mit abgestuften Konsequenzen zu verknüpfen, mußte naheliegend (weil erfolgreich) werden. Hier nun begegnen wir nochmals einer Isomorphie, nunmehr der abgestuften Ähnlichkeiten in der lebensbestimmenden außersubjektiven Wirklichkeit, gegenüber einer in abgestufter Ähnlichkeit vorbewußt operierenden Erwartungshaltung. Wie notwendig mußte es sein, der Braunbären- und später der Eisbären-Begegnung ähnliche Konsequenzen zuzusinnen, die man von der Begegnung mit dem Höhlenbären kannte, dem Eichhörnchen, Frosch und Regenwurm hingegen eine immer geringere. Was also wunder, daß sich Vorbegriffe von dem bildeten, was wir heute *Ursidae* (Bären), *Mammalia*, *Vertebrata* und *Metazoa* (Vielzeller) nennen.

---

[91] Das Zitat aus G. DUX, 1982, S. 143. Er verweist auf eine entsprechende Interpretation der Zande-Völker bei E. EVANS-PRICHARD, 1965, und den Ärger von P. WINCH, 1964, der (S. 313) dagegen behauptet, »the European is right and the Zande wrong«. Man vergleiche K. LORENZ, 1974. Wir kommen auf die Formen der Analogie in *Teil 3* zurück. Obige Perspektive ist in meinen früheren Büchern ausführlicher behandelt.

Auch die Vorstellungen von den Genealogien nehmen hier ihren Ursprung. In der europäischen Kultur finden sich die ersten Andeutungen schon in der zoologischen Systematik des ARISTOTELES wie im Schöpfungsbericht MOSES', da am 5. Tag das Wasser bevölkert wird, am 6. die Erde und darauf die Menschenwelt. Die Folge ist die Übertragung auf die Halbgenealogien in der Betrachtung der Phänomene der Kultur, auf die Pseudogenealogien in der der anorganischen und die abgestuften Dichotomien unserer Gliederungskünste.[92]

Mit dem zum Wort und dann zum Schriftsymbol erstarrten Begriff beginnt aber wieder der konstruierende Kompromiß. Ich will diesen für unsere definitorische Sprache ebenso unvermeidlichen wie gegenüber der Natur der Dinge unzulässigen Kompromiß am Beispiel einer Genealogie sichtbar machen.

Wir Zoologen gliedern das Tierreich in Arten, Gattungen, Familien, Ordnungen, Klassen und Stämme. Und wir tun recht daran. Denn aus dem (rezenten) Querschnitt durch die Krone des (rekonstruierten) Stammbaumes lassen die Ast-Querschnitte ebenso rekonstruieren, was noch genetisch zusammenhängt (die Arten), die Gruppierung der Querschnitte (die Ähnlichkeiten) aber auch die Abfolge, in welcher sich die Stämme, Äste und Zweige trennten. In ihnen allen fließen und flossen jedoch nur Ströme von Arten, die, an jeder Zweigung sich trennend, von neuen Arten gefolgt werden. So sind ohne Zweifel unsere Bärenarten aus einer Ur-Bärenart hervorgegangen, diese, immer weiter zurück, aus einer frühen Raubtierart, einem primitiven Säuger, und die erste Säugetierart in der Trias-Formation aus einem Reptil. Davor nur Reptilien, nun Säugetiere; und unzweifelhaft Art auf Art. Sollen wir nun glauben, daß aus einem der Eier einer Reptilienmutter das erste Säugetier gekrochen sei?

Was für ein Säugetier? Für einen Systematiker in der Trias wären es nächstverwandte, nur mit Kennerschaft unterscheidbare Arten gewesen (Abb. 13). Unser definitorisches System zeigt sich an seinen Übergängen absurd.[93]

»Nirgends«, sagt DUX in ähnlichem Zusammenhang, »kann man den subjektiven Einschlag in der Organisation der Natur so gut verfolgen wie bei der Eigenschaftsbestimmung. Das hat im Übergang zum neuzeitlichen Naturverständnis zu erheblichen Verwirrungen bei der Diskussion um die sogenannten Qualitäten geführt.« Zweifellos ist deren Wandel ein definitorisches Problem. GÜNTER DUX scheint in dem, was ich die Auflösung der Typologie nenne, besonders JOHN LOCKE verantwortlich zu machen, den Begründer der Philosophie der Moderne. Gewiß hat sie das Problem verschärft.

»Die eigentliche Schwierigkeit mit der vorfindlichen Natur« sieht DUX ebenfalls nicht in der sinnlichen Erfahrung, vielmehr in Satz und Begriff, »die undurchsichtige, sinnlich gerade nicht faßbare Dynamik in den Griff zu bekommen«; und diese

---

[92] Dies wird uns ebenfalls in *Teil 3* näher beschäftigen. Hier mag der Hinweis genügen, daß man die Halb-Genealogien durch Hybridisationen (Neuverbindungen) zwischen den Stammbaumästen kennzeichnen kann (wie in der Sprachen- oder Kunst-Geschichte) und die Pseudo-Genealogie dadurch, daß die Ähnlichkeiten nicht genealogischer Natur sind (wie die ›Familien‹ der Sterne oder der chemischen Verbindungen).

[93] Tatsächlich taugt die definitorische Systematik nur bei zureichender Unkenntnis der Übergänge, ein Umstand, der durch die Lücken in der Kenntnis der fossilen Dokumentation noch gefördert wird. Sie beginnt sich in der Mikropaläontologie aufzulösen (am Beispiel der Massenfossilien, etwa der Foraminiferen oder Ostracoden). Unterlagen zum obigen Thema in R. RIEDL, 1975 (z. B. S. 193 und 203), und A. MÜLLER, 1970 (z. B. S. 55).

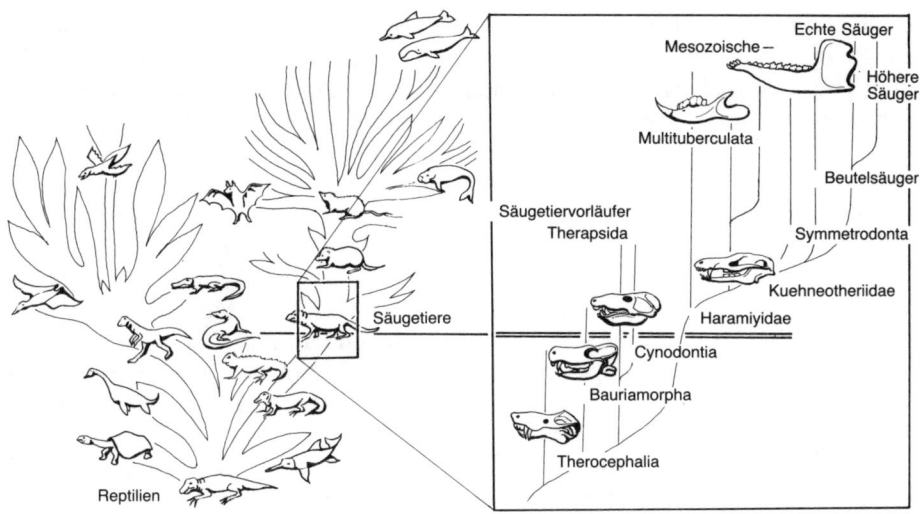

Abb. 13. *Der Reptilien-Säuger-Übergang.* Nach der Form unserer Systematik schließen nicht nur die primitiven mesozoischen Säuger an die evolvierten säugerähnlichen Reptilien an, sondern damit auch die Klasse der Säugetiere direkt an die der Reptilien; so als entspräche die scharfe Grenze der Natur (nach A. ROMER aus R. RIEDL 1981, von Seite 136 und A. BRINK 1972, Seite 221; beides vereinfacht).

»besteht in den praktischen Problemen des Alltags (ebenso) wie in den großen Theorieproblemen der Metaphysik.«

Und in allen Unsicherheiten verläßt man sich dann nicht auf die Natur, sondern auf die beruhigende Konstruktion ›sozialer Wahrheiten‹. »Bei Indianerstämmen«, erinnert uns FRIEDHART KLIX, »gibt es einen Ältestenrat, der über die Benennung unbekannter Objekte berät und beschließt. Wir wissen nicht, ob es etwas Ähnliches bei den Cro-Magnon-Leuten gegeben hat.« Daß es aber bei uns so etwas gibt, das wird der Leser nicht bezweifeln.[94]

Relativismus von Reflexion und Sprache

Als, weiter oben, noch von der ›Sonderung des Ich aus der Welt‹ die Rede war, schilderte ich die Entwicklungsstufen der Realismus-Positionen. Mit JEAN PIAGET fanden wir einen Übergang vom ›dynamischen‹ zu einem ›optischen Realismus‹ und schlossen einen ›pragmatischen Realismus‹ an, der sich durch den Einfluß vermehrter praktischer Erfahrung konstituiert.

Diese Phase wird aber, so müssen wir nochmals zurückgreifen, bereits mit Sprache durchflochten. Das bedeutet: »Der weitere Aufbau der Wirklichkeit ist vordringlich eine Frage des Aufbaus kategorialer Formen, in denen Wissen akkumuliert werden kann.« Und, so bestätigen wir weiterhin GÜNTER DUX, in diesem

---

[94] Die Zitate aus G. DUX, 1982, S. 254 und 252. Auf dieses Werk mit der weiterführenden Literatur ist in diesem Zusammenhang ausdrücklich zu verweisen. Das Zitat aus F. KLIX wieder von 1980, S. 145.

Zusammenhang ist es bereits ein ›konstruktiver Realismus‹. Denn zweifellos ist diese Realität nun ein konstruierter Kompromiß aus den konfligierenden Möglichkeiten von Wahrnehmung und Sprache. Sogar die Position eines ›hypothetischen Realismus‹ im Sinne DONALD CAMPBELLS wird nun vielfach verlassen. Das Wort, das Symbol wird zum Ersatz für fehlende Gewißheit.

Worte sind Markierungen für das Denken; ›Substitutionen für innere Zustände‹ und ›Wortmarken‹ nannte dies FRIEDHART KLIX treffend. Und entlang dieser Markierungen ziehen wir (zum mindesten im linkshemisphärischen Teil) unseren Wanderweg durch die Welt. Mit ihnen operieren wir. Und »mit dem operatorischen Denken«, sagt JEAN PIAGET, bleibt die anschauliche Figur »nur noch eine Illustration, die das operatorische Denken begleiten kann oder auch nicht«. Wenn wir auch noch nicht wissen, wie groß der Einfluß des Wortes auf den schweigenden Teil des Denkens ist, so bleibt Denken, sagt BENJAMIN LEE WHORF, doch weitgehend eine sprachliche Funktion.[95]

Wenn aber die Art, in der wir diese Welt begreifen, eine eindeutige Abhängigkeit von der Form der Sprache zeigt, dann muß die Art der Sprache einen Einfluß auf unseren Begriff von der Welt haben. Der Sprachen aber gibt es viele. Und selbst wenn wir uns auf die logischen oder konstruierten Grundlagen des Begreifens beschränken, wird ein Relativismus der Betrachtung unumgänglich sein.

Damit berühren wir das einmal sehr umstrittene Thema des ›Kultur-Relativismus‹, der wohl als Gegenzug auf die Selbstgefälligkeit der viktorianischen Kultur-Anthropologie entstanden ist. Noch LUCIEN LÉVY-BRUHL war der Ansicht, daß ›Eingeborene‹, also Völker ohne schriftliche Tradition, wie kleine Kinder ›prälogisch‹ denken, was, wie wir sahen, so falsch nicht ist: Nur, daß es sich um eine mindere Art unserer traditionellen Logik handeln würde, was, wie erinnerlich, auch PIAGET noch vermutet haben mochte, das war unrichtig.

»Erboste Zeitgenossen«, sagt MORTON HUNT, »waren jedoch sofort zur Stelle, um diese Menschen zu verteidigen. FRANZ BOAS betrachtete LÉVY-BRUHLS Auffassung als kulturell voreingenommen«, so daß die Wende vom Konservativismus zum Liberalismus in der Kultur-Anthropologie den Relativismus einleitet — ganz anders also als in der zeitgleichen Wende zum logischen Positivismus, da die Meinung aufgegeben wurde, die Regeln der Logik hätten mit Zusammenhängen auch außerhalb des Denkens zu tun.[96]

Dieser Kultur-Relativismus, die Entwicklung der Linguistik und die Abhebung der traditionellen Logik von der äußeren Realität, läßt nun auch weitere Perspektiven hinsichtlich der Relativität der Sprachformen zur Wirklichkeit zu. »Die relativ wenigen Sprachen«, stellt WHORF fest, »die die moderne (abendländische) Zivilisation ausgebildet haben, sind dabei, sich über die ganze Welt auszubreiten und all

[95] Hier sei nochmals auf die Arbeiten von D. CAMPBELL, 1959, und besonders auf jene von 1974 verwiesen. Die Stellen aus F. KLIX, die wir schon erwähnten, sind den Bänden von 1973 und 1980, S. 93, entnommen. Das Zitat aus J. PIAGET, 1975, Bd. 5, S. 309. Das Kapitel bei B. WHORF, 1976, S. 101 ff. mit weiterer Literatur.

[96] Es ist dies die Zeit nach der Jahrhundertwende. Die genannten Arbeiten sind zuletzt erschienen von C. LÉVY-BRUHL, 1959, von F. BOAS, 1938. Mit der Auslegung PIAGETS befassen sich kritisch J. KAGAN, R. KEARSLEY und P. ZELAZO, 1978. Die Stelle aus M. HUNT, 1984, S. 173. Hinsichtlich jener führenden Positivisten erinnere man sich an ALFRED WHITEHEAD, BERTRAND RUSSELL und RUDOLF CARNAP. — Bestätigung gibt uns auch die ›linguistische Relativitätstheorie‹ (seit W. v. HUMBOLDT), siehe TH. KUHN, 1976, und ›die Pluralität der Welten‹ nach N. GOODMAN, 1975.

die hundert Arten exotischer Sprachen auszulöschen. Das ist aber kein Grund, so zu tun, als stellten sie einen überlegenen Sprachtyp dar. Im Gegenteil...«, viele präliterate Sprachen erlauben ungleich differenziertere Wiedergaben von Zusammenhängen.

Das aber »begünstigte provinzielle linguistische Vorurteile«, fährt WHORF fort, »und nährte den grandiosen Unsinn, die eigene Art des Denkens und die wenigen europäischen Sprachen, auf denen sie basiert, seien der Kulminationspunkt und die Blüte der Sprachentwicklung überhaupt«. Ganz gewiß ist es sogar ein gefährlicher Irrtum, die militärische und wirtschaftliche Expansivität einer Kultur mit ihrer Differenzierung gleichzusetzen. Man muß die ernstliche Befürchtung hegen, daß der Zusammenhang sogar negativ korreliert.

Dieser Gedanke darf bei einer Untersuchung unserer Begrifflichkeit nicht weiter in die Kultur- und Geschichtsmorphologie fortgeführt werden. Der Frage also, ob die Schwächen unseres Sprechens und Denkens nicht gerade zur Stärke der Physis und Suggestivität unserer Kultur beigetragen haben, darf ich nicht weiter nachgehen. Was wir uns jedoch, neben allen Conquistierungen und intellektuellen Erfolgen, mit unserem Denken zudem eingehandelt haben, das hat zum mindesten Anspruch auf unsere Aufmerksamkeit.[97]

Kultur, Begriff und Weltbild

Meine Darlegung der Evolution unserer Ausstattung hatte sich ausführlich mit den biologisch-präkulturellen Systemen zu befassen. Und erst in diesem letzten Kapitel gehen wir den kulturellen Epiphänomenen nach, namentlich dem Zusammenhang von Sprache und Begriffsbildung. Sprache hat zwar nicht minder ihre eigenen biologischen Grundlagen; und alle Sprachen folgen nicht minder eigenen Gesetzlichkeiten ihrer Evolution. Und da sie offenbar auch alle auf dieselbe Wurzel zurückgehen, bleibt die Frage, wie ihre sich trennenden Entwicklungsbahnen auf das zurückgewirkt haben, aus dem Sprache selbst entstand: die nicht-bewußte und endlich die nicht bewußt gemachte Form ihrer Begrifflichkeit.

Spiegelt man zunächst das uns gewohnte ›Durchschnitts-Europäisch‹ an einer uns fernen präliteraten Sprache, so werden ihre ersten Eigentümlichkeiten evident. Ich verwende dazu das schon gut bearbeitete Hopi. Die erste Eigentümlichkeit ist mit der Verdinglichung des subjektiven Erlebens durch unsere Sprache verknüpft. Unsere drei temporalen Verbformen erscheinen gegenüber dem darin viel genaueren Hopi wie Konstruktionen von Punkten auf einer gedachten Zeit-›Achse‹. Zyklisch wiederkehrende Phasen (Sommer, Mittag) unterscheiden sich bei uns wenig von Substantiven und können Subjekt wie Objekt sein (›bei Sonnenaufgang‹, wie ›im Winter‹). Im Hopi bilden sie einen eigenen formalen Redeteil. Bei uns stehen die Stoff-Substantive (Holz, Fleisch, Materie) nicht im Plural, Individual-

---

[97] Die Zitate aus B. WHORF, 1976, S. 132 und 131. Die Schule der Geschichtsmorphologie fand bekanntlich einen Höhepunkt im Werk von OSWALD SPENGLER. Ein, wenn auch noch aphasischer, Zug unserer Zeit, in der sich diese Skepsis ausdrückt, scheint mir im zunehmenden Interesse für östliche Metaphysik zu liegen. FRITJOF CAPRA z. B. sucht dafür einen Ausdruck, der zwar keine Lösung oder Erklärung enthält, aber Symptome.

Substantive (Baum, Muskel, Form) in beiden Formen. Dort wird also etwas zu ›Substanz‹ hypostasiert, ein Sammelbegriff zum Einzelwesen gemacht. Wie zu erwarten, finden wir im Hopi beide Substantiv-Formen auch im Plural. Wir verwenden Plural und Kardinalzahlen für greifbare Gegenstände (zehn Äpfel) wie für imaginäre Zählungen einer ganz anderen ›Wirk‹-lichkeit (zehn Tage, Gebote, Tugenden). Das Hopi meidet den imaginären Plural. Zur Verdinglichung zählt auch unser ›Verräumlichen‹ von Qualitäten und Möglichkeiten (wir sind ›weit auseinander‹, wenn seine Rede ›zu hoch‹ oder ein ›Haufen Unsinn‹ ist). Wieder fehlen im Hopi die physikalischen Metaphern.

Aber freilich ist hinter der Sprache noch vieles, was nicht-sprachlich ist, wie umgekehrt Sprachliches die nichtsprachliche Begrifflichkeit suggeriert. Man denke nur, wie uns die Sprache zwingt, alles »Seiende durch die Brille einer binomischen Formel zu sehen«, sagt WHORF, alles zu ›Inhalt‹ versus ›Behälter‹ zu verdinglichen, »eines formlosen räumlichen Kontinuums mit einer räumlichen Form«. Das Hopi kontrastiert darin durch ein Operieren mit Formen des ›Ereignens‹, subjektiver versus objektiver Art. Und wo uns unsere Sprache im Denken von Transformationen, Phasen- und Qualitätswandel einengt, ist für den Hopi-Indianer »jedes Seiende schon ›vorbereitet‹ zu der Weise, die es nun in seinen früheren Phasen manifestiert. Und was später sein wird, ist teils so ›vorbereitet‹ worden und andererseits gerade dabei, so ›vorbereitet‹ zu werden« (man bemerkt wohl schon die Unbeholfenheit unseres Ausdrucks).[98]

So verwundert es nicht, »daß (auch) die Philosophien der großen Kulturen eng mit den grammatikalischen Strukturen ihrer Sprachen zusammenhängen«. Das wird uns der Vergleich mit fernen literaten Hochkulturen lehren. »Das Subjekt-Prädikat-Schema der aristotelischen Logik«, so finden wir den Gedanken schon bei CARL FRIEDRICH VON WEIZSÄCKER, »entspricht der grammatischen Struktur des griechischen (wohl allgemein des indogermanischen) Aussagesatzes. Die Hypostasierung der Abstrakta (d. h. das primitive Verständnis der platonischen Ideenlehre) ist durch die Existenz des bestimmten Artikels im Griechischen nahegelegt, die uns gestattet, von ›dem Schönen‹, ›dem Hund‹ ... mühelos zu reden.«

»Diese Beobachtungen erwecken ein begreifliches Mißtrauen gegen die Dogmatik der jeweilien Philosophien. Wir werden mit Recht skeptisch gegen unsere eigenen überlieferten Grundüberzeugungen ... (und) es entsteht dann sehr leicht die faszinierende Ansicht, eine Philosophie sei überhaupt nichts anderes als eine Artikulation der sprachlichen Grundformen der Kultur, in der sie entstanden ist.« V. WEIZSÄCKER reserviert sich zwar seine Skepsis gegenüber dieser Skeptik, räumt aber ein: »In der Tat möchte ich nicht bestreiten, daß dieser Gedanke, klug angewandt, eine Art kulturhistorischer Wünschelrute, ein Indiz für kulturell bestimmte Denkformen sein kann.«[99]

---

[98]   Hopi (oder Moqui): Pueblo-Indianer der Shoshini-Sprachgruppe Arizonas, die von B. WHORF besonders eingehend studiert wurden. Die Zitate von 1976, S. 88–89. Seine Vergleiche mit dem ›Standard Average European‹ S. 79 ff. — Man müßte das Europäische in Hopi-Sprache vergleichend beurteilen und nicht nur umgekehrt; das ist ein weiteres, nicht zu übersehendes Hindernis der Beurteilung unserer selbst.

[99]   Die Zitate sind aus C.-F. VON WEIZSÄCKER, 1982, S. 85–86. Auch »CHANG TUNG-SUN weist darauf hin, daß die aristotelische Logik offensichtlich auf der griechischen Grammatik beruht: ›with grammar and sentence-structure comes logic‹«. Zitiert aus H. GIPPER, 1969, S. 239.

Unter den literaten Kulturen würde man zuerst an den Wedanta denken, die Lehren der Upanischaden. Aber von dieser altindischen Philosophie ist nicht viel überliefert, auch die Berührung mit der griechischen trat früh ein, und zudem war ja das Sanskrit ein indogermanischer Sprachtyp. So überrascht es nicht, auch dort den Begriff des Absoluten, wie bei PLATON oder HEGEL, als letztes Subjekt zu allem Wissen vorzufinden. Reicher ist die philosophische Tradition Chinas, und sie wurde auch später von der europäischen eingeholt.

Ob man nun von einer chinesischen Logik sprechen sollte, ist eine semantische Frage. »Logik im Sinne einer Epistemologie hat sich nicht entwickelt«, sagt FUNG YU-LAN, moderner Historiograph chinesischer Philosophie. Natürlich auch kein formalisiertes System. Die Interessen und Sprachformen nahmen eine ganz andere Richtung. Nun möchte man auch nicht von einem chinesischen *Logos* reden, so vernünftig konzipiert die chinesischen Philosophien auch waren. HU SHIH dagegen nennt Bemühungen um sprachliche Klärungen Logik und zeigt ihre Entwicklung ab dem fünften Jahrhundert vor der Zeitenwende. Auch INNOCENT BOCHEŃSKI hält es für angebracht, von verschiedenen Gestalten einer Logik zu sprechen. Will man, um den Vergleich zu betonen, beim Worte bleiben, so kann man im Sinne von HELMUT GIPPER und BRUNO VON FREYTAG-LÖRINGHOFF von einer abendländischen ›Identitäts-Logik‹ sprechen und ihr nach CHANG TUNG-SUN eine fernöstliche ›Korrelations-Logik‹ gegenüberstellen (›Transitivitäts-Logik‹ wäre noch treffender).

Relativismus der Kultur

Eine solche Korrelations-Logik kennt keine Syllogismen. Will man in Analogie von Vernunftschlüssen reden, so scheinen sie, sagt MARCEL GRANET, »eher darzutun, wie ein Ordnungsprinzip verschiedene, mehr oder minder vollkommene, und folglich einstufbare Verwirklichungen dieses Ganzen durchläuft, das sich in jeder seiner Erscheinungsformen wiederfinden muß«.[100]

Die Qualitätswandlungen und Phasenübergänge also, die unserer substantiell-definitorischen Redeweise so große Schwierigkeiten der Auflösung bereiten und sich formal ganz der Behandlung entziehen, stehen also in der chinesischen Logik im Zentrum der Betrachtung. Die Frage, ›wieviele Körner einen Haufen machten‹, kann dort gar nicht problematisiert werden.

»Die chinesische Logik beruht«, sagt HELMUT GIPPER, auch »nicht auf dem Gesetz der Identität.« Vielmehr machte schon CHANG TUNG-SUN »darauf aufmerksam, daß chinesische Definitionen nicht als Gleichungen zwischen Definiendum und Definiens aufgefaßt werden können. Im Chinesischen genügt es, einen Ausdruck für einen anderen mit ähnlicher Bedeutung einzusetzen«. Man bleibt durchaus innerhalb der Sprache und möchte sich nicht wie im Westen aus ihr

---

[100] Zum Problem der chinesischen ›Logik‹ verwende man FUNG YU-LAN, 1952 (Geschichte), Bd. I, S. 3; HU SHIH, 1963 (Entwicklung), die Stellen S. 53 ff., und CHANG TUNG-SUN, 1952 (Theorie). Ferner vergleiche man I. BOCHEŃSKI, 1954, und B. VON FREYTAG-LÖRINGHOFF, 1955, vor allem aber M. GRANET, 1971 (die zitierte Stelle S. 255), sowie wieder H. GIPPER, 1969. Wie die westliche Philosophie nach China wirkte, kann man bei dem Jesuiten O. BRIÈVE, 1956, nachschlagen. OTTO LADSTÄTTER bin ich für diese Hinweise wärmstens verbunden.

lösen. »Es geht um Wechselbeziehungen ... ohne Rücksicht auf die etwa zugrunde liegenden Substanzen.« Feldbegriffe ersetzen Definitionen. »Im klassischen chinesischen Denken«, fährt GIPPER fort, fehlt folglich »der Substanzbegriff völlig«. So sind schon »die Zeichen geradezu die Archetypen, nach denen die Dinge geformt werden«. Nach einem Analogieprinzip denkend, bemüht man sich um die Wiederherstellung einer natürlichen Ordnung.[101]

Da ist es wieder, das Typuskonzept mit seiner verdichtbaren Mitte und seinen definitorisch offenen Peripherien, dem wir vom Begriff der Tauben und Primaten bis zu jenem unserer Kinder und Naturvölker immer wieder begegneten! Und dem wir (in *Teil 3*) in einer ganzen Reihe ›westlicher‹ Wissenschaften wiederbegegnen werden: dem sie sich trotz Kritik nicht entziehen konnten, weil die Natur ihrer Gegenstände keine bessere Behandlung zuläßt. Kurz: weil die Natur so gemacht ist.

Aber nicht nur der Vergleich mit präliteraten Sprachen und mit dem Verstand anderer Hochkulturen weist unser europäisches Reden als von eigentümlicher Spezialisierung aus. Auch die neue kognitive Psychologie des europäischen Denkens bestätigt diese Einsicht.

Wenn es richtig ist, daß die Spezialisierung des europäischen ›Begriffs vom Begriff‹ aus der Wechselwirkung von Sprach- und Denkspezialisierung zu verstehen ist, dann steht zu erwarten, daß diese kulturell noch verstärkt wird. Es wird die tradierende Unterrichtung sein, »daß wir ...«, referiert MORTON HUNT die Ergebnisse von GELMAN, PITT und anderen, »durch Schulausbildung allmählich die Grundlagen logischen Denkens und die Fähigkeit zu abstrakt logischem Denken erwerben, obwohl die meisten von uns es nur teilweise beherrschen und dabei leicht diversen Irrtümern anheimfallen ... (und) das bedeutet nicht, daß das unsere normale Denkweise ist. Wir folgern logisch, wenn man uns dazu auffordert..., ansonsten folgern wir plausibel.«

Man bedenke auch den Siebungs- oder Selektionseffekt, den unsere Gesellschaft durch die Gewichtung logisch-mathematisch-deduktiver Denkweise etabliert, die Überbetonung des entsprechenden Wissenschaftsideals und den ›grandiosen Unsinn‹ unserer spätviktorianischen Überheblichkeiten.

Aufgrund unserer Ausstattung »verwenden Versuchspersonen ihre gut entwickelten, konkret-anschaulichen Denkschemata auch zum Lösen logischer Aufgaben«, berichten HEINZ WIMMER und JOSEF PERNER. »Solche Schemata bewähren sich z. B. für Transitivitätsaufgaben, repräsentieren jedoch die Prämissen eines Syllogismus zu konkret, wodurch typische Fehler entstehen.« Und, so stellen WIMMER und PERNER treffend fest, »Ausdrücke, wie ›alle‹, ›oder‹ usw., können in diesem Medium nicht in ihrer allgemeinen Bedeutung repräsentiert werden.«[102]

---

[101] Die Reihe der obigen Zitierungen aus H. GIPPER, 1969, alle S. 241. Dieser Band sei zum Vergleich besonders empfohlen, weil das Problem der Begriffs-Relativität, bei welchem wir hier bleiben müssen, dort im weiteren Rahmen einer Sprachinhalts-Relativität steht.

[102] Die Zitate aus M. HUNT, 1984, S. 172–173, sowie aus H. WIMMER und J. PERNER, 1979, S. 203. Die zitierten Originalstudien von R. PITT, 1976, und R. GELMAN (zuletzt: 1978). Weitere Literatur-Auswahl in H. WIMMER und J. PERNER, 1979, S. 204. Eine lohnende Illustration der komischen Seite unseres ›Spätviktorianismus‹ bietet der Rückblick von LEONARD DE VRIES (1971) in »Viktorianische Erfindungen«.

Begriffs-Relativismus und kritischer Empirismus

Da nun begegnen wir dem Isomorphie-Phänomen in einer rekursiven oder Doppelform. Die Struktur dieser Welt ist in ihren (für uns) relevanten, komplexen Teilen in erster Linie eben nur transitiv und erst in letzter alternativ (definitorisch). Daher enthält sie auch nichts, was dem beliebigen Universalitätsbegriff des ›Alle‹ oder der eindeutigen Scheidung des ›Oder‹ entspricht. Der Isomorphie begegnen wir darum nicht nur als dem Grund unserer erblichen Erwartungshaltung. Sie kehrt wieder, sobald die Versuche scheitern, die Welt definitorisch, identitätslogisch verstehen zu wollen, sowie in den Versuchen, Mathematik und Logik aus sich selbst zu begründen.

Die Verschärfung (definitorische Präzisierung) unserer Redeweise kann als eine Extrapolation der europäischen Sprachstruktur verstanden werden. Ihre Erfolge in den Schichten geringer (künstlich verringerter) Komplexität kennzeichnen unser (exakt) naturwissenschaftlich-technisches Zeitalter. OCKHAMS Rasiermesser, ›das Universale (Transitive) sei nur in der Seele und darum nicht in den Dingen‹, ist zum Beil geworden und bedroht aber gleichzeitig unser Verständnis für den komplexen und damit (gefahrvoll) den für uns relevanten Teil der menschlichen Welt. Freilich ist dies nicht unentdeckt geblieben.[103]

»Es gibt« vielmehr, erinnert uns CARL FRIEDRICH VON WEIZSÄCKER, »eine Denkrichtung, der die Sprachabhängigkeit unseres Denkens als schmerzhafte Schwäche erscheint. In einer heroischen Anstrengung, deren große Produkte die formale Logik und die mathematische Formelsprache der exakten Wissenschaften sind, sucht sie diese Schwäche zu überwinden. Dieses Programm stößt jedoch auf eine Grenze, die darin liegt, daß jede formalisierte ›Sprache‹, um überhaupt etwas zu bedeuten, einer Deutung bedarf, bei der wir unser Vermögen, uns zu verständigen, das wir abgekürzt als ›Umgangssprache‹ bezeichnen mögen, schon benützen müssen. Wir entgehen also der Problematik der Umgangssprache nicht.«

Dies ist unser Thema. Wie begründen wir Begriffe unserer Sprechweise? Nunmehr in einer (heroischen) Anstrengung, sie aus unserer Natur, und die Natur unserer Ausstattung aus der Natur der außersubjektiven Wirklichkeit als Anpassungsprodukt zu verstehen. Nicht von der Natur abzuheben, sondern Sprache aus der Natur ihrer Sachen zu begründen. Ein Kultur-Relativismus ist die Folge.

»Wirklich ›aufregend‹ wird der Gedanke aber erst, wenn er philosophisch so ernst genommen wird, wie er von seinen Urhebern wohl auch gemeint war.« VON WEIZSÄCKER mag an FREGE gedacht haben, an WITTGENSTEIN, an die logischen Positivisten (auch an die kritischen Rationalisten?). Nun muß man eine zweite Denkrichtung betrachten, welcher die Sprachabhängigkeit unserer Begriffe nicht minder als schmerzliche Schwäche erscheint: KONRAD LORENZ, der Autor, die Evolutionisten (die kritischen Empiristen).

Welches sind nun jeweils jene »eigenen kritischen Prinzipien, die auf die eigenen Voraussetzungen« anwendbar sein sollen, um dem jeweiligen kritischen Ansatz

---

[103] Die Wirkung WILHELM VON OCKHAMS (oder OCCAM, etwa 1285–1350) verfolgt man vor allem über GABRIEL BIEL zu LEIBNIZ' subjektiven Ordnungsrelationen und KANTS transzendentaler Subjektivität, bis in die Philosophie der Moderne. Wissenschaftstheoretisch führt sie zur Spaltung des Weltbildes der Wissenschaften, der ich (R. RIEDL, 1985 a) einen Band widmete, der unser Thema ergänzt.

den Boden zu bereiten? Im kritischen Rationalismus ist es der Versuch, den Wahrheitsanspruch der Logik mit den Mitteln der Logik zu begründen. Er endet in einem unendlichen Regreß von Meta- und Meta-Metatheorien unserer spekulativen Kräfte nach logischen Prinzipien. Im kritischen Empirismus ist es dagegen der Versuch, den Wahrscheinlichkeitsgrad empirischer Prognostik aus den Mitteln kenntnisgewinnender Prozesse zu begründen. Auch er hat die Form eines Regresses; jedoch, wie wir es eben versuchten, von ganz anderer Art. Er muß in einer Serie (einem System) von Theorien den Schichtenbau der Phänomene widerspruchsfrei hinunter in die Disponibilität der letzten uns bekannten Materialien verfolgen, und hinauf bis in die letzten uns bekannten Bedingungen von Selektion und relativer Beständigkeit.

Das Korrektiv ist bei stetig erweiterter und präzisierter Prognostik wieder die Fehlerkorrektur (die Falsifikation); dieselbe, die KARL POPPER für den kritischen Rationalismus beansprucht. Doch geht es in beiden Denkrichtungen um die Falsifikation letztlich empirischer Erwartungen (Hypothesen, Theorien) gegenüber einer als real gedachten Welt. Der kritische Rationalismus setzt die Logik voraus; der kritische Empirismus schließt die Logik in den Prozeß der Fehlerkorrekturen ein.

In einem schönen Dialogspiel läßt CARL FRIEDRICH VON WEIZSÄCKER den ›Ideenfreund‹ (nämlich VON WEIZSÄCKER selbst) bedenken: »Und wenn gerade die Öffnung des kulturellen Horizonts und der Fortschritt der westlichen Wissenschaft uns in diesem Jahrhundert zum erstenmal seit PLATON wieder befähigt, über die Wahrheit der Logik zu diskutieren?« Wo wäre anzusetzen? »Um einen bescheidenen Anfang zu nennen, über das *Tertium non datur*...« — »Vermutlich«, so geht der Blick auf das Spiel zurück, »kann erst in einer Selbstkritik der modernen Wissenschaft die Frage nach den ihrer Entstehung adäquaten Voraussetzungen sinnvoll gestellt werden.«

Die Voraussetzungen unseres Begreifens zu begreifen, das war unser Thema. »Vermutlich kann man aber auch diese Reflexion nicht vor dem Prozeß, sondern frühestens *im* Prozeß leisten.« Und so gilt VON WEIZSÄCKERS Rückblick auch hier: »Deshalb war dieser Aufsatz nur ein Präludium.«[104]

---

[104] Die Zitate sind C. F. VON WEIZSÄCKER, 1982, S. 84, 86, 91 und 92, entnommen. Als ›bescheidenen Anfang‹ nennt WEIZSÄCKER die intuitionistische Kritik und die Quantenlogik. Das Spiel ist als Dialog einer Gigantomachie gedacht; der ›Gigantenkampf‹ unserer Tage wird, so darf vermutet werden, irdischer ausfallen.

Teil 3: Theorie von den Systembedingungen des Begreifens

Ein zweites Mal gehen wir von einer Wissenschaft aus, also wieder von einer bestimmten Methode und einem Zusammenhang von Hypothesen: von der Systemtheorie, einer Theorie von der Organisation komplexer Systeme. Trifft das zu, was ich (in *Teil 2*) als ›Theorie von der Evolution unserer Ausstattung‹ dargelegt habe, so ist nun die Frage zu beantworten, wie sich aufgrund solcherart ratiomorpher Ausstattung unsere Begriffe rational weiterentwickeln und wie sie auch weiterhin zu begründen sind.

Dabei erinnern wir uns der Einsicht, daß sich unsere Ausstattung als weitgehend an die Struktur dieser Welt adaptiert erwiesen hat: von der Disposition zur Gewinnung innerer (genetischer) Erfahrung bis zur Gestaltwahrnehmung und von der (assoziativen) Verwertung von Augenblicksinformation bis zur naiven Begriffsbildung. Wir erinnern uns aber auch daran, daß mit der Symbolik und Linearität unserer ebenso fixierten Sprachstruktur Kompromisse eingegangen wurden — Kompromisse, die den sprachlichen Ausdruck, der unser Denken beeinflußt, von den Strukturen der außersubjektiven Wirklichkeit entfernen mußten. Es entstanden Unsicherheiten aus Passungsmängeln.

Diese sind den literaten Kulturen nicht verborgen geblieben, als nämlich der Wunsch entstand, Sprach- und Weltstruktur in Übereinstimmung zu bringen oder sogar die eine aus der anderen zu begründen, und zwar mit Hilfe der Reflexion unserer (ja wiederum angeborenen) Anschauungsformen und der bewußtwerdenden Kräfte unseres Verstands. Die Lösung, welche dabei unsere Kultur suchte, wurde vom indogermanischen Sprachcharakter und der griechischen Syntax suggeriert. Und seit Beginn der europäischen Philosophie lenkten diese zu der Bemühung, jene Unsicherheit durch fortgesetzte Schärfung sowohl der Begriffe als auch der grammatikalischen Gesetze zu überwinden. Dabei mag die spekulative (rationale) Art des Vorgehens dazu beigetragen haben, daß weniger eine Adaptierung an die Natur, als vielmehr eine Adaptierung an die rationalen Extrapolationen jener Kompromisse erreicht wurde, welche zwischen den angeborenen Anschauungs- und Sprach-Universalien eingegangen wurden. Dies führte zu einer Art dualistischer und definitorischer Denaturierung unserer stets einheitlichen und im Komplexen typologisch organisierten Natur.

Zur Bewältigung des Mangels nochmals eine andere Sprache zu konstruieren oder auf typologischere Sprechweisen (etwa des frühen Chinesischen) zurückzugreifen, ist nicht zielführend. Zum einen, weil jeder Versuch in dieser Richtung doch auf die europäische Denkweise rekurrieren muß. Zum anderen, weil wir um die erblich verankerten Universalien aller Sprachen wissen. Und diese können eben nicht ersetzt, sondern bestenfalls belehrt werden, und auch dies nur mit Hilfe ihrer eigenen Ausdrucksformen.[1]

Eine methodische (objektive) Lösung kann darum wohl nur über eine Obertheorie erreicht werden. Also eine Theorie, welche die Theorien von den organischen wie den sprachlichen Organisationsprozessen zu subsumieren trachtet. Der Form nach wird es eine Systemtheorie sein. Und auch diese Reflexion kann, wenn überhaupt, nicht vor dem Prozeß einer kritischen Sichtung der Materialien geleistet werden, sondern frühestens (wie man sich aus dem Schluß des *Teiles 2* erinnert) aus dem Prozeß selbst.

Über die Welt und den sprachlichen Kompromiß

Zunächst sei ein weiterer Rat befolgt, nämlich bei welchen Veränderungen auch immer ›die Kirche im Dorf zu lassen‹. Wenn also im folgenden eine Obertheorie über die organischen wie die sprachlichen Organisationsprozesse entwickelt wird, so kann dies nur ein Ansatz sein. Sie kann nicht weiter reichen oder mehr Vertrauen beanspruchen als die Materialien, die sich im ersten Schritt als erreichbar erweisen werden.

Vielmehr muß es darauf ankommen, die Positionen und die Zugänge zu bestimmen, welche in einer solchen Theorie zu adoptieren sein werden. Denn diese sind es, die sowohl die Theorie begründen als auch den Materialien standhalten müssen. Zwei Einsichten bilden den äußeren Rahmen:

1. Es gibt grundlegende Übereinstimmungen zwischen den Strukturen der Sprache und der außersubjektiven Wirklichkeit: Isomorphien (Isologien) der Organisation und der Genese. Sie bilden die Basis der Theorie.

2. Es gibt Strukturen der Sprache, deren Erwartungsinhalte, also das, was zu prognostizieren sie nahelegen, regelmäßig an Phänomenen der empirischen Erfahrung scheitern: Diskrepanzen der Organisation, wie sie sich aus Unterschieden der Genese werden verstehen lassen. Sie enthalten das, was wir an Passungsmängeln in unserem ›europäischen Sprechtypus‹, im Paradigma unserer Denkweise, aufzuklären wünschen.[2]

Objekterfahrung versus Spracherfahrung

Wie üblich, muß die Fahrt an neue Gestade zunächst auch noch die Enge zwischen Scylla und Charybdis meistern: die Enge zwischen Trivialität und Paradoxie. Denn

---

[1] Die fast zur Mode gewordenen Versuche, das europäische Paradigma aus der Sicht der indischen oder chinesischen Philosophie zu belehren, geben nicht mehr als Hinweise. Sie scheitern schon an der Übersetzung und münden in Kunst-Mythologien. Die noch gelungensten Versuche von F. CAPRA (z. B. 1983). Zu den Universalien der Sprache: N. CHOMSKY, 1959, E. LENNEBERG, 1972, und neuerdings vor allem W. MAYERTHALER (z. B. 1980 und 1982).

[2] ›Europäischer Sprechtypus‹ ist hier synonym für den in der Literatur üblichen Begriff des ›standard European‹ verwendet. Dabei hat man die Wirkung der indoeuropäischen Denkweise im Auge, welche auch das moderne Weltbild im Finnischen, Ungarischen oder Hebräischen beeinflußten, nicht nur die rein sprachliche Entstehungsgemeinschaft.

wie sollte mittels unserer Begriffe unsere Begriffswelt geprüft werden? Ist es nicht trivial zu postulieren, daß es Übereinstimmungen zwischen den Objekten unserer Wahrnehmung und unseren subjektiv geformten Bezeichnungen gibt? Und ist, vice versa, nicht oft gesagt worden, daß wir nichts zu denken vermögen, wofür sich noch kein Begriff eingestellt hat?

Zur Trivialität: Bei meiner systemtheoretischen Analyse des Prozesses organischer Evolution ergaben sich vier Grundmuster der Organisation: das der Norm, der Interdependenz, der Hierarchie und der Tradierung. Und dann stellte es sich heraus, daß ein jedes der vier in unserer vorbewußten (ratiomorphen) Erwartung gegenüber dieser Welt bereits enthalten ist, daß wir ohne sie die Natur nicht denken könnten, und daß wir sie stets angewandt haben, ohne sie wahrgenommen zu haben. Dies ist nicht mehr trivial. Es sind *a priori*-Ausstattungen unseres Verstandes. Und diese Übereinstimmung (oder Isomorphie) erweist sich als zu groß und differenziert, als daß der Zufall als Erklärung in Betracht käme. Es muß sich um ein Produkt genetisch verankerter Anpassung handeln.

Zur Paradoxie: Durch KONRAD LORENZ war, wie man sich erinnert, diese Lösung nicht nur bestätigt worden. Mit Hilfe seiner Ethologie konnte ich eine Systematik individueller *Aprioris* entwickeln, die alle als *a posteriori*-Lernprodukte unseres Stammes zu verstehen sind, neben den Anschauungsformen von Raum und Zeit, Wahrscheinlichkeit, Vergleichbarkeit, Kausalität und Finalität. Nicht nur die Begriffe haben unser Begreifen angeleitet. Im Grundsätzlichen ist es umgekehrt. Unser erblich vorgebildetes Deuten hat die Entwicklung unserer Begriffe angeführt. Die Paradoxie ist keine. Wir werden vom Vorgebildeten sogar irregeführt.[3]

Sind diese Klippen einmal umschifft, dann sind es gerade diese Irreführungen, welche unsere Aufmerksamkeit verdienen. Sind einmal irreführende Alternativbegriffe wie Raum und Zeit oder Kausalität und Finalität auch sprachlich fixiert, sind die Ding- und die Tun-Worte getrennt, dann beginnen sich ganze Systeme falscher Konsequenzen an ihnen zu suspendieren. Und so, wie unseren Anschauungsformen die Ansätze als selbstverständliche Gewißheiten erscheinen, meinen wir, auch die darangefügten Konsequenzen für unverbrüchlich halten zu dürfen.

KONRAD LORENZ interessieren die adaptiven Grundlagen der Lösung. Ich habe mit den konstruktiven Konsequenzen fortgesetzt, mit jener Eskalation der zunächst bescheidenen Adaptierungsmängel (eigentlich Adaptierungsgrenzen) unserer Ausstattung durch die bewußte Reflexion. Und aus dem bislang gesammelten Arsenal von Fehldeutungen sollen jene erörtert werden, die für die Begriffsbildung (den sprachlichen Kompromiß) von Belang sind.[4]

Wenn es nun weder trivial noch unmöglich ist, Objekt- und Spracherfahrung kritisch zu vergleichen, bleibt noch die Auflage, eine Form, eine Theorie oder Metasprache zu bestimmen, welche die Rede über beide Gegenstände gemeinsam erlaubt. Dafür bietet sich eben die Systemtheorie an. Mit ihr können wir Merkmale

---

[3] Man vergleiche R. RIEDL, 1975, die Zusammenfassung des Problems der Korrespondenz der Denkmuster auf S. 331 (und dort in der Fußnote 101 die Verweise auf die Stellen bei den vier Organisationsmustern). Ferner ist auf K. LORENZ, 1941 und 1973, sowie auf R. RIEDL, 1977, 1981 und 1983 c zu verweisen.

[4] Einschlägig für das Problem von Denkmuster und Vergleichbarkeit R. RIEDL, 1980 und 1980 a, für das Problem von Denkmuster und Kausalität R. RIEDL, 1979/80 und 1981 a, zum Problem der Isomorphie R. RIEDL, 1983 und 1983 b, allgemeine Darstellungen R. RIEDL, 1981 und 1985 a (gesammelte Schriften 1985 b).

und Vorgänge formulieren, welche sich in der Entwicklung und den Strukturen sowohl der Gegenstände als auch ihrer sprachlichen Äquivalente finden. Sie gehören zur Grundlage des Vergleichs.

In beiden Fällen handelt es sich um Prozesse der Selbstorganisation; um Vorgänge der Erzeugung von Ordnung und Instruktion mit immer größerer Ferne vom thermodynamischen Äquilibrium. In beiden Fällen entstehen die Differenzierungen als Einschübe zwischen jeweils vorgegebenen Ober- und Untersystemen und führen zu einer hierarchischen Organisation. In beiden Fällen wirken die Obersysteme durch Selektion auf die Formgebung, den Zweck oder den Sinn einer Struktur, die Untersysteme durch die Disponibilität ihrer Materialien und Antriebe.

Vorbedingungen in beiden Entwicklungsprozessen sind Variation des Milieus, Fluktuation im System und Wettbewerb zwischen den Systemen. Grundbedingungen sind Stabilisation (um mittleren Störungen zu begegnen), Innovation und die Erhaltung des Zufalls (als schöpferische Möglichkeit). Und in beiden Selbstorganisationsprozessen werden die Wettbewerbsbedingungen durch die Hierarchisierung gefördert (vom Komplizierten zum Komplexen), durch Reproduktion (und Gedächtnis) und durch Kreativität (Lenkung der Innovation).

Vertiefen kann ich diesen Aspekt an dieser Stelle nicht, weil die Systemtheorie von Selbstorganisationsprozessen über unser Thema hinausgeht und weil für unseren Gegenstand nur einige dieser Parallelen von Belang sind. Allein die Feststellung von Übereinstimmungen mag an dieser Stelle genügen.[5]

Typologisches versus Definitorisches

In der Welt des Komplexen sind, wie schon festgestellt, die Ähnlichkeiten aller Gegenstände und Ereignisse von typologischer Art, mit merkmalsreichen Zentren und gleitenden Übergängen an den Rändern. Das erste Säugetier beispielsweise glich dem letzten Reptil aufs Haar, das erste Dampfschiff ist vom Segler seiner Zeit kaum zu unterscheiden. Dasselbe muß für das erste Lebewesen, die ersten Worte und die ersten Schriftzeichen des Menschen gegolten haben. Unser sprachliches Denken hat dafür keine begrifflichen Äquivalente.

Wie also kann diesen Grundmerkmalen der Welt mit einer Sprache entsprochen werden, deren Eigenschaft es ist, die Lösung durch definitorische Schärfung anzustreben? Zunächst durch Verwendung von Begriffen (Substantiven), die von Vorgängen abgeleitet sind: Transformation, Variation, Fluktuation und Wandel. Da wir aber in Wahrheit auch diese Begriffe in Grenzen denken und dazu neigen, selbst einem Wandel oder einer Variation definitorische Rahmen vorzuschreiben, ist ein nächster Schritt anzuschließen.

Wir müssen trachten, Gegenstände und Merkmale nicht als Einzeldinge, sondern als Mitglieder ganzer Felder von Ähnlichkeiten zu behandeln (Beispiele in Abb. 14 bis 16 und 20 bis 22 ab S. 149). Damit kann es gelingen, die offenbar

---

[5] Wir berühren hier die Frage nach einer Metatheorie der Evolutionsprozesse überhaupt. Meine Darstellung in R. Riedl, 1984, dort die weitere Literatur; vor allem die Einbeziehung der Perspektive von Ashby, v. Bertalanffy, Eigen, v. Förster, Haken, Jantsch, Lorenz, Malik, Maturana, Prigogine, Probst, Simon, Ulrich, Varela, Waddington und Weiss. Weitere Themen in H. Ulrich und G. Probst, 1984.

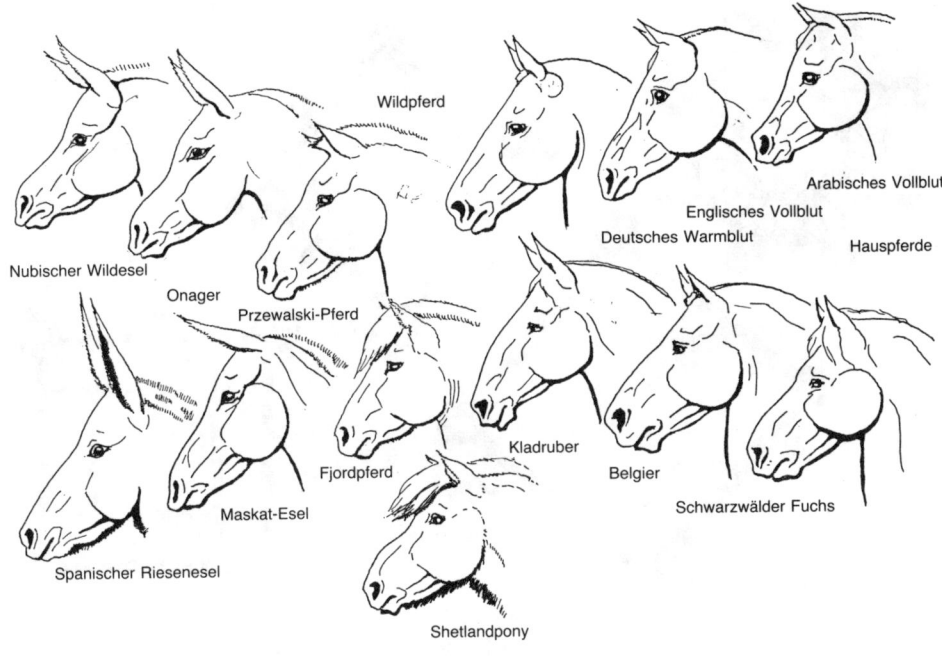

Abb. 14. *Ein Ähnlichkeitsfeld und seine Untergrenzen* am Beispiel der rezenten Pferdeverwandten. Den Formen des Hauspferdes *(Equus equus)* sind die übrigen Arten zur Seite gestellt. Die Variabilität der Rasse kann dabei größer erscheinen als die Unterschiede zwischen den Arten (nach J. VOLF 1972 und einer Reihe anderer Quellen).

unvermeidliche Tendenz zu neutralisieren, bei der ›Konkretisierung‹ einer Vorstellung sogleich wieder Bilder mit invariablen Merkmalen festzuschreiben.[6]

Diese Umgehung unserer begrifflichen Denkstereotypien ist besonders dort erforderlich, wo für unseren ›Begriff‹ neue Eigenschaften (Qualitäten) wahrnehmbar werden. Selbst eine so differenzierte Terminologie wie die Vergleichende Anatomie, darauf hat ADOLF REMANE (1971) hingewiesen, besitzt keinen Terminus, der z.B. Schwimmblase und Lunge umgreift, obwohl niemand zweifelt, daß diese aus jener in einer gleitend-harmonischen Entwicklung hervorgegangen ist. Bei näherer Betrachtung stellt sich heraus, daß die umgreifenderen Begriffe nicht die Genese eines Struktur-Funktions-Wandels ins Auge fassen. Sie lassen die funktionellen Analogien begreifen, wieder mit deren definierbaren Grenzen. So besitzen wir keinen Begriff für Flosse, Huf und Hand (von Delphin, Pferd und Mensch; vergl. Abb. 16, S. 128) außer den der ›Extremität‹. Dieser gilt aber funktionell für Bewegungsorgane, auch für die der Insekten, Krebse und Spinnen.

---

[6] Wie man sich erinnert, ist das vorsprachliche Denken unserer Kinder und selbst unser eigenes ›stummes Denken‹ von anderer Art. Ding und Aktion, Individuum und Klasse müssen nicht getrennt sein, und die Merkmale einer Klasse können weitgehend offenbleiben. Entwicklungspsychologie, Ethnologie und Linguistik bestätigen derlei in gleicher Weise (z.B. J. PIAGET, 1975, C. LÉVI-STRAUSS, 1981, B. WHORF, 1976, W. MAYERTHALER, 1982).

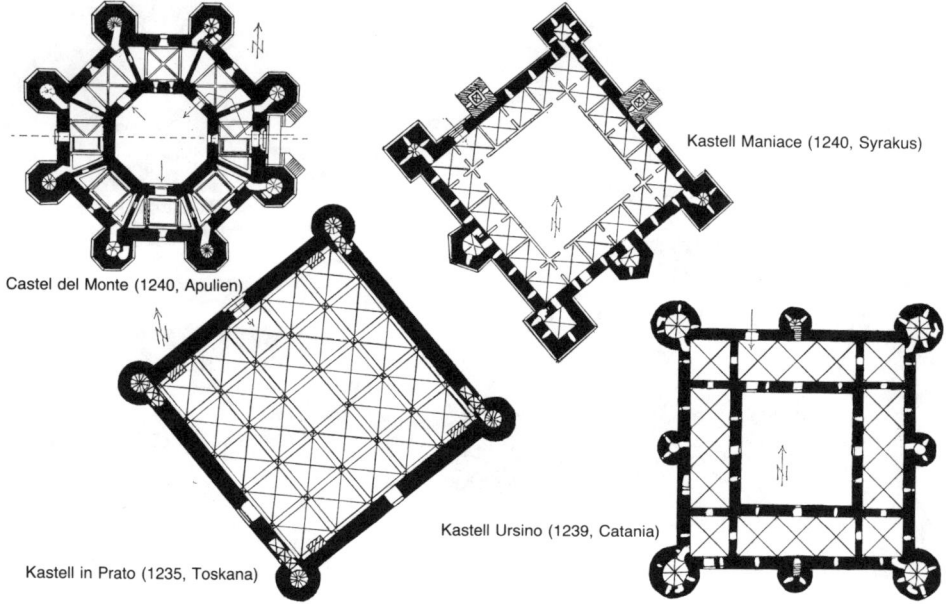

Abb. 15. *Feld von Ähnlichkeiten* am Beispiel der Grundrisse romanischer Kastelle in Italien, sämtliche erbaut zwischen 1235 und 1240; dargestellt im gleichen Maßstab. Man beachte, daß weder der quadratische Grundriß, noch der Innenhof oder der runde Eckturm als Merkmal zureicht (aus G. BINDING 1980, Seite 200).

Nun stünde wohl nichts im Wege, diesem Mangel durch die Einführung genealogischer Terminologien zu begegnen. Da sie aber der rationalisierenden (reflektierenden) Ausstattung unseres begrifflichen Denkens zuwiderliefen, mag zunächst die Umgehung der Stereotypien mehr Erfolg versprechen. Denn wie die angeborenen Anschauungsformen, so werden sich auch diese Interpretations-formen als unveränderbar erweisen.[7]

Wechselwirkungen versus erste Gründe

Eine weitere Gruppe von Stereotypien des Sprachdenkens, gewissermaßen solche zweiter Instanz, kann umgangen werden, indem die Grenze zwischen Gegenstand und Merkmal aufgehoben wird. Nach Art unserer Ausstattung gelingt das prinzi-piell wieder nicht, weil wir entweder im Sinne eines Merkmals oder aber eines Merkmalkomplexes (eben eines Gegenstandes) sprachlich zu denken gewohnt sind.

---

[7] Meint man, daß der Begriff der Säuger-Extremität dem gesuchten genealogischen Oberbegriff entspräche, so trifft dies wieder nicht zu, weil ›Säuger‹ wieder eine definitorische Einheit mit den kritisierten Mängeln darstellt. Ähnlich etwa der Begriff des ›Entoderms‹, jenes Keimblattes, aus welchem Lunge, Magen, Darm und Leber gemeinsam hervorgehen. Aber konkret gedacht hat man doch wieder nur eine wohldefinierte Zellschicht eines Embryonal-stadiums vor Augen.

Zu umgehen ist die Hürde, wenn wir konsequent die Blickrichtung wechseln und die Konsequenzen dieser Prozedur nicht aus den Augen verlieren. Denn in Wahrheit liegt ein Wechselbezug vor, indem die Freiheitsgrade einer Kombination von Merkmalen ein Feld ähnlicher Gegenstände bestimmen, umgekehrt aber ein Feld von Ähnlichkeiten bestimmen läßt, was in ihm zu seinen Merkmalen zählt. Dieser zunächst verwirrend oder sogar zirkulär wirkende Zusammenhang wird uns gerade deshalb noch im einzelnen beschäftigen. Denn gerade da, wo die kognitiven Hindernisse den Zugang zu den Grundstrukturen der realen Welt erschweren, bedarf es besonderer Umsicht, diese zu überwinden.

In der Realität dieser Welt gibt es nämlich die Polarität von Merkmal und Gegenstand gar nicht in dem Sinne, wie uns dies unsere Anlage, die Welt zu denken, suggeriert. In Wahrheit liegt im Komplexen stets eine Hierarchie von merkbaren Zusammenhängen vor. Und wo immer wir uns mit der Perspektive unserer Betrachtung in dieser Hierarchie befinden, wird uns der Blick in die Untersysteme die Merkmale, der Blick in das Obersystem aber etwas wie einen Gegenstand vor Augen führen.[8]

Was das Postulat dieser hierarchischen Struktur stützt und ihre Unumgehbarkeit weiterhin begründet, das ist die Einsicht in die Entstehungsweise komplexer Gegenstände sowie jene in die Beziehung von Entstehungs-, Erkenntnis- und Erklärungsweg, der wir schon begegneten. Wir erinnern uns, daß jede komplexe Differenzierung als Einschub zwischen vorgegebenen Teilen und einem übergeordneten Ganzen entsteht. Und auf welche der Schichten wir auch immer unsere Aufmerksamkeit lenken, wir erkennen die Untersysteme (die Merkmale) aus dem Obersystem und dieses (den Gegenstand) aus seinen Merkmalen: die Finger an ihrem Anteil an der Bildung einer Hand und eine Hand am Beitrag auch ihrer Finger.

Der Blick in die Untersysteme ist für unsere Denkweise von analytischem Charakter, der in die Obersysteme von synthetischem. Diese Neigung zur Bildung kognitiver Dualismen ist uns zwar nicht mehr unbekannt. Und dennoch wird man zugeben, daß es nicht leicht ist, die Einsicht nachzuvollziehen, daß Synthesen ohne Analysen an den Inhalten und Teilfunktionen der Dinge vorbeigehen und Analysen ohne Synthesen an deren Zugehörigkeit und Gesamtfunktion (ihrem Zweck oder Sinn).

Dies wird gewiß verständlicher, wenn ich daran erinnere, daß das Entstehen wie das Verstehen einer Hand zweier Seiten bedarf, der Vorgabe wie der Betrachtung der Dispositionen unserer Ausstattung (mit einem Innenskelett, Muskeln und Sehnen) und der Gesamtfunktion der Lebensweise der Primaten; das einer Lokomotive aus den Prädispositionen der Antriebe wie dem ebenso vorausgehenden Bedürfnis nach effizientem Transportwesen. Im Grund aber meinen wir, in Antrieben wie Zwecken alternative Gründe vor uns zu haben: kausale und finale.

---

[8] Unbezweifelbar gehören Griff, Schlüsselloch und Beschlag zu den Merkmalen einer Lade, so wie Laden, Platte und Sockel Merkmale eines Kastens, Kasten, Tisch und Stühle Merkmale einer Zimmereinrichtung, Wohn-, Schlafzimmer und Küche Merkmale einer Wohnung sind; ebenso sind Nagel, Glied und Fingerlinien Merkmale eines Fingers, Finger, Daumen und Rücken Merkmale einer Hand, Hand, Ober- und Unterarm Merkmale eines Armes, und Arme und Beine sind schließlich Merkmale unseres Bewegungsapparates.

Und da auch in diesem Zusammenhang nicht mit einer Änderung unserer Anschauungsformen zu rechnen ist, können wir sie nur umgehen, indem wir den Umstand nicht aus den Augen verlieren, daß die Dualität, die sie uns mit dem Wechsel der Blickrichtung suggerieren, nur als kognitiver Dualismus zu verstehen ist, als eine Dualität in der Struktur unserer Ausstattung beim Blick in eine in Wahrheit einheitliche Welt.

Offene versus geschlossene Systeme

Damit berühren wir unsere Denkstereotypien in einer dritten, vielleicht der fundamentalsten Schichte. In ihr findet sich unser Bedürfnis nach festem Grund in einer Welt voller Ungewißheit. Das ist gewiß legitim. Doch unsere Anlage zur begrifflichen Schärfung des Vorstellbaren suggerierte die Suche nach etwas wie einem Ort der Gewißheit. Und da eine solche Suche mit sich selbst in Widerspruch geraten mußte, entstand der wohl grundsätzliche Dualismus unseres spekulativen Denkens. Es entstand der Widerstreit zweier diametral angeordneter Orte der Gewißheit.

Schon in der Einführung *(Teil 1)* ergab der Rückblick in unsere Geistesgeschichte die Polarisierung unseres Vertrauens entweder in die empirische Erfahrung oder aber in die uns vorgegebenen Dispositionen des Verstands. Und so sehr die Seelen der großen Denker wohl selbst gespalten blieben, die Attraktion der noch größeren philosophischen Schulen führte zum Schisma unserer Kultur. Die Empiristen bestanden auf dem Primat der Wahrnehmung, die Rationalisten auf dem des Verstandes (oder der Vernunft); und im Prinzip ist es bei dieser Spaltung geblieben.

In unserer Moderne kreist das Thema zum einen um den Wunsch, in den Protokollsätzen (der Physik) voraussetzungslose Gewißheit der Übereinstimmung von Welt und Wahrnehmung zu gewinnen, zum anderen um die Erwartung, die Bedingungen der traditionellen Logik in ebenso evidenter Weise für gewiß nehmen zu können. »Die Rückfrage bei einem Evidenzerlebnis«, warnt CARL FRIEDRICH VON WEIZSÄCKER, »führt aber normalerweise nicht weiter als zu einer präzisierten Wiederholung der Behauptung, einer Versicherung, es sei wirklich so.«

In jedem Falle aber stellte es sich heraus, daß es auch nicht die einfachste physikalische Beobachtung geben kann, die nicht bereits mit Theorien, also mit Annahmen beladen wäre, die selbst wieder der Begründung bedürften. So blieb dem kritischen Rationalismus unserer Tage eine Berufung auf Gewißheit in der Logik. Ist das Evidenzerlebnis aber unzureichend, so könnten ihre Regeln noch als *a priori* gewiß erscheinen, als »das einfachste Beispiel für synthetische Urteile *a priori*. Das synthetische *Apriori* aber«, setzt VON WEIZSÄCKER fort, »ist den meisten heutigen Logikern zutiefst verdächtig.« Und so folgen wir seinem Schluß, »daß die Grundlagen der Logik philosophisch ungeklärt sind«.[9]

---

[9] Die Stellen sind aus C. F. v. WEIZSÄCKER, 1977 (S. 295–296), zitiert, einem Beitrag, der sich mit ›biologischen Präliminarien zur Logik‹ befaßt. Wir haben uns aus diesem Band bereits auf einen anderen Beitrag berufen: auf ›Die Rückseite des Spiegels gespiegelt‹, eine Reflexion zur Evolutionären Erkenntnistheorie. — Wichtig sind in diesem Zusammenhang auch die empirischen Studien von M. HEULE, 1962, und F. SIMON, 1982.

An dieser Situation hat auch die zitierte ›heroische Bemühung‹ nichts geändert, den Unsicherheiten der Sprache durch eine Formalisierung der Logik (durch Logistik) zu entkommen. Im Gegenteil scheint dieser Prozeß ganz auf der Linie unserer Ausstattung zu liegen, der Welt durch Schärfung der Begriffsgrenzen und der Denkprozeduren beizukommen. Die formale Logik erscheint mir als die höchste menschliche Leistung in der Extremisierung eines Ansatzes, der die Lösung nicht enthalten kann. Wie die Suche nach der Gewißheit kann die Lösung nicht in einem geschlossenen Formalismus, sondern nur in einem offenen System sich wechselseitig stützender Theorien beruhen und auf der fortgesetzten Bestätigung ihrer sich ausbreitenden Prognosen durch diese Welt.

Über eingeschlagene Lösungswege

»Unser methodologisches Denken leidet vielfach an einem Anachronismus: an einer einseitigen Bevorzugung der klassifikatorischen Denkformen der traditionellen Logik. Hieraus ergeben sich mannigfache Spannungen, Widersprüche, Scheinstreite. Was im Rahmen der klassischen Logik zur Behebung dieser Schwierigkeiten geleistet worden ist, erscheint als unbefriedigend.« Dies sind die ersten Sätze, welche CARL HEMPEL und PAUL OPPENHEIM ihrem Band »Der Typusbegriff im Lichte der neuen Logik« (1936) voraussstellten.

»Die Anregung zu den Untersuchungen«, referieren die beiden Autoren, »ist von P. OPPENHEIM ausgegangen, der bereits in einem Buche die Frage der elastischen Begriffsbildung kurz erörtert hat; auf ihn geht auch der Gedanke zurück, die allgemeinen Überlegungen ... an der Typologie als einem besonders sinnfälligen Beispiel zu verdeutlichen.«

Nach dem, was wir über den Rang des Typus in der Strukturierung des Komplexen und in der erblichen Informationsverarbeitung wissen, erschiene dies als ein hoffnungsvoller Ansatz zur Lösung. HEMPEL und OPPENHEIM entwickeln zwar am Beispiel der KRETSCHMERschen Konstitutionstypen eine Formulierung wenigstens der typologischen Reihenordnungen und deuten an, daß sich auch verzweigte Ordnungen, abgestufte Eigenschafts- und Beziehungsbegriffe würden logisch fassen lassen. Sie bestätigen unsere Erfahrung, »daß die Wissenschaft der Forderung nach einer ›fließenden‹ Beschreibung empirischer Befunde ... in viel fruchtbarerer Weise genügen kann als durch das Verfahren der fortschreitenden Unterteilung von Klassifikationen«. Im Rahmen einer »allgemeinen logistischen Relationstheorie« würden die typologischen Ordnungsbegriffe »keineswegs als entartete oder unscharfe Klassenbegriffe, sondern als eine selbständige Begriffsform« auftreten.

Leider ist es bei dieser Aussicht geblieben. Keine typologische Logik entstand. Typusbegriffe sind wieder aus der Logik verschwunden. »... da sie sich«, referiert FRANZ VON KUTSCHERA, »entweder als rein komparative Begriffe, oder aber als klassifikatorische Begriffe auf der Grundlage einer komparativen Ähnlichkeitsrelation auffassen lassen«.[10]

---

[10] HEMPEL und OPPENHEIM sind selbst kaum mehr auf das Thema zurückgekommen (man vergleiche P. OPPENHEIM, 1926, mit C. HEMPEL, 1952 und 1960). Die Zitate stammen aus C. HEMPEL und P. OPPENHEIM, 1926, S. V, VI,

Das ist bedauerlich. Aber vielleicht eignet sich die Logik prinzipiell nicht zur Fassung von Typusbegriffen, was deutlich wird, wenn man die Fülle an Formzuständen, wandelnden Qualitäten und Relationen in Betracht zieht, die schwer wägbare und abgrenzbare Menge an Hintergrundwissen, das der Typusbegriff einbeschließt. In den empirischen Wissenschaften liegen die Dinge anders.

Das Werden des Begriffs vom Typus

Die wissenschaftliche Diskussion beginnt in der Antike, und, wie zu erwarten, wieder mit ARISTOTELES, in dessen Werk sogar das allmähliche Entstehen des Gedankens verfolgt werden kann — einer Adaptierung der Redeweise an das, was wir das Polymorphie-Phänomen der realen Welt nannten. Und zwar am komplexen Ende dieses Systemzusammenhangs, eben am Typus-Problem.

In seiner ›Eudemischen Ethik‹, so rekapituliert RUDOLF SCHOTTLAENDER, »lehnt ARISTOTELES zwar auch schon das mathematische Exaktheitsideal für die praktische Philosophie entschieden ab, es fehlen dort aber noch völlig Wort und Begriff τύπος«. Erst nach PLATONS Tod und mit seiner Gründung des Lykeions folgt der Angriff auf die Exaktheitszumutungen und den scheinwissenschaftlichen Perfektionismus seiner platonisierenden Umgebung.

In seiner ›Nikomachischen Ethik‹ wird der Begriff *typos* eingeführt und in der Folge wertvoll für Definitionen, Deskriptionen und Distinktionen, und zwar im Sinne von ›generellem Gepräge‹ oder den ›Grundzügen‹ einer Sache. Und »so wie der Meister selbst, verfährt auch sein bedeutendster Schüler: THEOPHRAST«, erinnert SCHOTTLAENDER. »Wie ARISTOTELES im Bereich der Tiere«, so schließt GEORG WÖHRLE an, »versucht THEOPHRAST auch die Arten der Pflanzen durch eine Kombination verschiedener gleichgeordneter Merkmale zu erfassen.«[11]

Erweist sich die Bestimmung einer Klasse durch Einzelmerkmale und definitorische Schärfe als unbefriedigend, so ist die Heranziehung aller Merkmale unmöglich. Ergo muß es auf eine Auswahl der typischen ankommen. Die Verfolgung der Geschichte des Begriffes im und durch das Mittelalter muß ich mir aus Raumgründen versagen. Auch ist der Ansatz in der Moderne anders.

Anstelle einer Rückkehr in PLATONS Ideekonzept beginnt die Diskussion (am 22. Februar 1830) mit dem Funktionskonzept, und zwar in jenem Akademiestreit zwischen CUVIER und GEOFFROY SAINT-HILAIRE, wobei die Auseinandersetzung um die Frage, ob die Typen der Tierstämme isoliert nebeneinander stünden (CUVIER) oder zu vergleichen wären (GEOFFROY), den Anlaß gab, daß die Vermengung der funktionellen und der morphologischen Argumente späterhin deutlich wurde. GOETHE vor allem erkennt den tieferen Hintergrund der Standpunkte als erster. »CUVIER«, so reflektiert er, »arbeitet unermüdlich als Unterscheidender ... GEOFFROY DE SAINT-HILAIRE hingegen ist im Stillen um die Analogien (Homolo-

---

120 und 121, sowie aus F. v. KUTSCHERA, 1972, S. 16. Zu späteren Behandlungen des Themas verwende man die Bände von F. v. KUTSCHERA, 1971, und I. COPI, 1971 (dieser Band war mir nicht zugänglich).

[11] Die Zitate sind R. SCHOTTLAENDER, 1983, S. 225 und 227, entnommen, sowie G. WÖHRLE, 1985, S. 95, auf dessen Beitrag besonders verwiesen sei. THEOPHRASTS Schriften über ›Charaktères‹, erinnert SCHOTTLAENDER (1983, S. 227) dagegen, »müßte man eigentlich mit ›Typen‹ übersetzen«. Diese bedürften noch der Aufarbeitung.

gien im heutigen Sinne) der Geschöpfe und ihre geheimnisvollen Verwandtschaften bemüht.«[12]

Tatsächlich verdanken wir GOETHE und seiner ›Einführung in die Vergleichende Anatomie‹ von 1795 den Ansatz zu einer erkenntnistheoretischen Aufklärung des Typus-Konzepts. »Die Erfahrung«, stellt er fest, »muß uns vorerst die Theile lehren, die allen Thieren (hier den Säugern) gemein(sam) sind, und worin diese Theile verschieden sind. Die Idee (die Vorstellung) muß über dem Ganzen walten und auf eine genetische (zusammenhängende, ableitende, induktive) Weise das allgemeine Bild abziehen (abstrahieren). Ist ein solcher Typus auch nur zum Versuch (als Hypothese) aufgestellt, so können wir die bisher gebräuchlichen Vergleichungsarten (rücklaufend) zur Prüfung desselben sehr wohl benützen.« Und später: »Hält man alsdann die Beschreibungen zusammen, so findet sich in dem, was man wiederholt hat, das Gemeinsame und, bei vielen Arten, der allgemeine Charakter.« Der wechselseitige Vorgang des Erkenntnisgewinns taucht hier auf, dem wir im Wechselbezug von ›Ähnlichkeitsfeld‹ und ›Merkmal‹ weiter nachgehen werden.

»Indem wir jenen Typus aufstellen, und zwar als eine allgemeine Norm (Theorie)«, heißt es an anderer Stelle, »setzen wir in der Natur eine gewisse Consequenz (Gesetzlichkeit) voraus, wir trauen ihr zu, daß sie in allen Fällen nach einer gewissen Regel verfahren werde.« Denn, so setzt er selbst voraus: »Die Classen, Gattungen, Arten und Individuen verhalten sich wie die Fälle zum Gesetz; sie sind darin enthalten, aber sie enthalten und geben es nicht.«[13]

Homologie, Analogie und genealogischer Typus

Dem Typus-Konzept fügt RICHARD OWEN (1848) einen methodisch wichtigen Begriff hinzu, den der Homologie. Als homolog erweisen sich die ›Wesensähnlichkeiten‹, die sich von den ›Funktionsähnlichkeiten‹ (nunmehr den Analogien) abgrenzen; und es sind gleichzeitig jene vergleichbaren Merkmale, welche den Typus einer Gruppe bilden.

Der Typus erhielt damit seine Glieder, und die Theorie der Abstammung prüfbare Elemente; und mit DARWINS Selektionstheorie von 1859 gewinnt die Vergleichende Anatomie, die Erforschung (der Typen) der ›Baupläne‹ von Organismen, einen starken Auftrieb, wie auch eine neue Spaltung. Diese Spaltung steht vor dem Hintergrund der idealistischen Philosophie in Deutschland und beruht auf zwei (daher nicht zufälligen) Irrtümern.

---

[12] Zur Geschichte E. HEYDE, 1941, und J. ROGER, 1965. Wichtige Stellen zum Thema bei A. REMANE, 1951 und 1971 (S. 25 und 132 f.). P. FARBER hat 1976 jener Zeit eine eingehende Studie gewidmet, merkwürdigerweise ohne GOETHE zu erwähnen. Dieser hat jedoch noch im selben Jahr der Auseinandersetzung (1830) eine aufklärende Schrift folgen lassen, und zwar aufgrund des von ihm schon seit 1795 ungleich profunder verstandenen morphologischen Typus.

[13] Die zitierten Stellen wieder aus GOETHES Morphologischen Schriften, dem ›Ersten Entwurf einer allgemeinen Einleitung in die vergleichende Anatomie...‹ von 1795 (in der Ausgabe 1858 zitiere ich von S. 275–276, 314, 293 und 325). Den Herren an der Pariser Akademie scheint diese Lösung auch 1830 noch nicht bekannt gewesen zu sein. So, wie umgekehrt GOETHE den Abstammungsgedanken von LAMARCK, 1809, nicht kannte. (In Klammern habe ich die Termini des heutigen Sprachgebrauchs hinzugefügt.)

Einmal interpretiert man GOETHES Erklärung des Typus aus einem ›esoterischen‹ Prinzip, als eine geheimnisvolle, wo doch in seinem Sinne des Begriffspaares esoterisch-exoterisch ›innere Ursachen‹ (system-immanente Bedingungen) gemeint waren. Ein andermal meint man seinen Terminus ›Idee‹ im Sinne wieder der platonischen Ideenlehre auslegen zu dürfen. »Die Idee«, so beruft sich der Botaniker WILHELM TROLL auf SCHOPENHAUER, »ist immer die aller Vielheit der Erscheinung vorhergängige Einheit«, wohingegen GOETHE doch ganz ausdrücklich eine aus der Erfahrung gewonnene und an dieser wieder prüfbare Vorstellung und Hypothese vor Augen hatte. So wurde die eine Strömung der Morphologie idealistisch, die ganze Morphologie aber der idealistischen Unwissenschaftlichkeit bezichtigt.[14]

Dementgegen hat sich die empirische Erforschung der Homologien als Grundlage aller vergleichenden Anatomie nicht nur bewährt. In der zweiten Strömung der Morphologie muß es beispielsweise ADOLF REMANE 1951 (Ausgabe 1971, S. 24) »nochmals betonen, daß der Gedanke des Typus ... sich folgerichtig und notwendigerweise auf Grund der festgestellten Korrelationen ... in der Biologie entwickelt, und nicht einem direkten Hineintragen einer geistigen Betrachtung im Sinne der Ideenlehre PLATONS seine Entstehung verdankt«.

Ein zweiter Schritt von Bedeutung wurde durch REMANES Homologie-Kriterien gesetzt. Sie geben an, unter welchen Bedingungen der Erkenntnisvorgang des Homologisierens gewährleistet erscheint. Er unterscheidet Haupt- und Hilfs- oder Nebenkriterien, je nachdem der Vergleich eher durch viele Merkmale oder aber durch viele beobachtete Fälle gestützt wird, ferner in den Hauptkriterien namentlich die der Lage und der Speziellen-Qualität, je nachdem ein Organ eher nach seiner Anordnung in einem Bauplan oder aber nach seiner Struktur als homolog erkannt wird.

Diese Kriterien habe ich in einem dritten Schritt zu einem Wahrscheinlichkeitstheorem zusammengefügt und aus ihrer doppelten Symmetrie begründet. Hinsichtlich der Haupt- und Nebenkriterien zeigte ich, daß die Wahrscheinlichkeit der richtigen Erkenntnis einer Homologie von den Fällen sowohl der verglichenen Merkmale als auch der verglichenen Arten abhängt. Hinsichtlich der Hauptkriterien (Lage- und Strukturkriterien) ergab sich, daß eine Blickwendung der Betrachtung vorliegt. Das Lagekriterium erschließt in der Strukturhierarchie der Homologien die Merkmale in Richtung auf das Obersystem, das Strukturkriterium die Merkmale in Richtung auf die Teil- oder Subsysteme einer homologen Einheit.[15]

Beide Einsichten werden das Verständnis für die Vorgänge des Vergleichens überhaupt fördern. REMANES Hauptkriterien werden sich als Grundlage der Begriffe der Strukturhierarchie erweisen, die Nebenkriterien als die der Begriffe der Klassenhierarchien. Wir kommen auf diese Begriffsformen zurück (vgl. Abb. 18

---

[14] Noch 1976 lautet P. FARBERS erster Satz: »Gegenwärtig steht das Typus-Konzept in schlechtem Ansehen (ill repute) ... als eine Komponente vor-darwinischer Naturgeschichte und ein Hindernis für die Entwicklung und Anerkennung moderner Evolutionstheorie« (S. 93). Ähnliche Skepsis bei B. HASSENSTEIN, 1951 und 1958. Das Zitat aus W. TROLL, 1941, dem man die Geschichte und Begründung des idealistischen Konzepts entnehmen kann.

[15] Der biologisch Interessierte findet die Homologie-Kriterien ausführlich bei A. REMANE, 1971, S. 28 ff., ihre Begründung aus einer Theorie der Wahrscheinlichkeit bei R. RIEDL, 1975, S. 57 ff. Haupt- und Nebenkriterien finden sich dort als simultan oder sukzedan zugängliche Fälle möglicher Prognostik (und Bestätigung aus der Erfahrung) dargestellt.

auf S. 142). Wir werden ihre Untrennbarkeit nachweisen. Denn es wird sich zeigen, daß die Begriffe der Merkmale, die wir aus Strukturhierarchien gewinnen, aus den Begriffen der Ähnlichkeitsfelder bestätigt werden, die wir aus Klassenhierarchien gewinnen, und umgekehrt. Dieses Wechselspiel des Kenntnisgewinns, wie es sich schon bei GOETHE andeutet, soll aufgeklärt werden.

Daß dieser Zugang zum Prozeß des Vergleichens von der Biologie ausgeht, mag zunächst überraschen. Der Grund liegt teils in der von uns gewonnenen Einsicht in unsere erbliche Ausstattung, weil diese das Vertrauen in die Aufschließbarkeit unseres vorbewußten Lösungsfindens stärkt. Es ist aber auch der Gegenstand der Untersuchung, der auf die Lösung hinführte.

Zur Organisation des Natürlichen Systems waren zwei Millionen Arten und über 500 000 Systemgruppen, multipliziert mit ihren zahlreichen Homologiebegriffen, zu ordnen. Das übertrifft um mehr als eine Größenordnung den Wortschatz der großen Kultursprachen, der bei einer halben Million Worte liegt. Zudem handelt es sich um den Aufschluß von Ähnlichkeitssystemen aufgrund erblicher Verwandtschaft, also um genealogisch verursachte Ähnlichkeit. Und diese ist von großer Eindeutigkeit.

Daraus ergab sich auch früh die Unterscheidung von Analogien und Homologien, der Funktions- und der Wesens-Ähnlichkeiten. Dabei dachte man zunächst, daß die Kenntnis der unterschiedlichen Ursachen, der äußeren, milieubedingten versus der inneren systemimmanenten, die Unterscheidung ermöglichte. Bis deutlich wurde, daß die Konvergenzen der Analogien (vgl. Abb. 19, S. 147) erst unter der Voraussetzung nachweisbar werden, daß die Vorfahren der Träger dieser analogen Merkmale diese nicht besaßen, in dieser Beziehung also unähnlicher waren, daß sie aus divergenten Reihen von Ähnlichkeiten (Abb. 16) hervorgehen. Wir werden später sagen: daß sie als dispers verteilte Konvergenzen innerhalb eines harmonisch-divergenten Ähnlichkeitsfeldes nachweislich werden. Die erklärende Ursache kann dem Erkenntnisvorgang erst in der Folge hinzugefügt werden.[16]

Diese von den Analogien gesäuberten Homologien sind es nun, die den morphologischen Typus der systematischen Einheiten zusammensetzen: ein hierarchisches System von Bauplänen.

Nach ADOLF REMANE spielten in der Literatur vier Typus-Auffassungen eine Rolle (1971, S. 132 ff.). Der diagrammatische Typus reduziert die Merkmale auf ein möglichst einfaches Schema, der generalisierende auf das, was den Ausprägungsformen jedes Einzelmerkmals gemeinsam ist, der Zentraltypus auf den Mittelwert ihrer Ausprägungen. Sein systematischer Typus zielt auf die Rekonstruktion der Urform (der Stammform) ab, aus welcher die Repräsentanten einer Gruppe hervorgegangen sein müßten. Er allein kann einem realen Wesen entsprechen (aber eben nur einem).

Alle diese Typus-Auffassungen sind vom Wunsche bildlicher Darstellbarkeit diktiert. Im Grund aber muß der morphologische Typus von einer mehrdimensionalen Struktur sein; er muß die Merkmale mit jenen Fixierungen und mit jenen

---

[16] Meine Beiträge zu dieser Differenzierung findet man in den Bänden R. RIEDL, 1975, 1981 und 1985. Zumeist wird aber der Erklärungsweg auch von Biologen noch mit dem Erkenntnisweg verwechselt. Doch sei daran erinnert, daß bereits GOETHE den Erkenntnisweg von den esoterischen und exoterischen Weisen der Erklärung getrennt hatte.

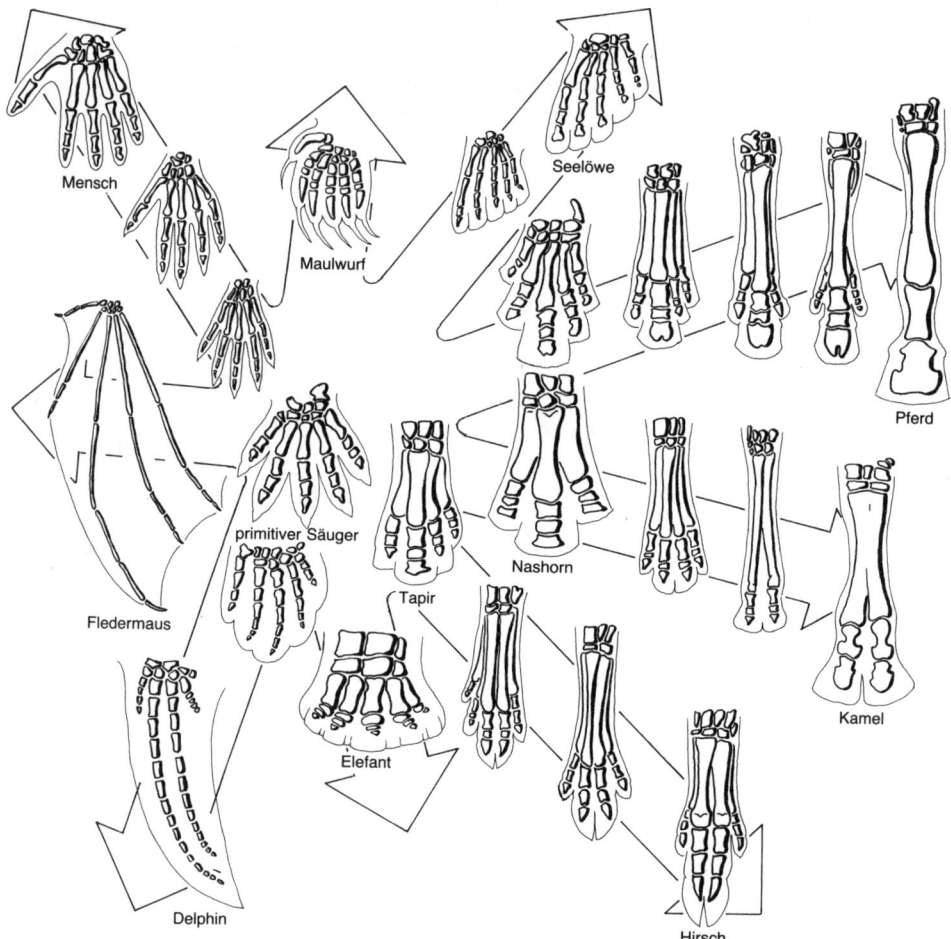

Abb. 16. *Feld harmonisch divergenter* Ähnlichkeiten am Beispiel des Handskeletts der Säugetiere (einiger rezenter und fossiler Arten). Das Feld ist nach Ähnlichkeiten geordnet, aus welchen die Abläufe der Stammesgeschichte hervorgehen (nach mehreren Autoren aus R. RIEDL 1981, Seite 138; leicht verändert).

Freiheitsgraden umfassen, welche die Außenbedingungen bislang, den Binnenbedingungen entgegen, nicht verändern konnten oder doch nur zur Verwandlung brachten. Dies entspricht nun zwar keinem Einzelwesen, ist aber von besonderer Realität. Es entspricht dem Prinzip, dem Gesetz, dem alle Wesen eines Typus unterliegen.[17]

---

[17] Die Bedeutung GOETHES für die Entwicklung einer allgemeinen Morphologie, für welche ich eintrete, wird in jüngster Zeit auch von weiteren Autoren erkannt. Man vergleiche B. KRAMM, 1983, und W. WILDGEN, 1983. — Die Systematiker kennen noch einen weiteren taxonomischen Typus: Nach der Regel, die erstentdeckte Art zum Typus der Gattung, die erstentdeckte Gattung zum ›*genus typicus*‹ einer Familie zu erklären. Im Sinne des Typus-Phänomens ist das freilich ein Mißverständnis und irreführend.

Freilich steht die Typus-Problematik in schlechtem Ansehen, und zwar aufgrund fundamentaler Mißverständnisse (Vorurteile) in den zeitgenössischen Lehrbüchern. ERNST MAYR mißversteht typologisches Denken als »ein Konzept, das Variation mißachtet und die Individuen einer Population als Replika vom Typ platonischer Ideen betrachtet«. Und hinzu kommt die Verwechslung von Erkenntnis- und Erklärungsweg, wenn MAYR in einem weiteren Band behauptet: »Vertreter einer Gruppe sind ähnlich aufgrund gleicher Abstammung; sie gehören nicht ... zur gleichen Gruppe, weil sie ähnlich sind.« Dasselbe bei DIETRICH STARK mit der Behauptung, wir bezeichneten »Teile zweier Organismen als homolog, wenn sie von der gleichen Ahnenform abzuleiten sind. Homologiefeststellung setzt also Kenntnis der Phylogenie voraus.« Bleibt wohl die Frage: Woher besitzen wir dann Kenntnis von den Ahnenformen und der ganzen Phylogenie?[18]

Typus-Probleme in weiteren Biowissenschaften

Hegte man die Hoffnung, in den übrigen Wissenschaften die ausstehenden Lösungen zu finden, so sei diese gleich zerstreut. Unser Interesse soll vielmehr ihren unterschiedlichen Ansätzen gelten, da keine von ihnen, trotz schärfend definitorischer Bemühungen, angesichts der Polymorphie aller Dinge im Mesokosmos, der Problematik entgangen ist.

In der *Anthropologie* ist die Situation der der Biologie ähnlich. Abwertung der Methode steht gegen die Einsicht, daß die typologische Arbeit, wie CHRISTIAN VOGEL feststellt, »überhaupt erst die notwendigen Voraussetzungen für das moderne dynamische und ätiologische Denken geschaffen hat«. Die Verwechslung oder diskriminierende Unterschiebung platonisierender Ansätze (und hier auch weltanschaulicher Vorurteile) läßt dies ebenso verstehen wie die übereinstimmend genealogischen Ähnlichkeiten in den Rassen-, Körperbau- und Wuchsformtypen.

Übereinstimmend ist auch die Erkenntnis, daß «das Sehen und Aufstellen echter Typen ... primär mit dem kausalen Begreifen gar nichts zu tun« hat, daß der morphologische Typus nichts mit dem taxonomischen gemein hat und nicht mit Klassifikation, Definition oder Urbild identisch ist. Vielmehr faßt er ein Merkmalganzes, sagt CHRISTIAN VOGEL, welches die grundlegenden Charakteristika der Gruppe besitzt, so daß er das Gestaltungsprinzip der möglichen Ausformungen umfaßt.

Nur der Zweifel, ob Typus und Begriff identisch wären, in dem sich VOGEL der Betrachtung HEYDES anschließt, bedarf der Differenzierung. Denn freilich enthält unsere bildliche (imaginäre) Vorstellung, reflektierend betrachtet, konkrete Einzeldinge (meinen Freund H., MICHELANGELOS Adam, oder eine Auslagenpuppe). Unsere ratiomorphe Dynamik ist aber nie in Verlegenheit, jegliche Gestalt, spontan und unaufgefordert, der Spezies Mensch zuzuordnen oder aus ihr auszuschließen.[19]

---

[18] Hier ist jeweils der bedeutendste und einflußreichste Systematiker und Anatom unserer Tage zitiert, um darzulegen, welche Verbreitung diese fundamentalen Irrtümer finden. Die Zitate aus E. MAYR, 1963 (aus H. JÜRGENS und CH. VOGEL, 1965, S. 153), aus E. MAYR, 1969, S. 68, und aus D. STARK, 1978, S. 11.

[19] Das bedeutendste Werk zu diesem Thema von CH. VOGEL, in H. JÜRGENS und CH. VOGEL, 1965; die Zitate von den Seiten V und 139, Typenzusammenfassung S. 134 ff., Typusdefinition S. 141. Man vergleiche die distanzierte

In der *Psychologie* hat das Typus-Problem seine Wurzeln in der Antike; in der Lehre von den vier Temperamenten und HIPPOKRATES' zwei Haupttypen des Körperbaues. Aber erst mit ERNST KRETSCHMERS Habituslehre (1921) beginnt seine bewegte Geschichte in der Moderne. Und seit den sechziger Jahren bemüht sich eine ›experimentelle Typenpsychologie‹ um die Bestimmung der Korrelation zwischen Konstitutions- und Psychotypen, Körperbau und Charakter. Der Zusammenhang von Schizophrenie und leptosomer Konstitution, manisch-depressivem Irresein und pyknischer Konstitution, Epilepsie und athletischer Konstitution erwies sich zwar als keineswegs zwingend, aber als statistisch hoch signifikant.

Zeitgleich mit KRETSCHMER entsteht Einsicht in Erlebnistypen: introvertiert, extrovertiert (C. G. JUNG und H. RORSCHACH), es folgen Wahrnehmungstypen: analytische und synthetische (A. WELLEK, W. EHRENSTEIN und andere), weit ausgebaut von E. JAENSCH, Interessen-Typen (P. HOFSTÄTTER) und einige weitere.

Bei der Entdeckung dieser Typologien, auch dies ist ja ein Thema der Psychologie, handelt es sich »um Ordnungsleistungen der Wahrnehmung, deren Auflösungsvermögen aber bestimmte Grenzen gesetzt sind. Über diese Grenzen hinaus«, fährt PETER HOFSTÄTTER fort, »führen statistische Verfahren, die interpersonale Ähnlichkeiten in der Form von Korrelationen erfahren lassen.« Diese hat die moderne Psychologie ausgebaut und besonders angewendet, wo es um die Unterscheidung erblicher und milieubedingter Komponenten der Charaktertypen des Menschen geht. So ist heute ihre Typus-Debatte von einer statistischen Methoden-Debatte ersetzt worden.[20]

In der *Medizin* ist der Begriff Typus ungebräuchlich geworden, wiewohl etwa die Krankheitsbilder stets polymorph sind und in der Praxis natürlich von typischen und untypischen Fällen die Rede ist.

HIPPOKRATES verwendet das Wort Syndrom (wörtlich: zusammenlaufend, zusammen vorkommend, auch: mitlaufend oder begleitend) für eine »eindeutige Zeichengruppe, die durch regelmäßiges Zusammentreffen von sonst an sich vieldeutigen Krankheitssymptomen entstehen«. Auch GALENUS nimmt es im gleichen Sinn als ›Krankheitszeichen-Sammlung‹. Diese auf Symptomenkomplexe zielende Bedeutung hält durch das Mittelalter vor. Erst »THOMAS SYDENHAM hingegen ... deutet ›Krankheit‹ schlechthin als jeweilige rein symptomatologische Spezies.« Symptom, Syndrom und Krankheit werden identifiziert, Erscheinung und Ursache vermengt.

In der Folge hat man freilich Morbus, Syndrom und Symptomenkomplex wieder zu trennen versucht, je nachdem, ob die Krankheitsursache (Ätiologie) und die Reaktion (Pathogenese) eindeutig und bekannt ist (Morbus), mit Unsicherheiten hinsichtlich der Auslesemerkmale charakterisiert werden muß (Syndrom), oder ob nur das für eine Krankheit charakteristische Symptomenbild vorliegt (Symptomenkomplex). Aber, wie man sieht, ist die Ursachendeutung nun in allen drei Termini

Darstellung z. B. in R. MARTIN und K. SALLER, 1957, mit jener von I. SCHWIDETZKY, 1950. Ausführliche Literatur in W. RUTTKOWSKI, 1978. Zu Typus und Begriff E. HEYDE, 1941 und besonders 1952, sowie W. SCHLEGEL, 1957.
20   Zum Überblick der Positionen vergleiche man wieder W. RUTTKOWSKY, 1978, mit W. EHRENSTEIN, 1947, P. HOFSTÄTTER, 1940, C. JUNG, 1950, E. KRETSCHMER, 1951, 1951 a, A. WELLEK, 1955, und H. ROHRACHER, 1961. Zur Diskussion um die Formen der Erblichkeit G. PFAHLER (1932) neu: 1954 versus H. EILKS und G. FISCHER, 1933. Das Zitat aus P. HOFSTÄTTER, 1965, S. 314. Dort findet man eine gute, gedrängte Übersicht.

an die Stelle der Wahrnehmung des Erkenntnisvorganges getreten: der polymorph zusammentreffenden Anzeichen.

Zwar hat man noch gelegentlich, wie W. GUTTMANN und später H. VOLKMANN, eine saubere Unterscheidung von Ursachendeutung und Erscheinungsbild (Syndrom und Symptomenkomplex) gefordert. Aber, wie BERNFRIED LEIBER und GERTRUD OLBRICH berichten, selbst der Terminus Syndrom verdrängt allmählich den des Symptomenkomplexes; und wie sie vermuten, dürften »Mode und Konvention hierbei mitgewirkt haben«.[21]

Dieses Phänomen kennen wir schon aus der ›modernen‹ Systematik und werden ihm wiederbegegnen. Der Hang zur kausalen Erklärung suggeriert, den noch unüberschaubaren, komplexen und gestaltbildenden Erkenntnisvorgang der ratiomorphen Leistung unreflektiert zu überlassen.

Freilich ginge dies nicht ungestraft vonstatten. So, wie die Systematik bei Vermeidung des Typus-Konzepts doch das Homologie-Konzept nicht vermeiden konnte. Und so entstand spiegelbildlich zur Erkennbarkeit der polymorphen Symptome ein polymorphes Kombinationssystem der Erklärbarkeit der Syndrome, in dem nur die Einheitlichkeit und Uneinheitlichkeit bekannter und unbekannter Entstehungs- und Entwicklungsursachen (Ätiologien und Pathogenesen) die vorauszusetzenden Erkenntnisursachen substituieren.

Die Handbücher der klinischen Syndrome lehren zwei Dutzend und mehr solch polymorpher Kombinationen. Die Täuschung ist daher harmlos, bleibt jedoch eine Täuschung.

Die *Ökologie* verwende ich als viertes Beispiel einer Biowissenschaft. In ihrem komplexen Sektor ist die Entwicklung der ›Pflanzen-Soziologie‹ dafür charakteristisch. Nach der Problemlage ist sie der Medizin verwandt, weil die ähnlichen Fälle nur selten genealogisch zu verstehen sind, der Psychologie, weil die Phänomenologie im Vordergrund bleiben muß.[22]

Die Pflanzendecke legt nun das Polymorphie-Phänomen für jeden Naturfreund offen. Denn wiewohl ein typischer Eichen-Hainbuchenwald beispielsweise, einmal erkannt, unverkennbar bleibt, ist doch die Abgrenzung dieses *Quercio-Carpinetum* keine triviale Aufgabe. Ergo entstanden Methoden der Unterscheidung früh; und nach einer Auseinandersetzung der skandinavischen mit der südeuropäischen Schule (EINAR DU-RIETZ versus J. BRAUN-BLANQUET) in den zwanziger und dreißiger Jahren differenzierten sich statistische Methoden, zunächst mit der regional bestimmten Debatte, ob den dominanten oder gerade den seltenen Pflanzen bei der Unterscheidung der Gesellschaft Gewicht zu geben wäre.

---

[21] HIPPOKRATES (460–377 v. Chr.), GALENUS (129–199 n. Chr.); THOMAS SYDENHAM, englischer Arzt (1624–1689), auch der ›englische Hippokrates‹ genannt. Die Zitate aus F. KOGOJ, 1956, S. 787, nach KAPFERER, »Die Werke des Hippokrates«, Bd. III, sowie aus B. LEIBER und G. OLBRICH, 1981, S. XX–XXI. Man vergleiche W. GUTTMANN, 1920, H. VOLKMANN, 1944. Der Typus-Begriff findet sich z. B. noch bei FRANZ JOSEF GALL (1758–1828): siehe E. LESKY, 1979.

[22] So ungeschickt die Wortbildung ›Pflanzen-Soziologie‹ wirkt, so gut bezeichnet sie die Aufgabe, das Zusammenleben der Pflanzengemeinschaften zu erforschen. Heute spricht man von Vegetationskunde, worunter aber nicht nur die Feststellung der Vegetationseinheiten verstanden wird. Zur Orientierung: R. MCINTOSH, 1978, und K. KREEB, 1983. Jene Phytosoziologie ist ein Gebiet der Syn-Ökologie, das im Gegensatz zur Aut-Ökologie nicht den Lebensbedingungen von Einzelarten, sondern deren Vergesellschaftungen nachgeht. Daher dominieren die Strukturfragen gegenüber den Funktionsfragen.

Dieses wird bald mit einer Objektivitätsdebatte unterlegt, etwa mit der Frage, ob die umsichtsvolle Auswahl des Aufnahmegebietes (z. B. eines Quadratmeters Wiesenvegetation) Subjektivität einbringt, oder ob das blinde Werfen des Zählrahmens eher den Irrtum durch den Zufall fordert (weil gerade ein Wasserloch oder die Flechten eines blanken Felsstückes getroffen wurden). Die Unausschaltbarkeit der Gestaltwahrnehmung kommt darin zum Ausdruck.

Heute liegt eine Vielfalt statistischer Verfahren vor, in welchen allein Probengröße, Individuenzahlen, Dichte, Frequenz, Diversität (Artenzahl), Biomasse, Deckungsgrad, Vegetationshöhe und Schichtenbau zu den Variablen zählen. Auch unterscheidet man eine Hierarchie von Vegetationsrängen im großen (Rußland) und Ökosystem-Hierarchien im Detail (Sukzession eines Verlandungsgebietes), sowie floristische und ökologische Verwandtschaften (Ordinationen).[23]

Unverkennbar aber bleibt der Inhalt der Bemühung: die gestaltlich so typischen Einheiten der Pflanzengesellschaften genau zu bestimmen, ihre offensichtlichen wie versteckten Beziehungen zu erfassen, um deren Ursachen näherzukommen. Die Polymorphie-Problematik hat keine der Biowissenschaften verlassen.

Typus-Probleme in Kulturwissenschaften

In den Biowissenschaften ging das Typuskonzept auf ARISTOTELES und GOETHE zurück, überspringt das Mittelalter, gewinnt in Anatomie, Systematik, Anthropologie und Psychologie seinen genealogischen Zusammenhang, in der Medizin und Ökologie aber nicht. In den Kulturwissenschaften beginnt es mit PLATON, hält (vermengt mit ARISTOTELES) mit den Gnostikern (Denk-, Fühl- und Empfindungstypen) über die Probleme der Kirchenväter bis in die Renaissance vor und wird da schon auf die Kunst angewendet.

Im Gegensatz zu GOETHE, von dem WOLFGANG RUTTKOWSKY so schön sagt, daß dieser selbst vollkommene Natur sei, wird das Problem von SCHILLER aufgenommen. Und »der Sentimentalische«, setzt RUTTKOWSKY fort, »empfindet die Natur als unvollkommen. Er vergleicht sie fortwährend mit Idealen, zu denen er sie hinführen möchte.« Und von da führt das Thema mit den Namen ROUSSEAU, NIETZSCHE und TRENDELENBURG zu DILTHEY in jene Disziplinen, die wir seither Geisteswissenschaften nennen.[24]

Und freilich ist noch ein weiterer Wesensunterschied gegeben: die meisten kulturwissenschaftlichen Typologien befassen sich mit Gegenständen ›hybrid-

---

[23] Man vergleiche J. BRAUN-BLANQUET, 1928, mit E. DU-RIETZ, 1930, weiträumige Hierarchien (H. WALTER, 1979), engräumige (K. KREEB und Mitarbeiter, 1981) und Ordinationsstudien z. B. von M. AUSTIN und Mitarbeitern, 1972. (Ich selbst bemühte mich frühzeitig, die Beziehung von Homogenität und Abgrenzbarkeit in der Ökologie darzustellen: R. RIEDL, 1953, was damals zur Entwicklung einer Klassenstatistik führte: A. ADAM, 1953. Zusammengefaßt in R. RIEDL, 1966.)

[24] Der Ansatz in der Renaissance bezieht sich auf GIOVANNI PAOLO LOMAZZO (1538–1600), und man erinnert sich des ganz anderen Renaissance-Ansatzes bei THOMAS SYDENHAM (Fußnote 21). SCHILLERS bekannte Schrift »Über naive und sentimentalische Dichtung« stammt aus demselben Jahr, 1795, aus welchem wir GOETHES »Ersten Entwurf einer … Anatomie« zitierten. Das Zitat aus W. RUTTKOWSKI, 1978, S. 120, dessen vorzüglicher Darstellung man die Entwicklung dieses wichtigen Zusammenhangs entnehmen möge. Eine vergleichende Darstellung gibt A. SEIFFERT, 1953, eine der Nationalökonomie H. HALLER, 1950.

genealogischer‹ Art. Sie sind nicht genetisch, aber durch Tradierung verwandt, dadurch jedoch in einem Maße zur wechselseitigen Befruchtung disponiert, wie dies in den biologischen Genealogien nicht möglich ist.

In der *Archäologie* beginnt mit WINCKELMANN die Wissenschaft und mit EDUARD GERHARDS 1831 die typologische Methode, die, mit einem ersten Höhepunkt durch OSCAR MONTELIUS 1885, gut ein Jahrhundert vorhält. HANS JÜRGEN EGGERS resümiert, daß durch diese Methode die Prähistorie »eigentlich erst wirklich zu einer selbständigen Wissenschaft wurde«. Man erinnert sich der Anthropologie.

Als das Objektivitätspostulat der Positivisten die Archäologie erreicht, mit der Forderung, man müsse ohne vorgefaßte Theorie an seine Funde herangehen, wird es zunächst still um das Typus-Konzept. Sobald aber die Praktiker bemerkten, daß das nicht möglich war, entstand (in Amerika) eine lebhafte Typologie-Debatte, die seit vier Dezennien anhält und fast alle einschlägigen Fragen behandelt hat.

Sind Typen Realitäten oder Denkprodukte? Gibt es ein Kontinuum der Variablen oder Häufungen, gibt es nur einen bestimmten Typus für ein bestimmtes Material, oder deren mehrere? Kann man sie standardisieren, repräsentieren sie objektive Beobachtungsdaten, und brauchen wir mehr oder weniger Typen?

Heute überwiegt die Ansicht, daß archäologische Typen Rekonstruktionen realer Merkmalshäufungen darstellen, mehrere Gliederungen nach Art der Fragestellung möglich sind, und daß sie im Wachsen der Kenntnis nicht zu standardisieren sind. Objektiven Daten aber entsprechen sie nicht, weil es so etwas nicht gibt (wie wir bestätigen, ist eben alle Wahrnehmung theorienbeladen). Und die Aufgliederung der Typen mag zunehmen. Vieles bestätigt sich aus der Morphologie. Selbst die Hierarchie der Merkmale beginnt man wahrzunehmen.[25]

In der *Ethnologie* ist das anders. Aus ihrer Problematik kann man lernen, welche Mühe die Aufteilung dessen bereitet, was wir genealogische und Hybrid-Merkmale nannten, sowie jener Merkmale, die wir als Wesensähnlichkeiten (Homologien) von den Analogien unterschieden. Und natürlich spielt in alledem zusätzlich die hohe Polymorphie der Kulturen und Völker eine Rolle, sowie das Schichtensystem, deren Merkmale vom einfachsten Gerät bis zu den kompliziertesten Kosmogonien reichen.

Aus Grundlegungen bei RANKE und DILTHEY entsteht mit ERNST BAUMANN und FRITZ GRÄBNER eine Kulturkreislehre. Und schon bei LEO FROBENIUS geht es dabei um »die Herausarbeitung von Arealen besonderer Dichte-Intensität (der Merkmale)«. Ab der Jahrhundertwende liegt dann die Vorstellung von Kreisen, Gruppen, Familien und Sippen der Kulturen vor. Die Auseinandersetzungen mit der folgenden Kultur-Areal-Lehre und dem Diffusionismus spiegeln das erwähnte Grundproblem. Aber auch das, was STEWARD ›cultural core‹ oder HERMANN BAUMANN Provinz nennt, also Kombinat und das Areal einer Kultur, zählt zu den schichttypologischen Bemühungen um das Polymorphie-Phänomen.

---

[25] JOHANN JOACHIM WINCKELMANN (1717–1768). Von EDUARD GERHARD (1831) wird zitiert: *Monumentorum artis qui unum vidit, nullum vidit; qui milia vidit, unum vidit.* Bei MONTELIUS handelt es sich um eine Bronzezeit-Studie. Das Zitat aus H.-J. EGGERS, 1974, S. 150. Man vergleiche A. KRIEGER, 1944, A. SPAULDING, 1953, mit J. FORD, 1954. Ausführliche Übersicht in J. HILL und R. EVANS, 1972.

Heute ist die Ethnologie längst zur Ursachendebatte fortgeschritten und naturgemäß in eine Auseinandersetzung um den Primat geistes- oder naturwissenschaftlicher Methodologie geraten. Und damit beginnt die Erklärungsdiskussion wieder auf die Erkenntnisdiskussion zurückzuwirken.[26]

In der *Soziologie* beginnt die Wissenschaft selbst mit der Typenlehre: zunächst mit der Typologie des ARISTOTELES-Schülers THEOPHRAST und der volkstümlichen Tradierung derselben. Im 18. Jahrhundert belebt sie die neue Gesellschaftslehre mit ROUSSEAU, den Enzyklopädisten, in England mit JOHN MILLER (1771), und (1792) mit C. MEINERS »Geschichte der Ungleichheit der Stände unter den vornehmsten Europäischen Völkern«. Im 19. Jahrhundert folgen die bekannten Systeme von ENGELS, G. SCHMOLLER, E. DURKHEIM, J. SCHUMPETER. 1866 jedoch meldet sich mit W. HIS auch schon die Sozialanthropologie mit der Frage: »Wie soll man bei einer gemischten Bevölkerung die Typen scheiden?«

Der wichtigste Theoretiker sozialgeschichtlicher Typologik ist dann MAX WEBER; und von da an führt der Strom der Interessen zum Beispiel über DAVID RIESMAN zu E. JAENSCH, H. EYSENCK, T. ADORNO, N. LUHMANN zu vielgliedrigen Typologien konstitutioneller wie politsoziologischer Art; und zudem zu Debatten über den Primat äußerer oder innerer (sozialer oder genetischer) Ursachen. Die sozialanthropologische Typenlehre läßt man mit W. PFITZNER zur Jahrhundertwende beginnen und nennt A. NICEFERO, E. VON EICKSTEDT und I. SCHWIDETZKY Setzer der Landmarken.

Uns interessiert hier die Differenzierung der sozialen Polymorphie in die biologischen Komponenten (sozialer und Paarungssiebung, Prägung und Auslese) und in die sozialen (Überlagerungen, Neubildungen und die sozialen Aspekte der sozialen Siebung), die Erfassung von Merkmalskomplexen und die der Prozesse (Wachstum, Reifung, Akzeleration). Wir finden, wie in der Morphologie, Schichtzusammenhänge und »Merkmalskomplexe, die sich auch durch den Siebungsvorgang nicht auflösen«; und wie dort spielen diese auch in der Fassung der Sozialtypen eine dominierende Rolle.[27]

In der *Kunstgeschichte* mit ihren beträchtlichen Materialien würde man eine noch differenziertere Typologie erwarten, als wir sie etwa von der Ethnologie kennen. Aber die Kunsttheoretiker interessierten sich für die Typenproblematik der Artefakte (der Kunstgegenstände und ihrer polymorphen Elemente) erst in zweiter Linie. Die umfangreiche Literatur befaßt sich dagegen mit einer Polarisierung der Typen der Künstler. Ihre Produkte bleiben Anlaß der Erörterung.

Wieder stehen WINCKELMANN und DILTHEY der Entwicklung des Themas voran und (in derselben Lehrer-Schüler-Kette) HERMAN NOHL nach der Jahrhundertwende mit der Einsicht: »Jede Zeit enthält in ihrer geistigen Stellung und ihren

---

[26] LEOPOLD VON RANKE (1795–1886), WILHELM DILTHEY (1833–1911). Man vergleiche z. B. L. FROBENIUS, 1938, H. BAUMANN, 1955, R. BENEDICT, 1955, J. STEWARD, 1955, und C. LÉVI-STRAUSS, 1972, sowie E.-M. WINKLER und J. SCHWEIKHART, 1982; vor allem aber die vorzügliche Geschichte der Schulen in K. MÜLLER, 1981 (das Zitat von S. 199), und der Methodologien bei E.-M. WINKLER, 1983 und besonders 1986. Meinem Freund EIKE-MEINRAD WINKLER bin ich für vielerlei Hilfe verbunden.

[27] THEOPHRAST (371–287 v. Chr.). Sehr wertvoll sind die Übersichten der Typus-Konzepte bei H. JÜRGENS, 1965 (aus diesem auch das Zitat von S. 212), sowie bei W. RUTTKOWSKI, 1978. Man vergleiche evtl. A. NICEFERO, 1910, I. SCHWIDETZKY, 1950, K. EYFERT, 1959, D. RIESMAN, N. GLAZER und R. DENNEY, 1956, B. BLOOM, 1971, und R. DAHRENDORF, 1974.

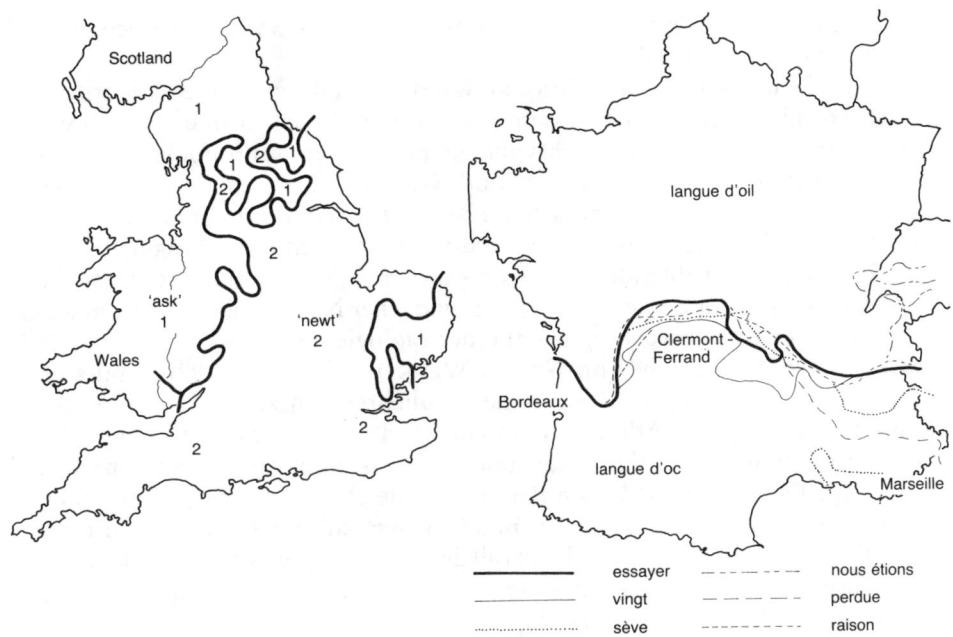

Abb. 17. *Koinzidenzen von Merkmalsgrenzen* an Beispielen aus der Dialektologie. Links: Dialektgrenze nach den Stammworten *ask* und *newt* für 34 englische Bezeichnungsweisen für den Teichmolch. Rechts: Koinzidenz von sechs ›Isoglossen‹ (Grenzen gleicher Aussprache) zu dem, was Linguisten ein ›Bündel‹ nennen; sie teilen die französischen Dialekte in die sog. *langue d'oc* und die *langue d'oil* (nach mehreren Autoren, aus J. CHAMBERS und P. TUNDGILL 1980, Seiten 31 und 111).

Formmitteln nur ein bestimmtes Maß an Möglichkeiten.« WALZEL vertieft dann das Verständnis für DILTHEYS und WÖLFFLINS Typen, Sir HERBERT READ setzt die Künstlertypen mit deren Stilen und Epochen in Beziehung, und RUTTKOWSKY zitiert schließlich KURT STRUNZ: es »zeigt sich ohne Zweifel eine gewisse Konvergenz der Lehrmeinungen«, weil die Künstler wieder den Konstitutions- und Psychotypen entsprechen.

Die Kunsttypologie gibt aus der Polymorphie der Artefakte am Wege einer Künstler-Psychologie die Psychotypen wieder, die wir schon kennen, nun aber über unsere bedeutendsten Kulturgüter und quer durch den Schnitt der Jahrhunderte.[28]

In der *Linguistik* kommt es zu einer bemerkenswerten Entwicklung sogar mehrerer Typologien. Pate steht das Polymorphie-Problem; »nichts weniger«, sagt HANSJAKOB SEILER, »als das Babylonische Dilemma, d. h. die Antinomie zwischen der sehr großen Diversität der Sprachen der Welt einerseits und einer vorwissenschaftlich-intuitiv gefühlten Einheit ›Sprache‹ andererseits«, gefolgt von einer Methodenvielfalt. Denn Linguistik, referiert WOLFGANG DRESSLER, »ist eine Humanwissenschaft, aber Teile von ihr haben enge Beziehung zur Biologie (z. B.

---

[28] Eine erschöpfende Darstellung wieder bei W. RUTTKOWSKY, 1978. Die schon klassischen Beispiele bei H. WÖLFFLIN, 1886, H. NOBL, 1908 und 1915, O. WALZEL, 1929, H. READ, 1947, und vielen anderen (Literatur bei RUTTKOWSKY, das Zitat S. 270; die Studie von STRUNZ war mir nicht zugänglich).

Neurolinguistik) und Physik (z. B. Phonetik); sie ist eine Sozialwissenschaft, doch zum Teil auch eine formale«.

Sie entsteht mit den Brüdern AUGUST WILHELM und FRIEDRICH VON SCHLEGEL idealistisch mit Urteilen über bessere (und ideale) Sprachen und WILHELM VON HUMBOLDTs teleologischer Sprachtypologie mit bereits anthropologischen Ambitionen, jedoch nicht, wie CASSIRER und WILDGEN meinten, in Anlehnung an GOETHE (im Sinne dessen empirischer Theorie von der Typus-Erkenntnis). Differenziert bleibt die Kunde von den Sprachtypen eine Achse der Linguistik, neuerdings in einem befruchtenden Antagonismus mit der Erforschung sprachlicher Universalien und jüngst einer Archetypen- und einer Natürlichkeitslehre, in welche Erkenntnisse erst der Psychologie, dann der Biologie hineinwirkten.

Ein anderer Ansatz geht von GEORG WENKER aus. Schon 1876 sendet er 40 Sätze zur Korrektur an 50 000 deutsche Schullehrer. Jahrzehnte darauf entstehen daraus die ersten Sprach-Atlanten und später die Dialekt-Geographie (Abb. 17) mit den Fragen: ›Was ist eine Sprache?‹ und ›Wie bestimmt man ihre Grenzen?‹. Es entsteht der Begriff der Isoglossen (Grenzverläufe gleicher Sprechweise), und man erkennt, daß Dialektgrenzen durch ›Bündelungen‹ solcher Isoglossen zu erfassen sind. Dies ist eine eindrucksvolle Parallele zu dem, wie wir Koinzidenzen von Merkmalsgrenzen für die Optimierung der Abgrenzung von Ähnlichkeitsfeldern verwenden werden.

Aber auch die Morphologie im Sinne der Linguistik, mit ihren Theorien der Entstehung von Begriff und Bedeutung, enthält mehr als Analogien zu den Theorien der Morphologie im Sinne der Biologen. Selbst die Phänomene der Autopoiese (der Selbst-Strukturierung) und der Entstehung neuer Qualitäten sind den Gebieten gemeinsam — Konsequenzen polymorpher hierarchisch organisierter Systeme.[29]

In den *Rechtswissenschaften* orientierte man sich am soziologischen Typus-Begriff. Und »über den WEBERschen Idealtyp haben sich«, meinte KEMPINSKI, bisher »Ströme von Tinte ergossen, ohne daß abzusehen wäre, wann seine Abklärung erreicht sein wird«. Das hat sich gewandelt.

Zunächst haben K. ENGISCH, K. LARENZ und E. METZGER vom Idealtypus Real-, Durchschnitts-, Häufigkeits- und Tätertypologien abgetrennt, und WINFRIED HASSEMER konstituierte eine Typologik, die in ihren Grundzügen jenem morphologischen Typus ähnlich ist, von dem wir ausgegangen sind. Nach ihm ist der Typus eines Tatbestandes merkmalsreich und in seinen Grenzen fließend. Er »transzendiert das System, in dem er formuliert ist, insofern, als er auf Wirklichkeit außerhalb dieses Systems verweist«. Man erinnere sich an den Bezug zu Obersystem und Oberbegriff. Seine Konkretionen »bilden nicht festumrissene Klassen, sondern bipolare Reihen«. Wir werden ihnen in der Praxis der Bestimmung von Merkmalsgrenzen wiederbegegnen. Folglich ist, wie in der Morphologie, von einer dichten Mitte und randlichen Variablen zu sprechen.

---

[29] Die Zitierungen aus H. SEILER, 1983, S. 137, und W. DRESSLER, 1985, S. 139. Zu HUMBOLDT vergleiche man P. RAMAT, 1985, zur Sprachtypologie W. DRESSLER, 1973, V. SKALIČKA, 1979, und H. HAIDER, 1985, zur Typologie-Universalien-Problematik P. SWIGGERS, 1984, und W. WILDGEN, 1983, zur Natürlichkeitslehre W. MAYERTHALER, 1981, und W. DRESSLER, 1985 a, zu den Archetypen W. WILDGEN, 1985. Die Dialektforschung ist von J. CHAMBERS und P. TRUDGILL, 1980, zusammengefaßt. WOLFGANG DRESSLER und WILLI MAYERTHALER danke ich für wichtige Hinweise.

Das gilt auch für den Wechselbezug, die hermeneutische Art des Erkenntnisprozesses, wenn HASSEMER sagt: »Typen werden am Fall und auf den Fall hin einer wissenschaftlichen Eignungsprüfung unterzogen, wie ja auch der Fall am Typus geprüft wird.« Das könnte, wie erinnerlich, GOETHE entnommen sein, ohne daß offenbar an ihn gedacht wurde.

Offengeblieben scheint mir nur das Realitätsproblem. Denn über G. RADBRUCHS ›Natur der Sache‹ ist sogar der Bezug zum ›Prinzip der Mitte‹ der fernöstlichen Denkweise (zum ›*Tschung Yung*‹ des KONFUZIUS) entdeckt worden, wie dies YUNGBACK KWUN nachgewiesen hat.[30]

In den Kulturwissenschaften ging das Typus-Problem auf MAX WEBER, DILTHEY, SCHILLER und PLATON zurück (in den Biowissenschaften auf GOETHE und ARISTOTELES). Überwiegend befassen sie sich mit Hybridgenealogien (die Biowissenschaften mit Erbgenealogien). Dennoch entwickelt sich die Problematik zu den gleichen Formen und Lösungen, was nicht trivial ist, da hier von Produkten der Kultur (nicht der Natur) die Rede ist.

Typus-Probleme in anorganischen Wissenschaften

Hier sind nun keine Genealogien, auch keine Hybridgenealogien zu erwarten. Dennoch werden Genesen und ›Genetische Typen‹ formuliert, vor allem in den Erdwissenschaften, von welchen nun die Rede sein soll. Denn in ihnen spielt die Komplexität der Gegenstände eine Rolle. Wo diese dominiert, können wir das Auftreten des Typus-Problems bereits vorhersehen. Nicht in der Physik (und in ihrer Folge nicht in der Chemie), denn jene war ja methodisch darauf angelegt, der Komplexität durch Reduktion derselben zu entgehen.

In der *Geographie* beginnt das Thema mit ALEXANDER VON HUMBOLDTS 16 »Typen (des Pflanzenwuchses), von deren ... Gruppirung die Physiognomie der Vegetation eines Landes abhängt«. Von hier führt es über CARL RITTERS Erdkunde, den »Typus in seiner plastischen Gestaltung« und Beispiele bei EDUARD SPRANGER zur Einsicht HETTNERS (und anderer), »daß die individualisierende Betrachtungsweise der Geographie der generalisierenden, die zur Aufstellung von Typen führt, nicht zu entbehren vermag, und daß die Typenbildung«, sagt HERMANN LAUTENSACH, nun umgekehrt, »nur aus der Untersuchung von Individuen heraus erfolgen kann«. Umfangreiche deskriptive Typensysteme entstehen.

Aber »allmählich wird die Bildung deskriptiver Typen durch die genetischer Typen ersetzt, in dem Maße«, referiert LAUTENSACH, wie sie »die Entstehung der Formen ... entschleiert und damit zu einer kausalen Deutung vordringt«. Diesem Weg ist die Geomorphologie, etwa seit O. SCHLÜTERS Küstentypen der zwanziger Jahre, bis in unsere Zeit gefolgt. Und heute wird von Typen der Gesteine, Vulkane, Talgründe, Moränen usf. gesprochen; gegliedert aber wird nach den Ursachen:

---

[30] Vollständige Literatur und Kommentar in W. HASSEMER, 1969. Die Zitierungen sind J. v. KEMPINSKI, 1952, S. 207, entnommen, sowie W. HASSEMER, 1968, S. 112, 115 und 113. Ferner sei auf H. WOLFF, 1952, und B. ZITTEL, 1952, verwiesen, sowie auf ›die Natur der Sache‹ bei G. RADBRUCH, 1948, W. HASSEMER, 1963, und Y. KWUN, 1963; neuerdings auf L. KUHLEN, 1976, und W. HASSEMER, 1981.

endo- und exogenen, Verwitterungen und Abtragungen, Karst- und Glazial-
formen.[31]

Dies hat den Erkenntnisfortschritt sehr gefördert. Denn die Theorie einer
Erklärung wirkt ordnend auf die Theorien ihrer Gegenstände zurück. Was aber in
diesem Wechselbezug geschieht, das blieb noch offen. So kann, wie uns schon aus
anderen Wissenschaften bekannt, der Erkenntnisweg verdunkelt und der Weg der
Erklärung der Typenserien mit der Voraussetzung, mit dem Weg, der zu ihrer
Erkenntnis führt, verwechselt werden.

In der *Geologie* wird die Entwicklung des Typus besonders durch die Bedürfnisse der Praxis bestimmt, und zwar namentlich in der Stratigraphie (der Forma-
tionskunde), um vergleichbare Auffassungen zu gewinnen. So befassen sich die
Internationalen Geologen-Kongresse schon seit 1881 mit Übereinkünften. Heute
sind längst nationale und internationale Kommissionen etabliert, deren (laufend
entwickelte) Empfehlungen die Form von Gesetzeskodices angenommen haben.

Das Problem besteht darin, aus der Polymorphie der Schichtenmerkmale Grenzen, Gliederung und den hierarchischen Zusammenhang der Typen abzuleiten,
wofür sich allerdings die Arten des Gesteins (Lithostratigraphie) und der Fossilien
(Biostratigraphie) ebenso anbieten wie das absolute Alter (Chronostratigraphie),
das Ursprungsmilieu, in dem die Depositionen entstanden, unter Umständen auch
deren geologisches Schicksal. Naturgemäß fehlt es nicht an Vereinfachungsvor-
schlägen, welche die Praxis in der Regel wieder verwerfen mußte.

Man trachtet, sich auf ›Strato-Typen‹, Typus-Areale, -Regionen, -Sequenzen und
Typus-Lokalitäten zu einigen, und steuert, entgegen dem Typus-Konzept, definitorische Lösungen an. Diesen Widerspruch (den wir schon aus den Nomenklaturre-
geln der Biologen kennen), Typen nicht zu synthetisieren, sondern (z. B. nach
Erstfunden) zu designieren, wird man teils aus den nomenklatorischen Zwängen
der Verständigung, teils aus den praxisfördernden wirtschaftlichen Interessen, die
zu diesen großartigen Leistungen Anlaß gaben (allerdings auch zu Geheimhaltun-
gen), verstehen. So gelangt die Theorie vom Typischen erst heute in den Vordergrund: über den Weg der Multifaktoren-Analyse (ähnlich der Vegetationskunde)
zu ihren synthetischen Oberbegriffen.[32]

In der *Meteorologie* ist der Ansatz anders. Jedermann ist Zeuge typischer
Wetterlagen und sein eigener Prognostiker. Prognose ist es darum auch, was
oberflächlich von den Meteorologen, vielleicht von den Geophysikern überhaupt,
erwartet wird. Und schon 1874 stellte BUYS-BALLOTH am Wiener Meteorologen-
kongreß fest, »daß derjenige, welcher das Wetter vorhersagen soll ... kein ruhiges
Leben mehr hat und große Gefahr läuft, durch Nervenleiden wahnsinnig zu
werden«. So herrschte in Preußen, wie KONRAD CEHAK sagt, »eine starke Opposi-

---

[31] Man orientiere sich bei H. LAUTENSACH, 1953; die Zitierungen von den Seiten 5, 7, 11 und 12. Als klassische
Beispiele seien die Beiträge von A. v. HUMBOLDT (Ausgabe 1860) und O. SCHLÜTER, 1924, hervorgehoben. Die
Terminologie-Kritik von H. LEHMANN, 1964, stellt eine interessante Parallele zu jener in der Bio-Morphologie von
A. REMANE, 1971, dar (vgl. S. 59). Als Lehrbuch einer modernen Geomorphologie ist H. LOUIS und K. FISCHER,
1979, kennzeichnend.

[32] Beispiele für einen »Code of nomenclature« im Bulletin of the Amer. Assoc. of Petroleum Geologists, Bd. 45 (5/
1961), S. 645–665, für Kontroversen über Vereinfachungen in H. HEDBERG, 1972, für Abgrenzungsprobleme
F. VAN EYSINGA, 1970, und J. WIEDEMANN, 1970, für Faktoren-Analysen K. JÖRESKOG, J. KLOVAN und R. REY-
MENT, 1976. Breite Übersicht in R. BRINKMANN, 1967. ALEXANDER TOLLMANN danke ich für kollegiale Hilfe.

tion gegen die Einrichtung eines staatlichen Wetterdienstes, da man meinte, der Staat dürfe sich nicht durch Abgabe falscher Prognosen blamieren«.

Schon ein erster Blick in die Größenklassen der atmosphärischen Prozesse macht nun den Schwierigkeitsgrad aufgrund der Polymorphiegrade des Gegenstandes sichtbar. Was uns etwa als Nebel oder Gewitter umgibt, ist nur die konventionelle Skalengröße zwischen den Mikro- und Makroprozessen, zwischen Verdunstung und Strahlungsströmen, Kondensation und Polarfronten.

In der Prognosemethode versucht man daher, die Dynamik der drei Windkomponenten, sowie Druck, Dichte, Temperatur und Feuchtigkeit der Luft vorauszuberechnen. In die Klassifikation der Klimatypen gehen noch Höhen- und Breitenlage, ›Kontinentalität‹ und die Niederschlags-Verdunstungsrelation in die Berechnungen ein. Und vielleicht wird auch noch die Hierarchie in diesem polymorphen Geschehen berücksichtigt werden müssen.[33]

Bei den Anorganikern also schwindet der Typus-Begriff etwa in dem Maße, wie man sich dem Gebiet der Physik annähert. Was aber freilich erhalten bleibt, ist das Problem, das hinter jedem Typus-Phänomen steht: das der Polymorphie, der Phänomene mit merkmalsdichter Mitte und gleitenden Grenzen, begründet durch die Strukturierung der Gegenstände und Erscheinungen des Mesokosmos, die es unvermeidlich machen.

Aber auch Geschichtlichkeit steht hinter diesen Phänomenen; die nicht identische Wiederholbarkeit, selbst im Wettergeschehen (daher die Grenzen der Vorhersehbarkeit). Aber auch Strukturierung im Sinne von Ordnung liegt vor, Zustände, die sich vom thermodynamischen Äquilibrium entfernt haben (die der Zufall nicht hätte erzeugen können).

Selbst die Physik, an deren definitorisch schärfbarem, geschichtslosem Wissenschaftsideal sich die Wertschätzung der Wissenschaften bislang zu orientieren pflegte, hat heute den Bereich des Komplexen, Ordnungsvollen und Geschichtlichen längst erreicht. ILYA PRIGOGINE und HERMANN HAKEN geben diesem Landgewinn und Wendepunkt schon gemeinverständliche Darstellungen. Wessen Ansehen ist es dann heute noch, wenn PAUL FARBER, wie erinnerlich, referiert: »Das Typus-Konzept steht gegenwärtig in schlechtem Ansehen.«? Offenbar nicht das Ansehen jener, die sich der Erforschung unserer mesokosmischen Lebenswelt gestellt haben.

»Typen«, das ahnte W. SCHLEGEL bereits 1957, »sind in irgendeinem Erfahrungszusammenhang, teilweise vielleicht auch in angeborenen auslösenden Mechanismen (LORENZ, 1943) wurzelnde Grundformen unserer Erkenntnis. Sie dienen als Hilfsmittel zur Bewältigung der Umwelt durch Erfassung von naturgegebenen Merkmalszusammenhängen.« So ist es.[34]

Wir haben unsere erblich adaptierte Ausstattung zur Meisterung unserer mesokosmischen Lebensprobleme (in *Teil 2*) geschildert, ebenso die Kompromisse, die

---

[33] Knappe Übersicht der Geophysik bei J. BARTELS, 1960, speziell der Meteorologie in K. CEHAK, 1978, die Zitate von S. 9. Beispiele neuerlicher Bemühungen um die Fassung der Klimatypen: J. LITYNSKI, 1983, und W. EMANUEL, H. STUGART und P. STEVENSON, 1985. GEORG SKODA danke ich für diese Hinweise.

[34] Sehr empfohlen seien in diesem Zusammenhang die Bände von I. PRIGOGINE und I. STENGERS, 1980, und H. HAKEN, 1981. Man erinnere sich der Zitierung aus P. FARBER, 1976, S. 91. Das Zitat nach W. SCHLEGEL, 1957, ist dem Band von H. JÜRGENS und CH. VOGEL, 1965, S. 2, entnommen.

unser ›Sprach-Denken‹ einzugehen hatte. Nun fanden wir, daß keine empirische Wissenschaft dem Polymorphie-Phänomen entgeht. Also bleibt zu untersuchen, in welcher Weise unsere zum Definitorischen zwingenden Kompromisse umgangen werden können, um der polymorph und typologisch strukturierten Wirklichkeit wieder näherzukommen.

Unsere Ausstattung mit ihren Kompromissen ist unveränderbar. Belehrt werden kann sie nur durch die Erfahrung. Die neuen Schritte der Anpassung müssen rational gemeistert werden.

Die Wechselbeziehungen des Begreifens

Nun soll ein Ansatz zur Praxis erarbeitet werden. Hält man sich vor Augen, was wir in Hinblick auf das Problem des Begreifens *(Teil 1)*, unsere Ausstattung *(Teil 2)*, die Konsequenzen des Kompromisses mit unserer Sprache und die versuchten Lösungen *(Teil 3, Kap. 1 u. 2)* kennenlernten, so ergibt sich daraus die folgende Aufgabe.

Es wird darauf ankommen, eine Behandlungs- bzw. Redeweise zu entwickeln, die es ermöglicht, unser auf definierbare Klassen zulaufendes Sprach-Denken so einzusetzen, daß seine Grenzen, seine Widerlegung durch die Erfahrung, immer sichtbar bleiben, mit dem Ziel, in einem Prozeß der Adaptierung und Optimierung unsere Betrachtung auf eine immer bessere Übereinstimmung (Isomorphie oder Isologie) mit der außersubjektiven Wirklichkeit hinführen zu können, auf ihren komplexen, polymorphen, vernetzten, typologischen Charakter.

Zugrunde liegt erstens die Evolutionäre Erkenntnistheorie mit zwei Annahmen: daß es eine Übereinstimmung zwischen Welt und Ausstattung gibt, die adaptiv zu verstehen ist, daneben aber Grenzen dieser Passung, welche die extrapolierende Reflexion zu Mißweisungen führen kann, die wir konstruktiv verstehen. Zugrunde liegt zweitens die Systemtheorie, mit der Annahme, daß es zwischen den Prozessen der Selbstorganisation in der außersubjektiven und der subjektiven Wirklichkeit Übereinstimmungen gibt, die es möglich machen, diese an jene heranzuführen.

So anspruchsvoll diese Position erscheinen mag, sie führt zu einem bescheidenen (vorsichtigen und unprätentiösen) Ansatz. Hinsichtlich unserer subjektiven Position ist zu erwarten, daß alle Wahrnehmung (auch die jedes Meßinstrumentes) theoriebeladen ist. Man kann allgemein sagen: von Erwartungen bestimmt. Zunächst von der Alternative, es werde sich um eine Konstellation (einen Vorgang oder Zustand) handeln, mit dessen Wiederholung nicht oder unter bestimmten Umständen doch zu rechnen wäre. Dies ist die Alternative der Erwartung von Zufall versus Notwendigkeit. Derlei Erwartung wird stets von irgendwelchen (vermeintlichen oder bestätigten) Erfahrungen bestimmt sein, so daß keine Erwartung ohne Erfahrung entsteht und umgekehrt keine Erfahrung frei von Erwartung gemacht wird. Auch alle Erfahrung ist darum beladen mit Theorie.

Hinsichtlich der sogenannten objektiven Wirklichkeit gilt als Voraussetzung lediglich die pragmatische Position des Hypothetischen Realismus (es werde lebensfördernd sein, sich gegenüber die Realität einer außersubjektiven Wirklichkeit anzunehmen) sowie ein präliminäres Vertrauen in die *Apriori* unserer Ausstattung, welche uns die Annahme von Raum, Zeit, Wahrscheinlichkeit, Vergleichbarkeit, von Ursachen und Zwecken suggerieren. Darüber hinaus aber empfiehlt sich die Annahme, daß wir gar nichts wissen können, daß es weder erste Gründe noch letzte Zwecke gibt, daß dagegen alles mit allem zusammenhängen kann, wenn auch zumeist in einer hierarchischen sowie sich wiederholenden Weise.

Das bedeutet erstens, daß jeglicher Gegenstand (oder Vorgang) unserer Betrachtung mit über- und untergeordneten Schichtgliedern zusammenhängen werde; daß er Zugehörigkeit wie Struktur besitzen wird, Gründe der Form wie Gründe (im Sinne von Ursachen) der Zusammensetzung. Und daß Zugehörigkeiten weitere Zugehörigkeiten zeigen werden, wie die Strukturen weitere Strukturen enthalten werden; daß hinter den Gründen der Form wie der Zusammensetzung weitere solche Gründe stehen werden. Und zweitens bedeutet dies, daß die Wiederholung der Zustände (oder Ereignisse) deren Prognostizierung erlaubt; und daß ein Schraubenprozeß aus Erwartung und Erfahrung über Bestätigung und Widerlegung die Anpassung der subjektiven Erwartung an die postulierte objektive Wirklichkeit werde optimieren können. Dies zusammen mit der Erwartung, daß sowohl die Stetigkeit (und Genauigkeit) der Bestätigungen einen Einfluß auf den Grad der erreichten Gewißheit haben (wie wir sagen: uns der Wahrheit näherbringen) werde, als auch der Umfang der in diesem hierarchischen System erreichten Bestätigungen.[35]

Die Hypothese von Merkmal und Zugehörigkeit

Es geht also um die Stetigkeit und den Umfang der Bestätigungen. Von der Stetigkeit (und Genauigkeit) der anzustrebenden Bestätigungen unserer Prognosen wird noch die Rede sein. Sie enthält für unser Denken das kleinere Problem. Beginnen müssen wir mit dem Schwierigeren: mit deren Umfang in der Hierarchie der Begriffe.

Um unserer Sprechweise den Zugang zur Hierarchie der Schichtzusammenhänge zu erleichtern, empfiehlt es sich, einmal von den Merkmalen eines Gegenstandes unserer Aufmerksamkeit (der Wahrnehmung oder des Interesses) zu sprechen, ein andermal von seiner Zugehörigkeit. In dem Sinne, daß jeder Begriff aus den Merkmalen seiner Unterbegriffe besteht, jedoch meist mit anderen Begriffen derselben hierarchischen Schichte einem Oberbegriff zugehört. Hierarchie und Relativität dieser Begrifflichkeit erhellt aus dem Gegenstand einer jeden Schichte, denn ein Blick in jenen Oberbegriff wird diesen selbst (nun als Begriff) in einem weiteren Oberbegriff zeigen, und der Blick in einen der Unterbegriffe (zum Begriff geworden) wird ihn als aus weiteren Unterbegriffen zusammengesetzt erweisen.

Diese Begriffshierarchie tritt in allen komplexen Gegenständen zudem in zweierlei Formen auf, je nachdem wir einen Gegenstand nach seiner Zusammensetzung

[35] Im wesentlichen enthält diese Einführung in die nun zu entwickelnde Praxis nicht viel mehr als eine Zusammenfassung oder Konsequenz dessen, was wir bisher in diesem Band entwickelten. Eine abgerundete Darstellung unserer evolutiven Ausstattung findet man in R. Riedl, 1981, eine solche des Schichten- und Ursachendenkens in R. Riedl, 1985 a.

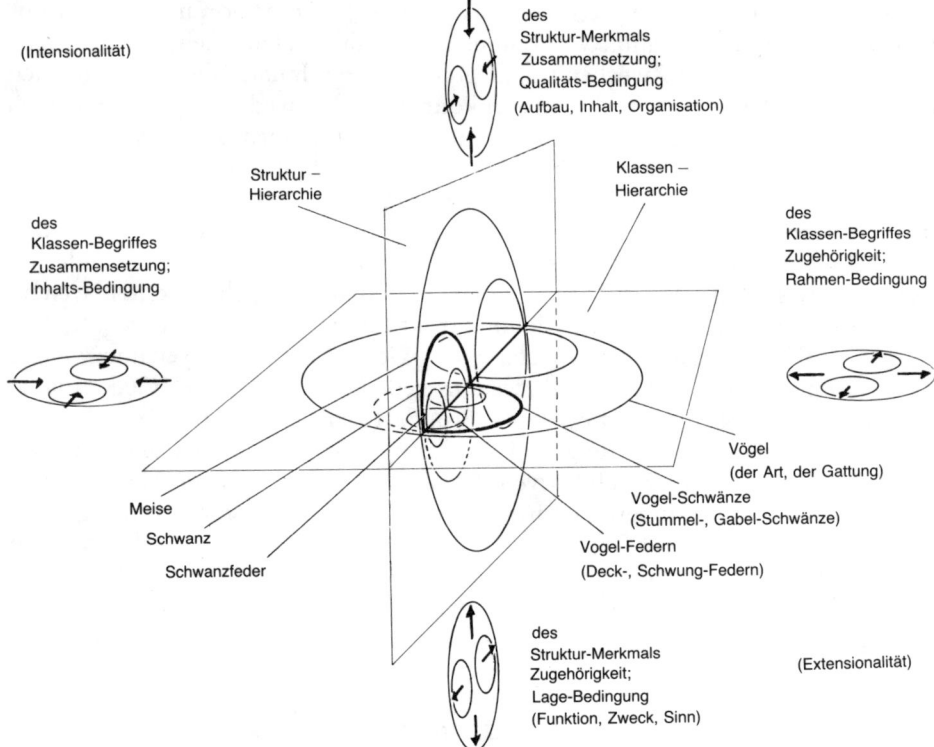

Abb. 18. *Struktur- und Klassen-Hierarchie* und die Beziehung deren Begriffe zueinander, am Beispiel des Begriffes ›Meisen-Schwanz‹ (zur Vereinfachung ist nur eine Ober- und Unter-Schichte eingetragen und je Schichte nur zwei Strukturen, bzw. Klassen). Die Übereinstimmung mit den Begriffen der Intensionalität und Extensionalität ist eine nur oberflächliche.

betrachten oder nach seiner Mitgliedschaft zu einer Gruppe ähnlicher Fälle. In der strukturellen Zusammensetzung entsprechen die Begriffe den Merkmalen der Substruktur einer Struktur, wie deren Zugehörigkeit zu einer Oberstruktur. Hinsichtlich der Ähnlichkeit der Fälle entsprechen sie den Merkmalen der Subklassen einer Klasse und deren Zugehörigkeit zu einer Oberklasse (Abb. 18).

Dabei erfahren wir aus den Strukturhierarchien die Natur der Zusammenhänge. Die Möglichkeit des Begriffs aber geht aus den ähnlichen Fällen hervor, aus dem Wechselspiel von Erwartung und Erfahrung (Prognose und Bestätigung). Die Begriffe aber stehen eben fast nie allein, sondern fast immer mit Unter- und Oberbegriffen in Zusammenhang. Der Umfang der möglichen Bestätigungen nimmt also in dem Maße zu, in dem in diese Hierarchie hinausgefragt wird.

Worin die Struktur- und Klassen-Hierarchien jedoch übereinstimmen, das ist der Umstand, daß der Begriff aus den Merkmalen seiner Unterbegriffe seinen Inhalt (oder Aufbau), aus dem Oberbegriff seine Zugehörigkeit, seinen Sinn (seine Funktion) gewinnt. Und im Sinne einer Hierarchie bedeutet dies, daß vom Begriff auf die gesamten Unterbegriffe zu rekurrieren ist, die er subsumiert, wie auf die ganze Serie der Oberbegriffe, in welchen er steht. Sie alle tun ihre Wirkung in der möglichen Bestätigung oder der Widerlegung dessen, was der Begriff erwarten läßt.[36]

Notwendig ist es dabei, den Umstand im Auge zu behalten, daß, wie der Begriff selbst, das ganze Arsenal seiner Unterbegriffe, wie die ganze Serie seiner Oberbegriffe, von hypothetischem Charakter sind. Ein einziges Untermerkmal kann genügen, die Hypothese der ganzen Serie an Oberbegriffen auswechseln zu müssen. Die Wahrnehmung einer sanduhrförmigen Nagestelle z. B. genügt, um den Gegenstand eines Stammgewirrs in einem Fluß aus den Oberbegriffen ›Treibholz-Geschiebe‹ und ›Unwetter-Ergebnis‹ in die Serie ›Biberbau‹, ›Tierbauten‹ und ›Lebensspuren‹ versetzen zu müssen. Ein kleines Drahtende wechselt die Blume zur Kunstblume und auch ihren ganzen vermeintlichen Inhalt. Ein einziger Biß in die Kiemen macht den vermeintlichen Putzerfisch zu einem durch Mimikry vorzüglich getarnten kleinen Räuber (vergl. auch Abb. 58, S. 202).

Nicht minder ändert ein einziges Obermerkmal den Gegenstand samt seinen Untermerkmalen. Ohne die Spur weiterer Hochwasserkennzeichen würden wir an der Hypothese ›Treibholz-Geschiebe‹ in gleicher Weise zweifeln wie am Rosenstrauß inmitten einer Kunstblumenwerkstätte. Merkmale wie Zugehörigkeiten sind stets von hypothetischem Charakter, sie sind beide theoriebeladen; was wechselt, ist nur der Gewißheitsgrad.

Merkmal, Ähnlichkeitsfeld und Koinzidenz

So kommen wir zur Frage, wie denn die Hypothese von einem Merkmal entsteht. Zunächst deutet schon das Wort an, daß mit der Sache etwas verbunden sein müsse, das zu merken wäre. Und merkenswert ist etwas, das Aufschluß geben könnte, von dem, wie wir schon feststellten, angenommen werden kann, daß es unter Umständen wiedererwartet und daher prognostiziert werden könne. Denn richtige Prognostik erhöht den Lebenserfolg. Zum Merkmal werden Koinzidenzen, sobald sie sich also wiederholen, und dies ganz automatisch.

Ein Federchen beispielsweise, das aus dem Schopf eines uns unbekannten Vogels herausragt, wird zwar wahrgenommen, aber mit keiner Bedeutung belegt und alsbald vergessen, weil es das Zufallsprodukt eines Windstoßes oder einer Auseinandersetzung sein kann. Es genügt aber, diese Wahrnehmung bei einem oder höchstens zwei weiteren Individuen derselben Art zu machen, um sie sogleich mit der Hypothese festzumachen, es handle sich um ein Merkmal dieser Species. Umgekehrt genügt es, die gleiche Beobachtung an den Vögeln mehrerer Arten in unregelmäßiger Verteilung zu machen, um an das Zufallsprodukt eines Windstoßes zu denken, der durch die Voliere fuhr.[37]

---

[36] So kann ›Hg‹ nur bestimmte Eigenschaften, Quanten und Quantengesetze zum Inhalt und nur innerhalb der Metalle, der Elemente und der Materie einen Sinn haben. So, wie ›Primaten‹ nur die Familien, Gattungen, Arten und Individuen der Affenverwandten zum Inhalt und nur innerhalb der Säuger, Wirbeltiere und Tiere einen Sinn haben können.

[37] Man wird sich in diesem Zusammenhang an die sogenannten Hilfskriterien der Homologie nach A. Remane (1971) erinnern: das Koinzidenz- und das Antikoinzidenz-Kriterium. Aus der Biologie entwickelt, gilt es jedoch allgemein.

Es ist also die Koinzidenz mit jener Fülle an Merkmalen (hier einer Vogelart), die sich mit jener einzelnen Wahrnehmung verbinden, welche sie aus ihrer Belanglosigkeit in den Rang eines Merkmales hebt. Stets wird alles in Zusammenhängen gedacht. Und die Anleitung dazu ist natürlich wiederum kein Zufall unserer Ausstattung. Sie beruht, wie erinnerlich, darauf, daß sich spezifische Zustände oder Ereignisse in der Welt fast ausnahmslos in ebenso spezifischen Zusammenhängen wiederholen. Allgemeiner: Wir erwarten zu Recht, daß ähnliche Zustände oder Ereignisse unter ähnlichen Zusammenhängen prognostizierbar sein werden.

Diese bloße Andeutung dessen, was ein Merkmal sei, wollen wir vorerst einmal akzeptieren, denn sogleich müssen wir das, was ebenso allgemein ein Zusammenhang genannt worden ist, näher beleuchten. Es handelt sich dabei noch lange nicht um definierbare Klassen. Und nachdem der Klassenbegriff ohnedies kaum mit der typologisch strukturierten Welt übereinstimmt, werde ich von ›Ähnlichkeitsfeldern‹ sprechen. Dieses Wort soll das Dynamische des Zusammenhangs andeuten, um den unserem Sprach-Denken suggerierten, definitorischen Klassenbegriffen möglichst zu entgehen.

Nehmen wir beispielsweise den Begriff des Fensters. So erwarten wir dessen Vorkommen im Zusammenhang mit menschlichen Unterkünften, Gebäuden (Zelten wie Taucherglocken), Fahrzeugen und in Analogie, wo immer man in geologischen, anatomischen oder technischen Strukturen (tatsächlich oder theoretisch) hindurchschauen könnte. Eine definitorische Begrenzung weder von ›Fenster‹ noch von ›Unterkunft‹ und nicht einmal von ›Gebäuden‹ diente besserer Einsicht. Dennoch bilden Gebäude ein Feld von Ähnlichkeiten, in dessen merkmalsdichter Mitte, etwa zwischen Schuppen und Palast, Raffinerie und Aussichtswarte, wir nicht in Verlegenheit geraten werden. Und wir nehmen es in Kauf, die Grenzen, etwa zwischen Papua-Windfang und Papua-Schlafgrube oder zwischen Telefon-Hütte und Telefon-Stand, nicht bestimmen zu können.[38]

Die Ähnlichkeitsfelder selbst bestimmen wir nach ihren Merkmalen. So beispielsweise das Ähnlichkeitsfeld ›Bäume‹ nach einfachem, verholztem Stamm und einer Krone aus beblätterten (benadelten) Zweigen (Wipfelbäume) oder großen Blättern (Baumfarne, Palmen). Aber freilich erfahren wir, was ›verholzt‹ oder ›Stamm und Ast‹ bedeutet, wieder aus dem Ähnlichkeitsfeld der Bäume. Deren Unterschied von den baumförmigen Kräutern und gegen die Büsche hat uns dies gelehrt. Aber, wie eben festgestellt, Merkmale entstehen selbst erst durch Koinzidenzen mit Gegenständen eines Ähnlichkeitsfeldes. Wenn nun Merkmale auf Ähnlichkeitsfeldern beruhen und Ähnlichkeitsfelder auf Merkmalen, unterliegen wir nicht einer zirkulären Bestimmung unserer Begriffe?

Hier berühren wir nochmals und prinzipieller das zugrundeliegende Prinzip der ›Wechselseitigen Erhellung‹. Ich werde, weiter in der Entwicklung des Themas, zu

---

— Etwas krause Druckerschwärze z. B., die den Unterrand eines Buchstabens berührt, wird (bei Unkenntnis des Französischen) erst durch seine Koinzidenzen mit dem ›c‹ bestimmter Worte zum ›ç‹ (Cédille), bei Zufallsverteilung zum unreinen Druck.

[38] Der Versuch einer Definition wird einem das Unbefriedigende wie auch Nutzlose des Unterfangens demonstrieren. Vereinfacht denke man an Grenzen wie zwischen Berg und Hügel, Wald und Baumgruppe, Mensch und Vormensch. Nur wo es ›um etwas geht‹ (Rechte und Strafen), etwa Gesetzgebungen, scheinen uns definitorische Grenzen unvermeidlich, und sie führen ebenso unvermeidlich zu skurrilen Lösungen. Heitere Juristenblüten, zusammengestellt von R. WELSER, 1983.

zeigen haben, daß sich Merkmale wie Felder selbst untereinander wechselseitig bestimmen.

Die Wechselbeziehung der Optimierung

Nach meiner, von unserer Ausstattung ausgehenden, Theorie der Begriffsbildung gibt es weder erste rationale Gründe noch letzte Zwecke. Die vorausgehenden Anleitungen, die sie ermöglichen, sind ratiomorpher Art. Sie rechnen mit den Grundstrukturen dieser Welt und lösen Gestalten aus ihren Hintergründen. Die Zwecke sind ferner die der Lebenserhaltung. Sie nutzen die Wiederholung von Koinzidenzen zur lebensfördernden Prognostik. Ansonsten wissen wir im voraus über diese Welt im Konkreten wenig. Dieser Rest muß *a posteriori* durch die individuelle (und soziale) Erfahrung erworben (oder tradiert) werden.[39]

Uns interessiert der unmittelbare (individuelle) Kenntnisgewinn. Gehen wir also von Beispielen aus, in denen man möglichst wenig wissen kann. So etwa finden wir ein Objekt im Sand eines Strandes, kaum handgroß, weißlich; und, nach den Rändern zu schließen, ist es offenbar ein Bruchstück. Es kann, abgerollt wie es ist, Teil eines marinen Schalentieres sein, eines Haustierknochens, eines Geschirrs. Man bedenke, wie unterschiedlich man nach den Möglichkeiten der Zugehörigkeit seine mutmaßlichen Merkmale abwägen wird: ein jedes in jedem der hypothetischen Zusammenhänge mit jeweils einer anderen Bedeutung. Die Deutung der Merkmale wird von der Theorie des Ähnlichkeitsfeldes bestimmt. Recht eigentlich entsteht das Merkmal aus dem Ähnlichkeitsfeld.

Wie aber entsteht ein Feld von Ähnlichem? Es entsteht aus Merkmalen. Nehmen wir an, das Fundstück sei Teil der Schale eines großen, fossilen Armfüßers (eines Brachiopoden), die unser Finder nicht kennt. Er würde mit diesem und einigen weiteren Fundstücken nahe an die Muscheln kommen. Er würde das Stielloch für das Bohrloch durch eine räuberische Schnecke halten, die Reste des Armgerüstes für seltsame Muskelansätze. Aber nichts würde so ganz stimmen. Und erst, nachdem er viele vergleichen konnte, würden die prinzipiellen Unterschiede zu den Muscheln deutlich werden, ein völlig anderes Ähnlichkeitsfeld, eben das der Brachiopoden.[40]

Ein Ähnlichkeitsfeld entsteht durch die Entdeckung der Koinzidenz von Merkmalen; in unserem Feld aus der Koinzidenz von Symmetrie, Öffnung und Binnengerüst. Und diese werden durch das Feld zu Merkmalen neuer Qualität: Quersymmetrie, Stielöffnung und Armgerüst.

---

[39] Einiges wird freilich *a priori* ›gewußt‹; daß niedliche Menschenkinder gehegt werden sollen (das Kindchenschema), Wehrlose nicht drangsaliert (die ebenso angeborene Tötungshemmung) und Menschen schlechthin wahrgenommen (der Augengruß und anderes). Auch was Sprache ist und bedeutet (Sprach-Universalien), ist wohl angeborenes ›Wissen‹. Und freilich wird von dieser Art noch mehr zu erwarten sein. Vgl. K. LORENZ, 1978, I. EIBL-EIBESFELDT, 1978, 1984, und die zitierten Arbeiten von N. CHOMSKY, E. LENNEBERG und W. MAYERTHALER.

[40] Damit ist etwas der frühen Geschichte der Erforschung der *Brachiopoda* nachempfunden, die man einmal freilich zu den Muscheln stellte, bis die Symmetrie-Ebene, die quer zu der der Muscheln vom Schloßrand aus beide Schalen halbiert, entdeckt wurde. In derselben Weise wurden die jüngst entdeckten Tiertypen, die *Pogonophora*, von ihren ersten Findern irrigerweise bei den *Polychaeta*, die *Gnathostomulida* bei den *Turbellaria* eingereiht (Beispiel in R. RIEDL, 1983 d).

Aber keineswegs alle Merkmale, die für ein Ähnlichkeitsfeld angegeben werden können, müssen mit den Grenzen des Feldes zusammenfallen. Alle komplexen Gegenstände eines Ähnlichkeitsfeldes sind, wie schon festgestellt, von polymorpher Art. Das heißt, die meisten ihrer Merkmalsgrenzen decken sich nur annähernd mit den Feldgrenzen. Das gilt für Naturdinge gleichermaßen wie für Artefakte (man erinnere sich an den Begriff ›Gebäude‹).

Und damit kommen wir zum Kernthema, zum Prozeß der Optimierung. Er gilt für alle Schichten jener Hierarchiebezüge komplexer Gegenstände. Er kann folglich von jeglicher Schichte ausgehen, weil er doch schrittweise alle anderen einbeziehen wird. Denn jedes Schichtglied bestimmt sich aus der wechselseitigen Erhellung zwischen den Merkmalen und der Feldzugehörigkeit seiner Gegenstände. Es kann ein Begriff unter Merkmalsbedeutung als optimiert gelten, wenn seine Grenzen mit einer Feldgrenze möglichst übereinstimmen, unter Feldbedeutung, wenn möglichst viele Merkmalsgrenzen mit der Feldgrenze zusammenfallen oder ihr nahekommen.

Dabei ist die Bezeichnung ›Grenze‹ nochmals eine Konzession an unser definitorisch angeleitetes Sprach-Denken. In Wahrheit hat diese Welt im komplexen Bereich nicht mit Grenzen, sondern mit Diskontinuitäten oder Trendwechsel der Veränderungen aufzuwarten. Von Merkmals- und Feldgrenzen zu reden ist eine Denkhilfe, ein Haltepunkt gewissermaßen, von dem aus wir uns in die Wahrnehmung steten Wandels und die speziellen Wandlungs-Änderungen wagen dürfen. Die folgenden Kapitel werden auch das ausführen.

In der vorliegenden Einführung ist noch auf die Unterschiede der Koinzidenzen von Merkmalen und Feldern hinzuweisen, auf die Struktur des Polymorphie-Phänomens. So erweist sich das Merkmal ›Wirbelsäule‹ für das Feld ›Wirbeltiere‹ hoch korreliert, das Merkmal *›Chorda dorsalis‹* (die embryonale Rückensaite) als zu weit, das der ›zwei paarigen Extremitäten‹ als zu eng (sie fehlen bei Rundmäulern, Muränen, Blindwühlen und Schlangen). Dennoch sind sie (und viele andere) zur Kennzeichnung des Typus ›Wirbeltier‹ unentbehrlich, ähnlich wie bei ›Kraftfahrzeug‹ das Merkmal eines mobilen Motors zu weit (Motorsäge, Kompressorwagen), der Antrieb auf zwei Halbachsen zu eng gefaßt ist und die Farbe damit gar nicht korreliert.[41]

Wandel und Polymorphismus machen auf ein drittes Phänomen komplexer Ähnlichkeiten aufmerksam: die Mehrdimensionalität. Es ist selten, daß sich Merkmale in nur einem Sinne wandeln. Schon bei den Kieseln eines Strandes sind Länge, Breite, Dicke und die Krümmungsradien nicht notwendig korreliert. Es ist wieder nur unserer Tendenz, die Welt zu vereinfachen, zuzuschreiben, wenn wir Maße einzeln (als getrennt) betrachten. Und diese Dimensionalität steigt in den Feldern weitgehend mit der Anzahl der ihnen unterlegten Merkmale.

Daraus ergeben sich, viertens, für die Muster (besser: engl. *patterns*) der Felder verschiedene Strukturtypen, wobei gewöhnlich nur das Grundprinzip — merkmalsdichte Mitte mit merkmalsverdünntem Rand — allgemein zu gelten scheint. Unter Anleitung durch die Ähnlichkeitsformen des Organischen, wie man sich

---

[41] Das gilt selbst für so einfache Felder wie im System der Elemente. Mit der Ordnung nach der Protonenzahl (Ordnungszahl) korrelieren einige chemische Eigenschaften, die Atom-Volumen in einen Rhythmus, die Farben und Gerüche nicht (einfache Übersicht z. B. in F. KLAGES und U. WANNAGAT, 1974).

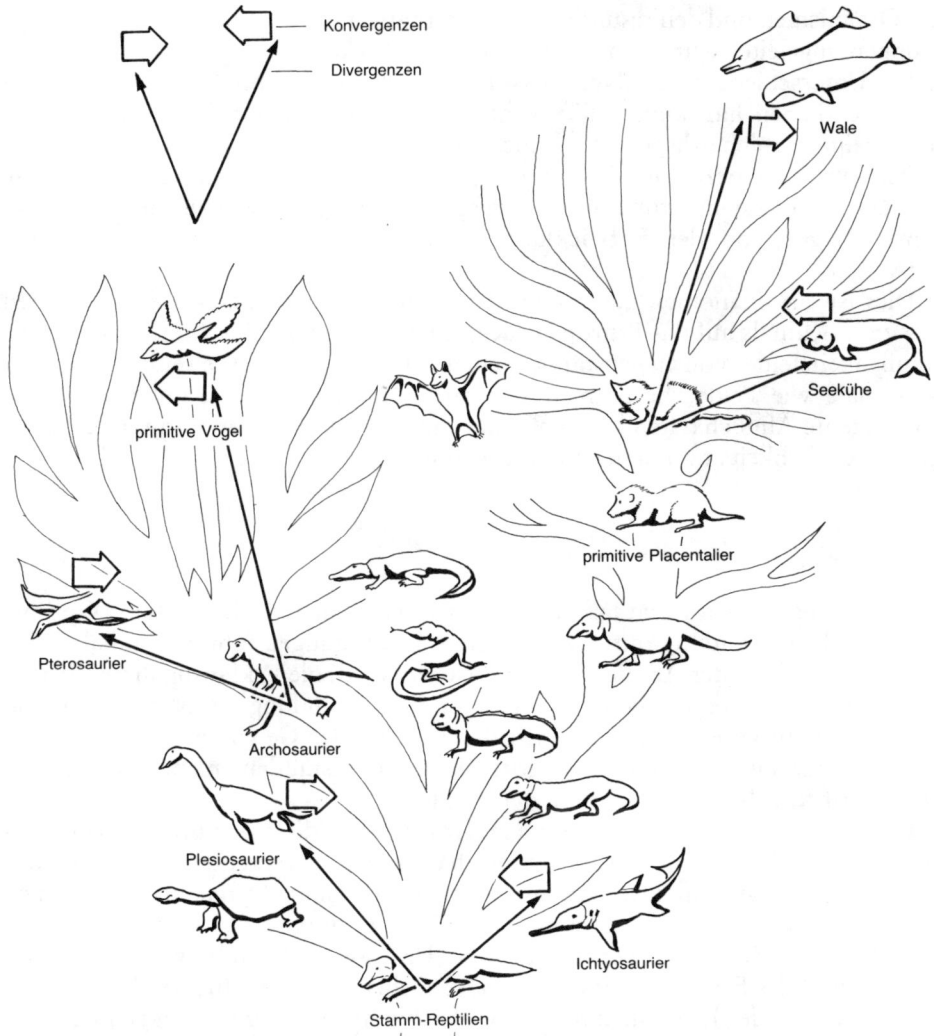

Abb. 19. *Analogien* als Konvergenzen in disperser Verteilung innerhalb eines harmonisch divergenten Feldes von Ähnlichkeiten; hier am Beispiel des Flügels und der Stromlinienform bei Reptilien und Säugern (nach A. Romer, aus R. Riedl 1981, Seite 136; etwas verändert).

erinnert, der ›Art als Drehscheibe‹ und der ›Arten als Operator‹, gewinnt man Einsicht in harmonisch-divergente Ähnlichkeitsfelder (vgl. Abb. 16, S. 128) und neigt dazu, diese Gliederungsweisen weithin zu extrapolieren. In solchen Feldern nehmen die Ähnlichkeiten gleitend gegen die Ränder ab (sie divergieren).

In den Bahnungen treten auch Dichotomien (Gabelungen der Ähnlichkeitsreihen) auf, wobei die uns auch schon bekannte Neigung zum Denken in Alternativen zweifellos wieder von den dichotom verlaufenden Bahnen der Stammesgeschichte der Organismen und den resultierenden, alternativ ausgeformten Verwandtschaftsgruppen angeleitet wurde und weiter gefördert wird.

Die Unterschiede liegen dann meist in Ähnlichkeiten (Abb. 19), welche in dem, im wesentlichen harmonisch-divergenten, Feld eine disperse, eine Zufallsanordnung zeigen. Solche dispersen Ähnlichkeiten einzelner oder mehrerer Merkmale stehen entweder beziehungslos im Feld, oder sie zeigen insofern eine Beziehung zueinander, als sie im Grundmuster divergenter Ähnlichkeiten einen ihnen gemeinsamen Gegentrend der Entwicklung zunehmender (konvergenter) Ähnlichkeit aufweisen.

Dies ist ein Phänomen der systemorientierten Betrachtung von Ähnlichkeiten, das uns nochmals auf das Prinzip zurückführt; das Prinzip, daß Merkmale, wie die Ähnlichkeitsfelder von Gegenständen, einander nicht nur wechselseitig bestimmen; Merkmale wie Felder bestimmen sich auch untereinander. Denn disperse und konvergente Ähnlichkeiten können ja nur aus dem Dominieren harmonisch divergenter Ähnlichkeitsmerkmale erkannt werden.

Ein allgemeines Vergleichstheorem

Zu einer allgemeinen Form läßt sich dieses Prinzip einer wechselseitigen Optimierung der Begriffsbildung durch zwei weitere Überlegungen führen. Einmal, indem über die Ursachen der Ähnlichkeiten reflektiert wird, die Erklärung ihrer Übereinstimmung mit der realen Welt. Dies enthält die Begründung der Isomorphie (oder Isologie). Zum anderen, indem nach den Graden der Gewißheit der Erkenntnis gefragt wird, mit welchen diese Begriffe ihren Gegenständen entsprechen dürften. Dies betrifft auch die Gewichtung der Begriffe.

Einen bewährten Ansatz zur Ursachenfrage bildet die Erkenntnis dispers-konvergenter Ähnlichkeiten im Rahmen der harmonisch-divergenten. In der Biologie hat es sich gezeigt, daß harmonisch-divergierende Ähnlichkeiten eines zusammenhängenden Feldes (einer taxonomischen Gruppe) auf innere, systemimmanente Ursachen zurückgeführt werden müssen. Und zwar deshalb, weil es mit der Komplexität des Feldes immer unwahrscheinlicher wird, daß äußere Ursachen (die steten Wechsel der Lebensbedingungen) gleichgerichtete Veränderungen bedingen könnten. Ursachen müssen konservative Bedingungen in der Organisation der Organismen selbst sein, welche den auf Veränderung drängenden Außenbedingungen entgegenwirken.[42]

Diesen sich harmonisch-divergent wandelnden Homologien stehen die dispers verteilten konvergenten Änderungen gegenüber (vergl. Abb. 19), die Funktionsanalogien. Sie verstehen wir längst aus gleichen Anpassungen an dieselben Außenbedingungen. Wo immer Linsen zum Bildsehen entwickelt werden konnten, wurden sie in gleicher Weise differenziert und vom Augenhintergrund abgehoben. Was

---

[42] GOETHE hat, wie man sich erinnert, den Typus aus esoterischen Ursachen erklärt (esoterisch: griech. ›nach innen zu‹; Gegensatz exoterisch). Der Typus setzt sich aus den eingeschränkten Freiheitsgraden von Merkmalen zusammen, die man weithin verfolgen kann. Dies sind die Homologien (oder Wesensähnlichkeiten). Ich habe für ihre Erklärung aus Systembedingungen im gleichen Sinne das Herrschen eines inneren Selektionsprinzips dargelegt (R. RIEDL, 1975 u. 1977).

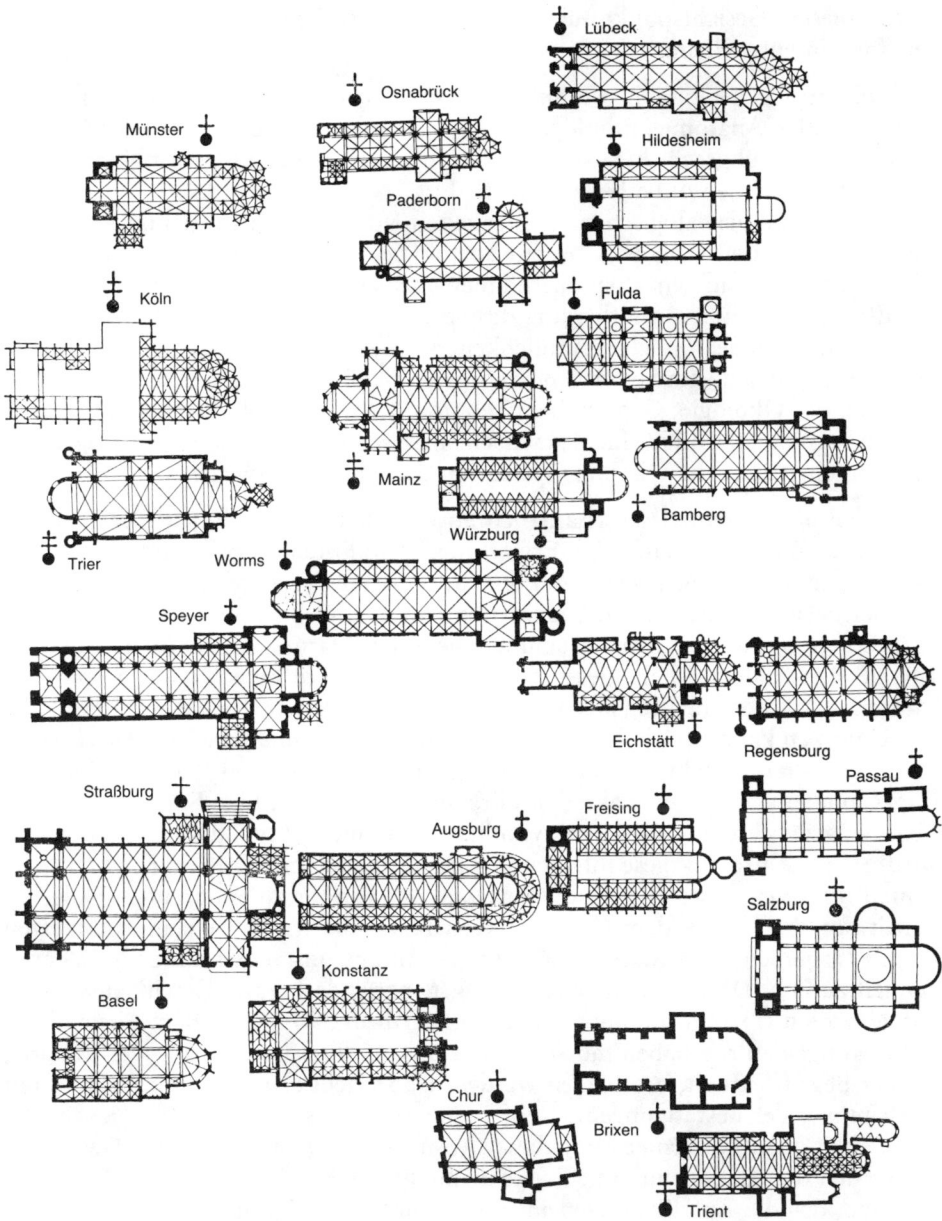

Abb. 20. *Ein Feld von hybrid-genealogischen Ähnlichkeiten* in geographischer Ordnung; am Beispiel der Grundrisse der Domkirchen des Heiligen Römischen Reiches zur Zeit der Säkularisation (1803) in gleichen Achsen, vergleichbarem Maßstab und annähernder räumlicher Anordnung (aus W. BRAUNFELS 1980).

immer schnell durchs dichte Medium mußte, wurde stromlinienförmig. Ist eine funktionelle (gemeinsame) Ursache disperser Ähnlichkeiten dagegen unwahrscheinlich, hilft man sich mit der Bezeichnung ›Zufallsanalogie‹.

Von diesem Gesichtspunkt aus läßt sich eine Ursachen-Typologie der Ähnlichkeitsformen entwickeln:

1. die rein genealogischen Ähnlichkeiten in den Gebieten der Morphologie, vergleichenden Anatomie, Ethologie und Systematik, zum Teil noch in der Anthropologie und Frühgeschichte, soweit Hybridisation (Kreuzungen) zwischen den Entwicklungsbahnen ohne Bedeutung bleibt;

2. die hybrid-genealogischen Ähnlichkeiten, von der Prähistorie und Archäologie, Ethnologie und Linguistik bis zur Soziologie, Kunst- (Abb. 20) und Kulturgeschichte; für sie sind genealogische Bahnen ebenso für die Erklärung erforderlich, wie die wechselseitige Beeinflussung der Sprachen, Kulturen und Schulen;

3. die nicht-genealogischen Ähnlichkeiten, welche zwar auch auf harmonischen Entwicklungen, jedoch überwiegend anorganischen Bedingungen beruhen; mit den Gebieten der Ökologie, Geographie (Geomorphologie), Geologie und Meteorologie (Klimatologie). Und in einem gewissen Sinne schließen die nicht-genealogischen Ähnlichkeiten über die Ökologie wieder an die rein genealogischen an.

Zu den häufigeren wissenschaftstheoretischen Irrtümern zählt, wie erinnerlich, in diesem Zusammenhang die Erwartung, den Erkenntnisvorgang durch den Vorgang der Erklärung ersetzen zu können. Er tritt in der Regel dort auf, wo große Schwierigkeiten in der Fassung eines komplexen und hochpolymorphen Phänomens erkennbar werden, dem gegenüber aber die Erklärung auf der Hand zu liegen scheint. Tatsächlich erhält dieser Wechsel eine gewisse Berechtigung durch den Umstand, daß die Theorie einer Erklärung auf die Theorie der Auswahl der Fälle zurückwirken kann, welche unter diese Erklärung subsumiert werden. Das betrifft somit auch die Auswahl der Gegenstände, deren Merkmale und Feldzugehörigkeit. Dagegen aber stehen zwei Fakten des Erkenntnisprozesses. Eine Erklärung ist eine Theorie, welche induktiv aus der Hypothese zusammengehörender Fälle entwickelt wird. Sie muß also auf diese folgen und kann ihr nicht vorausgehen. Folglich kann keine Erklärung besser sein als die Auswahl der von ihr zu erklärenden Fälle.[43]

Mit der Frage nach dem Grad der Gewißheit, die wir mit einem optimierten Begriff verbinden können, kehren wir an den Anfang unserer einführenden Überlegungen zurück. Dort sind wir davon ausgegangen, daß dieser Gewißheitsgrad in der gesuchten Übereinstimmung zwischen Begriff und Welt, mit dem Ausmaß der Bestätigungen zu tun haben müsse, welche unseren Prognosen, dank der Theorie, die der Begriff enthält, beschieden werden. Dabei geht es um die Anzahl und um den Umfang der Bestätigungen.

Zu einer quantitativen Fassung dieses Ausmaßes an wahrscheinlicher Gewißheit eignet sich die Abgrenzung (die Ausschließung) der Möglichkeiten des Zufalls — ein Maß, das die Zufallswahrscheinlichkeit (eigentlich Zufalls-Unwahrscheinlichkeit) angibt, mit welcher eine Menge an Prognosen über diese Welt auch durch den reinen Zufall erklärt werden könnte.

---

[43] Der Beziehung von Erkenntnis-, Erklärungs- und Entstehungsweg der Naturdinge darf ich hier nicht weiter nachgehen. Ich habe diese ausführlich im Rahmen der »Biologischen Grundlagen des Erklärens und Verstehens« (R. RIEDL, 1985 a) dargelegt, in einem Band, der (wenn auch vorausgehend erschienen) das vorliegende Thema systematisch fortsetzt.

Wir können dabei dem Zufall die größtmögliche Chance einräumen, weil die Zufallswahrscheinlichkeiten rasch schwinden werden. Nehmen wir also an, eine Prognose, die wir hinsichtlich eines Merkmales machen, könnte (wie beim Münzwurf: es werde der ›Adler‹ erscheinen) gleich gut auf den Zufall zurückzuführen sein. Diese Wahrscheinlichkeit wäre ½ (schon beim Würfeln wäre sie nur mehr ⅙). Mit der Anzahl der bestätigten Prognosen (mein Partner schwindelt: es werde stets nur der Adler fallen) sinkt die Erklärbarkeit durch den Zufall aber vom 1. zum 10. und 100. Fall von 2^{-1} auf 2^{-10} und 2^{-100} (von 0,5 auf 0,00098 und $7{,}8 \cdot 10^{-31}$), eine Unmöglichkeit für die Chancen irdischer Zufälle. In dem Maße aber, wie die Möglichkeit der Zufallserklärung für eine Anzahl bestätigter Prognosen schwindet, muß die Wahrscheinlichkeit steigen, daß ein notwendiger oder gesetzlicher Zusammenhang richtig prognostiziert wurde.

In der Regel macht man sich über den Umfang der von uns ständig gemachten und bestätigten Prognosen keine Vorstellung. Schon 10 erfolgreiche Fälle der Erwartung, es würden 25 Merkmale (einer Vogelart, eines Fahrzeuges) prognostizierbar sein, ergibt 250 Bestätigungen mit einer Zufalls-Unwahrscheinlichkeit von $5{,}5 \cdot 10^{-76}$, eine Unmöglichkeit bereits für die Zufallsmöglichkeiten dieses Kosmos. Dabei verhalten sich die Fälle zum Umfang der Prognosen wie sukzessive zu simultanen Koinzidenzen, wie die Wiederbeobachtung zum Merkmalsreichtum eines Gegenstandes.[44]

Daraus folgt für die Begriffsbildung noch eine wichtige Einsicht. Manche Gewißheitsgrade der durch die Theorie eines Begriffs möglichen Prognosen erreichen jene der physikalischen Gesetze. Es wäre irrig zu glauben, daß der Gewißheitsgrad von Voraussagen mit der mathematischen Formulierbarkeit einherginge. Mit dieser steigt nur die metrische Präzision. Auch mit unseren Begriffen nähern wir uns der Einsicht in die Struktur dieser Welt. Freilich müssen wir nun in den wesentlichen Punkten noch genauer werden.

Über das Begreifen von Ähnlichkeitsfeldern

Wenn es richtig ist, daß die Felder, in welchen wir ähnliche Gegenstände denken, aus den Merkmalen dieser Gegenstände bestimmt werden, deren Merkmale aber ebenso aus jenen Feldern, so kann keiner dieser Bestimmungsschritte vor dem anderen einen Vorrang besitzen. Somit ist es gleich gut (gleich schlecht), mit welchem man beginnt. Wie wir schon wissen, ist es ein Kennzeichen für alle echten Systemzusammenhänge, daß es gleich schlecht ist, wo immer man mit deren sprachlicher Behandlung (Beschreibung wie Erklärung) beginnt; und zwar, weil bei der Nennung jeder ihrer Komponenten die Kenntnis aller anderen vorausgesetzt werden müßte.

---

[44] Im einzelnen kommen wir darauf noch zurück. Man wird sich aber erinnern, daß wir die Hauptkriterien der Homologie (im Sinne von A. REMANE, 1971) als Merkmalsreichtum zu Simultan-Prognosen synthetisierten, die Hilfskriterien als stete Wiederbeobachtungen zu sukzedanen Prognosen — Prognosen, die einander multiplizieren. Hier gehen sie ein in ein allgemeines Vergleichstheorem.

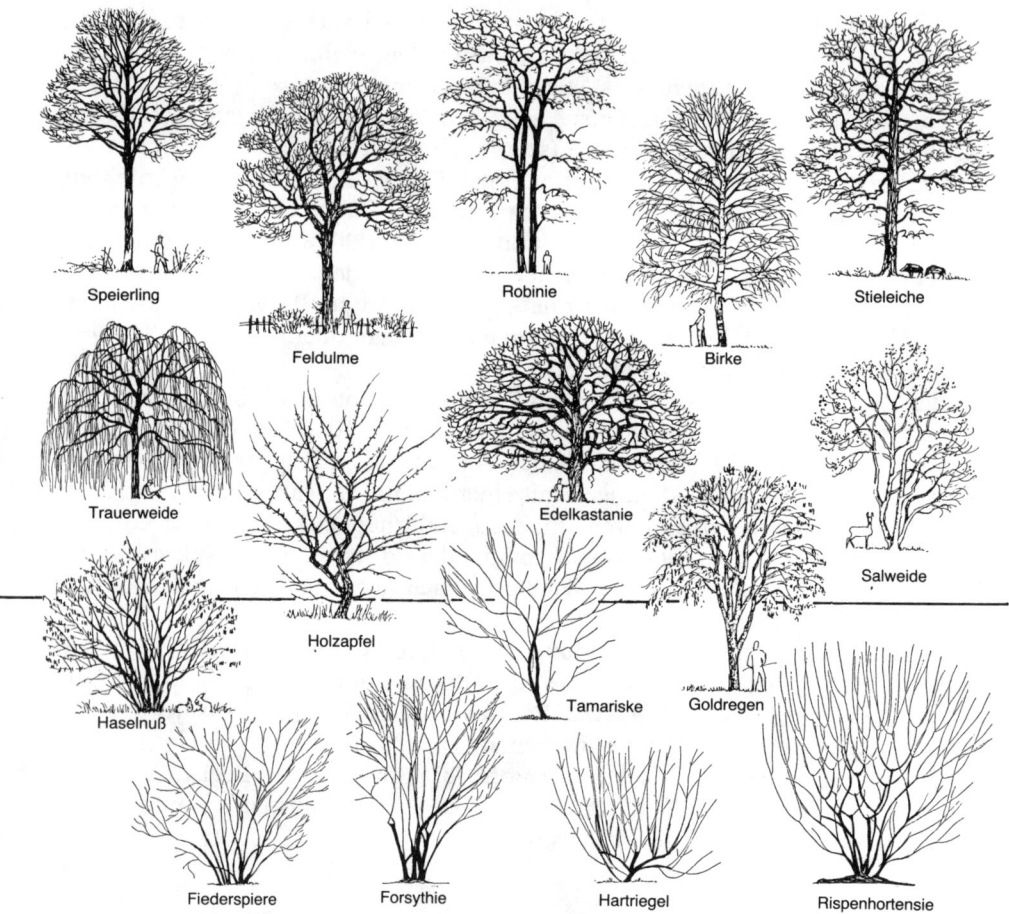

Abb. 21. *Ein Feld von Ähnlichkeiten und seine Grenze* am Beispiel einiger Arten europäischer Laub-
bäume und der Grenze gegen den Begriff der Sträucher (zusammengestellt nach A. QUARTIER 1974,
etwas verändert und ergänzt). Man beachte die Übergänge an der Trennlinie.

Ich sage das hier so ausdrücklich, um nochmals auf die Kompromisse mit
unserem Sprach-Denken hinzuweisen. Sie dürfen nicht nur nicht vergessen werden.
Wir müssen uns zusätzlich mit dem Umstand abfinden, daß diese Kompromisse
sogar fühlbarer werden, je analytischer unser Vorgehen wird. Die Analyse der
Komponenten (oder Prozesse) des Begriffsbildens bleibt uns aber nicht erspart,
wenn es darauf ankommt, diesen Vorgang mit Hilfe der kategorialen Art unserer
Sprache darzulegen. Es darf nur nicht vergessen werden, daß wir Kompromisse
eingehen, und daß die Analyse, nur zum Zweck der Synthese gedacht, uns dem
realen System des Begriffsbildens näherbringen kann.

Wir werden von Grenzen reden müssen, wo es nur Diskontinuitäten gibt
(Abb. 21 und 22), von Einheiten, wo diese nur wandeln, von Feldern und Merkmalen getrennt, wo sie doch nur ineinander Existenz haben. Aber noch ein vierter

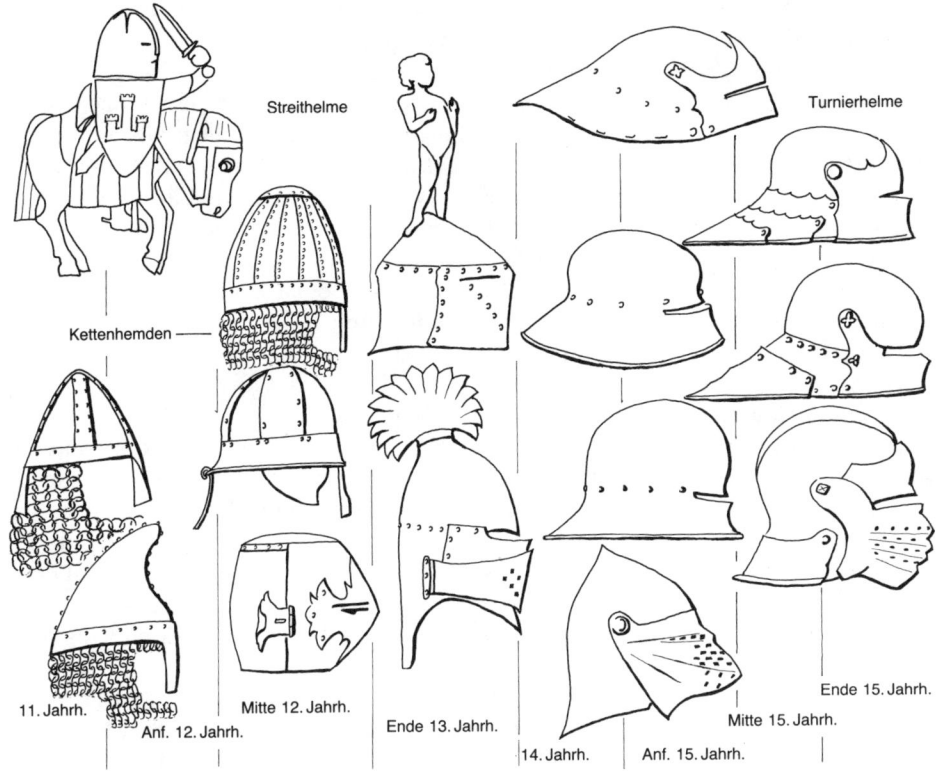

Abb. 22. *Ähnlichkeitsfeld in den Grenzen historischer Entwicklung* am Beispiel der Differenzierung westeuropäischer Helme, vom Streithelm des 11. Jahrhunderts bis zum Turnier-Helm Ende des 15. Jahrhunderts (zusammengestellt und chronologisch gereiht nach E. VIOLLET-LE-DUC 1875).

Kompromiß muß nun eingegangen werden. Unser sprachlicher Ausdruck verlangt, daß wir uns bei der Analyse der Wechselbeziehung von Feld und Merkmal so verhalten, als sei die eine Seite verläßlich optimiert, wenn wir die Prozesse in der anderen untersuchen.

Die Entwicklung des Ähnlichkeitsfeldes

Wenn wir also mit der Untersuchung des Bildes eines Feldbegriffes beginnen, müssen wir unserer Denkweise entgegenkommen, indem wir annehmen, die Merkmale, aus welchen er sich zusammensetzt, wären wohldefiniert, wiewohl wir wissen, daß der definitorische Ansatz zu seiner eigenen Auflösung, für eine typologische Lösung dienen muß. Wir nehmen also an, die beteiligten Merkmale seien eindeutig, fixiert und abgezählt.

Nun wählen wir ein möglichst einfaches Beispiel: die Bestimmung der Feldgrenze (einer Teilungsgrenze) innerhalb eines (einigermaßen) polymorphen En-

sembles, wobei zudem die Voraussetzung gelten muß, daß auch die übergeordneten Merkmale, welche dieses Ensemble von Merkmalsträgern (Gegenständen)
rechtfertigen, als verläßlich bestimmt gelten können.

Schon ein so einfaches Beispiel zeigt, daß jede Annahme einer Feldgrenze Urteile
über alle einbeschlossenen Merkmale zur Folge hat. Im Ansatz liegt also schon die
Rückwirkung. Wir werden von Kategorien von Merkmals-Typen reden; und diese
werden sich zunächst als von zweien ihrer Vorkommenseigenschaften abhängig
erweisen: vom Grad der Repräsentation im Gesamtfeld und vom Grad der
Differenzierung zwischen den Subfeldern (vom Verhältnis ihrer Repräsentation in
denselben). Beide können wir auf Gradienten zwischen 0 und 100 % gelegen
beschreiben. Aus dem Repräsentations-Gradienten geht hervor, in welchem
Umfang, und aus dem Differenzierungs-Gradienten, in welchem Ausmaß ein
Merkmal die Bildung einer Feldgrenze stützt (oder ihr zuwiderläuft).

Ob eine Feldgrenze gut getroffen wird, hängt nur zum Teil von der Aufmerksamkeit und der Erfahrung des Prüfenden ab. In einem größeren und konstanteren
Maße sind die Eigenschaften des Feldes maßgeblich, in einem wie hier vereinfachten Falle von der Anzahl der Gegenstände, von der Anzahl der Merkmale sowie
von ihrer unterschiedlichen Auffälligkeit und der Komplikation ihrer Anordnung.[45]

In der Realität werden diese Bedingungen freilich noch von der Theorie überla-
gert, mit welcher der Prüfende bereits an die Aufgabe herangeht, sowie von der
Abgrenzbarkeit (den Diskontinuitätsgraden) der Wandlung der Merkmale und den
Grenzformen der Ober- und Subfelder.

Aber schon in dem einfachen Beispiel der Abbildung 23 zeigt sich, daß ein erster
Versuch, eine Subgrenze zu etablieren, zumeist nach den auffallendsten Merkmalen versucht wird. Nennen wir sie die Hypothese I, wie sie (in Abb. 23) die Felder A
und B trennt. Und unabhängig davon, ob sie sich als optimal erweisen wird, zeigt
sie bereits, worauf es hier ankommt: auf die Urteile, die sich daraus über alle
Merkmale ergeben, und deren Gliederung in Kategorien.

Die Kategorien der Merkmale

Hier sind wir in der Lage, nahezu keine neuen Termini einführen zu müssen. Ich
kann jene verwenden, welche die Systematik kennt. Sie werden den meisten
Biologen vertraut sein und erweisen sich auch für ein allgemeines Vergleichstheorem als zutreffend (und einigermaßen anschaulich).

1. *Oberklassen-Merkmale (ob)* sind solche, die für Obergruppen differenzie-
rend wirken. Sie tragen zur Teilung der untersuchten Klasse nichts bei. Sie sind
vielmehr (in ihrer ganzen hierarchischen Serie) die Voraussetzung für deren
Rechtfertigung. Sie können, wie die folgenden Klassenmerkmale (2 und 3), in
Kategorien gegliedert werden und positive oder negative Bedeutung haben, d. h.

---

[45] Derlei Ergebnisse habe ich Experimenten mit Hörern meiner Kollegs zu diesem Thema (zwischen 1976 und 1985)
entnommen, jeweils nachdem ich das Auditorium eines Semesters in das betreffende Problem eingeführt hatte, aber
bevor die Lösung angeboten wurde. Im Durchschnitt waren es etwas über 100 Versuchspersonen, auf deren
Beiträge ich mich jeweils stütze und auch weiterhin berufen werde.

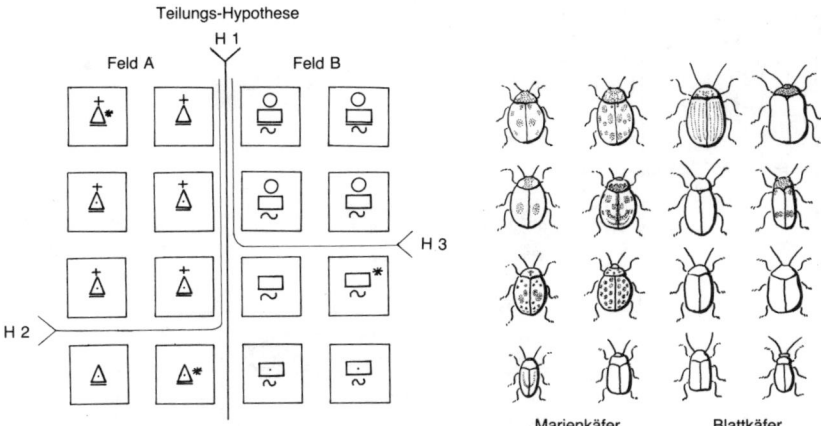

Abb. 23. *Feld von Ähnlichkeiten (1. Beispiel)* aus 16 Gegenständen mit 8 zugehörigen Merkmalen. Hinzugefügt ist die Hypothese einer Unterteilung (in die Subfelder A und B) nach den auffallendsten Merkmalen. Die Merkmale sind nach ihrer Art (Qualität), Anzahl und Verteilung als invariabel und eindeutig bestimmt angenommen. (Die zur Illustration angedeuteten Käfer schlage man nach in M. CHINERY, 1976, Seiten 304 und 320).

für die Oberklassen kennzeichnend sein oder *gegen* diese, indem sie die benachbarten Oberklassen kennzeichnen. Im Beispiel der Abbildung 23 sind die □ das einzige und positive Oberklassenmerkmal (der ersten Hierarchie-Schichte).[46]

2. *Differentialdiagnostische Merkmale (di)* sind für eine Feldgrenze die wichtigsten. Die positiven sind dadurch gekennzeichnet, daß sie in allen Repräsentanten der einen Klasse vorkommen, aber in keinem der anderen. Bei den negativ differentialdiagnostischen ist es umgekehrt. Für die Klasse *A* (der Abb. 23) sind die △ positiv, die □ negativ differentialdiagnostisch (für die Klasse *B* ist dies umgekehrt). Positiv differentialdiagnostisch gilt für den Säuger das Haar, negativ Feder oder Schuppe, positiv für Streichinstrumente der Bogen, negativ Bünde oder Schlegel.

3. *Selektive Merkmale (se)* sind für die Bestimmung der Feldgrenzen (von Organismen) die häufigsten. Sie zeigen sehr unterschiedliche Differenzierungsgrade und lassen sich (wünscht man eine methodische Unterteilung) in zwei Unterkategorien zerlegen (mit ihren positiven und negativen Wirkungen also in vier Formen; zur Übersicht s. Abb. 24). Alle Formen der selektiven Merkmale differenzieren eine Feldgrenze nur graduell. Zwingend unterscheiden sie immer einige, aber nie alle Repräsentanten einer Klasse. Und in einer der Klassen sind sie entweder bei allen oder bei keinem Repräsentanten vertreten.

a) Zu-selektiv *(zs)* sind jene Merkmale, die (wenn positiv) einen Teil der Repräsentanten der Klasse zu-ordnen, oder (wenn negativ) einen Teil der Repräsentanten

---

[46] Beispiele für positive Oberklassen-Merkmale der Wirbeltiere, Saiteninstrumente und Bücher sind ›mehrschichtige Haut‹, ›gespannte Saiten‹ und ›gebundene Rücken‹ (sie gelten für Fische wie Säuger, Streich- wie Zupfinstrumente, Text- wie Bildbände). Negative Oberklassen-Merkmale: ›einschichtige Haut‹ (der Wirbellosen), ›Röhrenform‹ (der Blasinstrumente), die ›biblio-theca‹ (der Schriftrollen).

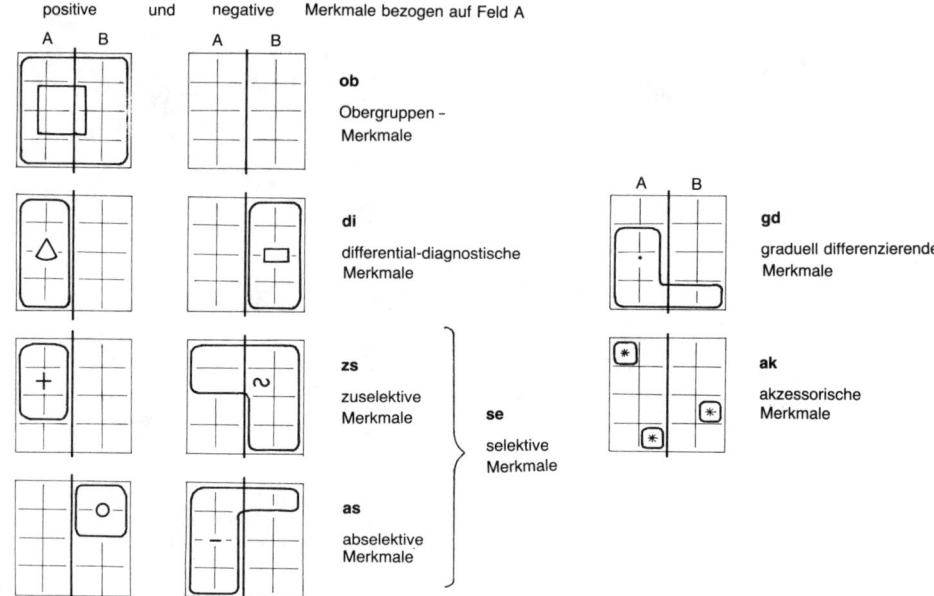

positive   und   negative   Merkmale bezogen auf Feld A

ob

Obergruppen –
Merkmale

di

differential-diagnostische
Merkmale

gd

graduell differenzierende
Merkmale

zs

zuselektive
Merkmale

se

selektive
Merkmale

ak

akzessorische
Merkmale

as

abselektive
Merkmale

Abb. 24. *Die Kategorien der Merkmale* und ihre Zuordnung als Konsequenz der Teilungs-Hypothese I des Beispiels in Abb. 23. Man beachte, daß die differenzial-diagnostischen *(di)* Merkmale allein zwingende Zuordnung aller Gegenstände zulassen, die selektiven *(se)* stets nur eine Gruppe derselben. (Positiv und negativ gilt stets nur in bezug auf eines der Felder; hier auf das Feld A.)

der Klasse vom Besitz des Merkmals ausschließen. Für die Klasse *A* in den Beispielen der Abbildungen 23 und 24 ist das Merkmal + positiv und ~ negativ zu-selektiv.

b) Ab-selektiv *(as)* sind jene Merkmale, die alle Repräsentanten der Klasse von einigen der Alternativgruppe ausschließen, sei es, daß Repräsentanten der Alternativgruppe ein spezielles Merkmal besitzen (positiv) oder es ihnen mangelt (negativ). Für die Klasse *A* in unserem Beispiel der Abbildungen 23 und 24 sind das die Merkmale ◯ (positiv) und − (negativ).[47]

4. *Graduell differenzierende Merkmale (gd)* nenne ich solche, die in beiden Klassen, doch nie in allen Repräsentanten einer Klasse vertreten sind. Obwohl sie gewöhnlich in den beiden Klassen sehr unterschiedlich repräsentiert sind (also zur Differenzierung der Klassen beitragen), vermag kein solches Merkmal auch nur einen Repräsentanten einer der Klassen zwingend zuzuordnen oder aus ihr auszuschließen. Im Beispiel der Abbildungen 23 und 24 ist es das mit • bezeichnete Merkmal.

---

[47] Daraus folgt, daß schon wenige (mindestens zwei) selektive Merkmale alle Repräsentanten den alternativen Feldern zuordnen lassen können. So sind Haar und Zähne der Säuger (gegen die Alternative ›Vögel‹) in hohem Grade positiv zu-selektiv (können bei Walen fehlen), Schnabel und Eierlegen ebenso in hohem Grade negativ zu-selektiv (findet sich nur beim Schnabeltier).

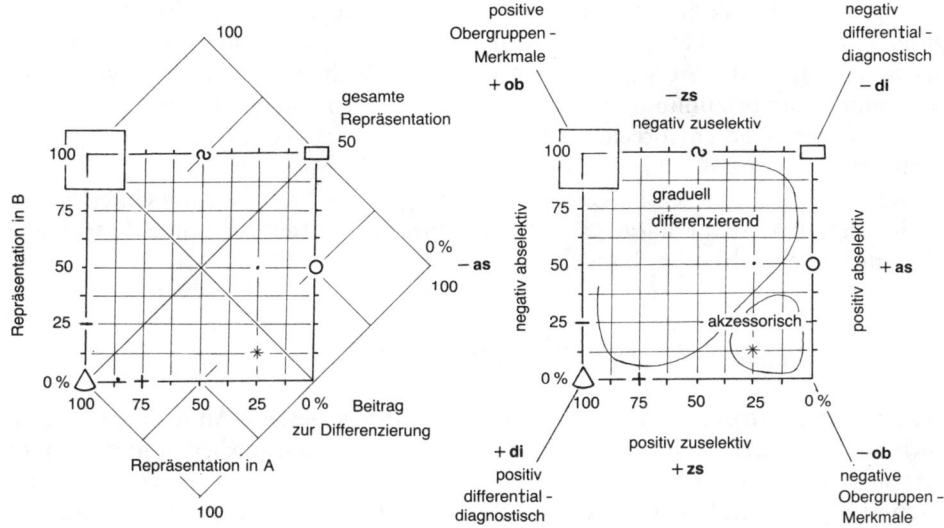

Abb. 25. *Die Ränge der Merkmale* nach der Teilungshypothese I (Felder A und B der Abb. 23 und 24) in die Merkmals-Kategorien; angeordnet nach ihrer Repräsentation in den Feldern A und B. Man beachte die Lage der selektiven Merkmale und das geringe Vorkommen der graduell differenzierenden Merkmale. (Negative Obergruppen-Merkmale kommen im Beispiel nicht vor.)

In der umfangreichsten Systematik, die wir besitzen (der der Organismen), sind sie selten. Was wohl auch der Grund dafür ist, daß die Systematiker für diese eindeutige Kategorie keine Bezeichnung haben. Diese Seltenheit ist um so merkwürdiger, als sie nach statistischer Verteilung den Regelfall darstellen müßten. Denn in dieser Hinsicht (vgl. Abb. 25) sind alle Formen der selektiven Merkmale, und noch mehr die differentialdiagnostischen Grenz- und Extremfälle. Diese Häufigkeitsverteilung wird eine Konsequenz des genealogischen Feld-Typus sein. In den übrigen Feldtypen sind die graduell differenzierenden Merkmale oft wichtig und zahlreich vertreten.[48]

5. *Akzessorische Merkmale (ak)* sind solche von geringer Repräsentanz. Sie können in den alternativen Klassen gleichermaßen vorkommen und müssen hinsichtlich ihres Auftretens keine Beziehung zur (harmonisch-divergenten) Anordnung der Mehrzahl der Feld-Merkmale zeigen. Ist letzteres der Fall (disperse Verteilung), dann handelt es sich gewöhnlich um Analogien, wie man sich erinnert, um Zufallsanalogien (roter Kehlfleck bei Wirbeltieren, einem Fisch, Vogel) oder Funktionsanalogien (Stromlinienform bei Wirbeltieren, Haien, Sauriern, Delphinen).

---

[48] In der Systematik der Organismen wird der Repräsentationsgrad der selektiven wie der graduell-differenzierenden Merkmale unterschiedlos mit den Termini: ›meist —‹, ›in der Regel —‹, ›mitunter —‹, ›selten — mit …‹ bezeichnet. Obwohl die graduell-differenzierenden immer wieder zum Hinweis auf eine unzutreffende Feldgliederung oder Merkmalsfassung wurden (die ›Haare‹ bei Flugsauriern, ›Zähne‹ mancher Vögel u. a. m.), haben sie sich z. B. mit jenen der Säuger als nicht vergleichbar erwiesen.

Aufgrund ihrer geringen und zufallsverteilten Repräsentanz sind sie für die Differenzierung von Feldgrenzen (auch quantitativ) von geringer Bedeutung (in unserem Beispiel der Abb. 23 und 24 mit dem Zeichen ⋆). Für die Zwecke der Verwandtschaftsbestimmung müssen sie auch sorglich von den Homologien abgetrennt werden. Und entsprechend nehmen sie im Häufigkeitsdiagramm (Abb. 25) einen charakteristischen Platz ein.

Treten sie aber in einer Gruppe von Gegenständen des Ähnlichkeitsfeldes geschlossen auf, dann kann es sich um durchaus differenzierende Merkmale, allerdings einer Subklasse, handeln.

Wechsel in den Merkmalskategorien

So kommen wir in der Analyse des Entwicklungsprozesses von Ähnlichkeitsfeldern einen Schritt weiter, wenn wir nun den Wandel von Merkmalsbedeutungen näher untersuchen. Er ist allein abhängig von der Entwicklung unserer Theorie einer Feldbestimmung und, wie wir später finden werden, vom Prozeß deren Optimierung.

Man erinnert sich, daß die Hypothese *I* (im Beispiel Abb. 23) die alleinige Ursache dafür war, daß die Merkmale △ und ◻ in den Rang der differentialdiagnostischen *(di)* kamen. Ihre Auffälligkeit in der Graphik mag unserer Gestaltwahrnehmung diese Lösung suggeriert haben. Keine andere Begründung wäre im voraus angebbar gewesen. Nun kann man sich davon überzeugen, daß die Annahme anderer Feldgrenzen-Hypothesen (z. B. Hypothese *II* oder *III*) allen Merkmalen einen anderen Wert gibt (mit Ausnahme der akzessorischen).[49]

Befaßt man sich beispielsweise nicht mehr mit der Grenzhypothese *I* (der Abb. 23), indem sich diese, sagen wir, als optimiert erwiesen hätte, so wird man sich (vorausgesetzt, die Oberklassen stimmen ebenfalls) jeweils den etablierten Klassen *A* und *B* zuwenden. Wobei es sich sogleich herausstellt, daß das Merkmal ◯ zu einem differentialdiagnostischen aufsteigen kann, sobald nun das Merkmal ◻ zum Obergruppen-Merkmal der Klasse *B* wurde. Im Rahmen unserer Hypothese *III* wird also das selektive Merkmal ◯ zum kommenden *di*-Merkmal der nächsten Unterklasse werden können.

6. *Unterklassen-Merkmale (un)* sind also solche, die, versetzt aus der einen Klasse in die nächste Unterklasse, zu einer höheren Kategorie aufsteigen oder zum mindesten die Differenzierung der Grenzziehungen verbessern. Wir kommen damit auf einen weiteren Aspekt auch der Kategorie der akzessorischen Merkmale zurück. Wenn sich die Träger akzessorischer Merkmale innerhalb eines harmonischen Feldes in geschlossener Gruppierung finden, dann werden sie, zu Merkmalen

---

[49] Man kann sich überzeugen, daß die zweite Grenzhypothese (*H* II der Abb. 23) die *di*-Merkmale △ und ◻ zu *se*-Merkmalen abwertet, dahingegen das ursprüngliche *se*-Merkmal + zu einem *di*-Merkmal anhebt. Oder, wieder anders, daß nach Hypothese III die Merkmale △ und ◻ zwar wieder auf *se*-Merkmale sinken, nun aber das *se*-Merkmal ◯ zum Rang eines *di*-Merkmals aufsteigt, und so fort.

einer weiteren Unterklasse versetzt, zur Optimierung des Gesamtzusammenhanges beitragen.[50]

Dies geschieht nicht nur deshalb, weil sie, in die Unterklasse transponiert, zur Vergrößerung deren Differenzierung beitragen (sogar in eine höhere Kategorie aufsteigen können), sondern natürlich auch deshalb, weil sie die Klasse, aus der sie entfernt werden, von einem dort schwachen Merkmal befreien. Der Wechselbezug des Optimierungsprozesses hat also nicht nur Feld versus Merkmal und alternative Felder gegeneinander zu verrechnen. Er betrifft auch die Transponierung von Klassenmerkmalen, und zwar zu den Subklassen wie zur Oberklasse. Und sie wirken aus diesen wieder auf die Klasse zurück.

Wir sagten ja, der Prozeß der Optimierung ist in einem hierarchischen Zusammenhang zu verstehen. Unser Beispiel war das denkbar einfachste, schon deshalb, weil wir voraussetzten, daß die Hierarchie aller Oberklassen, zu welcher die untersuchte Klasse gehören muß, bereits optimiert wäre, und weil wir uns um die Unterklassen überhaupt nicht kümmerten. Die Rückwirkung gilt also in dem Sinne, als die ganze Serie der Oberklassen, in welcher eine Klasse steht, mit den Graden ihrer Optimierung in den Wechselbezug eingeht, ebenso wie die der Hierarchie-Serie der Unterklassen, die noch dazu von Stufe zu Stufe zahlenmäßig zunehmen.

In Wahrheit hängt also wieder einmal alles mit allem zusammen. Unser Zugang ist, wie gesagt, voll der Kompromisse und eine Konzession an unsere definitorische, zu Klassengrenzen tendierende Denkweise. Wir können aber, wenn wir dies im Auge behalten, jede Konzession wieder einlösen, jeden Kompromiß schrittweise wettmachen.

Feldbegriff und Sprachbegriff — ein Rückblick

Unsere Kultur ist zu einer Fülle wahrscheinlich schon weitgehend optimierter Klassen-Begriffe gelangt, die sich von unseren Feld-Begriffen nur dadurch unterscheiden, daß man meint, der Realität definitorisch (und nicht typologisch) entsprochen zu haben und man den Erkenntnisvorgang nicht im einzelnen zu durchdringen trachtete, sondern ihn, wie wir sahen, der Anleitung durch unsere ratiomorphe Ausstattung überlassen hat. Allein die Systematiker (und Vergleichenden Anatomen) haben doch zwei Millionen Organismenarten in ein vielstufig hierarchisches System von rund einer halben Million Oberklassen (Gattungen und Familien, bis Stämme und Reiche) offenbar so zutreffend geordnet, daß hinsichtlich des Zusammenhangs dieses Systems der Evolution der Organismen kein Zweifel mehr bestehen kann. Was also soll nun noch optimiert werden?

Ich halte diesen kritischen Blick auf unsere Fragestellung hier für ratsam, weil ich an das Anliegen dieser Untersuchung erinnern will, noch bevor uns die Enge

---

[50] Das (bedeutungslose) akzessorische Merkmal ›roter Kehlflecken‹ im Rahmen der Wirbeltiere beispielsweise kann im Rahmen einer Vogelgruppe, etwa der Drosselvögel, durchaus zum selektiven Merkmal aufsteigen. Er ist für die Wander-, Naumanns- und Rotkehldrossel ebenso kennzeichnend wie für die Männchen des Gartenrotschwanzes, des Schwarzkehlchens, des Steinrötels und für das erwachsene Rotkehlchen (Abbildungen in R. PETERSON, G. MOUNTFORT und P. HOLLOM, 1954).

einer quantitativen Betrachtung in Gefahr bringen kann, die Sicht aufs Ganze zu verlieren. Einmal geht es ja darum, die ratiomorphen Leistungen zu durchschauen. Zweitens darum, die möglichen Fehler aufzuklären, welche unserem Denken unterlaufen dürften: sowohl durch den Ansatz an einer doch nur annähernden Adaptierung (oder Isomorphie) der ratiomorphen Ausstattung an (oder mit) dieser Welt, als auch durch Extrapolation und den sprachlichen Kompromiß. Denn diese Welt ist eben von typologischer Strukturierung, der wir mit definitorischer Fassung im Grunde nicht gerecht werden.

Das obige Beispiel entspricht der alten Denkfalle. Denn freilich ist dem Querschnitt durch die Krone eines Strauches (dem Schnitt der Gegenwart durch die Verzweigungen der Arten) gerade noch definitorisch beizukommen. Das kann man auch noch für die Rekonstruktion der Verzweigungen (den Stammbaum) beanspruchen, unter der Voraussetzung allerdings, daß man berechtigt wäre, an jeder Gabelung (und nur dort) die eine Definition aufzugeben und dafür zwei neue Definitionen (von Arten) einzuführen. Dann aber ist die Kontinuität bereits zerrissen, und wir werden, wie erinnerlich, zu der widersprüchlichen Annahme verleitet, daß an den Verzweigungen jeweils eine neue Art, stellenweise sogar eine neue Gattung, Familie, ein neuer Organismenstamm plötzlich erschaffen worden sei (vgl. Abb. 13, S. 107).

Dieser Falle müssen wir entgehen, was nur gelingen kann, wenn wir das Gleitende allen Wandels und die Relativität aller Grenzen im Auge behalten, die Graduierung in den polymorphen Feldern und die Grade der Diskontinuitäten an ihren Rändern. Erst wenn wir die Gradationen festgeschrieben haben, wenn wir, sozusagen, die Polymorphie des Terrains kennen, auf dem wir uns bewegen, sollten wir erst wieder zu jenen Krücken des Denkens greifen, ohne deren Hilfe unsere definierende Sprachwelt nicht vorankommt.

Dies ist umso mehr zu bedenken, als uns die leichten Erfolge zerteilender Kompartmentierung so behende davontragen, von der Kontinuität allen realen Werdens und Seins abzuheben, in eine Welt einzuschweben, die nicht mehr den Strukturen dieser Welt, sondern nur mehr den Strukturen unseres Denkens entspricht. Und das verdient umso intensiver unsere Aufmerksamkeit, als, wie erinnerlich, gerade die kompartmentierten, statischen Querschnitte durch das graduelle Werden der Arten jenen Operator lieferten, der die frühe Ausformung unseres Denkens und unserer Grammatik bestimmte.

Die Optimierung des Feldbegriffs

Ich habe behauptet, daß wir im Konkreten nichts im voraus wissen können. Wir konnten nicht wissen, daß das Unteilbare (a-tomare) teilbar sei, der Mensch ein Primat, der Delphin ein Säuger, die Sonne Teil einer Galaxie und die Erde ein Planet. Es muß also, worin und von welchem Ansatz aus immer, einen Weg geben zur Verbesserung der Übereinstimmung von Begriff und Welt.

In den Ähnlichkeitsfeldern, in welchen wir zusammenstellten, was wir heute Sonnen, Galaxien, Säuger oder Primaten nennen, wurden Gegenstände ein- und

ausgegliedert, Merkmale verworfen oder hinzugefügt, begrenzende Diskontinuitäten wahrgenommen und die Inhalte harmonisch geordnet. Begriffe von den
Brennstadien der Sonnen, den Entwicklungszuständen der Galaxien, der Stammes-
linien der Säuger wie der Primaten passen schrittweise besser in die uns mögliche
Erfahrung. Das ist wohlbekannt.

Die qualitative Seite dieser Entwicklung ist auch noch unschwer wahrzunehmen.
Sie äußert sich in einer Adaptierung der Merkmale und in harmonischeren
(widerspruchsfreieren) Beziehungen in den Feldern ihrer Gegenstände. Es treten
Kanons zutage, Theorien von Gesetzlichkeit, an welche wir Theorien der Erklärung anfügen.

Was wir ein harmonisch-divergentes Feld von Ähnlichkeiten nannten, drückt
sich darin aus: Verwandtschaft, Genealogie, Homologie mit ihren Polymorphien
an Fixierungen und Freiheitsgraden. In unserer Sprechweise, die uns die Vorstellung von Klassen aufnötigt, kommt man der Sache näher, wenn wir von einer
Hierarchie von Klassen sprechen. Qualitativ wird jener Harmonie entsprochen,
wenn die Hierarchie der Begriffe von den obersten zu den untersten Klassen
widerspruchsfreie Ordnung zeigt, wodurch eine Hierarchie ihrer Ränge und
Gewichte entsteht.

Nun ist der Verdacht nicht ausgeräumt, daß wir dadurch einem Zirkelschluß
erlägen, daß wir Ränge und Gewichte in die Gegenstände legten, um sie aus deren
Gegenständen wieder bestätigt zu bekommen.[51]

Schon dies ist ein Grund zu zeigen, über welche Wechselbezüge die Rangung und
Gewichtung von Begriffen entsteht, und zwar in einem keineswegs zirkulären,
sondern vielmehr schraubenförmigen Prozeß. Dieser kehrt Umlauf für Umlauf
nicht in sich selbst zurück; vielmehr entspricht die Steigung der Schraube der
Optimierung des Kenntnisgewinns.

Der Differenzierungsgrad einer Hypothese

Der einfachste allgemeine Fall ist mit der Prüfung des Differenzierungsgrades
gegeben, den die Hypothese einer Feldgrenze zur Folge haben muß. Dies gilt beim
Ansatz an einem Feldbegriff mit der uns schon bekannten Voraussetzung, daß
dessen Merkmale wie auch seine Ober- und Subfelder als optimiert gelten können.

Dieser Differenzierungsgrad muß also von den Merkmalen *(M)* abhängen, und
zwar von deren Anzahl *(M1 ... Mn)* und deren Repräsentation *(r)* als die relative
Häufigkeit der Merkmalsträger in jedem der durch die Hypothese *(H)* geteilten
Subfelder *(A* und *B)*. Die beste Bestätigung für die Hypothese (die höchste
Trennschärfe) liefert ein differentialdiagnostisches, ein *di*-Merkmal. Ein solches
wäre in allen Repräsentanten des einen Subfeldes vertreten und in keinem des
anderen. Die stärkste Widerlegung erbrächte die Gleichverteilung. Wünscht man
eine Skalierung, die von bester Bestätigung zur stärksten Widerlegung von 100

---

[51] Die Diskussion um diese erkenntnistheoretisch wichtige Frage ist besonders durch die ›Numerische Taxonomie‹
(R. SOKAL und P. SNEATH, 1963) entfacht worden, welche jene Behauptung erhob: Mit dem Versuch, das
Homologie-Theorem (qualitativen Vergleichens) auszuschließen und durch messende Verfahren zu ersetzen.
Übersicht über die kontroversen Beiträge in P. SNEATH und R. SOKAL, 1973, und R. RIEDL, 1975.

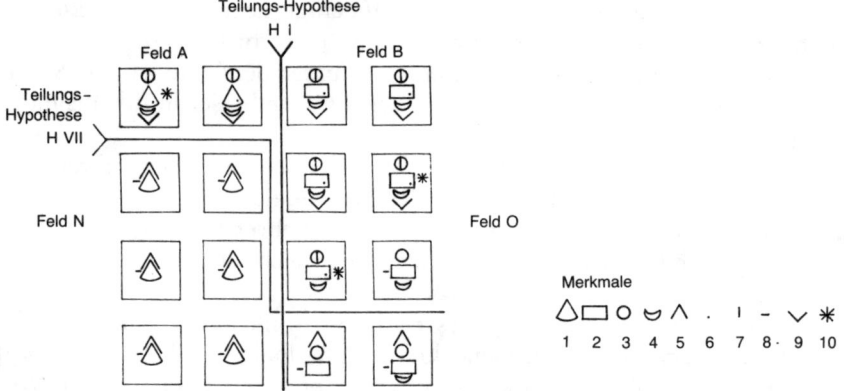

Abb. 26. *Ähnlichkeits-Feld (2. Beispiel)* aus 16 Gegenständen und 10 (zugehörigen) Merkmalen. Hinzugefügt ist die ad hoc-Teilungs-Hypothese *H* I nach der Auffälligkeit, bestimmt durch die Gestalt-wahrnehmung, sowie die optimierte Teilungs-Hypothese *H* VII. Man vergleiche die Evaluierung der *H* I in Abbildung 27, die Entwicklung der Optimierung in Abb. 28 (und 29).

gegen 0 reicht, so kann man den Differenzierungsgrad *(D)* eines Merkmals *(Mx)* (bezogen auf eine Hypothese) als den positiven Rest seiner Repräsentation im Vergleich der beiden Subfelder *(rA* und *rB)* beschreiben:

$$D\ (Mx) = |\ r\ (Mx)\ A - r\ (Mx)\ B\ |.$$

Zudem muß die Repräsentation des Merkmales in beiden Feldern *(R)* eine Rolle spielen: *R (M1)* = *r (M1)A* + *r (M1) B,* weil das Gewicht *(G)* seines Beitrags von seinem Anteil an der Repräsentation *(Σ R)* aller Merkmale, *Σ R* = *Σ (rA* + *rB),* ab-hängen muß. Wünscht man weiterhin eine Skalierung, die zwischen dem höchsten und dem widersprüchlichsten Differenzierungsgrad der Feldgrenzenhypothese *(Σ G)* die Werte 100 und 0 erreicht, dann gilt für jedes Merkmal: *G (Mx)* = *D (Mx)* · *100 / Σ R* und für den gewichteten Differenzierungsgrad *(Σ G)* der Hypothese: *Σ G (M1 ... Mn)* = *Σ D (M1 ... Mn) 100 / Σ R* oder *Σ G* = *Σ D 100 / Σ R.*

Der Differenzierungsgrad einer Grenzhypothese entspricht dann der Summe der Differenzierungsgrade jedes Einzelmerkmales, relativiert auf die Repräsentation aller Merkmale.

Nun wählen wir ein neues Beispiel (nach Abb. 26). Tritt man ihm naiv gegen-über, so mag die erste Grenzhypothese *(H I)* wieder von den auffallendsten Merkmalen △ und □, nach Art der Gestaltwahrnehmung bestimmt worden sein. Daraus folgt, wie wir wissen, ein Urteil (eine Kategorisierung) aller 10 Merkmale mit den in der Abbildung 27 wiedergegebenen Werten (geordnet nach den Gewich-ten der Differenzierungsgrade).[52]

Der Differenzierungsgrad dieser Hypothese ist sehr gering und liegt mit *Σ G* = 57,4 nahe dem Hinweis *(Σ G* = 50), daß jede andere Lösung ebenso gut

---

[52] Unter den *ad-hoc*-Hypothesen meiner Versuchspersonen war diese Hypothese *(H* I in Abb. 26) die häufigste, wiewohl auch andere Starthypothesen versucht wurden. Man kann sich die Merkmale △ und □ mit solchen der Körperform von Organismen veranschaulichen, die übrigen mit speziellen (evtl. versteckten) anatomischen Strukturen.

	Kategorien von Feld A	rA : rB	D	R	G
1 △	+ di	100 : 0	100	100	10,66
2 ▢	– di	0 : 100	100	100	10,66
3 ○	– zs	25 : 100	75	125	8
4 ☋	gd	25 : 87,5	62,5	112,5	6,66
5 ∧	gd	75 : 25	50	100	5,33
6 ·	gd	25 : 62,5	37,5	87,5	4
7 ı	gd	25 : 62,5	37,5	87,5	4
8 ⁻	gd	75 : 37,5	37,5	112,5	4
9 ∨	gd	25 : 50	25	75	2,66
10 ✳	ak	12,5 : 25	12,5	37,5	1,33
			$\Sigma D = 538$	$\Sigma R = 937,5$	$\Sigma G = 57,39$
			$mD = 53,8$	$mR = 93,75$	

Abb. 27. *Differenzierungsgrad (Σ G) der Grenzhypothese I* nach dem Beispiel in Abb. 26. Die Merkmale 1–10 nach dem Gewicht ihres Differenzierungsgrades *(G)* angeordnet. Die (+- und −-)Werte der entstandenen Merkmals-Kategorien beziehen sich auf das Feld A. Erklärung der Zeichen im Text. Ferner bedeutet *mD* den mittleren Differenzierungsgrad und *mR* den mittleren Repräsentationsgrad der Merkmale.

(oder schlecht) sein könnte. Außerdem fällt eine große Anzahl von nur graduell differenzierenden Merkmalen auf. Auch dies ist, wie man sich erinnert, jedenfalls für die Kategorie genealogischer Ähnlichkeitsfelder eine untypische Lösung. Nur die Merkmale *M1* und *M2* differenzieren nämlich optimal. Es sind eben jene, welche die Hypothese *I* suggerierten. *M3* differenziert unsicher, *M4* und *M5* ganz unbestimmt; und *M6* bis *M9* deuten bereits darauf hin, daß die optimale Lösung eine ganz anders liegende Hypothese erwarten läßt.

Das alles gilt freilich unter der Annahme völliger Gleichwertigkeit aller Merkmale. Das mag befremdlich sein. Aber weder gibt es einen Grund, sich von der Größe oder Form der symbolisierten Merkmale leiten zu lassen, noch kann über das Gewicht eines Merkmals ganz allgemein im voraus (also vor jeder Erfahrung) irgend etwas gewußt werden. Vielmehr ist es ja gerade Aufgabe unserer Betrachtung, die Gewichte der Merkmale herauszufinden; denn die optimierte Feldgrenze wird die Merkmalsgewichte bestimmen, so wie die Polymorphie der Merkmale den Ort und die Differenzierung (den Diskontinuitätsgrad) der Feldgrenze.

Die Optimierung einer Grenzhypothese

Versuchspersonen, vor die Aufgabe gestellt, ihre *ad hoc*-Hypothese zu optimieren, führen sich zur Wahrnehmung der Widersprüche oder Kontra-Indikationen. Vor allem, wenn man darauf aufmerksam macht, daß keine Ursache besteht, den Merkmalen irgendwelche Ränge hinzuzudenken. Die Vorgangsweise ist zunächst die des Versuchens, es zum Beispiel einmal ganz anders zu machen. Abbildung 28 zeigt die häufigsten versuchten Hypothesen (*H* I, II, IV, V, VII) und die Reihen-

R	Hypothese I			H II			H IV			H V			H VII		
	△	dd	10,66	∨	dd	9,97	∧	se	9,16	·	dd	10,28	∧	dd	11,94
0	□	dd	10,66	·	se	8,97	∨	se	8,83	I	dd	10,28	·	se	10,44
12,5	○	se	8	I	se	8,97	∪	se	8,02	–	dd	10,28	I	se	10,44
6,25	∪	gd	6,66	–	se	8,97	·	gd	7,69	∧	se	9,14	–	se	10,44
0	∧	gd	5,33	∧	se	7,97	I	gd	7,69	∨	se	8,81	∪	se	10,44
6,25	·	gd	4	∪	se	6,98	–	gd	7,69	∪	se	8	○	se	9
6,25	I	gd	4	○	se	6	○	se	6,87	○	se	6,85	∨	se	9
6,25	–	gd	4	△	gd	2,66	△	gd	3,93	*	ak	4,4	△	gr	5,97
12,5	∨	gd	2,66	□	gd	2,66	□	gd	3,93	△	gd	3,92	□	gr	5,97
31,25	*	ak	1,33	*	ak	2,32	*	ak	1,9	□	gd	3,92	*	dk	4,48
		ΣG = 57,33			ΣG = 65,46			ΣG = 66			ΣG = 75,86			ΣG = 88,06	

Abb. 28. *Optimierung der Grenz-Hypothese* nach den von Versuchspersonen erreichten Lösungen (Beispiel des Ähnlichkeitsfeldes von Abb. 26; Seite 162). Die daraus folgenden Gewichte *(G)* der Differenzierungsgrade der Merkmale und ihre Kategorien sind daruntergefügt. Vorgesetzt ist die Repräsentationsweise *(R)* vor der Teilung des Feldes. Man beachte die ›Wanderung‹ der Merkmalsgruppe ·, − und |, sowie jene von ∧ und ∪ ; gegenüber der Merkmalsgruppe △ und □.

folge, in der sie bei einzelnen Personen aufgetreten sind. Die optimierte Lösung ist jene von *H* VII.

Diese Vorgangsweise sieht zunächst nicht planvoll aus. Und dennoch ist in ihr eine Strategie verborgen. Sie ist von den Versuchspersonen nicht deutlich wahrgenommen (oder rationalisiert) und folglich auch nicht konsequent angewendet worden.[53]

Diese Strategie, die zur Lösung führt, kann man sich durch folgende Überlegung verdeutlichen. Wenn die Lösung in einer Optimierung des Zusammentreffens von Merkmalsgrenzen besteht, dann bilden sich diese Koinzidenzen in zweifacher Weise ab: einmal andeutungsweise noch vor der Einführung einer ersten Grenzhypothese, ein zweites Mal nach derselben.

Vor dem Einsetzen der ersten Grenzhypothese kann die Repräsentation der Einzelmerkmale über das Gesamtfeld (*R;* in % der Fälle) Obergruppen- und akzessorische Merkmale ausschließen lassen, wenn sich die Werte 100 oder 0 nähern. Noch deutlicher aber zeigt die Repräsentationsweise *(R)*, welche Merkmale zusammenfallen können. Sie ergibt sich aus der positiven Abweichung von $\bar{R}$ jedes Merkmals von der Mittelteilung (50 %) des Feldes *(R = | $\bar{R}$ − 50 |)*. Merkmale mit demselben (oder ähnlichem) Wert *R* können in einer Feldgrenze

---

[53] Das Fortschreiten der Hypothesen (vgl. Abb. 28) verläuft vom Modell (△, □ der Hypothese I) der Auffälligkeit über die Gegenlösung (nach Merkmal ∨, *H* II) zur Wahrnehmung der Koinzidenzen unscheinbarer Merkmale (•, | und −, wie sie in *H* III bis *H* V auftreten) in Richtung auf die Optimierung (*H* VII). Gut ein Drittel der Versuchspersonen erreichte *H* VII, ein Drittel blieb bei der guten Näherung *H* V, die übrigen blieben bei anderen Lösungen stehen (bei 2 bis 11, im Mittel 5 Minuten Zeitaufwand).

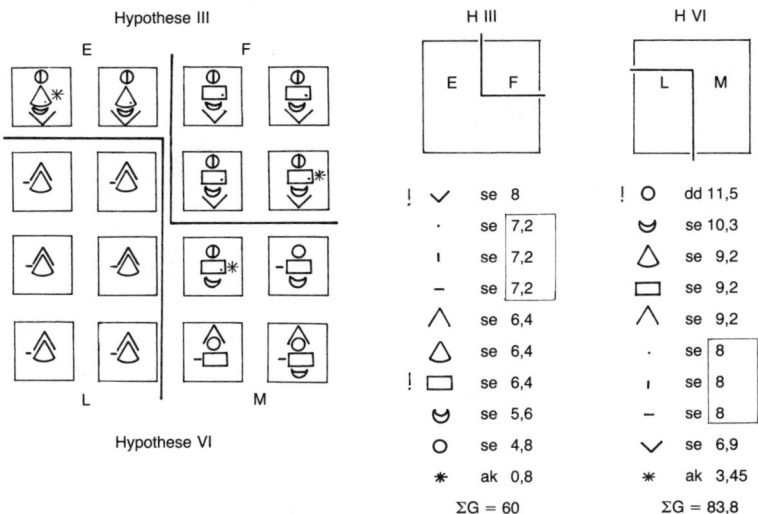

Abb. 29. *Differenzierungsgrade (Σ G) der gestaltlich dominierten Teilungs-Hypothesen* III *und* VI. *Die Merkmale sind wieder jeweils nach dem Gewicht ihres Differenzierungsgrades (G) gereiht. Man beachte (!) die Definierbarkeit von* H III *durch die Koinzidenzen von* ∨ *und* □ *in Feld* F *und jene von* H VI *durch* ○ *in Feld* M.

zusammenfallen (oder sich in einer solchen nahekommen); und zwar durch die zunächst rein quantitative Möglichkeit, einander in der Lage direkt oder in der Ergänzung auf 100 % $\bar{R}$ zu treffen. Soweit eine erste Indikation.[54]

Entschieden wird der Ansatz der Optimierung nach der ersten Teilungshypothese durch die Gewichte der Differenzierungswerte G (wie in Abb. 27). Bei Merkmalen mit gleichem G steigt die Wahrscheinlichkeit, daß sie in derselben Grenze zusammenfallen (mit ähnlichem G die, daß sie einander nahekommen). Das zeigt sich natürlich für die Merkmale △ und □, von welchen die *ad-hoc*-Hypothese H I ausgegangen ist. Dasselbe zeigt sich aber auch für ·, | und −. Und das wiegt schwerer, weil hier nicht zwei, sondern drei Merkmale koinzidieren und diese den Werten der Merkmale ∧ und ʊ naheliegen. Liegen diese Werte in einer ganz anders gezogenen Teilungs-Hypothese, wie das H II in Abbildung 28 zeigt, noch immer numerisch beisammen, dann wird ihr Lagezusammenhang gewiß.

Natürlich ist das Beispiel trivial, denn nur 10 Merkmale (zusammen 75) auf 16 Merkmalsträgern ließen sich gerade noch überblicken. Das Triviale der Strategie schwindet bei nicht mehr übersehbaren Kombinationen. Sie besteht darin, nach dem Zusammenhang der größten Merkmalsgruppe zu teilen. Dies schließt bei polymorphen Ähnlichkeitsfeldern die Erfahrung ein, daß es nicht auf das Finden

---

[54] In unserem Beispiel der Abbildung 26 kommt ersteres nicht zum Ausdruck (keine in Oberklassen versetzbaren Merkmale wurden eingeführt), nur die Außenstellung des Merkmals 10 wird sofort sichtbar. Aber **R** macht deutlich (Werte in Abb. 28), daß die Merkmale 1 und 2 (wovon Hypothese I ausgeht) mit Merkmal 5 koinzidieren könnte, ebenso aber auch die Merkmale 6 bis 8.

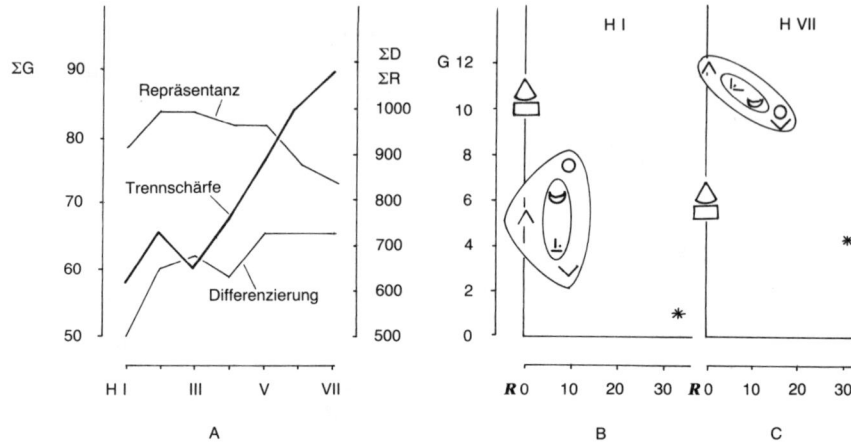

Abb. 30. *Werte aus der Optimierung einer Grenz-Hypothese,* nach dem Beispiel eines Feldes in Abb. 26 (Seite 162). A: Anstieg der Trennschärfe *(Σ G)* nach den Hypothesen I bis VII in Beziehung zu den Repräsentanz- *(R)* und Differenzierungs-Werten *(D).* B: Lage der Merkmale nach dem Repräsentanzwert *R* und dem gewichteten Differenzierungswert *(G)* in Hypothese I, und C: ihr Zusammenrücken nach *H* VII, der Lösung.

von Differentialdiagnosen ankommt, sondern auf die Koinzidenzen von Merkmalen höchster Selektivität. Das aber läuft, wie erinnerlich, unserem Sprach-Denken zuwider, welches nach definierbaren (eindeutig diagnostischen) Begriffsgrenzen strebt.[55]

In den Hypothesen III und VI (Abb. 29) zeigt sich bei gestaltlich dominierten Lösungen die Begrenzung der Definierbarkeit nochmals. Zwar kann Feld *F* nach *H* III durch die Koinzidenz der Merkmale ∨ und ⊡ definiert werden. Aber für den Zusammenhang |○⊡· ℧ ∨ ist damit nichts gewonnen. Ebenso ist das Feld *L,* das nach Hypothese VI so geschlossen aussieht und auch einen hohen Differenzierungsgrad aufweist ($\Sigma\,G = 83,8$), nur durch den Mangel des Merkmals ○ knapp definierbar. Nichts aber ist in einer solchen Differentialdiagnose aus dem Zusammenhang von $-\triangle\wedge$ enthalten. Definitorische Schärfe verliert das Typische aller polymorphen Zusammenhänge.

Dem Typus der polymorphen Klassen (der Ähnlichkeitsfelder) in dieser Natur wie in unseren Artefakten ist eben definitorisch nicht zu entsprechen. Es geht um Merkmalskoinzidenzen und um die Freiheitsgrade der Merkmale an den Grenzen des Typus, so sehr das auch unserem Denken zuwiderläuft.

So kann die Optimierung einer Feldgrenze einen besten Wert zwar stets erreichen (Abb. 30 A), aber nicht übersteigen. Absolute Schärfe ist nur zu gewinnen,

---

[55] Es sei nicht übersehen, daß die möglichen Feldgrenzen zahlreicher sind, als es unser vorgeordnetes Ähnlichkeitsfeld (der Abb. 26, S. 162) suggeriert. Diese Vorstrukturierung ist eingeführt, um den ratiomorphen Mitvollzug der Lösung über die Gestaltwahrnehmung zu erleichtern. Sie ist aber selbst ein Teil der Aufgabe. Dann erweist sich die Zahl der Grenzhypothesen als eine Funktion der Zahl *(x)* der Merkmalsträger $(x \cdot (x - 1)/2)$. Bei 16, 100 und 500 Gegenständen (Arten oder Gemälde der Gattungen einer Familie, oder der Maler einer Schule, usf.) sind das 120, 4950 und 124750 mögliche Zwei-Felder-Zerlegungen.

falls die *D*-Werte die *R*-Werte erreichen. Dies hängt aber nicht von unseren Bemühungen, sondern von der Struktur des Feldes ab. Vielmehr ist die Feldgrenze dann optimiert, wenn die größtmögliche Anzahl an Merkmalen größtmögliche *G*-Werte erreicht (Abb. 30 B zu C). In unserem Beispiel liegen die *se*-Merkmale |·− ⊌ am dichtesten beisammen, die *se*-Merkmale ◯∨ ihnen nahe und nur ein *dd*-Merkmal (nämlich ∧) trägt noch zur Fassung der besten Feldgrenze (*H* VII) bei.

Über die Hierarchie der Feldgrenzen

Wie erinnerlich, sind wir davon ausgegangen, die Gewichte oder die Bedeutung von Merkmalen aus der Optimierung einer Feldgrenze (ihren Koinzidenzen in den Merkmalsträgern) zu bestimmen. Wir legten diese also nicht nach Gutdünken in die Merkmale hinein. Vielmehr erfahren wir deren Gewichtung aus der Koinzidenz und ihren Freiheitsgraden (den Werten von *G*) an der optimierten Feldgrenze.[56]

Wir haben nur eine Grenze in einem Feld untersucht. Es kann unter Umständen deren mehrere nebeneinander geben (Perioden eines Künstlers, Konstitutionstypen des Europäers, Arten einer Gattung). Das Prinzip der Bestimmung bleibt dabei aber dasselbe. Das ändert sich erst im Hinblick auf die hierarchische Beziehung zwischen den Feldern. Und zwar deshalb, weil man im voraus wiederum nicht wissen kann, welche Merkmale einer Gruppe von Gegenständen in die Theorie welcher Feld-Schichte gehören.

Diese Hierarchie kann ja selbst nur wieder aus den Koinzidenzweisen der Merkmale in ihren Trägern hervorgehen. Wir lösen damit die vorerst getroffene Voraussetzung auf, in der, als ein Zugeständnis an unsere, an festen Bestimmungen hängende Denkweise, die über- und untergeordneten Felder bereits als optimiert betrachtet wurden.

Der einfachste Fall, mit welchem wir den qualitativen Zusammenhang darlegen können, soll mit nur einem übergeordneten Feld und mit nur einer Verdoppelung der Subfelder in der nächst untergeordneten hierarchischen Schichte auskommen, sowie mit eindeutigen Repräsentationsweisen eines Minimums an Merkmalen.

Ein Ähnlichkeitsfeld, wie es die Abbildung 31 vorstellt, läßt keine optimalere Feldgrenze zu als mit $\Sigma G = 66{,}6$. Sie liegt nach der Hypothese *I* (Felder *A* und *B*) nicht besser, als sie nach einer *H* II läge. Das hängt mit dem Merkmal ◯ und dessen Repräsentation ($\bar{R} = 100$) zusammen. Hebt man dieses offensichtliche Oberklassen-Merkmal ab, dann ist nicht nur die Oberklasse eindeutig bezeichnet, auch die Grenze in der untersuchten Schichte (nun zwischen den Feldern *C* und *D*) erreicht den Höchstwert.

Diese differenzierende Prozedur, wie wir sie im Prinzip schon kennen, hat ihre vorhersehbare quantitative Bedeutung. Der Gewinn an Trennschärfe entspricht

---

[56] Damit wird die Verdächtigung (R. SOKAL und P. SNEATH, 1963) widerlegt, Merkmalsgewichte würden von den Systematikern vorweggenommen (vgl. Fußnote 17). Entspräche das Feld O nach der optimierten Hypothese VII den Säugetieren, so wäre das auffallende Merkmal ☐ den Zähnen vergleichbar (fehlen den Bartenwalen, finden sich aber bei Reptilien), die versteckten, bedeutungsvolleren Merkmale |•∨ ⊌ etwa dem 4. linken Aortenbogen, der Genital-Anal-Trennung, den kernlosen Erythrozyten, dem sekundären Kiefergelenk (zu welchen die Optimierung des Begriffs ›Säuger‹ in der Geschichte ebenso fortschritt wie unser Beispiel).

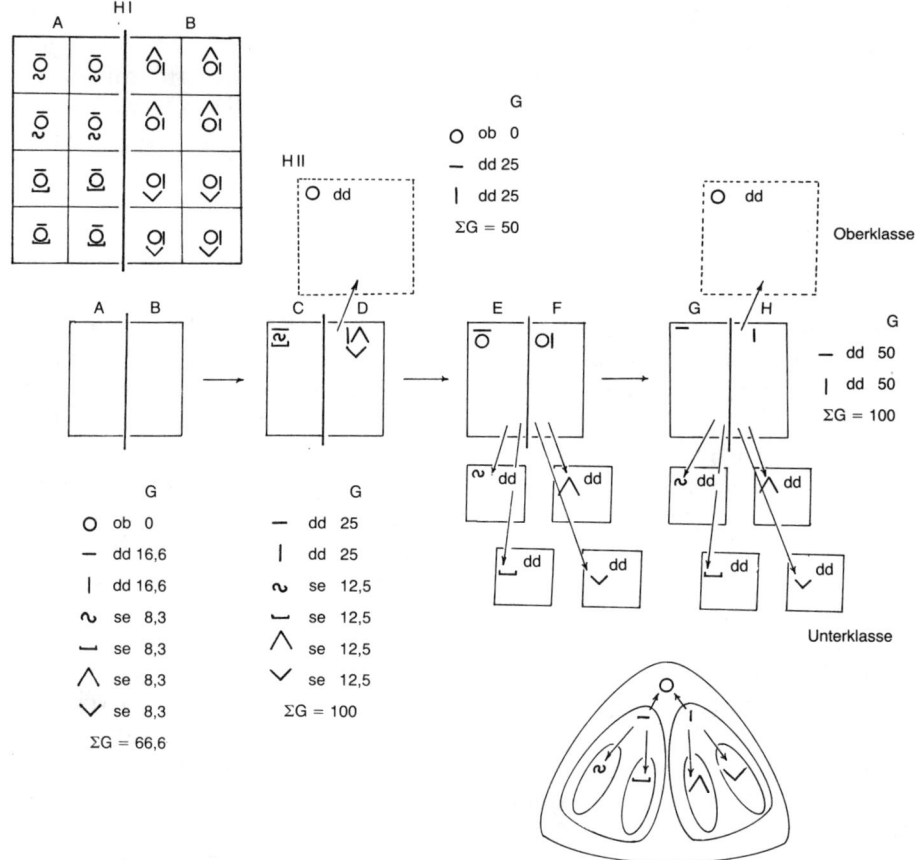

Abb. 31. *Merkmals-Abtrennung* in Richtung auf die hierarchisch benachbarten Ähnlichkeitsfelder. Links oben die betrachtete Konstellation der 7 Merkmale von 16 Gegenständen; in der Mitte die Konsequenzen (Werte *G* und Σ*G*) in den Schritten der Auftrennung; unten rechts das hierarchische Schema. (Die Vereinfachung auf je ein differenzialdiagnostisches Merkmal ist eine Konzession nun nurmehr an die gewünschte Kürze der Darstellung.)

dem Anteil (der Repräsentation) der abgehobenen Merkmale. Gleichzeitig ist dies die Voraussetzung zur Ermittlung der Oberklasse. Freilich werden die Trennschär- fen nie so eindeutig, vielmehr eine Sache der Abwägung sein, und zwar eine Frage des Gewinns von Differenzierungsgraden in der Wechselwirkung nunmehr zwi- schen Klasse und Oberklasse.

Anders deutet sich die Abgrenzung der Subklassen an. Im Gegensatz zu den Oberklassenmerkmalen, deren Präsenz immer auf das Optimum einer Grenze in der Klasse drückt, muß das bei der Präsenz von Unterklassenmerkmalen nicht der Fall sein. Das zeigt die Abbildung 31 (Felder *C*, *D*; Σ *G* = 100). Submerkmale bleiben aus der Perspektive aller hierarchischen Positionen Teil der Differenzie- rung, denn sie sind Inhalt, Struktur oder Teil der ›speziellen Qualität‹ jeder

Systemschichte, wohingegen Obermerkmale mit Zugehörigkeit, Lage oder Funktion (dem Zweck oder Sinn) der Systeme zu tun haben.[57]

Submerkmale machen sich vielmehr durch ihre niedrigen Repräsentanzwerte kenntlich; und folglich hat ihre Abtrennung eine Wirkung auf die neuen Repräsentanzverhältnisse der verbleibenden Merkmale. Deren Beiträge zur Optimierung der Feldgrenze *(G)* steigen proportional zum Anteil der abgezogenen Submerkmale, im Beispiel der Abbildung 31 (von der Situation der Abgrenzung der Felder *C, D* zu der in *G, H*) auf das Doppelte. Die Bestimmung der Feld- und der Subfeldgrenzen ist mit der Abtrennung der Ober- und Untermerkmale optimiert und der Zugang zum Grenzbegriff der Oberklasse vorbereitet. Zu dessen Optimierung selbst ist auf die Nachbargegenstände (die Nachbarklassen) derselben weiterzugreifen, sowie auf die nächste Oberklasse dieser Oberklassen.

In ähnlicher Weise wird man mit der Kategorie der akzessorischen Merkmale verfahren. Diese können sich, wie man sich erinnert, als Sub-Submerkmale erweisen; dann setzt sich die Serie der Ausgliederungen nach unten weiter fort. Oder aber man erkennt in ihnen im Gegenteile begründbare Funktionsanalogien, dann erfolgt ihre Ausgliederung in einem ganz anderen Sinne. Sie werden zu Teilen einer zweiten Serie hierarchischer Ähnlichkeitsfelder, der der Analogien. Dies aber hat bekanntlich mit der Hinzufügung einer weiteren Theoriegruppe zu tun: der der Erklärung. Sehen wir uns also in der ersten Theoriegruppe noch einmal um.

Gewichte und Ränge — ein zweiter Rückblick

In der Theorie der Systemzusammenhänge gingen wir von der Annahme aus, daß die Wechselbezüge zwischen Merkmalen und den Ähnlichkeitsfeldern ihrer Träger durch die Gegenstände dieser Welt selbst Aufschluß geben würden über deren Zusammenhänge, nämlich durch das System der Koinzidenzen, das, analysiert, die Zusammenhänge begrifflich wieder synthetisieren ließe.

Wir sind dann der Art unserer sprachlichen Begrifflichkeit durch die Konzession entgegengekommen, zunächst eine Seite des gesamten Wechselbezuges, die Merkmale, als fest und erkannt zu betrachten, um von dieser Ankerstelle aus die Felder der Ähnlichkeiten ihrer Gegenstände (der Merkmalsträger) kennenzulernen, und zwar mit der im Systemzusammenhang gegebenen Erwartung, daß aus der Optimierung der Felder (am Beispiel der Feldgrenzen) Urteile über die Merkmale zu gewinnen wären.

Diese Urteile, die wir gewinnen konnten, sind solche über die Gewichte und Ränge der Merkmale, jener Klassenbegriffe, von welchen wir erwarten, daß sie sich den Gegebenheiten in der außersubjektiven Wirklichkeit annähern würden (daß Prognostik auf ihrer Grundlage Erfolg haben werde). Und es ist mir besonders darauf angekommen, deutlich zu machen, daß in dieser Prozedur nichts weiter vorausgesetzt werden muß als unsere erbliche Ausstattung, die allerdings auch die

---

[57] Wie das Beispiel in Abbildung 31, Felder *E* und *F* zeigt, kann der Differenzierungsgrad sogar sinken ($\Sigma G = 50$), wenn man die Submerkmale noch vor der Abhebung des Obermerkmales abtrennt. Wieder nach Maß ihrer Beteiligung an der Repräsentanz (ΣR).

Erwartung suggeriert, daß ein Aufschluß über die Harmonie der Zusammenhänge einer Welt harmonischer Zusammenhänge am ehesten entsprechen werde.

Diese Annahme genügt, um den Klassenbegriffen ihre Gewichte und Ränge zuzuteilen. Die Gewichte ergeben sich dabei aus den Koinzidenzen der Merkmale mit den Diskontinuitäten (den Grenzen) der Felder ähnlicher Merkmalsträger. Die Ränge ergeben sich aus der hierarchischen Struktur der Felder. Gewicht hat mit der Bedeutung (Bedeutsamkeit, Signifikanz) eines Begriffes zu tun, der Rang nach oben mit Zugehörigkeit (Lage, Funktion, Zweck oder Sinn), die Ränge nach unten mit dem Inhalt (Struktur, Aufbau, Zusammensetzung) eines Begriffs.

Die Feststellung von Ähnlichkeiten, so haben wir beobachtet, kann nicht falsch sein. Und zwar nicht nur, weil uns die angeborene Gestaltwahrnehmung darin ›weise‹ leitet. Mehr noch deshalb, weil das, was an einer Ähnlichkeit falsch sein kann, nicht mit ihrer Wahrnehmung, sondern mit ihrer Erklärung zu tun hat. Die Erklärung aber gehört in einen zweiten Satz von Theorien. Hier lenkt nicht mehr die angeborene ›Hypothese vom Vergleichbaren‹ (die uns in diesem Band beschäftigt), sondern die ›Hypothesen von den Ursachen und Zwecken‹, mit der Erwartung, ähnliche Dinge (oder Ereignisse) werden dieselben Ursachen haben oder denselben Zwecken entsprechen.

Und erst in dieser Nachfolgegruppe von Theorien (oder Erwartungen) rechtfertigt sich die Ausgliederung von Ähnlichkeiten nach äußeren Bedingungen (in unseren Beispielen die Funktionsanalogien) von jenen innerer (oder systemimmanenter) Ursachen (z. B. der Homologien).[58]

In solchem Zusammenhang versteht es sich, daß eine Klasse von Gegenständen in mehr als einer Hinsicht gesehen werden und in mehreren Hierarchien von Ähnlichkeiten aufscheinen kann. Und das gilt nicht nur für die Einteilung nach den inneren und den äußeren Ursachen. Denn während die systemimmanenten Ursachen (besonders vom genealogischen Typ) geschlossene Ähnlichkeitsfelder zur Folge haben, können äußere Ursachen aus verschiedenen Richtungen auch verschiedene Hierarchien von Ähnlichkeiten in derselben Klasse von Gegenständen zeitigen: geographische und ökologische Ursachen der Organismenverteilung, natur- und kulturbedingte Landschaftsformen, berufs- und freizeitbedingte Formen menschlicher Tätigkeit.

Auch die Art der numerischen Analyse kann nach der Fragestellung wechseln. Jene, die ich vorschlug, will selbst nicht mehr als ein Beispiel sein. Man kann die Differenzierung der Merkmale auf ihre absolute Repräsentanz beziehen (nicht auf ihre relative), mit Wahrscheinlichkeiten operieren und vieles andere. Das soll Sache der Forschung sein. Worauf es allein ankommt, ist, daß die Vorgaben, welcher Art auch immer, selbst Gegenstand der Relativierung an den Theorien (oder Erwartungen) von den Gegenständen der außersubjektiven Wirklichkeit bleiben; kurz, daß das Prinzip einer kontrollierten Optimierung der Passung von Begriff und Welt erhalten bleibt.

---

[58] Man vergleiche zu diesem Thema K. LORENZ, 1974, die Hypothesen in R. RIEDL, 1981, die Behandlung des Erklärens in R. RIEDL, 1985 a. Die umfassendste Konzeption analoger Ähnlichkeiten, ihrer Gewichte und Ränge ist in der Theorie der ›Lebensformtypen‹ enthalten, die auf A. REMANE, 1943, und W. KÜHNELT, 1953, zurückgeht.

Alle Versuche, von der Kontrolle an der Erfahrung abzuheben, mußten sich der realen Welt entfremden. Welchen Algorithmus wir auch einführen, er muß an der Erfahrung scheitern können. So kann es nicht darauf ankommen, ein neues Prinzip der Weltbetrachtung einzuführen. Vielmehr handelt es sich um eine Rekonstruktion der uns angeborenen und so erfolgreichen (weil an der realen Welt geprüften) ratiomorphen Verfahren der Problemlösung und um eine Kontrolle und Berichtigung der Adaptierungsmängel der bewußten Reflexion.

Über das Begreifen von Merkmalen

Unser bewußtes Reflektieren, so stellten wir fest, ist von einer Art, daß es bei der Betrachtung eines Systemzusammenhangs gleich schlecht sein muß, wo sie beginnt. Und da unsere Reflexion zur Bestimmung einer Unbekannten sich so verhält, als ob es dazu eines Fixpunktes, eines objektiven Ortes der Gewißheit bedürfe, haben wir eine Konzession gemacht. Bei der Untersuchung der Frage, wie sich der Begriff eines Ähnlichkeitsfeldes optimieren läßt, haben wir konzidiert, man kenne die Merkmale unzweideutig nach ihrer Art und Anzahl.

Diese Vorgabe ist nun einzuholen. Nun wenden wir uns zur Prüfung des Vorganges, der zum Begreifen eines Merkmals führt. Allerdings mit der umgekehrten Konzession, als wüßten wir, in welchen Zusammenhang von Vergleichbarem das Merkmal gehörte. Daß die Merkmale eines Winkels, eines Armes oder einer Auseinandersetzung in die Gebiete der abstrakten Formen, der Vierfüßer oder der Soziologie gehören, scheint uns trivial.

Weniger aber bedenkt man, daß diese Begriffe nur innerhalb dieser Ähnlichkeiten Sinn und Inhalt haben (nämlich aus der Serie deren Ober- und Unterbegriffe), und daß solche Ähnlichkeitsfelder schon zu ihrer möglichen Existenz voraussetzen, daß alles zu solchen Feldern gehört (vgl. die Abb. 32–34). Es setzt voraus, daß sich alles Wahrnehmbare (und Denkbare) dieser Welt zu Feldern von Ähnlichkeiten und einem ganzen System derselben natürlich ordnen ließe. Es setzt also nicht weniger als die Existenz einer geordneten Welt voraus und die Erwartung, dieser Ordnung gedanklich (begrifflich) nahekommen, ihre Einzelheiten prognostizieren zu können.

Erwartungen und ihre Inhalte

Ein Merkmal, das sagten wir schon, ist etwas, das wir als merkenswert erachten. Ihm haftet also von Anbeginn die Hypothese (die Erwartung) an, die Sache oder das Ereignis werde sich unter Bedingungen wiedererwarten und folglich unter Voraussetzungen prognostizieren lassen, angeführt wieder von der Tatsache, daß zutreffende Prognostik zum Lebenserfolg beiträgt.

Die elementarsten Erwartungen betreffen die Einsicht und die Abgrenzbarkeit dessen, was zu einem Merkmal gehört. Eine Erwartung, von der wir schon wissen, daß sie durch den Symbolcharakter unserer Begriffe in der Richtung auf definitori-

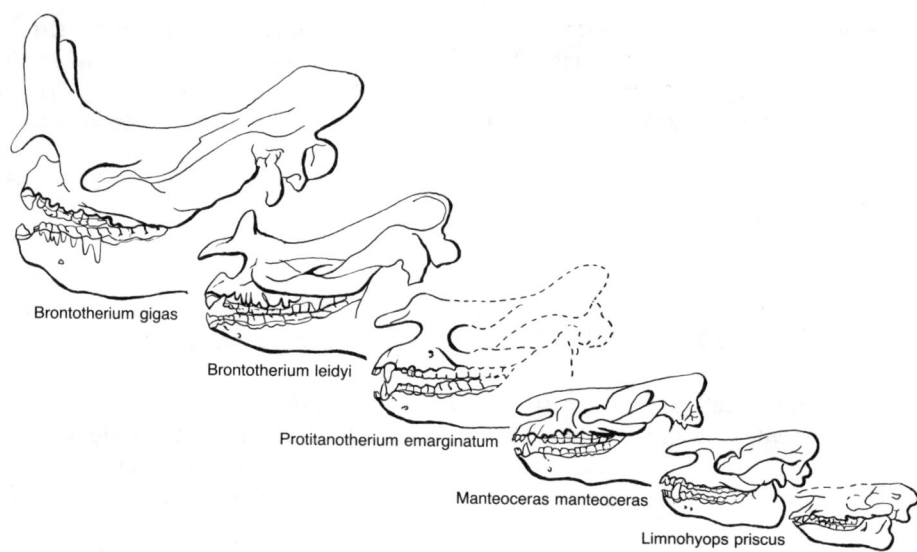

Abb. 32. *Trend einer Merkmalsänderung* am Beispiel der Entwicklung des Schädels der Titanotherien vom unteren Eocän *(Eotitanops borealis)* bis zum unteren Oligocän *(Brontotherium gigas)*; im gleichen Maßstab, rekonstruierte Teile punktiert (aus W. GREGORY 1951, Band II, von Seite 825).

sche Schärfung weitergeführt wird. Dies ist die Betrachtung nach innen, in die Substrukturen des Merkmals. Sie hat Inhalt, spezielle Qualität, Zusammenhang, die Unterbegriffe eines Merkmals im Auge. Als die inneren Konditionen der erwarteten Erkennbarkeit gilt neben der Dualität von Einheit versus Grenzen auch Gleichheit versus Ungleichheit und Vergleichbarkeit versus Verschiedenheit.

Ebenso elementar ist aber noch eine zweite Alternative von Erwartungen, sie hat mit der Zugehörigkeit eines Merkmals zu tun, betrifft also die Bezüge zu den Oberstrukturen, zur Oberklasse, in die ein Merkmal gedacht wird (Abb. 32–34). Die positiven Erwartungen der Zugehörigkeit eines Merkmals (und des Begriffs von demselben) können Vorkommen, Lage, Anteil, Bedeutung, Funktion, Sinn oder Zweck heißen. Gegen die gedachten Nicht-Zugehörigkeiten (und die übrigen Konnotationen umgekehrt) lägen dann die Grenzen.

Alle diese Erwartungen gegenüber einem Merkmal, nach unten wie oben betrachtet, schließen also wieder die uns bekannte Hierarchie von Beziehungen ein, wobei die Strukturhierarchien und die Hierarchien von Klassen ähnlicher Fälle begrifflich wieder ineinander stehen. Allerdings mit der gewissermaßen ungeschriebenen Anleitung, die wir schon erwähnten (Abb. 18, S. 142), daß die Strukturhierarchien die Ordnung der Klassenhierarchien anleiten können, die Klassen aber wieder die Strukturen als wiedererkennbare Begriffe rechtfertigen.

Die Starrheit des Definitionsideals, welches uns unser Sprach-Denken suggeriert, ist zwar, wie bei unserer Fassung der weiteren Feld-Klassen, unverkennbar. Aber im viel Gegenständlicheren der Merkmale ist es von der Anschauung der Vielfältigkeit der Dinge unterminiert geblieben. Es räumt die Existenz von Metamorphosen

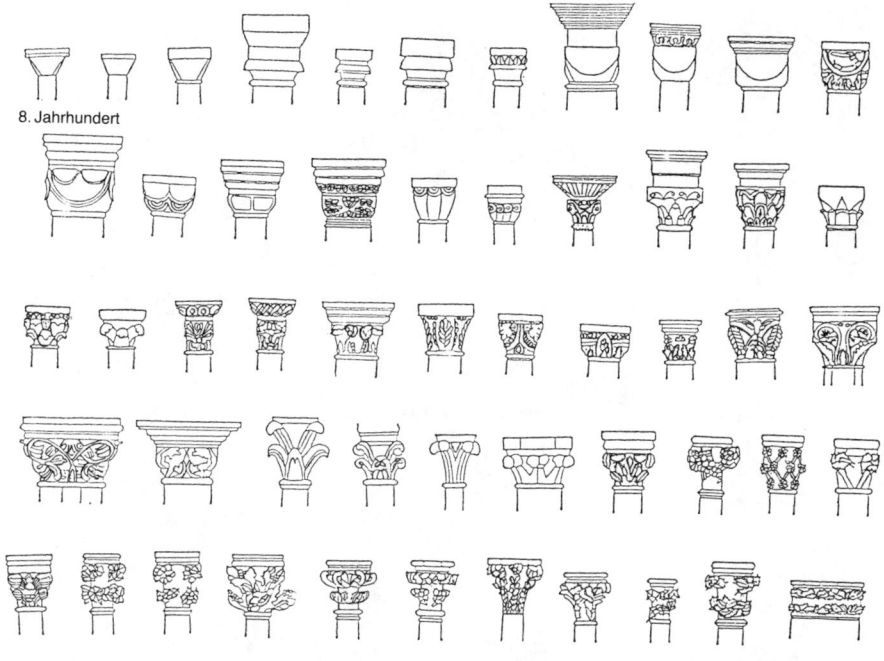

8. Jahrhundert

14. Jahrhundert

Abb. 33. *Ein Ähnlichkeitsfeld und Merkmals-Entwicklung* am Beispiel der Kapitelle in Sakralbauten Deutschlands vom 8. zum 14. Jahrhundert, zeilenweise chronologisch geordnet. Man beachte die Wandlungen vom Pyramiden-, Korb- und Würfelkapitell zu den Kelchblock- und Knospenkapitellen (aus G. BINDING 1980, Seiten 92 und 93; man vergleiche dort die Bauten und Zeiten).

ein (Abb. 32–34); und diese sind so aufschlußreich, wie unser Verhalten ihnen gegenüber, so daß sie uns noch beschäftigen werden. Hier, wo noch von den elementaren Erwartungen die Rede ist, muß ein Hinweis vorerst genügen, daß nämlich für die Alternativen von Einheit und Grenze, Zugehörigkeit und Fremdheit auch Kontinuität versus Diskontinuität der Wandlungen (oder Modifikationen) eines Merkmales stehen kann.

Neben den Dualitäten von Einheit und Grenze, Inhalt und Zugehörigkeit ist aber noch eine dritte elementare Erwartung zu nennen: die Erwartung von Quantitäten und Qualitäten. Bei der Vorstellung von Feldern ähnlicher Gegenstände war diese Erwartung unproblematisch und gewissermaßen durch die Quantität der Fälle qualitativ verschiedener, aber invarianter Merkmale vorgegeben. Bei der Betrachtung des Begriffes vom Merkmal verdient die Sache unsere Aufmerksamkeit, und zwar wegen der hier so offensichtlichen Quantität-Qualität-Verschränkung.

Wenn es nach Art unserer Vorstellung (und zum Teil der Natur) offenbleibt, wieviele Fälle in die Qualität einer Klasse gehören (»alle Menschen sind sterblich...«), ist das bei den Struktur-Hierarchien anders. Was hier zu den Submerkmalen eines Merkmals gehört, kann schon, der Anzahl (der Fälle) nach, ein

Naumburg (Dom, 1250)   Schulpforta (Klosterkirche 1260)   Arnstadt (Liebfrauenkirche 1280)

Nienburg (Schloßkirche 1290)   Erfurt (Dom, 1360)   Halberstadt (Dom, 1450)

Abb. 34. *Ein Ähnlichkeitsfeld und Merkmalsreihung* am Beispiel der Maßwerkformen der Fenster deutscher Dome vom 13. zum 15. Jahrhundert, auf gleiche Breite gezeichnet (aus F. und H. Möbius 1978, Seiten 95, 112, 113 und 116).

quantitatives Submerkmal sein. Man denke an die Symmetrien eines Kristalles, einer Blüte oder See-Anemone, eines Wagens oder des Grundrisses einer Basilika.

Gleiches gilt für das Abzählbare der als gleich betrachteten Submerkmale, die Flächen eines Kristalles, die 5 Finger einer Hand, die 10 Beinpaare der höheren Krebse *(Decapoda)*, die 20 Kanneluren der dorischen Säule (im 5. Jh.), die Dreiteilung der gotischen Gewölberippen. Vielfach gehen die festen Zahlen in Verhältniszahlen (Kanons) über, in der Natur wie in der Kunst. Und überall finden sich danach noch identische Massenbauteile, die der Zahl nach jedoch wieder unbestimmt und in der Menge nur vom Bauteil begrenzt werden.[59]

[59] Man denke an die Glieder eines Regenwurms, die Haare eines Pelztiers, die Nadeln einer Fichte, die Zellen eines Muskels, die Cytosin-Moleküle einer Erbsubstanz, aber ebenso an die Glieder einer Kette, die Pflastersteine einer Stadt, die Ziegel eines Hauses, dieselben Worte und die Beistriche dieses Buches; so auch an die Strophen eines Vogelrufs, die Schritte einer Wanderung, die Meißelschläge an einer Statue. Differenzierung beruht auf der Individualisierung von solchen Massenbauteilen (vgl. R. Riedl, 1975).

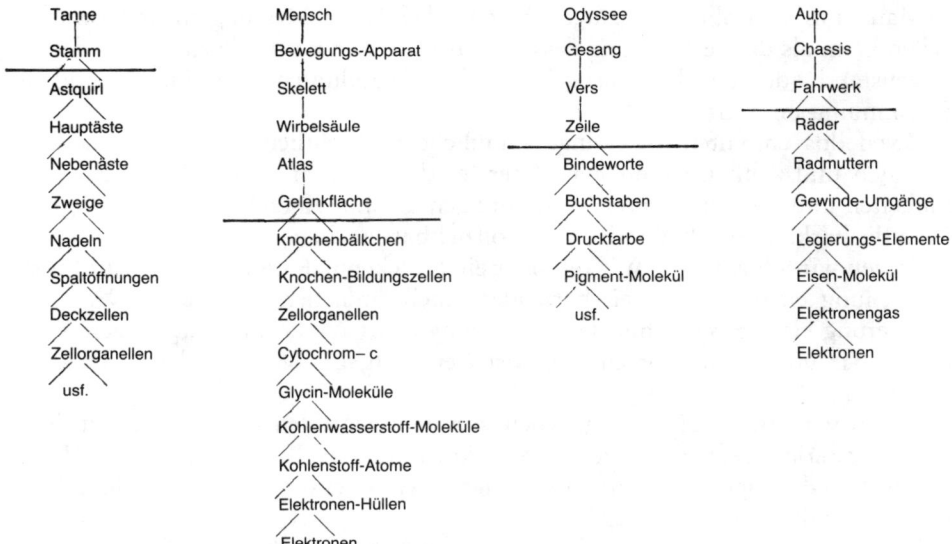

Abb. 35. *Übergang von individualisierten zu Massenbauteilen* in Organismen und Artefakten (in der Biologie von den Homologa zu den Homonoma. Entlang der hierarchischen Schichten ist jeweils nur ein Typ der Sub-Bauteile angeschrieben.

Kennzeichnend ist dabei die Regelmäßigkeit des Überganges von den hierarchischen Schichten der individualisierten (differenzierten) und einzeln nach Art und Lage wiedererkennbaren Bauteile (den Homologa der Biologie) zu den Massenbauteilen (den Homonoma). Letztere erweisen sich zwar als zählbar, sind jedoch nicht mehr nach ihrer Lage zu bestimmen. Wie die Abbildung 35 zeigt, übertreffen die Hierarchieschichten der Massenbauteile die der Einzelsysteme und die Schichtfolge im Organischen jene in den Produkten des Menschen.

Im hierarchischen System der Strukturen bestehen alle Merkmalsqualitäten letztlich aus zählbaren Subbauteilen. Aber deren Quantitäten sind dann nicht mehr relevant, und die gezählte Einheit ist wieder eine Qualität, selbst wenn man sie weiter auf die quantifizierbaren Qualitäten (Ladung, Spin) der Quanten zurückführte.

Quantität, Qualität und Metamorphose

Es kann keinem Zweifel unterliegen: alle unsere Begriffe von annähernd zusammengesetzten Gegenständen dieser Welt bestehen aus Mengen weiterer Qualitäten. Wenn man will, stehen Merkmals-Begriffe wie Muskelzelle, Flügel oder auch Zylinder wie Motor stellvertretend für Massen an Subqualitäten. Nun zweifelt man auch nicht, daß sich alles (wenn das Zählen in den Massen nichts mehr bedeutet) abmessen läßt. Man vereinbart und behütet den Urmeter und legt diese Teilung (vervielfacht wie zerteilt) an die Dinge.

Man muß sich aber vor Augen halten, daß keine Messung mehr Gewißheit geben kann als die Bestimmung dessen, was gemessen wird: die Klasse, zu der der Gegenstand oder das Ereignis gehört, die Variabilitäten ihrer Inhalte und die Bestimmung ihrer Grenzen.[60]

Zweifellos enthalten alle Dinge räumliche und zeitliche Abstände, meßbare Energien und zählbare Einheiten. Aber letztlich kommt es auf die Arten dieser Einheiten und die Weise ihrer Verbindungen an. Ein einfaches Beispiel möge die Unauflösbarkeit des Qualitativen mitvollziehbar machen.

Fragen wir, ob etwa ein Winkel- oder ein Streckenmaß größeres Gewicht für die Beurteilung einer Ähnlichkeit hat, oder, noch einfacher, auf welche Weise die Halbierung einer Strecke mit der Halbierung eines Winkels zu vergleichen ist, so finden wir uns bereits vor einer unlösbaren Aufgabe. Man vergleiche dazu die Abbildung 36.

Gehen wir mit unseren Vergleichen von dem zentralen Quadrat aus. In jeder Figur der Serie *B* reduzieren wir alle Strecken auf die Hälfte und lassen die Winkel gleich. In jeder Figur der Serie *D* reduzieren wir zwei der Winkel auf die Hälfte, lassen aber die Strecken gleich.

Wie bemessen wir die Ähnlichkeitsgrade zwischen den Figuren? Soll man nach Strecken, Flächen oder Winkeln urteilen? Oder welche Kombination zwischen den dreien wäre ausgewogen? Wie wäre ein halbierter Winkel mit einer halbierten Strecke zu vergleichen? Entschließt man sich (etwa durch die Aufforderung, eine Angabe zu machen) zu irgendeiner Entscheidung, beispielsweise nun einmal anzunehmen, diese Veränderungen seien vergleichbar, dann wird man durch die Extrapolation sogleich seines Irrtums ansichtig. Setzt man (wie in unseren Beispielen) diese Halbierungen achtmal fort, dann müßte ein Punkt mit einer verdoppelten Strecke (Endpunkte der Serien *B* und *D*) vergleichbar sein, und so fort.[61]

Gegenüber der Zwecklosigkeit solcher Bemühung um vergleichbare Quantifizierung setzt sich zumeist die angeborene Gestaltwahrnehmung durch (wie man in Abb. 36 bemerken wird). Es entsteht der Eindruck, daß das Quadrat im Zentrum als Fläche zu deuten wäre, an der sich nichts ändert, außer daß sie sich in qualitativ verschiedener Weise bewegte. In der Serie *B* entfernte sie sich, in *A* und *D* drehte sie sich um eine senkrechte und um eine perspektivische Achse, in *C* wurde die Fläche jeweils auf die Hälfte gefaltet (in *E* ›beschleunigt‹ oder im Zerrspiegel gesehen). Wir ›rechnen‹ automatisch mit Qualitäten, nicht aber mit deren rückstandsloser Quantifizierbarkeit.

Das gilt schon für Quantitäten selbst. Unbedenklich ist von einem kleinen Haus und einem großen Buch die Rede, worauf schon Friedhart Klix (1976) aufmerk-

---

[60] In diesem Zusammenhang wird man sich an die wissenschaftliche Wertskala der Begriffe von Rudolf Carnap (1974) erinnern. Vor dem Hintergrund des Wissenschaftsideals der Physik wird behauptet, daß dieser Wert von den klassifikatorischen über die komparativen zu den quantitativen anstiege, ja daß der Wert klassifikatorischer Begriffe fraglich sei. Die Kritik, die wir bereits übten, gewinnt hier weiteres Material.

[61] Sofern meine 100 Versuchspersonen im Hörsaal (vgl. Fußnote 45, S. 154) überhaupt bereit waren, die Ähnlichkeiten zwischen den ersten Figuren der Serien *B* und *D* und dem Quadrat im Zentrum anzuschreiben, dominierten Werte wie 0,5 zu 0,5 oder 0,25 und 0,6. Lenkte man aber ihre Aufmerksamkeit auf die Endfiguren, so wurde eingesehen, daß ein Punkt mit dem Durchmesser von 0,004 Einheiten (die Seitenlänge der Figur im Zentrum mit 1 angenommen) mit einem Rhombus von 2 Einheiten Gesamtlänge (und 2 Winkeln von 0,35°) in keiner solchen Weise vergleichbar sein kann. Vielmehr wurden dann Argumente aus der Gestaltwahrnehmung vorgebracht.

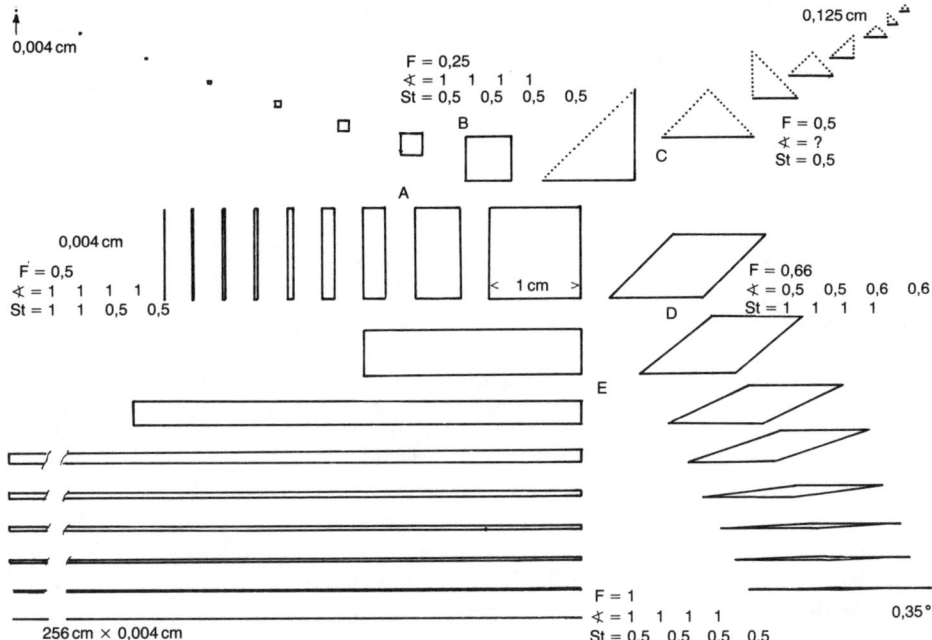

Abb. 36. *Das Problem quantitativer Bestimmung von Qualitäten.* Vom zentralen Quadrat (mit der Seitenlänge 1) werden jeweils zwei Strecken (*St* in Serie A), alle Strecken (B), die Fläche (*F* in C) oder zwei der Winkel (∡ in D) halbiert, sowie (in E) eine Seitenlänge verdoppelt, die andere halbiert. Nach achtmaliger Veränderung steht dann eine Strecke mit Länge 1 (A), einem Punkt mit Größe 0,004 (B) gegenüber, einem Dreieck mit Länge 0,125 der Hypotenuse (C), einem Rhombus mit Länge 2 und 0,35° (D) und einem Rechteck (E) mit den Seitenlängen von rund 0,004 und 256.

sam macht, ohne daß jemand daran zweifelt, daß das relative Maße sind. Alle Größen gelten uns angeborenerweise als relativ (man erinnert sich an die Figur G der Abb. 7, S. 72).

So kann man sich des Eindrucks kaum erwehren, daß der Mond über den (relativ kleinen) Gegenständen des fernen Horizontes größer scheint als isoliert stehend, hoch am Firmament. Und mancher ist erstaunt zu bemerken, daß man ihn, da wie dort, schon mit einem Bleistift, in den Fingern eines ausgestreckten Armes, verdecken kann. Nur abgehoben von den Dingen meinen wir Quantitäten (Zahlen) ohne Qualitätsänderung beliebig vergrößern und verkleinern zu können.

Diese angeborene Relativierung aller Quantitäten, wie wir sie bereits aus dem Gebiete der sogenannten ›optischen Täuschungen‹ kennen, ist schon allein aus der Notwendigkeit der perspektivischen Interpretationen aller Dinge zu verstehen. Sie ist aber zudem durch den Umstand begründet, daß eben nicht nur dieselben Dinge verschieden aussehen können, sondern daß auch die gleichen Dinge einander niemals völlig gleichen. In unserem Mesokosmos sind wir an die Metamorphosen all seiner Gegenstände und Ereignisse adaptiert.

Aber, wie wir vom ratiomorphen Aufbau der Gestalten, namentlich der Theorie von DAVID MARR wissen, geht es auch im Ungleichen stets um das Auffinden des

Abb. 37. *Die Reproduzierbarkeit von Figuren.* Dieselben neun Figuren wurden zwei Gruppen von Versuchspersonen *(Vp)* jeweils 8 Sekunden lang dargeboten. Während die ungeordnete Reihe von keiner Vp vollständig wiedergegeben wurde (höchstens 2–3 Figuren richtig), ist die geordnete Reihe von 60 % der *Vp* vollständig richtig, von den übrigen großteils richtig reproduziert worden.

Vergleichbaren. Schon die perspektivische Interpretation baut auf der Wahrnehmung des Prinzips einer Verwandlung. Und das Erkennen der Gesetzlichkeit einer Metamorphose erhöht über deren Merkbarkeit die Prognostizierbarkeit. Also ist die uns angeborene Tendenz, in Veränderungen sofort auf das Prinzip zu achten, wieder adaptiv verständlich, denn wie stets erhöht richtige Prognostik den Lebenserfolg.

Diese Bedeutung des Erkennens eines Metamorphoseprinzips haben mir Versuche bestätigt. Bei diesen zeigte sich eine hoch signifikante Verbesserung der Reproduzierbarkeit von Figuren, wenn deren Metamorphosestadien nicht wahllos gereiht dargeboten werden, sondern nach dem herrschenden Prinzip. Zwei Aufgaben und ihre Ergebnisse sind in den Abbildungen 37 und 38 dargestellt. Mit der Wahrnehmbarkeit des herrschenden Prinzips steigt die richtige Wiedergabe um ca. eine Größenordnung.[62]

Nachdem Metamorphoseprinzip und Reproduzierbarkeit so viel bedeuten wie Gesetzlichkeit und Prognostik, gewinnen wir damit einen weiteren Einblick in unsere Adaptierung, die Fähigkeit des Erkennens von Gesetzen. Wir verstehen die uns angeborene Tendenz, auf Gesetzlichkeit sofort aufmerksam zu werden, wiederum aus dem Lebensvorteil, vielfach der Notwendigkeit einer solchen ratiomorphen Anlage.

Es nimmt darum auch nicht wunder, daß uns die Ordnung von metamorphosierenden Figuren zu Reihen und Feldern abgestufter Ähnlichkeiten unschwer gelingt, obwohl dasselbe (vergl. Abb. 10, S. 89), für ein Rechenprogramm formuliert, keineswegs eine leichte Aufgabe wäre. Die Abbildung 39 enthält eine solche Lösung. Als Beilagee zu diesem Buch findet man dieselbe und noch eine ähnliche

---

[62] Hinzu kommt noch die Verbesserung der Reproduktionszeit. Während sich die Zeit, welche für die Lösung beansprucht wurde, bei den ungeordneten Reihen gegenüber den geordneten annähernd verdreifachte, war bei den geordneten die Gruppe jener Versuchspersonen, welche das Prinzip erkannte, noch zusätzlich durch eine Verkürzung der erforderlichen Zeit abgehoben. — Diese Versuche haben äußerliche Ähnlichkeit mit nonverbalen Intelligenztests, sollten aber mit diesen nicht verwechselt werden.

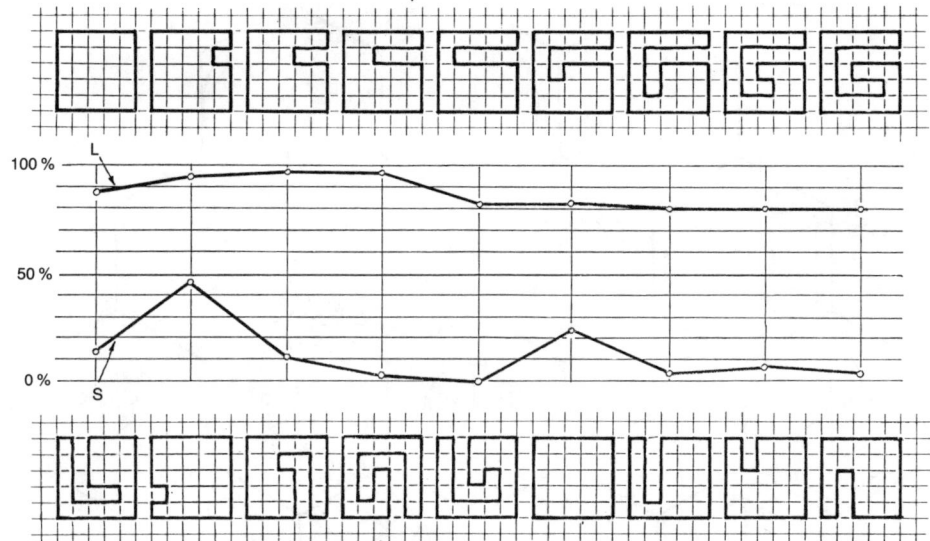

Abb. 38. *Quantitative Unterschiede der Reproduzierbarkeit* einer Reihe derselben Figuren. Jede Reihe wurde einer Gruppe von Versuchspersonen *(Vp)* 8 Sekunden lang dargeboten. Eingetragen ist der Prozentsatz der *Vp*, welche die einzelnen Figuren der geordneten Reihe (L) und der ungeordneten (S) auf einem Raster (mit 9 Feldern zu je 5 × 5 Quadraten) richtig nachgezogen haben.

Aufgabe zum Ausschneiden und Selbermachen. Man kann sich dabei von der Beteiligung der Gestalt- und der Trend-Wahrnehmung überzeugen.[63]

Ähnlichkeitsgrößen und Wahrscheinlichkeit

Es zeigt sich also, daß wir einen ausgeprägten ›Sinn‹ für die Perzeption abgestufter Ähnlichkeiten besitzen, und daß es uns ziemlich leicht gelingt, die Grade einer Metamorphose wahrzunehmen. Wir prognostizieren die zu erwartenden Fälle aus den bekannten. Und das zeigt wieder, daß unsere Erwartung (bewußt oder nicht) stets mit einer Theorie verbunden ist.

Eben das ist zu bedenken, wenn eine Messung von Ähnlichkeiten versucht werden soll. Fragt man beispielsweise nur, in welchem Grade zwei Dreiecke korrespondieren (wie die Dreiecke A und B in Abb. 40), so bemerkt man, daß es uns die Erwartung einer strukturierten (eben nicht abstrakten) Welt zunächst zur Auflage macht, Festlegungen hinsichtlich der übereinstimmenden Teile zu treffen (wie in Figur N). Denn es fragt sich ja, was hier womit verglichen werden soll.

---

[63] Besonders dann, wenn man versucht, im Vergleich zur 2. Aufgabe in der Beilage zu diesem Buch (zum Ausschneiden und Selbermachen) eine analoge Aufgabe mit numerischen Symbolen zu lösen. Man schreibe die folgenden Zeichengruppen ( ) jeweils auf gleich große, quadratische Kärtchen und ordne sie zu einem quadratischen Feld harmonischer Trends: (Da4IV), (Db5III), (Bf5I), (Ce6I), (Bd3III), (Cc4III), (Cb3IV), (Ad1IV), (Dc6II), (Bc2IV), (Cd5II), (Dd7I), (Af3II), (Be4II), (Ag4I), (Ae2III).

Abb. 39. *Ordnung metamorphosierender Figuren* zu einem harmonischen Feld von Ähnlichkeiten. Dieselbe Aufgabe findet sich als Beilage in diesem Buch zum Ausschneiden und Selbermachen. Meine Versuchspersonen brachten (als ›Hausaufgabe‹) zu 50 % richtige Lösungen und gaben Lösungszeiten zwischen 4 und 130 (im Mittel 45) Minuten an.

Ferner wird man bemerken, daß es unmöglich ist, trotz der prinzipiellen Unvergleichbarkeit von Strecken- und Winkel-Änderungen eine dieser Metamorphose-Komponenten aus dem Vergleich auszuschließen. Auch für deren Vergleich sind Annahmen zu treffen (z. B. deren Halbierungen gleich zu werten).

Ich gehe hier auf die verschiedenen, bisher vorgeschlagenen Ähnlichkeitsmaße nicht ein; man kann sie bei R. SOKAL und P. SNEATH (1963) und P. SNEATH und R. SOKAL (1973) nachschlagen. Und zwar deshalb, weil dort vorausgesetzt wird, man wisse, was womit zu vergleichen wäre. Eine Voraussetzung, deren Begründung wir hier erst *entwickeln.*

Nun erst sind Vergleiche möglich. Und es stellt sich heraus, daß dennoch mehrere Möglichkeiten (oder Hypothesen) zur Deutung selbst einer so einfachen Veränderung gegeben sind.

Die naheliegende Hypothese (*H* I) scheint nach unserer Gestaltwahrnehmung zu sein, daß B gegenüber A gar nicht verändert, vielmehr nur gewendet und um 90°

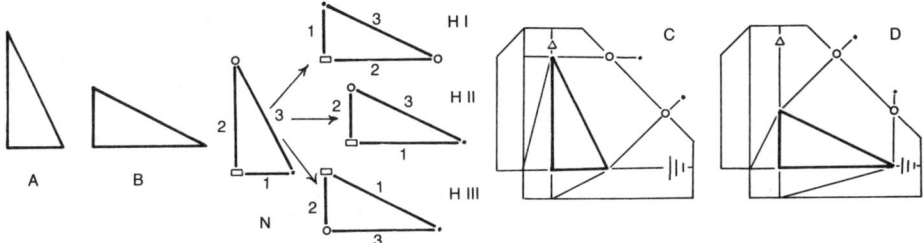

Abb. 40. *Ähnlichkeit von zwei Dreiecken* (A und B) nach der plausibelsten Metamorphose und den metrischen Korrespondenz-Graden (mit den Hypothesen *H* I, *H* II und III als Beispiele). In N werden die zu vergleichenden Teile (Struktur-Kriterien) angenommen, in C–D hingegen vergleichbare Zugehörigkeit (Lage-Kriterium im Sinne der Morphologie).

gedreht worden wäre. Keine Änderung der Seitenlängen und Winkel wäre dann gegeben. Oder aber (*H* II) zwei der Seiten und Winkel wären transformiert. Berechnet man die Änderung nach den sechs (als gleichwertig betrachteten) Merkmalen, dann kann man sie als den Mittelwert (*mC*) der positiven Korrespondenz der Merkmale beschreiben. Und zwar in der Weise, daß man die kleinere Abmessung eines Merkmals jeweils in Prozenten der größeren des vermeintlich korrespondierenden Merkmals ausdrückt, unabhängig davon, in welcher Richtung der Vergleich verläuft. Dies gilt zwar nur für den Vergleich jeweils zweier Gegenstände, bietet aber den Vorteil dimensionsloser Größen. — Das ergäbe nun für die nächstliegende Hypothese (*H* II) *mC* = 64 % (66,6 % der Strecken und 61,3 % der Winkel), für die *H* III aber nur mehr *mC* = 54,4 %.[64]

Diese Hypothese III scheint uns unter den genannten dreien am wenigsten plausibel. In ihr müßten (und man fragt sich: warum?) alle sechs Merkmale verändert werden. Ebenso nähert sich der *mC*-Wert (nahe 50) dem Hinweis darauf, daß jede andere Lösung besser sein dürfte. Plausibler scheint uns *H* II vor *H* III und *H* I vor *H* II, das heißt, die geringste Metamorphose. Genau das ist es eben, was uns die Gestalt- und Trendwahrnehmung suggeriert.

Nur für den Fall, daß die Lage des Dreiecks (wie in Figur C und D) in einem System festgelegt erscheint, werden wir die *H* I verlassen und *H* II wählen. Man wird darin die Bestimmung durch das Lagekriterium aus dem Obersystem erkennen. Ebenso wie die eben getroffene Festlegung der Teile, ganz im Sinne der

[64] Die Berechnung der Mittleren Korrespondenz (*mC*) aus der Korrespondenz (*C*) der sechs Merkmale (1, 2, 3, •, □ und ○); nach den Hypothesen I–III der Abbildung 40.

	N	: H I	C	N	: H II	C	N	: H III	C
1	1	: 1	100	1	: 2	50	1	: 2,23	44,8
2	2	: 2	100	2	: 1	50	2	: 2,23	50
3	2,23	: 2,23	100	2,23	: 2,23	100	2,23	: 2	89,7
•	26,56	: 26,56	100	63,43	: 26,56	41,9	63,43	: 26,56	41,9
□	90	: 90	100	90	: 90	100	90	: 63,43	70,5
○	63,43	: 63,43	<u>100</u>	26,56	: 63,43	<u>41,9</u>	26,56	: 90	<u>29,5</u>
		mC =	100		*mC* =	64		*mC* =	54,4

Ähnliche Fragen stellten sich bei Ähnlichkeitsbestimmungen in der Ökologie (R. RIEDL, 1953), woraus schon damals eine neue Form der Klassenstatistik (A. ADAM, 1953) vorgeschlagen wurde.

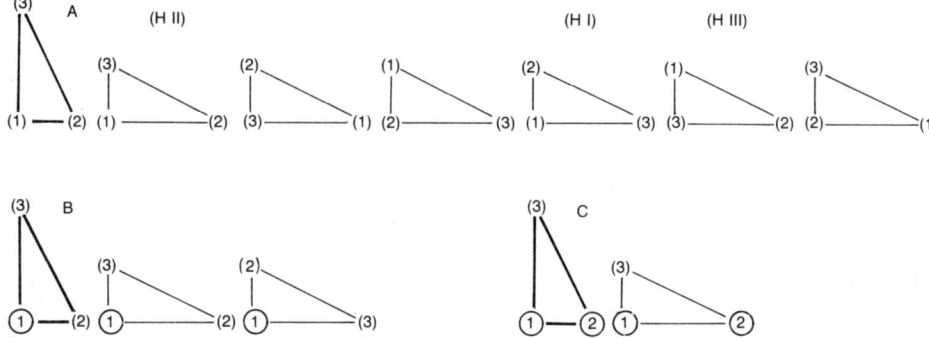

Abb. 41. *Die Anzahl möglicher Vergleichs-Hypothesen,* als ein Verhältnis der unbestimmten Bezugs-punkte (in Klammern) und der bestimmten (in Kreise gesetzt). Die Hypothesen *H* I bis *H* III entsprechen jenen in Abb. 40.

Morphologie, Strukturkriterien (•, □ und ○) von Untersystemen anzunehmen hatte.

Wir begegnen in diesem Zusammenhang einem zweiten Wahrscheinlichkeits-zusammenhang des Vergleichens. Bei unserer Synthese der Homologie-Kriterien (S. 126) ging es um den Wahrscheinlichkeitsgrad der Richtigkeit eines Vergleichs. Nun kommen die Bedingungen zum Vorschein, welche die Wahrscheinlichkeit der Wahl der richtigen Hypothese bestimmen.

Im Beispiel eines Vergleichs zweier Dreiecke (in Abb. 40) wurde deutlich, daß es mehrere Lösungen gibt, unter welchen wir zunächst nur nach der Plausibilität, das heißt, nach der geringsten Metamorphose (dem größten Korrespondenz-Wert *mC*) auswählten. Tatsächlich sind sechs Hypothesen möglich, wie dies die Serie *A* in Abbildung 41 zeigt. Nach reinen Wahrscheinlichkeitsüberlegungen bleibt jeder dieser Hypothesen nur ⅙ der Möglichkeiten. Ist aber ein Vergleichsort gewiß (Serie *B*) oder sind es gar zwei der drei *(C),* so ergibt sich nur mehr eine Alternative, oder die Vergleichshypothese kann überhaupt als die einzig mögliche gelten.

Es liegt also ein Zusammenhang der in einem Vergleich zu berücksichtigenden Positionen vor mit jenen, deren Bestimmung als gewiß gelten kann, eine Beziehung von Komplexität, Bestimmung und Wahrscheinlichkeit der Hypothese. Dabei ist es wieder gleich gut, ob die Bestimmung eines Vergleichspunktes aus seiner Lage im Obersystem hervorgeht (wie in Abb. 40 *C–D*), oder aus seiner Struktur, seiner speziellen Qualität (wie in Abb. 41 C), also seinen Untersystemen.[65]

Ähnlichkeitsbegriff und Praxis — ein Rückblick

Jegliche Bestimmung von Ähnlichkeiten komplexer Systeme muß von Qualitäten ausgehen, seien diese nun Strecken und Winkel, Nerven und Gefäße oder Vers-

---

[65] Korrespondenz-Grade geben nach dieser Betrachtungsweise auch Aufschluß über die unter Bedingungen möglicher maximaler Unähnlichkeiten von Strukturen, ferner über die Wirkung hinzukommender bzw. verschwindender Bezugspunkte sowie über die Reihung von ähnlichen Systemen.

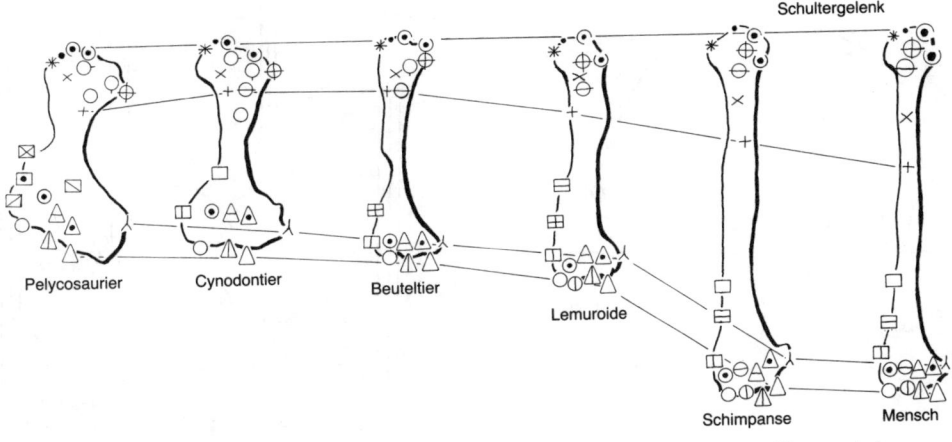

Abb. 42. *Zur Quantifizierung von Ähnlichkeiten* am Beispiel des Oberarmknochens von den Sauriern zum Menschen. Identische Minimum-Homologa sind durch gleiche Signaturen ausgewiesen, die Proportionsänderungen hervorgehoben. Man beachte aber zudem das Auftreten und Verschwinden von Merkmalen (nach einigen Autoren, aus R. RIEDL 1975, Seite 167; etwas verändert).

maße und Schrift-Typen, unabhängig davon, welche dieser Vergleiche man zuletzt aufsummieren dürfte und welche nicht. Und jeder Vergleich hat anzugeben, was verglichen wird und woher diese Gewißheit (besser der Wahrscheinlichkeitsgrad) stammte, weshalb das Verglichene vergleichbar wäre, und warum eine bestimmte Hypothese adoptiert wurde.

Nach dem hier schon Erarbeiteten ist das trivial. Es ist es aber nicht im Hinblick auf die übliche Praxis. Dort hat man, mit wenigen Ausnahmen, die Bestimmung jener Vorbedingungen entweder verdächtigt und ignoriert oder, nach vielen Kontroversen, der nichtbewußten (ratiomorphen) Leistung überlassen. Je nach dem Standpunkt nannte man das ›den gesunden Menschenverstand‹ oder ›die Erfahrung des Experten‹, was noch angehen mochte, hätte man über die Differenzen der ratiomorphen Lösungen (gesteuert durch Differenzen im ›Hintergrund-Wissen‹) nicht rational argumentiert, ohne die angeborenen Leistungen und Fehlleistungen, den Prozeß also selbst, zu kennen. Und hätte man zu alledem nicht noch den Vorgang des Kenntnisgewinns über Ähnlichkeitsgrade mit dem ihrer Erklärung verwechselt.[66]

Kennt man aber die vergleichbaren Positionen oder Strukturen (in der Biologie die homologen Orte, wie in Abb. 42), so kann man gewiß die Ähnlichkeitsgrade im Sinne der Proportions- und Merkmalsänderungen aufsuchen. Aber auch in solchen Fällen ist festzulegen, welche Verbindungen zwischen den vergleichbaren Orten in den Vergleich eingehen sollen. In unserem Beispiel würde die Berechnung aller

[66] Die Verdächtigung findet man im Wege der Numerischen Taxonomie bei R. SOKAL und P. SNEATH (1963, S. 69 ff.), den Bezug auf den ›common sense‹ in P. SNEATH und R. SOKAL, 1973 (S. 79), jenen auf den ›erfahrenen Systematiker‹ und die Verwechslung von Erkenntnis und Erklärung bei E. MAYR, 1969 (S. 68) und anderen modernen Autoren. Einiges zur Diskussion in dem Sammelband von C. SIBLEY, 1969.

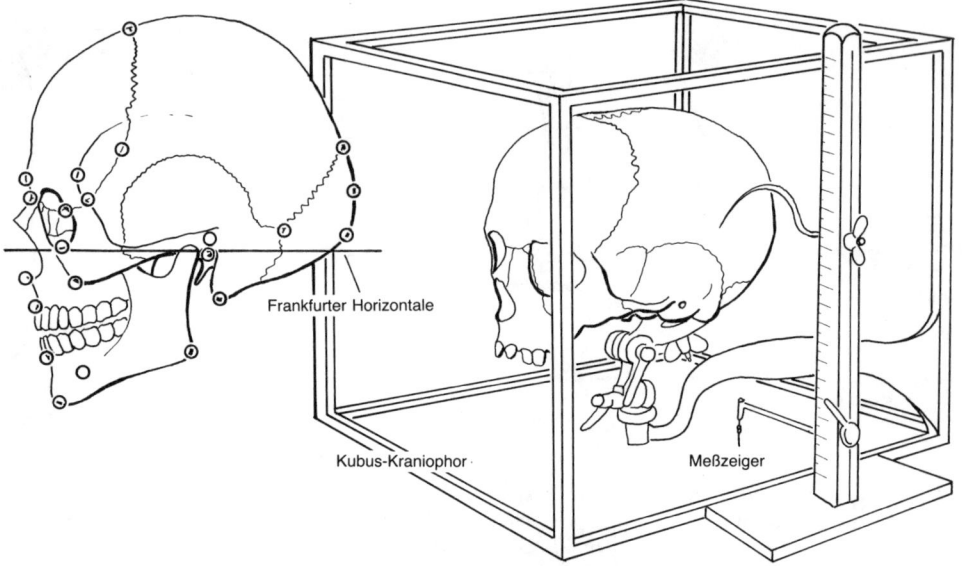

Abb. 43. *Kubus-Kraniophor* zur allseitigen Vermessung eines Schädels nach vereinbarten (hier einge-zeichneten) Meßpunkten, Winkel- und Proportionsverhältnissen und bezogen auf die sogenannte Frankfurter Horizontale, welche die Unterränder der Orbitae und die Oberränder der Gehörgänge in die Horizontale orientiert.

Diagonalen die Längen-Breiten-Veränderung zu Unrecht über allen anderen Pro-portionswandel, etwa den der Gelenke, dominieren. Und ebenso bleibt es eine Frage der Forschung, wann und nach welchen Kriterien das Auftreten oder Schwinden eines Merkmals in den Vergleich einbezogen werden kann.

Derlei Messungen sind, etwa in der Anthropologie, schon lange Usus. In der Vermessung des Schädels im Kraniometer beispielsweise (Abb. 43) haben sich wohlstandardisierte Methoden entwickelt, etwa durch die Festlegung der Orientie-rung (in die ›Frankfurter Horizontale‹), sowie durch standardisierte Festlegung (und Bezeichnung) der Meßpunkte. Und nichts stünde im Wege, den Schädel von diesen sechs Seiten des Würfels aus, in beliebiger Genauigkeit und mit beliebig vielen Daten, zu erfassen, indem man den Meßzirkel durch einen wandernden Laserstrahl ersetzte und die Daten digital im Rechner speicherte.

Aber ein Rechner kann noch lange nicht vergleichen, einfach weil die Meßwerte allein ohne Bedeutung sind. Weil die entscheidenden Proportionen eines Men-schenschädels erst aus den Schädeln vieler Rassen und die ihren erst aus dem Vergleich mit den Frühmenschen, den Hominiden und den Primaten erhellen, weil Knochennähte oder die Kanten der Muskelansätze nur aus der Geschichte aller Bauteile und das Ganze nur aus seinem Obersystem zu verstehen ist, aus Hirn und Sinnen, und weil es ein Säugetier voraussetzt, das am Wirbelsäulen-Ende diesen Schädel trägt.[67]

---

[67] Aber nicht nur müßte der Rechner das Homologisieren erlernen. Das Programm müßte auch die Mängel (beispielsweise an einem fossilen Schädel) erkennen und aus einem Vergleich ausschließen können: verlorene Teile,

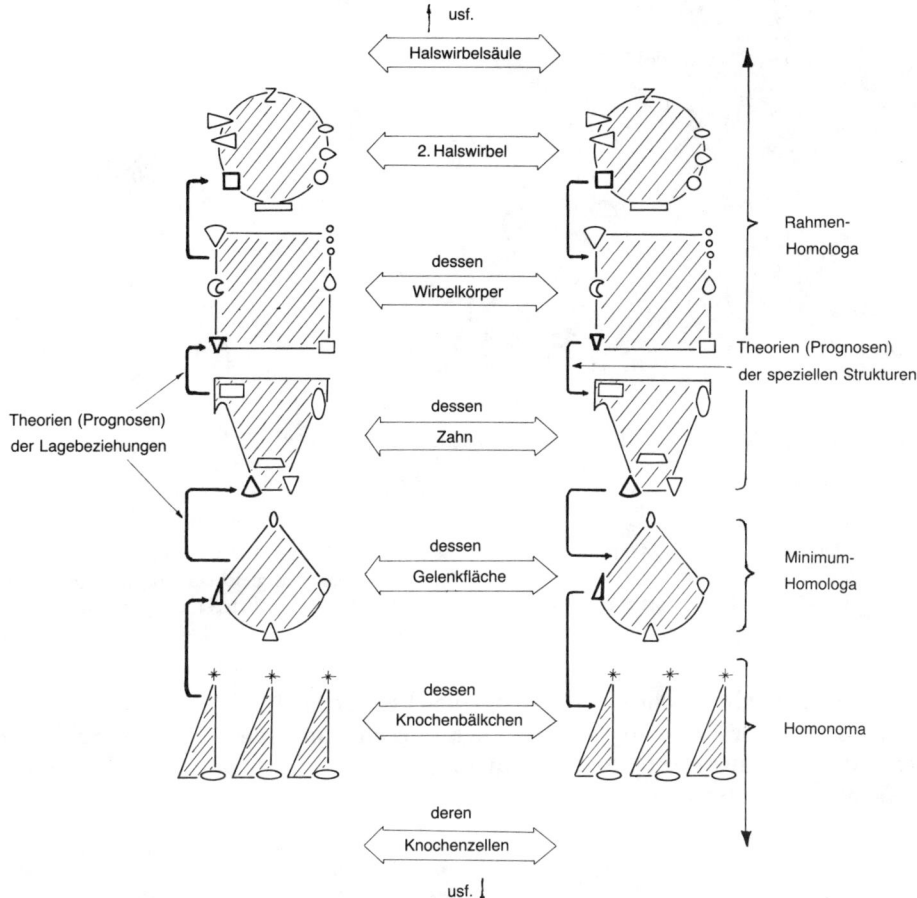

Abb. 44. *Hierarchien der Vergleiche* am Beispiel eines 2. Halswirbels eines Säugers. Horizontal die Vergleiche in den Ebenen (Klassen-Hierarchie), vertikal zwischen den Ebenen (Struktur-Hierarchie). In den Schichten abwärts ist jeweils nur eines der Merkmale weiterverfolgt.

Was und ob eine Meßstelle etwas bedeutet, das geht nicht aus ihr selbst hervor, sondern (wie schon in unseren bescheidenen Dreiecksbeispielen) aus den Verknüpfungen mit den Theorien des Vergleiches in den Unter- und Obersystemen. Wie dies die Abbildung 44 symbolisiert, liegt ein hierarchisches System von Verknüpfung und möglichen Vergleichen (Prognosen und wechselseitigen Stützungen der unterlegten Theorien) vor. Erst alle zusammen untermauern jeden Vergleich im einzelnen. Freilich kann in jeder Ebene gemessen werden. Aber daß Vergleichbares in den Messungen verglichen wird, das geht nicht aus der Messung hervor, sondern

Bruchstücke, Korrosionen und Verquetschung. Man bedenke, daß es dem Fachmann möglich ist, zwei Schädel verläßlich derselben Unterart (und Rasse) zuzuordnen, selbst wenn vom einen nur ein Teil des Stirnbeins, vom anderen nur ein Teil des Unterkiefers erhalten ist. Das gilt ebenso für prähistorische, archäologische und literarische Fragmente.

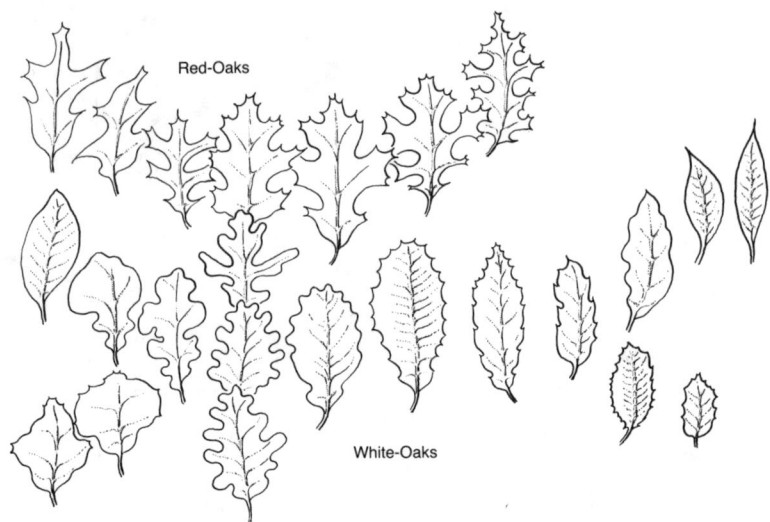

Abb. 45. *Diskontinuierliche Metamorphosen* am Beispiel der Blätter nordamerikanischer Eichen; *white oaks* ebenso wie *red oaks* (der Gattung *Quercus*). In annähernd gleichem Maßstab gezeichnet (nach F. BROCKMAN 1968; dort werden von den etwa 60 heimischen Eichen 41 dargestellt).

aus dem ganzen hierarchischen System eines Vergleichs. Denn jede Schichte ist die Voraussetzung des Werdens wie der Erkenntnis aller anderen, so wie alle Schichten die Bildungsvoraussetzung und die Stützung des Gewißheitsgrades der Erkenntnis jedes einzelnen Elementes sind.

Die Optimierung des Merkmalsbegriffs

Zum Begriff von einem Merkmal gehört, wenn schon nicht, wie das unser sprachliches Denken suggeriert, das Gleichbleibende von Inhalt und Bedeutung, so doch eine harmonisch-kontinuierliche Metamorphose dieser Strukturen und Zugehörigkeiten. Das sind gewissermaßen seine Binnenbedingungen, wie sie uns bisher vorwiegend beschäftigten. Nun soll uns seine Begrenzung beschäftigen, die zweite, die Rahmenbedingung seiner Fassung.

Und in der Weise, wie wir diese Welt typologisch organisiert fanden und die ihr entsprechenden Begriffe mit dichter Mitte und verdünnten Rändern, so werden wir auch weder scharfe Grenzen finden noch sie durch Schärfung dieser Natur näherbringen können. Was wir finden werden, das sind Diskontinuitäten der Metamorphosen (vgl. Abb. 45–46). In den meisten Fällen liegt dieser Wechsel zwischen kontinuierlichem und diskontinuierlichem Wandel in den Gegenständen der außersubjektiven Wirklichkeit.

Nur in manchen Fällen liegt die Diskontinuität nicht in der Natur, sondern bereits in unserem Sinnesapparat begründet. So erleben wir, aus dem Kontinuum

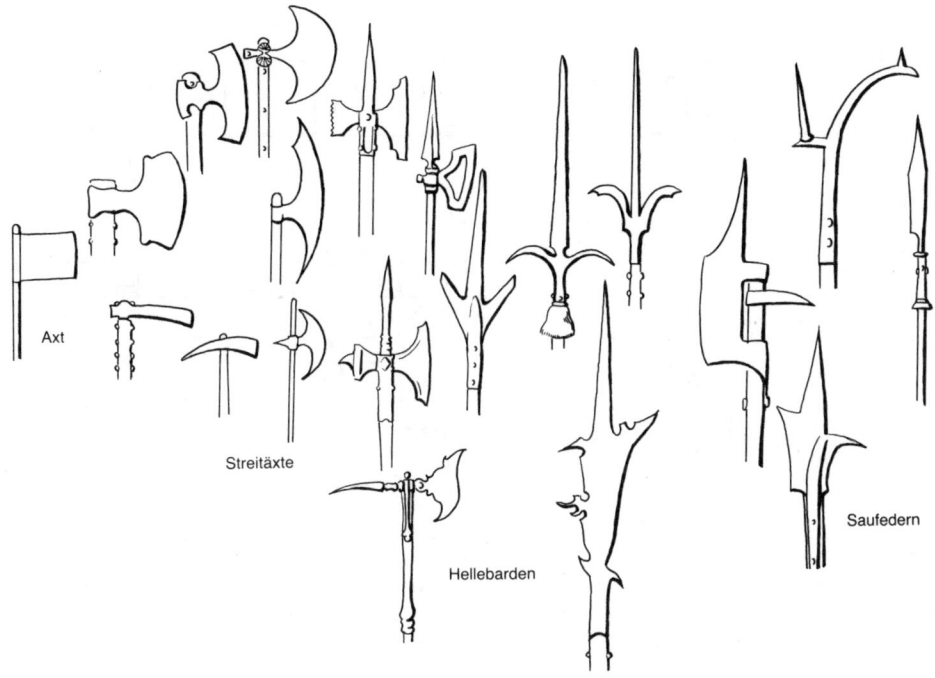

Abb. 46. *Trends in der Differenzierung von Ähnlichkeiten* am Beispiel der Entwicklung von der Axt zur Streitaxt vom 5. zum 12. Jahrhundert, zur Hellebarde und ihrer Sonderform der ›Saufeder‹ *(vouge)* im 14. und 15. Jahrhundert; in vergleichbaren Größen wiedergegeben (aus E. VIOLLET-LE-DUC 1875, den Stichworten *hache, hallebarde* und *vouge*).

des elektromagnetischen Wellenspektrum, Infrarot als (lichtlose) Wärme und den sichtbaren Anteil nach Grundfarben zerlegt, infolge der Wechselverrechnung zwischen Sinneszellen in unserer Netzhaut, welche selbst diskontinuierlich auf bestimmte Spektralbereiche spezialisiert sind. Ähnlich ist es zu verstehen, wie wir die Kontinuität des Raumes in drei Achsen zerlegen. Hier sind unsere Körperachsen (Bewegungsachsen) und die drei auf sie eingestellten Bogengänge im inneren Ohr Ursache der Einführung der Diskontinuität.[68]

Schon diese Art der Vorverrechnung aus dem Wahrnehmungsapparat erinnert uns daran, daß wir ohne Diskontinuitäten nichts zu begreifen vermögen. Sind in einem relevanten Ausschnitt der Natur solche nicht vorhanden, so müssen sie künstlich geschaffen werden. Dies steht in engem Zusammenhang mit all jenen Grenzverschärfungen, wie wir sie von der Kontrastverstärkung bis zur Abhebung der Gestalten von ihren Hintergründen schon kennenlernten. Kein Wunder also, daß es uns zur Begrenzung auch des jeweils Begreifbaren drängt.

---

[68] Hinzu kommt noch eine ganze Anzahl anatomischer und physiologischer Festlegungen: die symmetrische Organisation unseres Gehirns, die Paarigkeit der Augen und Ohren, die Kreuzung der Sehbahnen im *Chiasma opticum* und deren Sortierung nach der Symmetrie der Sehfelder; die nasenseitigen Ableitungen aus der Retina wechseln die Seiten, die schläfenseitigen wenden sich (kehrten in der Phylogenie des binokulären Sehens zurück) zu ihrer Hirnseite.

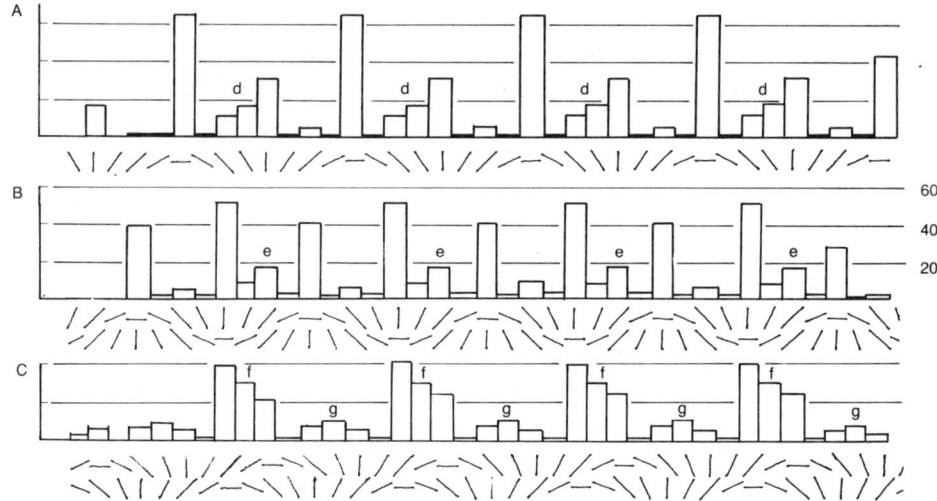

Abb. 47. *Urteile von Versuchspersonen (Vp) über die Grenzen von Perioden* dreier Serien (A–C) eines jeweils kontinuierlichen Wandels, der steten Drehung der Zeichen um 22,5°. Es wurde der Achter-Rhythmus (90° Drehung), selten ein Vierer-Rhythmus gewählt. Aufgetragen ist die Anzahl der Entscheidungen von 130 Vp über den einzelnen Zeichen (Gruppen) und Perioden. Man beachte die eigentümliche Lage der Entscheidungen an den Stellen d, e, f und g.

Trend und Diskontinuität

Natürlich ist die Diskontinuität der Dinge ein Grundprinzip dieser Natur. Im atomaren Bereich sind es sogar echte Grenzen, wie das aus dem PLANCKschen Wirkungsquant, der Bestückung der Atomkerne und den Anregungszuständen der Elektronen hervorgeht. Im komplexen Mesokosmos werden Grenzen dieser Art durch Massenphänomene unsichtbar. Was dagegen die polymorphen Dinge im komplexen Mesokosmos auszeichnet, das ist die nicht beliebige Kombinierbarkeit (oder Erhaltungs-Chance) ihrer Eigenschaften. Und auf die Wahrnehmung eben dieser polymorphen Diskontinuitäten sind wir adaptiert.

Diese wahrzunehmen, ist eine Lebensbedingung. Sie zu verschärfen und (definitorisch-differentialdiagnostisch) zu vereinfachen, erhöht die Trefferchance. Für einfache Sinneswerkzeuge bildet dies ja die Voraussetzung diskriminierender (unterscheidender) Wahrnehmung überhaupt. Für die Lösung einfacher Aufgaben hat sich diese Bedingung auch nicht geändert. Sie blieb unserer Ausstattung erhalten (und behindert die Lösung komplexer Aufgaben).

Meine Versuchspersonen, vor die Aufgabe gestellt, einer Serie kontinuierlichen Wandels (vgl. Abb. 47) die Grenzen der Perioden einzuzeichnen, zögerten nicht, das zu tun, entschieden sich in Sekunden und wählten zur Abgrenzung unbedenklich die Raumachsen.[69]

[69]   Nur eine der 130 Versuchspersonen erklärte (zu Recht), daß es beliebig wäre, wo man in einer Sinus-Bewegung eine Grenze einzeichnete, und zeichnete darum keine Grenze der Periode ein. Ich deute dies als eine Dominanz der rationalen gegenüber der ratiomorphen, von der Gestaltwahrnehmung dirigierten Lösung (vgl. Fußnote 45, S. 154).

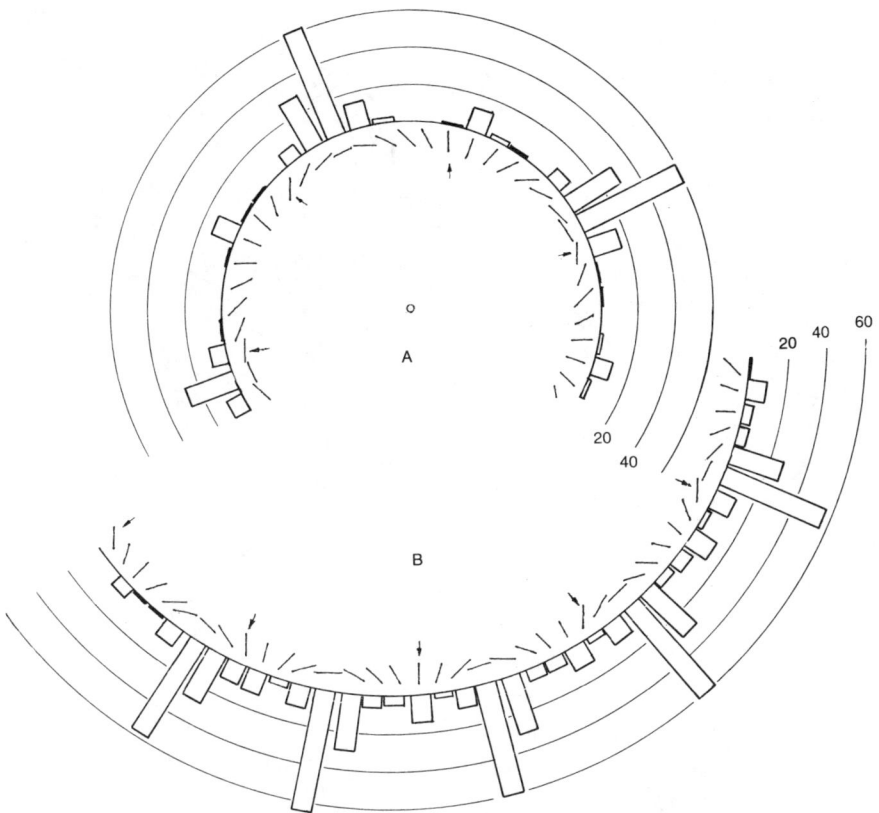

Abb. 48. *Urteile* von 130 Versuchspersonen *über die Grenzen von Gestalts-Perioden.* Gegenüber Abb. 47 ist der Achter-Rhythmus der Wiederholung der Positionen (Drehungen der Zeichen um 22,5°) in Kreisbahnen gelegt. Man beachte, daß der Rhythmus in Figur A in 12er (bzw. 6er) Intervallen gedeutet wurde, in der Figur B in 7er Intervallen. Die tatsächliche Wiederholung z. B. der senkrechten Position ist nun vom Gestaltseindruck verwischt, hier mit → angezeichnet.

Ein zweiter Versuch belehrt über die Beteiligung der Gestaltwahrnehmung. Wird dieselbe Serie kontinuierlichen Wandels, nämlich eine stete Drehung der Zeichen um 22,5° in Kreisbahnen dargeboten (nach Abb. 48), so ändert sich das Urteil. Die Perioden werden nicht mehr in jeder achten Figur (nach 90°-Drehung) als begrenzt erlebt, sondern auf die Gesamtgestalt bezogen, und auf das, was nun in dieser ›querliegend‹ erscheint.

Was dagegen ein echter Trendwechsel ist, das läßt sich nur aus dem Trend, das heißt der Art oder Richtung eines Wandels selbst, ermitteln. Schon in den Abbildungen 37 und 38 (auf S. 178 u. 179) sind wir Trends von Veränderungen begegnet. Im einen Falle ›bläht‹ sich ein Stern über ein Dreieck zum Kreis auf (oder dieser fällt auf eine Sternform zusammen); im anderen rückt eine ›Einziehung‹ felderweise zur Figur eines Buchstaben ›G‹ vor (oder dieser löst sich felderweise auf). Ein Trendwechsel ist dann eine Änderung solch einer einheitlichen Tendenz.

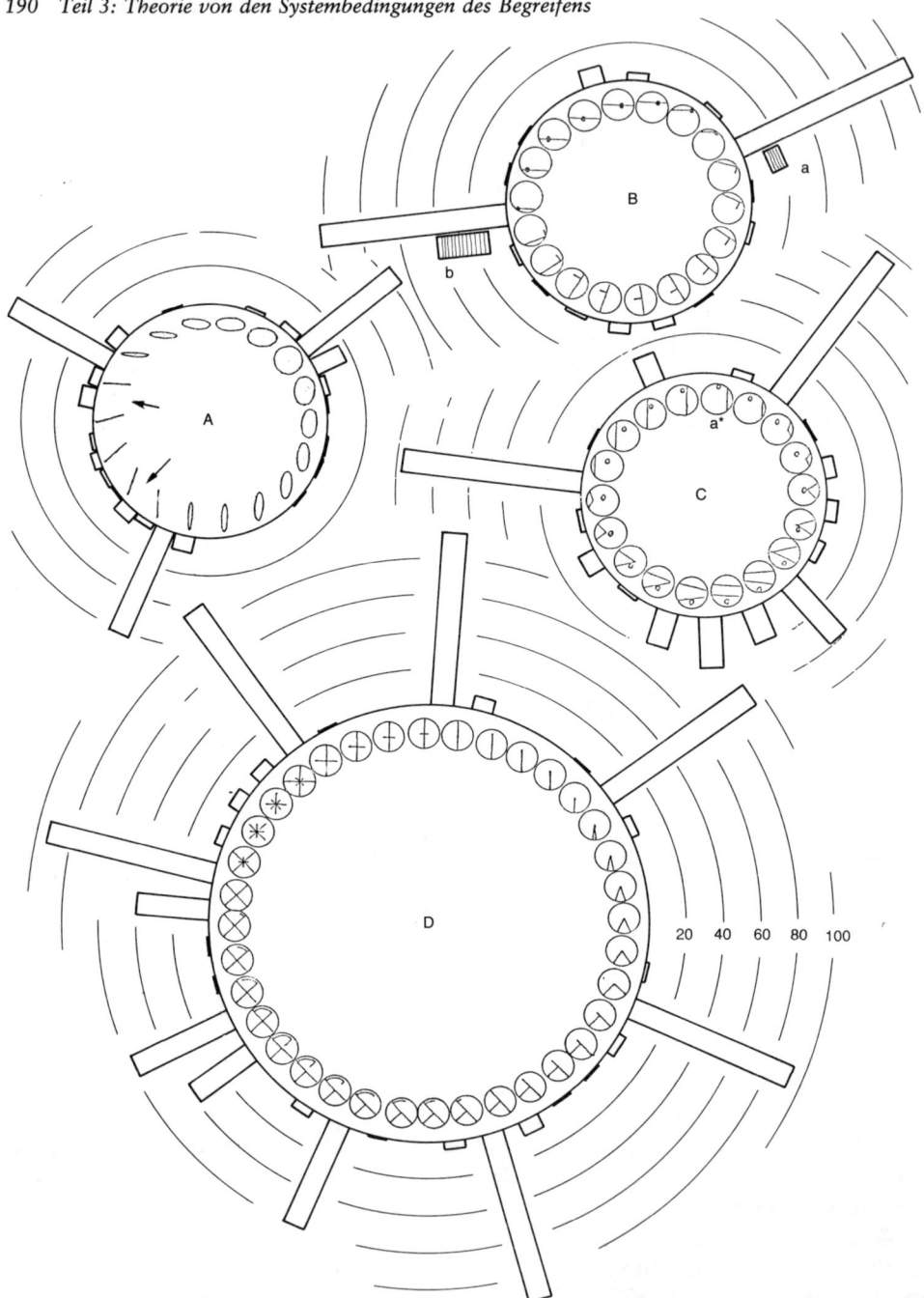

Abb. 49. *Versuche zum Auffinden von Trendwechsel* (mit 108 Versuchspersonen). In Figur A wurden 2 der 3 Wechsel (→) nicht zutreffend erkannt. In Figur B der Haupt-Trendwechsel (a→) verkannt und der geringere (←b) dafür gehalten. In Figur C wurden mehr Stellen angezeichnet als Wechsel (nämlich nur 3) tatsächlich vorliegen (einer jedoch a* nicht erkannt). Ähnliches prüfe man selbst in Figur D.

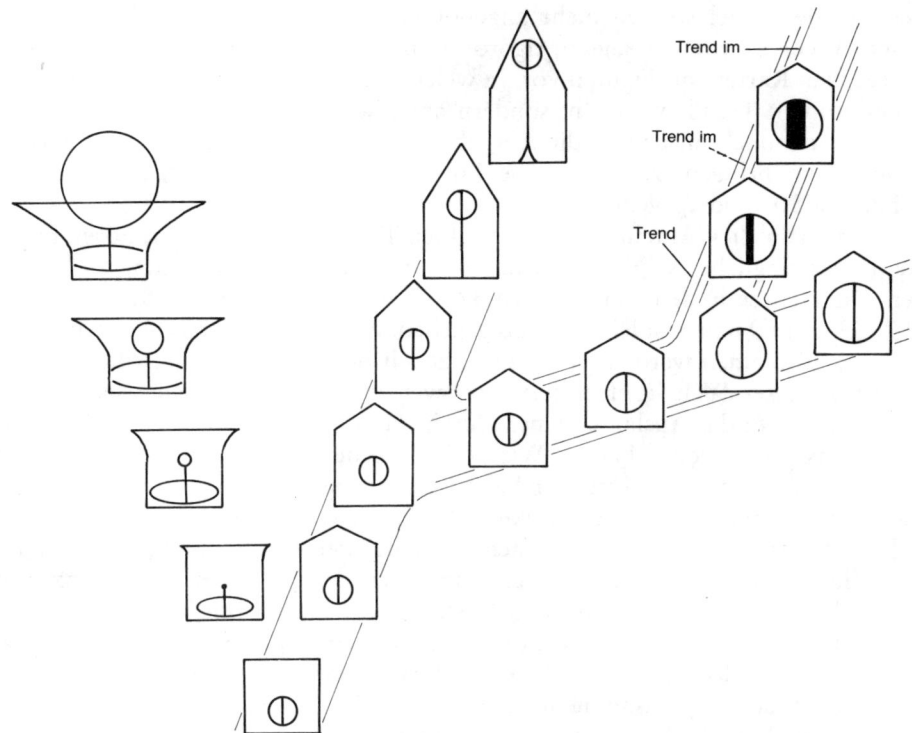

Abb. 50. *Trends im Trend;* Beispiel einer gelösten Aufgabe, Figuren zu reihen, deren Merkmale Trends der Veränderung, aber auch Wechsel der Trends entnehmen lassen. Man beachte, daß ein Trend im anderen liegen kann und daß man dazu neigt, eine Ablauf- oder Lesrichtung in diesen bloßen Ähnlichkeits-Zusammenhang hineinzudenken.

Unser ›Auge‹ ist für die Änderung einer solchen Tendenz ebenso disponiert, wie wir dies für die Wahrnehmung eines Trends selbst schon kennen. Und wie sehr die Gestaltwahrnehmung die Auffindung von Trendwechseln beeinflußt, kann man den Angaben entnehmen, welche meine Versuchspersonen bei solchen Aufgaben machten. Sie sind in Abbildung 49 dargestellt. In der Figur *A* liegen zwei der drei Trendwechsel (→) in Wahrheit anders, als die Mehrheit der Versuchspersonen diese anzeichneten. In Figur *B*, die nur zwei Trendwechsel enthält, sollte der stärkere der beiden Wechsel, im Fall man sich entscheidet, hervorgehoben werden. Nur ein Drittel machte die Anzeichnung, und dies dominierend an der falschen Stelle (man urteile evtl. selbst, ehe man die Fußnote liest).[70]

Die Figuren *C* und *D* werden davon überzeugen, daß es selbst in so einfachen Fällen nicht leicht ist zu entscheiden, wo noch ein Trendwechsel steckt und wo

---

[70] Man beachte in der Figur *B* (Abb. 49), daß sich die Gerade (im Uhrzeigersinn gelesen) hebt, der Punkt auf ihr nach rechts wandert. Im starken Trendwechsel (a) beginnt sich die Gerade (1.) fallend zu neigen, der Punkt durch (2.) einen Strich ersetzt zu werden, der aber (3.) eine gegenläufige Bewegung aufnimmt. Im schwachen Trendwechsel (b) kehren nur 2 Merkmale (1 und 2) um, die Bewegungstendenz (3) bleibt dagegen erhalten.

nicht. In der Regel werden mehr angenommen, als tatsächlich vorhanden sind. Unser ›Auge‹ ist, wie wir sagten, rigoroser, als es dem Gegenstande zukommt.

Legt man Karten mit Figuren vor, in welchen die einzelnen Merkmale nicht nur in bestimmten Trends wandeln, sondern auch Wechsel der Trends enthalten, so gelingt es dennoch unschwer, die Aufgabe, die Karten in einen gereihten Zusammenhang zu bringen, zu lösen. Die Lösung einer solchen Aufgabe ist in der Abbildung 50 wiedergegeben.

Schon an solchen Aufgaben mit abstrakten Trends und Metamorphosen taucht eine unbezwingliche Neigung auf, nämlich in ihnen eine Lesrichtung zu bestimmen. Die Figuren in den Abbildungen 37, 38, 45 und 46 (auf S. 178, 179, 186 u. 187), 49 und 50 haben solchen Anlaß gegeben. Zwei Gründe erweisen sich als die Ursache. Zum einen werden wir fortgesetzt mit der Wahrnehmung von Veränderungen in dieser Welt konfrontiert, von welchen die meisten einer bestimmten Richtung folgen: das Auslaufen einer Flüssigkeit, das Entrollen oder Welken eines Blattes, das Meißeln einer Plastik. Wir sind an solche Vorgänge adaptiert. Das zeigt unser Prognoseverhalten. Und wir haben Erfahrung im Umgang mit ihnen. Das zeigt unser Staunen bei der Zeitumkehr der Prozesse im Film.

Zum anderen ist es unsere Sprache, die bei der Beschreibung (wie bei der Vorstellung) eines Formenzusammenhangs dazu drängt, einen Ablauf anzunehmen. Selbst unzusammenhängenden Gestaltunterschieden pflegen wir, gewissermaßen vereinfachend, einen Wandlungszusammenhang zuzumessen. Und man kann vermuten, daß auch diese Eigentümlichkeit des Interpretierens mit unserer erblichen Ausstattung zusammenhängt.[71]

Die Feststellung der Lesrichtung von Metamorphosen wird uns als ein fachliches Problem noch befassen. Hier will ich über die psychologische (oder adaptive) Seite des Phänomens nicht hinausgehen.

Optimierung einer Grenzhypothese

Der Wechsel im Metamorphosetrend einer einzigen Eigenschaft (oder Qualität) eines Merkmals kann als eine Begrenzung aufgefaßt werden. Derlei bedeutet aber in den polymorphen Dingen des Mesokosmos (Abb. 51 u. 52) nur eine Näherung. Selbst in den einfachsten Gegenständen, etwa den Sedimenten eines Strandes, wechselt mit der ›Korngröße‹ von den Tonen über die Sande zu den Geröllen auch die Erodier- und Transportierbarkeit, die Abrollung sowie der Gehalt an organischen und kalkigen (Muschelgries-)Komponenten in verschiedenen Größenklassen.

Man bedenke doch nur, wie viele Eigenschaften jenen ›roten Kehlfleck‹ begleiten, der für viele Drosselvögel charakteristisch ist (Tönung, Intensität, Größe, Lage, Begrenzung), oder den ›Zierat‹, der zum Kennzeichen eines Barockschlöß-

---

[71] Es sei an die sinnespsychologischen Grundlagen solcher Interpretation erinnert, daß beispielsweise schon zwei Lichtquellen, wenn sie alternierend, in geeigneter Entfernung und Frequenz aufleuchten, als bewegte Lichtquelle ›gesehen‹ werden. Über entsprechende Reaktionen bei Wirbeltieren finden sich Beiträge in H. ROITBLAT, TH. BEVER und H. TERRACE, 1984.

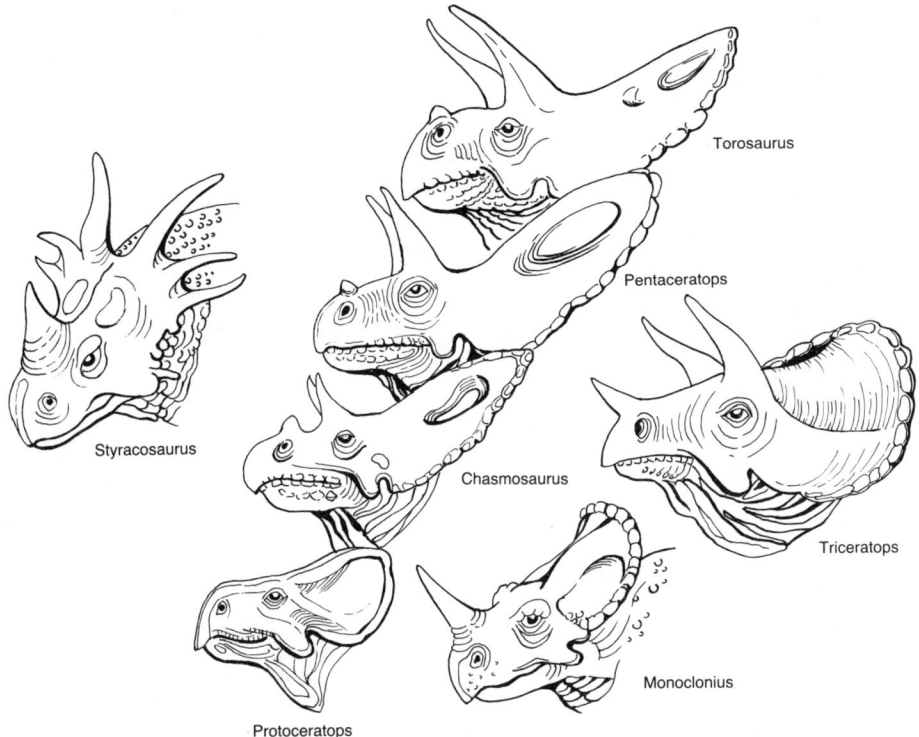

Abb. 51. *Divergente Entwicklungs-Trends in der Biologie;* am Beispiel der rekonstruierten Köpfe der Horndinosaurier *(Ceratopsia)* einer Unterordnung der Vogelbecken-Dinosaurier *(Ornithischia)* der Oberkreide; in gleichen Größenverhältnissen gezeichnet (aus E. THENIUS 1972, Seite 405).

chens gehört (an Plastik, Gesimsen, Schmiedeeisen, Fassadengliederung). Sie alle wirken zusammen, um als Merkmal zur Begrenzung der Begriffsfelder ›Drossel‹ und ›Barockschloß‹ beizutragen. Was also ist ›noch‹ ein Kehlfleck, ein barocker Zierat, um als Merkmal zur Abgrenzung des Begriffs zu dienen?

Bei der Optimierung des Feldbegriffs hatten wir die Merkmalsausstattung der Gegenstände als eindeutig bestimmt zu betrachten, nach ihrer Art und Zusammensetzung. Und nach den Koinzidenzen der polymorphen Merkmale, im Vergleich zwischen den Gegenständen, urteilten wir (nach den Gegenstandsdiskontinuitäten) über die Gegenstandszugehörigkeiten und damit über die Art und Lage einer Feldgrenze. Nun ist gegengleich vorzugehen:

Bei der Optimierung des Merkmalsbegriffs haben wir den Feldzusammenhang der Gegenstände (Drosselverwandte, Schlösser) als eindeutig bestimmt zu betrachten, nun nach Art und Zugehörigkeit. Und nach den Koinzidenzen der polymorphen Eigenschaften der Merkmale innerhalb jedes Gegenstandes urteilen wir (nach den Merkmalsdiskontinuitäten) über die Merkmalszusammensetzungen und damit über die Art und Lage einer Merkmalsgrenze.

Mit der Zugehörigkeit von Gegenständen nach ihren Merkmalen also prüfen (hypothetisieren und prognostizieren) wir in Richtung auf Obersysteme, mit der

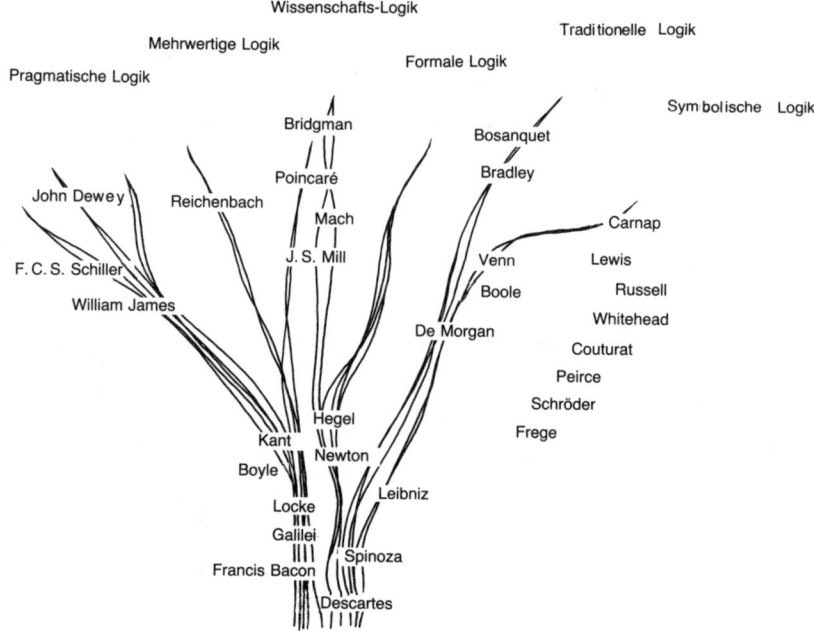

Abb. 52. *Divergente Entwicklungs-Trends in der Kulturgeschichte* am Beispiel eines Stammbaumes der Differenzierung der Logik. Wiedergegeben ist die Moderne (dargestellt nach der Auffassung von H. L. SEARLES 1968, Seite 334).

Zusammensetzung der Merkmale nach ihren Eigenschaften in der Richtung auf die Untersysteme.

Ein weiterer Zusammenhang soll uns nicht entgehen: In beiden Richtungen spielt sowohl die Strukturhierarchie wie die Klassenhierarchie eine Rolle. Nur oberflächlich sieht die Feldzugehörigkeit der Gegenstände nur nach einem Klassenbegriff aus, die Eigenschaftszusammensetzung nur nach einem Strukturbegriff (vgl. Abb. 18, S. 142). Man kann übersehen, daß auch ›Kehlfleck‹ und ›Zierat‹, wie ›Kehl-Lage‹ und ›Gesimse‹, da wir sie über den Einzelfall hinaus prognostizieren, als Klassenbegriffe gedacht werden, und daß ›Drosselvögel‹ wie ›Barockschlösser‹, dort im Genom der Vogelgruppe, da im Stilgefühl der Barocke, in einem strukturellen Oberbegriff eingebettet sind.[72]

Endlich darf auch die Konzentration auf Merkmale das Voraussetzungshafte der gedachten Feldzugehörigkeiten nicht vergessen lassen. Denn der rote ›Kehlfleck‹ mag in Wahrheit einer Grasmücke oder gar einem Finken zugehören (einer Bartgrasmücke oder einem Bergfinken); der barocke Zierat mag sich als dem Rokoko oder gar der Renaissance zugehörig erweisen. Und sogleich ›sähen‹ diese

---

[72] Die äquivalenten Strukturklassen im Rahmen des Barock sind, neben den Schlössern, die Sakral- und Bürger-Architekturen, Gemälde und Musikwerke, Moden usf., die parallelen Klassen zum Kehlfleck natürlich alle übrigen Erbmerkmale der Drosseln; nur daß man die Festlegung des Genoms auf die hierarchischen Eigenschaften des ›Natürlichen Systems‹ der Organismen ebenfalls als Strukturbegriffe auffassen muß (R. RIEDL, 1975, 1977, 1980, 1980a), wird gewöhnlich nicht bedacht.

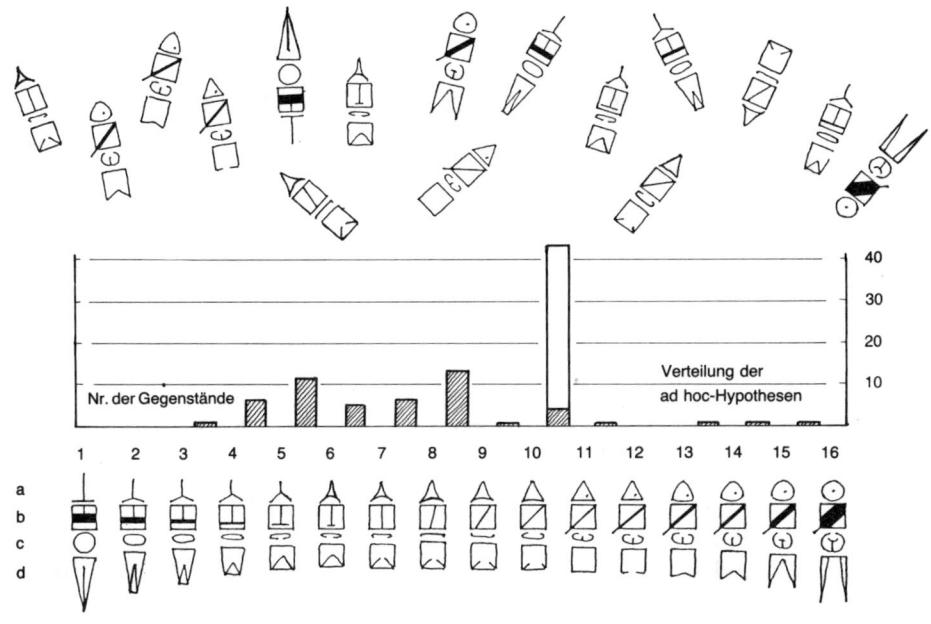

Merkmale

Abb. 53. *Etablierung einer Merkmals-Grenze.* 16 Gegenstände, deren Reihung nach der Ähnlichkeit (1–16) und die Verteilung der *ad hoc* eingetragenen Grenzhypothesen von 83 Versuchspersonen. Schraffierte Staffeln ohne Kenntnis der Lösung, helle Staffel (zusätzlich) mit Kenntnis oder mit zufälligem Treffen der Lösung. Man beachte die Gliederung der wandelnden Eigenschaften im Rahmen vierer Merkmale (a bis d).

Merkmale dann auch anders aus. Im Prinzip so anders, wie sich, in unserem früheren Beispiel, die Merkmale einer ›Unwetter-Holzdrift‹ zu jenen eines ›Biberbaues‹ wandelten.

Nun aber zum Konkreten, zum Vorgang der Optimierung selbst. Um diesen Prozeß in der erforderlichen Kürze darzulegen, konzentrieren wir uns wieder auf die Optimierung einer einzigen Grenze, nunmehr innerhalb polymorpher Merkmale, mit kontinuierlichen Trends ihrer Eigenschaften und einigen Diskontinuitäten, nochmals an einem knappen Beispiel mit vereinfachten Symbolen, weil damit das herrschende Prinzip am anschaulichsten zu verdeutlichen ist.

In unserem Beispiel der Abbildung 53 verwenden wir 16 Gegenstände (man denke an Landschaftsformen der Gletschergebiete, an Arten der Drosseln oder an Stilformen der Schule eines Meisters) mit nur vier Merkmalen (a bis d) und deren (wenige) Eigenschaften. Die erste Aufgabe besteht in der Reihung der Gegenstände nach dem Grad ihrer Ähnlichkeit, was, wie vorherzusehen, Versuchspersonen leicht gelingt.

Nun beauftragen wir uns, eine Grenze *ad hoc* anzugeben. Das geschieht, wie wir wissen, nach der Gestaltwahrnehmung und irgendwelchen Präferenzen vermeintlicher Auffälligkeit (und der optischen Mitte der Reihe der Gegenstände). Im Falle des zu schildernden Experiments streuen diese Hypothesen hauptsächlich zwi-

Nr. der Gegenstände

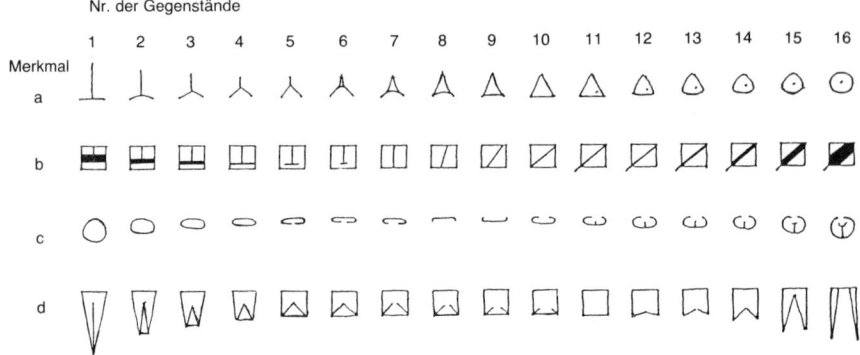

Abb. 54. *Zur Optimierung einer Merkmals-Grenze.* Die Zerlegung der Merkmale (a bis d) der 16 Gegenstände von Abbildung 53 zum Zwecke besserer Übersicht über die Diskontinuitäten in den Metamorphosen ihrer Eigenschaften.

schen den Gegenständen 4/5 und 10/11, mit einem Gipfel bei 10/11. 34 Versuchspersonen (wie sich zeigen wird) hatten die Lösung auf Anhieb gefunden, 33 fanden sie später, 17 fanden sie nicht; die erste Gruppe ist es, die den Gipfel bei den Gegenständen 10/11 ausmacht.[73]

Nimmt man jene Gruppe aus, in welcher die Lösung *ad hoc* getroffen wurde (weil nicht zu bestimmen ist, wie groß der Zufallsanteil gewesen sein mag), so dominieren die Lösungen zwischen den Gegenständen 5/6 und, mehr noch, bei 8/9 (wie dies Abb. 53 zeigt). Die Entwicklung der Entscheidungsfindung bei den übrigen läßt sich gut verfolgen.

In einem zweiten Schritt wurde auf die zerlegten Merkmale aufmerksam gemacht, in der Form, wie dies die Abbildung 54 darstellt. Mit der Auflage, nun Merkmal für Merkmal (a bis d) die Diskontinuitäten in den Metamorphosen einzuzeichnen. Der Leser mag (bevor er in den nächsten Zeilen die Lösung findet) dies selbst einmal versuchen.

Die von meinen Versuchspersonen getroffenen Entscheidungen sind in der Abbildung 55 in Staffeln dargestellt und die von mir ›gemeinten‹ Diskontinuitäten mit je einem ↑ angezeichnet. Sie wurden alle gefunden; und freilich noch einige mehr gedeutet. Am wenigsten überzeugte die Auflösung des 60°-Winkels zwischen a 2/3 oder a 3/4. Auch d 4/5 wurde gering geschätzt.

Von Interesse ist nun, daß auf die Aufforderung, nochmals die bestmögliche Teilung zu versuchen, eine ganz andere Verteilung der Lösungen zutage kommt (in Abb. 55 oben). Die zunächst dominante Hypothese (*H* I), die offenbar auf der Auffälligkeit der Diskontinuität c 8/9, aber eben nur auf dieser, beruhte, wird aufgegeben, ebenso viele andere (wie bei 5/6). Und es dominiert nun eindeutig die Grenzhypothese (*H* II) bei 10/11, bei der vier Diskontinuitäten zusammentreffen.[74]

---

[73] Im Falle dieses Experiments mit 100 Versuchspersonen scheide ich 8 Ergebnisse (wegen Unklarheiten in den Angaben) aus, weitere 9, weil sie (nicht ganz zu Unrecht) angaben, daß eine *ad-hoc*-Hypothese nicht möglich wäre (oder keinen Sinn ergäbe). 83 der Ergebnisse bleiben auswertbar. Der relativ hohe Anteil (34 Vp) an spontan ›entdeckten‹ Lösungen hängt mit der relativen Deutlichkeit der Diskontinuitäten dieses Beispiels zusammen.

[74] In jener Gruppe von Versuchspersonen, die auf Anhieb die richtige Lösung (10/11) fand und bei dieser (in *H* II) blieb, hat nicht minder die Wahrnehmung koinzidenter Diskontinuitäten entschieden. 5 Vp der Gruppe haben 2,

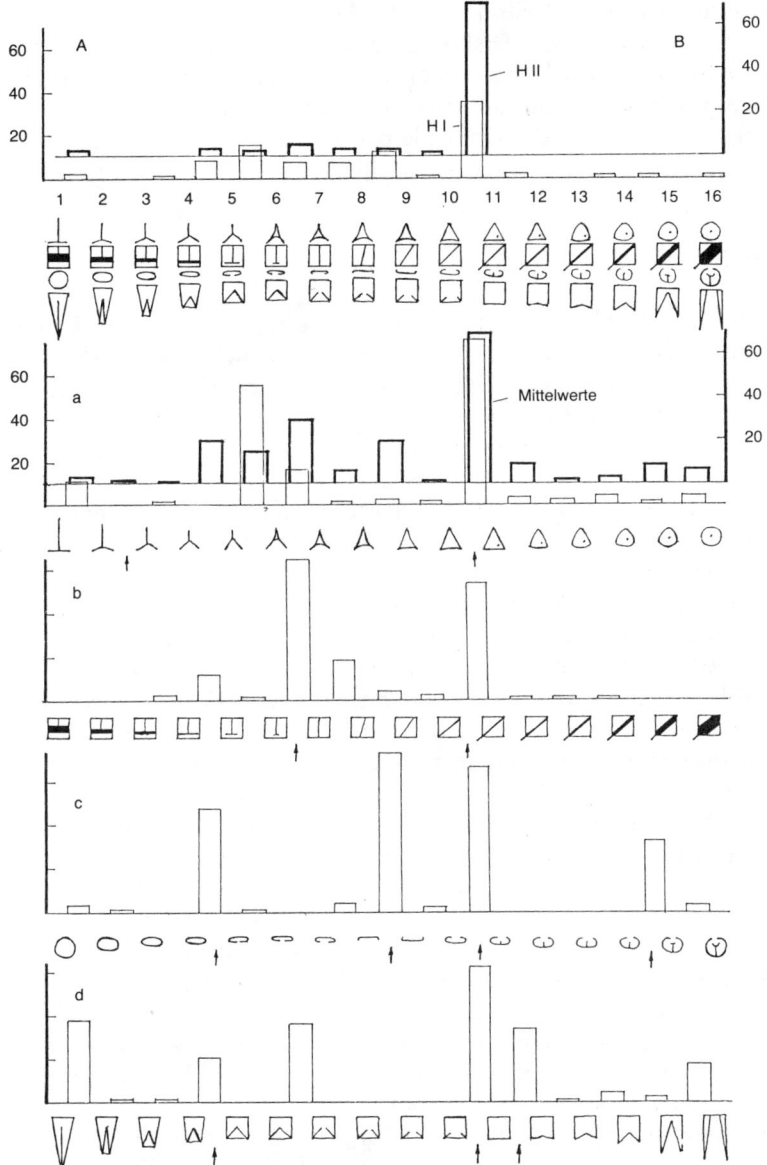

Abb. 55. *Die optimierte Merkmals-Grenze* zwischen den Reihen A und B nach Wahrnehmung der Diskontinuität (↑) der wandelnden Eigenschaften in den, nach den Merkmalen (a bis d) zerlegten 16 Gegenständen. In a bis d ist die Anzahl der Versuchspersonen aufgetragen, die an den einzelnen Stellen Diskontinuitäten angaben. Oben ist die Verteilung der Hypothese II (in kräftig ausgewiesenen Staffeln) jener der Hypothese I (Abb. 53; mager ausgewiesen) gegenübergestellt. In a sind (kräftig) auch die Mittelwerte der Beobachtungen aus den Merkmalen a bis d hinzugefügt.

weitere 15 haben 3 und 13 haben alle 4 Diskontinuitäten bei 10/11 angezeichnet und an keiner anderen Position mehr als diese.

Befragt hinsichtlich des Grundes für die Änderung des Urteils, wurde in einigen Fällen auf die Koinzidenz der Diskontinuitäten in allen vier Merkmalen verwiesen (worauf der Versuch natürlich angelegt war). Die meisten aber teilten mir mit, daß man sich zunächst (in *H*I) nur geirrt hätte, beziehungsweise daß man ja nun ›sehe‹, wo die wahre Grenze läge. Die Koinzidenz wurde also vielfach nicht realisiert, aber dennoch aufgrund ihres Eindruckes entschieden.

Die Gewichtung der Merkmale

Damit deutet sich wieder eine ratiomorphe Leistung an, die für unser unbewußtes Werten von Merkmalen kennzeichnend ist. Tatsächlich sind Merkmale von den Kennern ihrer Sache stets nach den Koinzidenzen ihrer Diskontinuitäten bewertet worden. Wohingegen, wie die Diskussion über das Gewichtungsproblem zeigt, die ich schon wiederholt zu zitieren hatte, der Vorgang selbst nicht bekannt geworden ist.

Denn selbstverständlich hat keine Eigenschaft und kein Merkmal ein Gewicht, das man im voraus kennt. Vielmehr hat der Gang der Forschung immer wieder gezeigt, daß von irgendwelchen Auffälligkeiten ausgegangen wurde, bis sich mit steigender Kenntnis (des Vergleichens) die Spreu vom Weizen trennte.

Was sich in der Hierarchie der Merkmale je Stufe wechselseitig stützt, gibt einander Gewicht. Es hebt die Grenzziehung gegenüber den konkurrierenden Diskontinuitäten hervor und schafft dem Begriff des Merkmals größere Bedeutung. ›Sand‹ beispielsweise ist nicht nur eine Korngrößen-Gruppe, vielmehr ist er noch durch seine maximale Erosion-Transport-Beziehung, durch sein Lückensystem, die Durchströmbarkeit und mehrere biologische Eigenschaften gekennzeichnet.[75]

Selbstverständlich hat die Unterscheidung der Vögel und Säuger nicht mit der Entdeckung begonnen, daß bei diesen der vierte Aortenbogen nur linksseitig, bei jenen nur rechts erhalten blieb. Daß dieses versteckte Merkmal (und die Diskontinuität aufgelassener Kiemenarterien seit dem Zeitalter der Fische) nun so großes Gewicht besitzt, ist auf seine besonders zentrale Koinzidenz mit weiteren entscheidenden Vogel- und Säugermerkmalen zurückzuführen, vom Strauß zum Kolibri und von der Fledermaus zum Bartenwal.

Will man eine quantitative Stütze für diese Behauptung finden (um sie auch zählend zu prüfen), so kann man sich wieder einer Wahrscheinlichkeitsüberlegung und des Differenzierungsgrades bedienen.

Für die Bestimmung des Differenzierungsgrades folgen wir nochmals dem Prinzip, keine Vorgaben zu erlauben, mit Ausnahme der Erwartung, daß die Diskontinuitäten (oder Trendwechsel) in den Metamorphosen der Merkmale

---

[75] Allein der Umstand, daß die Sande (Feinst- bis Grobsande) jene Komponente der Sedimente darstellen, welche bei hohen Abtragungs-(Erosions-)Chancen in der Brandung noch passable Transportbedingungen in den Küsten-Strömungen besitzen, ist die Ursache dafür, daß 80 % aller Meeresküsten Sandstrände sind und daß diese hoch sortiert auftreten. Das wieder bedeutet, daß ihr Lückensystem offen für Durchströmung bleibt, ein reich besiedelter Lebensraum wurde und entscheidende Bedeutung für die filternde Reinhaltung der Küstengewässer hat (z. B. R. Riedl und R. Machan, 1972, R. Riedl, 1980 b).

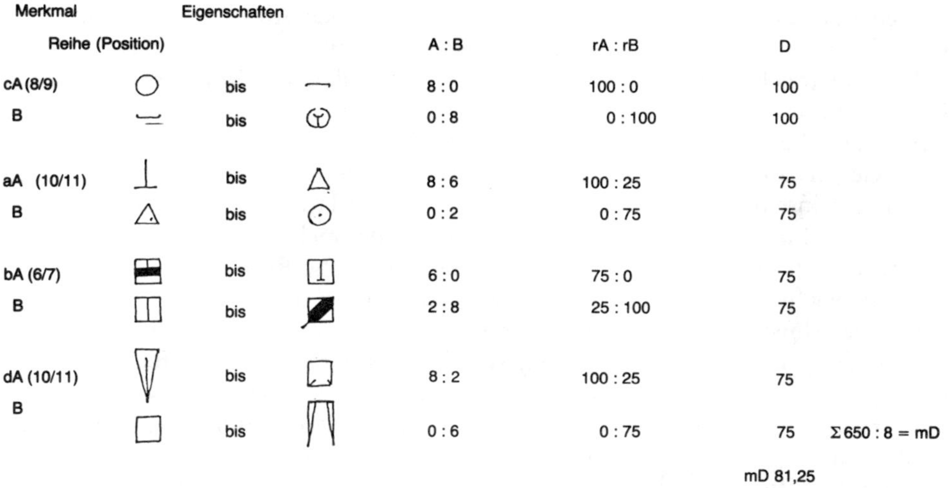

Merkmal Reihe (Position)	Eigenschaften			A : B	rA : rB	D
cA (8/9)	◯	bis	⌐	8 : 0	100 : 0	100
B		bis		0 : 8	0 : 100	100
aA (10/11)	⊥	bis	△	8 : 6	100 : 25	75
B	△	bis	⊙	0 : 2	0 : 75	75
bA (6/7)		bis	⊓	6 : 0	75 : 0	75
B	⊓	bis		2 : 8	25 : 100	75
dA (10/11)		bis		8 : 2	100 : 25	75
B	◻	bis		0 : 6	0 : 75	75 Σ 650 : 8 = mD

mD 81,25

Abb. 56. *Mittlerer Differenzierungsgrad (mD) einer Merkmalsgrenze* nach der Grenz-Hypothese I (am Beispiel der 16 Gegenstände der Abb. 53–55). Hier vereinfacht dargestellt nach dem Differenzierungsgrad *(D)* lediglich der vier der Hypothese nächstliegenden Diskontinuitäten in den vier metamorphosierenden Merkmalen. Bezogen auf alle 12 Diskontinuitäten wäre *mD* noch niedriger.

einander selbst (wechselseitig) gewichten werden, weil die Kombination von Merkmalseigenschaften in den Gegenständen dieser Welt keine beliebige ist.

Die Gewichtung von Diskontinuitäten muß dann aus deren Koinzidenzgraden hervorgehen. Diese sind in der Position 8/9 unserer ad-hoc-Hypothese (*HI* in Abb. 55) nicht hoch. Nur im Merkmal c liegt eine Koinzidenz (differentialdiagnostisch) in der Position der *HI*. In den Merkmalen a, b und d finden sich die nächstliegenden Diskontinuitäten (selektiv) jeweils zwei Gegenstände entfernt (bei a 10/11, b 6/7 oder 10/11, sowie bei d 6/7 oder 10/11). Deren Differenzierungsgrad *(D)* entspricht dann wieder der uns bekannten positiven Differenz der Repräsentanz (vgl. S. 161), nun in den Reihen A und B der Gegenstände, welche *HI* trennt (*rA : rB* in %).

Wie die vereinfachte Darstellung in Abbildung 56 zeigt, erreicht die *HI* einen Differenzierungsgrad von nur 81 %. Entsprechend differenzierte unsere *HII* mit (differentialdiagnostischen) Koinzidenzen von Diskontinuitäten in allen vier Merkmalen (Abb. 55) 100 %. Bezöge man alle Diskontinuitäten in die Berechnung ein, lägen diese *mD*-Werte niedriger; dennoch bliebe *HII* die optimierte Lösung.

Was nun die Wahrscheinlichkeit oder Trefferchance einer Lösung betrifft, so muß diese wieder mit der Anzahl der möglichen Lösungen zusammenhängen. Denn in den Metamorphosen der Eigenschaften der vier Merkmale waren (nach Abb. 55) zusammen 12 Diskontinuitäten (↑) wahrzunehmen. Jede kann zum Ausgang eines Optimierungsprozesses werden. So liegen in der Position 6/7 tatsächlich zwei Diskontinuitäten, nämlich in den Merkmalen b und d, vor, ebenso in der Position 4/5 jene der Merkmale c und d. Es ist somit nicht verwunderlich, daß eine Anzahl von Versuchspersonen (wie das noch Abb. 55 zeigt) auch ihre Hypothese II in den Positionen 4/5 oder 6/7 bestimmte.[76]

Es kann auch nicht daran gezweifelt werden, daß die Wahrnehmung einer Diskontinuität (wie zufällig oder gar unbegründet auch immer) einen Einfluß nimmt auf die kritische Beurteilung anderer Eigenschaften in derselben Position einer Gegenstandsreihe, daß eine vermeintliche Diskontinuität andere entdecken und schon in einer unreflektierten Weise gewichten läßt, und vice versa. Solchen rein wahrnehmungspsychologischen Fragen wurde noch nicht nachgegangen. Sie spielen aber in der Praxis der Urteilsfindung eine große Rolle.

Was aber für unsere Fragestellung bereits aus dieser Untersuchung kondensiert, das ist der Umstand, daß bei dieser wechselseitigen Wertung der sich wandelnden Merkmalseigenschaften das gleiche geschieht, was wir von den als fixiert gedachten Merkmalen der Feldgrenzen-Optimierung schon kennen. Merkmalsdiskontinuitäten evaluieren hier Merkmalsgrenzen, so, wie dort Feldgrenzen die Merkmale evaluierten.

Nach unserem Beispiel (in Abb. 55) ergibt sich für die optimierte Grenzhypothese HII, daß, wie das Abbildung 57 wiedergibt, höchst einfache Eigenschaften zu hohem (differentialdiagnostischem) Wert aufsteigen, wodurch andere (nur selektiv) an Gewicht verlieren, und daß die nicht unbeträchtlichen Metamorphosen die geringste Rolle spielen.

Ebendies ist in allen weitergespannten Vergleichen der Natur- und Kulturgegenstände der Fall: bei den Merkmalen der Säuger von der Fledermaus zum Delphin, in der Malerei der Moderne vom Kubismus zum Phantastischen Realismus. Nur im engsten Bereich kann man das Auftreten neuer Qualitäten, deren qualitative Metamorphosen und die Diskontinuitäten im kontinuierlichen Wandel alles Polymorphen vernachlässigen. In dieser Rand- oder Extremposition des Vergleichens mag all das als festgeschrieben gedacht werden. Dort mag bei zuverlässiger Kenntnis aller zu vermessenden Homologien die Messung genügen. Aber eben nur dort.

Einheit und Zusammenhang

So, wie wir bei der Betrachtung der Klassen der Gegenstände die Optimierung der Feldgrenzen in die Hierarchie der Klassenbegriffe zu erweitern hatten, gilt dies auch für die Merkmale. Ein Merkmal allein gibt es nicht. Stets ist es ein Teil einer Hierarchie von Strukturen innerhalb der Gegenstände. Und eine Merkmalsgrenze wird ebenso erst als optimiert gelten können, wenn die Strukturen dieser Merkmale wie ihre Zugehörigkeiten nicht minder als optimiert gelten können.

Wir haben diesen Zusammenhang schon im Rückblick auf den Ähnlichkeitsbegriff (vgl. Abb. 44, S. 185) berührt. Alle Ober- und Unterbegriffe einer Strukturhier-

---

[76] Es sind dies, nach der Auswertung des Experiments, jene Personen, welche in den Positionen 4/5 oder 6/7 die Diskontinuitäten bemerkten, in den übrigen aber (namentlich in der Position 10/11) Diskontinuitäten übersahen (oder nicht für aufnehmenswert erachteten). Das ist z. B. für die Diskontinuitäten der Merkmale b bis d in der Position 10/11 der Fall. Umgekehrt ist das Ausmaß des Maximums der HII in 10/11 (vgl. Abb. 55, S. 197) auch darauf zurückzuführen, daß die Diskontinuitäten in c 4/5, d 6/7 und noch mehr in d 4/5 häufig übersehen wurden.

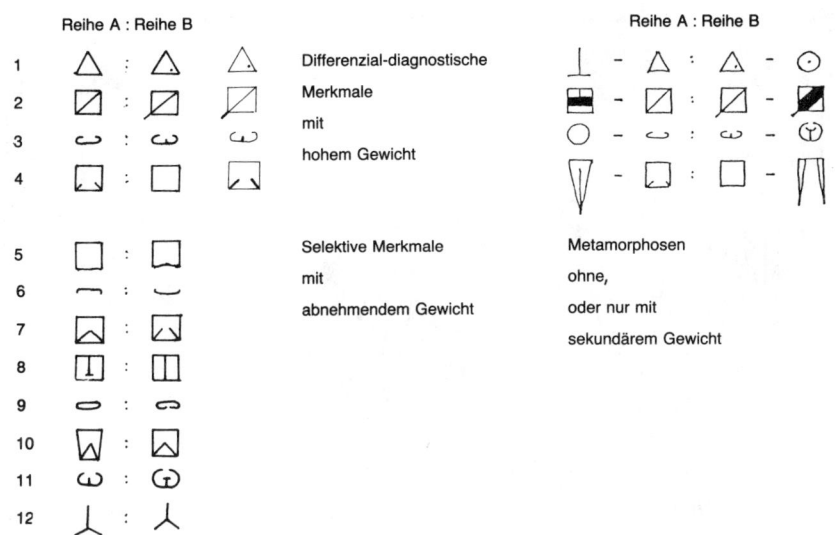

Abb. 57. *Gewichtung von Merkmals-Eigenschaften nach der optimalen Grenzhypothese* (H II) des Beispiels (in Abb. 53–56, auf den Seiten 195 bis 199). Man beachte als Konsequenz die unterschiedliche Gewichtung und die Belanglosigkeit der zunächst auffallenden Metamorphosen, die hier (wie in allen weiten Vergleichen der Dinge) nur als Träger der Eigenschaften und deren Diskontinuitäten erscheinen.

archie, in welcher ein Merkmalsbegriff steht, müssen zueinander zum mindesten als widerspruchsfrei befunden sein, allein um diesen möglich zu machen.

Das verlangt einen Aufwand, der metrisch gewiß noch nicht so bald zu fassen sein wird, weil in solcher Strukturhierarchie, namentlich des Organischen, mit 10–20 Hierarchieschichten und mit tausend und mehr der geschichteten Merkmalsbegriffe zu rechnen ist, und weil mit jeder Verschiebung eines Merkmals in die Ober- oder Substrukturen und mit jeder folgenden Nachoptimierung jedes Urteil auf alle anderen einen Einfluß nehmen muß.

Unser ratiomorpher Apparat dagegen ist für solche Leistungen adaptiert worden. Das ist so erstaunlich, wie diese Einsicht zwingend ist. Man denke nur daran, daß wir eine Welt von Merkmalen und Gegenständen (allein die Systematiker 2,5 Millionen Arten und Systemkategorien mit mehreren Millionen Merkmalen in jeweils 10–20 hierarchischen Klassen- und Strukturschichten) weitgehend richtig optimierten, ohne den Prozeß selbst zu kennen. Denn wir sind ja eben erst dabei, diesen näherungsweise zu erschließen.

Daß die Optimierung des Gesamtzusammenhanges eine unabweisliche Notwendigkeit ist, muß man sich gleichfalls vor Augen halten. Allein die Entdeckung eines sternförmigen Sterns, eines transuranischen Elementes mit Edelgaseigenschaften, eines Baumes mit Knochenmark, einer prähistorischen Kultur mit Plastik-Geräten würde das ganze Begriffssystem der Physik, Chemie, Biologie und der Kulturwissenschaften zusammenbrechen lassen.

Für den Fall, daß dies zu weit hergeholt erscheint, will ich die Konsequenzen eines bescheidenen Beispiels angeben. Die Entdeckung eines echten Haares an der

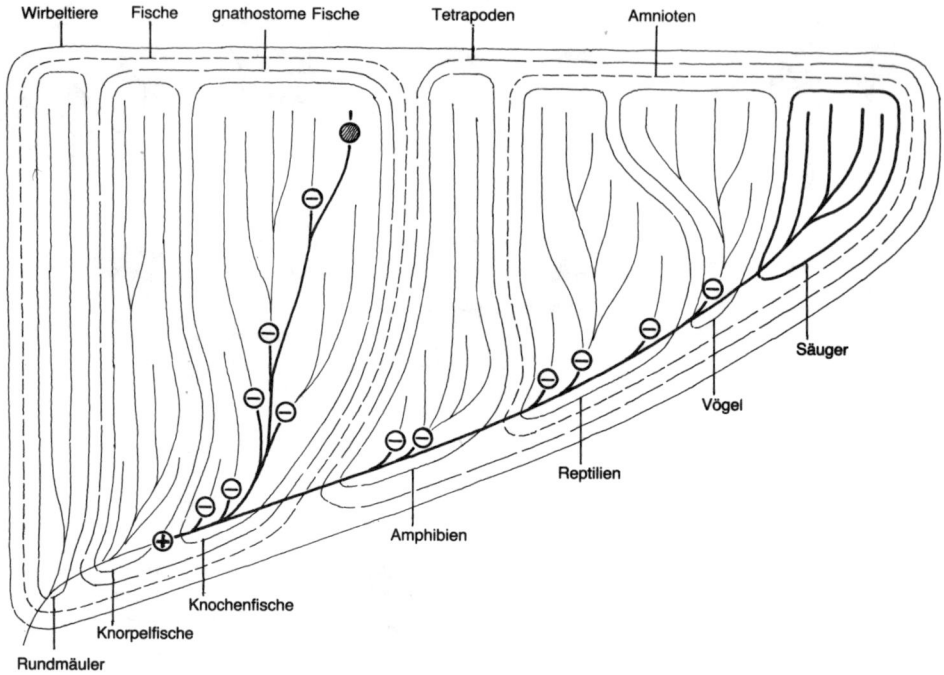

Abb. 58. *Konsequenz eines* (fiktiven) *Widerspruchs* in einem hierarchischen System von Ähnlichkeits-Merkmalen. Würde bei einem einzigen Knochenfisch (dunkler Kreis) ein echtes Säuger-Haar entdeckt werden, dann müßte es vor den Knochenfischen entstanden sein ⊕, bei allen übrigen Knochenfischen, Amphibien, Reptilien und Vögeln aber unabhängig voneinander ⊖ verschwunden sein.

Haut eines einzigen Herings ließe das ›Natürliche System‹ kollabieren. Seine Existenz wäre nämlich nur dann erklärbar, wenn man annimmt, daß dieses Merkmal der Säugetiere, wie das die Abbildung 58 darstellt, vor den Knochenfischen entstanden wäre. Folglich müßte es, mit einer einzigen Ausnahme, bei 20 000 Arten der Knochenfische und an der Wurzel der 2500 Amphibien-, der 6300 Reptilien- und der 8600 Vogelarten (und allen ihren fossilen Vorfahren) unabhängig voneinander verlorengegangen sein. Erst dann wäre die Erhaltung dieses komplexen Merkmals noch bei den Säugetieren erklärbar. Dies aber wäre von einer nachgerade beliebigen Unwahrscheinlichkeit.

Die Einheit der Merkmale ist also auch nicht ohne deren Zusammenhang zu denken. Dies betrifft unsere Erwartung eines Prinzips oder einer Gesetzlichkeit ›hinter‹ den Abstufungen der wahrgenommenen Ähnlichkeiten. Wir sprechen dann von Erklärung, von der Einführung der Zeitachse, von Genealogien. Die Bedeutung der Extraktion von Gesetzlichkeit kennen wir schon. Sie erhöht die Erfolgschance der Prognostik, und diese den Lebenserfolg. Auch der ›Psychologie‹ der Deutung von Zusammenhängen sind wir schon begegnet. Unsere Ausstattung ist es, die hier auf Interpretation drängt.

Das fachliche Problem ist das der Begründung der ›Lesrichtung‹ der Metamorphosen- und (allgemein der) Ähnlichkeitszusammenhänge. Und tatsächlich besteht

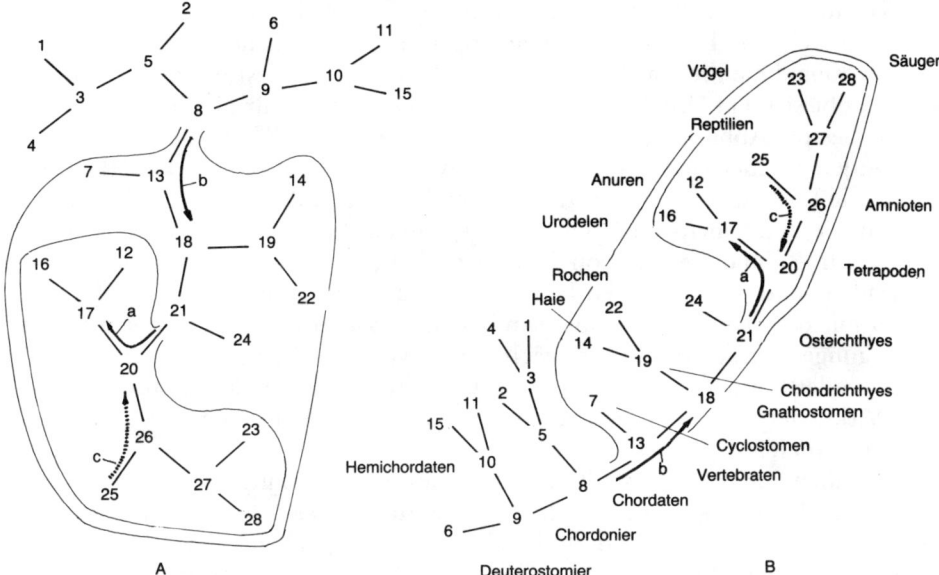

Abb. 59. *Konsequenz erkannter Lesrichtungen* einzelner Trends. In A sind erkannte Metamorphosen von Merkmalen verknüpft (und von oben nach unten benummert) und die Folge der erkannten Lesrichtungen für die Fälle a) und b) dargestellt. Die vermeintliche Lesrichtung c) steht dazu in Widerspruch. In B ist daraus der Stammbaum der Chordatiere gezeichnet. (Man vergleiche die gleich benummerten Positionen; es bedeutet ferner 15 Enteropneusten, 11 Cephalodisciden, 5 Tunikaten, 2 Appendicularien, 4 Ascidien und 1 Thaliaceen.)

das Problem nicht in der Lesung von Reihen, sondern in der Bestimmung der Richtung. Erstere wird gewissermaßen ›getrost‹ der ratiomorphen Gestalts-Interpretation überlassen. Die Deutung wird zur diskutierten (rationalisierungsbedürftigen) Aufgabe. Eben in dem Sinn, wie wir sahen, daß es nicht die Feststellung der Ähnlichkeiten ist, welche bei einem Vergleich falsch zu sein pflegt, sondern deren Erklärung.

Zur Begründbarkeit der Lesrichtung (gleich der Erklärung) eines Zusammenhangs trägt die Polymorphie der Gegenstände bei. Isolierte Metamorphosen, wie wir solche in der Abbildung 38 und noch deutlicher in Abbildung 37 auf den Seiten 179 und 178 verwendeten, sind nach der Lesrichtung unbestimmbar.[77]

In der realen Welt aber sind alle Ähnlichkeitszusammenhänge polymorph. Und wie man sich von unseren Experimenten mit polymorphen Fällen (vom Typ der Abb. 50 u. 53, S. 191 u. 195) erinnert, sind wir leicht in der Lage, Reihen zu bilden und sowohl Diskontinuitäten von Trends wahrzunehmen, als auch diese im Sinne

---

[77] Oft stellte ich meinem Auditorium, nach der Lösung der Reihenbildung, die suggestive Frage, wie viele der Meinung wären, die Reihe sei von links nach rechts zu lesen (oder umgekehrt). Im Zusammenhang mit Reihen von der Art in Abbildung 38 konnte ich gewöhnlich noch einige für eine solche Angabe ›gewinnen‹. Das mag mit der Entwicklung eines komplexeren oder bekannten Symbols zusammenhängen. Bei Reihen von der Art der Abbildung 37 (S. 178) gelingt dies kaum (oder nur durch Vorspiegelung von Autorität). Denn tatsächlich ist für keine Entscheidung ein Anhaltspunkt gegeben.

von Gabelungen (oder Bifurkationen; Abb. 50) zu deuten. Und da zeigt es sich, daß Trends in weiteren Trends zusammenhängen. Dies erlaubt den ersten Schritt zur Lösung. Sobald nämlich auch nur einer der Trends in der Lesrichtung bestimmbar wäre, ergibt sich ein Urteil und eine Kontrollmöglichkeit für alle folgenden.

Wie dies die Abbildung 59 darstellt, werden auf diese Weise die Bestätigungen und Widersprüche wiederum aus einem Wechselzusammenhang kenntlich. Und sobald die Lösungen für die einzelnen Trends miteinander korrespondieren, wird auch ein Gesamtprinzip, eine neue Einheit, nun der Erklärung, sichtbar. Gewissermaßen ein Rahmensystem von Theorien: beispielsweise die Theorie von der Deszendenz und der radiativen Differenzierung der Organismen.

Und mit dem Umfang der aus dem Theoriensystem möglichen Prognosen und Bestätigungen an der Erfahrung wächst, wie wir feststellten, die Wahrscheinlichkeit auch der Korrespondenz zwischen den Gesetzlichkeiten in der außersubjektiven Wirklichkeit und unserer Rekonstruktion von derselben, wie sie unsere Begriffe enthalten.[78]

Wir haben schon festgestellt, daß die messende Fassung dieser Prozedur im Ganzen noch nicht so bald möglich sein wird, daß sie vorerst nur im engsten Bereich der Ähnlichkeiten und Fragestellungen Erfolg haben kann. Aber es ging ja keinesfalls um eine Quantifizierung (Formalisierung) des Prozesses, der zur Optimierung unseres Begriffssystems von den Merkmalen führt.

Vielmehr kam es mir, wie bei der Abhandlung der Feldbegriffe, darauf an zu zeigen, daß auch bei der Entwicklung der Merkmalsbegriffe ein in Systemzusammenhängen operierender Optimierungsprozeß vorliegt, der ohne rationalisierende Vorgaben auskommt. Es ist auch hier ein Prozeß der Selbst-Organisation an der Erfahrung. Und die Vorgaben, die auch dieser benötigt, werden nicht von unserem reflektierenden Verstand dieser Welt vorgeschrieben. Es sind dies ratiomorphe Anleitungen in unserer erblichen Ausstattung, welche eben an die Grundstrukturen dieser Welt adaptiert worden sind.

Gesamtrückblick

In *Teil 3* sind wir von der Systemtheorie ausgegangen, mit der Erwartung, daß die Systembedingungen des Kenntnisgewinns eine Beziehung zu den Systembedingungen des Entstehens von Ordnungsstrukturen in der außersubjektiven Wirklichkeit zeigen werden. Es ergab sich dabei, daß die Kenntnis von den Gegenständen (und Ereignissen) einen zweiseitigen Vorgang der Bestimmung verlangen, so wie das Werden der geordneten und damit prognostizierbaren Gegenstände zweiseitigen Bedingungen unterliegt.

Was wir als die wechselseitigen Zugänge über Feld- und Merkmalsbedingungen aufdeckten, entspricht den Selektions- und Dispositionsbedingungen der Entste-

---

[78] Sobald ein solches Theoriesystem, wie es im ›Natürlichen System‹ der Organismen zum Ausdruck kommt und in den Theorien von den Ursachen der Evolution von den Prokaryonten bis zu den Primaten reicht, wird die Korrespondenz mit der Natur zur Gewißheit. Details zur biologischen Problematik der Lesrichtung vergleiche man bei E. Mayr, 1969, und A. Remane, 1971.

hung der Dinge, von welchen die Erhaltungsbedingungen (von Form und Material) von geordneten Systemen ebenso gemeinsam abhängen.

Was sich in den Zuständen dieser Welt als vorhersehbar erweist, das ist ihr Gehalt an Ordnung, die Entfernung von der Zufallsverteilung, vom thermodynamischen Äquilibrium, ihre Geschichtlichkeit oder historisch gewordene Gesetzlichkeit. Der Vorgang des Begreifens rollt diese Geschichtlichkeit auf. Er läuft ihr rekurrierend entlang, vom ausgefertigten Gegenstand unserer Wahrnehmung zurück in die Gesetzlichkeit deren Entstehung. Der Erkenntnisweg läuft den Entstehungsweg zurück.

Von der Art dieser Gegenstände kann im einzelnen nichts im voraus gewußt werden, ausgenommen das, was unsere erblichen Anschauungsformen über die allgemeinsten Zustände dieser Welt auf genetische Weise erlernt haben. Jenseits dieser Orientierungsanleitung durch unseren ratiomorphen Apparat ist darum jeder konkrete Kenntnisgewinn ein Weg über Erwartungen, Spekulation und Hypothese. Auf den Hypothesen, die unsere genetische Ausstattung enthält, bauen die Hypothesen unserer Denkvorgänge weiter. Auf den reflektorischen Hypothesen des Lebendigen bauen die bewußt reflektierten. Alles ist beladen mit Theorie: Ererbtes wie assoziativ Adaptiertes.

Das bedeutet aber nicht, daß diese Voraus-Urteile in Vorurteilen befangen bleiben müssen. Wo immer die Möglichkeit und die Bereitschaft besteht, an dem Scheitern seiner Prognosen zu lernen, die Erwartungen neu zu adaptieren, ist eine Verbesserung der Prognose erreichbar. Natürlich gehen wir an die Bestimmung jedes Begriffes mit vorausgewichteten Erwartungen heran; das betrifft die Erwartung von einem Feld von Gegenständen ebenso wie die Erwartung von den Merkmalen derselben Gegenstände.

Aber es ist entscheidend, daß es auch bei diesen Vorurteilen nicht bleiben muß. Vielmehr können uns die Vorurteile über die Gewichte von Feldgrenzen hinsichtlich der Gewichtung der Merkmale belehren, wie uns die Vorurteile über Merkmalsgewichte über die Gewichte der Feldgrenzen belehren. Und dieser Vorgang ist keineswegs zirkulär, weil sich die Theorie von einem Merkmal erkenntnistheoretisch in den Theorien von den Submerkmalen bestätigen muß, wie die Theorie vom Feldbegriff in den ebenso hierarchisch geordneten Theorien von den Oberfeldern. Diesem Zusammenhang ist mein Buch »Die Spaltung des Weltbildes« gewidmet.

Das zeigt auch das Ergebnis in der Praxis, weil mit dem Steigen des Kenntnisgewinns die Kreisläufe eine Steigung aufweisen und als Schraubenprozeß nicht in sich zurückkehren. Die rein spekulative, subjektive, *Apriori*-Wahrscheinlichkeit kann in eine objektive *Aposteriori*-Wahrscheinlichkeit überführt werden. Entscheidend ist weniger der Ansatz, als vielmehr die fortgesetzte Revision und Kontrolle an den anscheinend realen Gegenständen und Ereignissen dieser Welt. Nur die reine Spekulation hat keine Aussicht auf Adaptierung.

Entscheidend ist die Einsicht, daß es tatsächlich gleichgültig ist, ob die Lösungssuche mit einer heuristischen Idee (einer Hypothese) vom Merkmals- oder vom Feldbegriff beginnt. Weil die eine Hypothese die andere, bewußt oder nicht, ohnedies nach sich zieht. Fast ebenso unbedeutend ist es, wie weit diese ersten Ansätze noch von der ›Realität‹ entfernt sind; wesentlich bleibt es lediglich, sich mit jeder Enttäuschung aus der Erfahrung die Adaptierbarkeit der Folge-Erwartung zu erhalten. Dann kann die Subjektivität des Ansatzes schwinden; der Feld- wie der Merkmalsbegriffe, der Struktur- wie der Klassenhierarchien. So weit wie wir Menschen es eben überhaupt vermögen, uns der Objektivität dieser Welt zu nähern.

Freilich wird auf diese Weise der Traum nicht erfüllt, man könne etwas über das ›So-Sein‹ der Dinge erfahren, etwas über die objektive Welt ohne das betrachtende Subjekt. Wir erfahren lediglich, in welchem Maße sich unsere Prognosen bestätigen. Im einzelnen heißt das, in welchem Maße die Stimmigkeit oder Widerspruchsfreiheit innerhalb der prognostizierenden Kreatur mit ihren Prognosen in Richtung auf ihr Milieu wiederum widerspruchsfrei wird: die Kohärenzen des Systems nach innen, wie die Korrespondenzen des Systems nach außen. Erstere reichen von der Abstimmung der Organe bis zur Abstimmung der Axiome des Denkens (der Logik), letztere vom Erfolg der einfachsten Reaktionen (Kinesis, Taxien) bis zum Erfolg der Theorien der empirischen Wissenschaften.

Die beiden Seiten des Abstimmungserfolges sind die Vorbedingungen des Lebens- oder Überlebens-Erfolges jeder Kreatur, im allgemeinen die Erhaltungsbedingungen eines Systems. Sie sind die Ursache, daß wir existieren und über diese Welt sprechen. Und sie werden mit unserem weiteren Überleben zu tun haben.

Die Grade erreichbarer Gewißheit sind eine Funktion der Anzahl und des Umfanges der lückenlos bestätigten Prognosen im vernetzten System unserer Theorien. An der Lebensspanne einer Art gemessen, also wohl auch für die des *Homo sapiens,* kann sie an absolute Gewißheit reichen. Daß der nächste Stein wieder fallen, die Sonne wieder aufgehen werde, aber selbst, daß das nächste lebensfähige Tier wieder Stoffe abbauen und das nächste Wirbeltier mit einer *Chorda dorsalis* (einer Rückensaite embryonal) angelegt sein wird, kann für unsere Maße als absolut gewiß gelten.

Aber freilich hat diese Gewißheit wieder nichts mit jenem ›So-Sein‹ der Dinge zu tun, sondern mit der Prognose, mit den Begriffen, welche die Theorie enthält. Je umfänglicher aber die Systeme der kohärierenden und korrespondierenden Begriffe und die Bestätigungen werden, welche deren Theorien enthalten, um so mehr wird es wahrscheinlich, daß wir uns einer Beziehung zu dieser Welt nähern, die in unserer Redeweise *die Wahrheit* heißt.

Literaturverzeichnis

ADAM, A., (1953): Klassenstatistik. München: Mitteilungsbl. f. math. Statistik 5: 1–28.
ALBERT, H., (1968): Traktat über kritische Vernunft. Tübingen: Mohr.
ARNOULT, M., und F. ATTNEAVE, (1956): The quantitative study of shape and pattern perception. Psychol. Bull. 53: 452–471.
AUSTIN, M., et al., (1972): The application of quantitative methods to vegetation survey. III. A re-examination of rain forest data from brunei. Journ. of Ecol. 60: 305–324.

BARLOW, H., (1953): Summation and inhibition in the frog's retina. J. Physiol. London 119: 56–58.
BARLOW, H., (1972): Single units and sensation: a neuron doctrine for perceptual psychology? Perception 1: 371–394.
BARTELS, J. (ed.), (1960): Geophysik. Frankfurt/M.: Fischer.
BARCSAY, J., (^{5}1978): Anatomie für Künstler. Wiesbaden: Vollmer.
BAUMANN, H., (1955): Das doppelte Geschlecht. Ethnologische Studien zur Bisexualität in Ritus und Mythos. Berlin: Reimer.
BENEDICT, R., (1955): Urformen der Kultur. Hamburg: Rowohlt.
BERGSON, H., (1933): Die beiden Quellen der Moral und der Religion. Jena: Diederichs.
BERLIN, B., P. RAVEN und D. BREEDLOVE, (1966): Folk taxonomies and biological classification. Sciences 154: 273–275.
BEVER, TH., (1984): The road from behaviorism to rationalism. In: Roitblat, H., T. Bever und H. Terrace (eds.), Animal cognition. Hillsdale (N. J.) — London: Erlbaum: 61–75.
BICKERTON, D., (1981): Roots of language. Ann Abor: Karoma.
BICKERTON, D., (1983): Kreolensprachen. Spektrum d. Wiss. (1983/9): 110–118.
BINDING, G., (1980): Architektonische Formenlehre. Darmstadt: Wiss. Buchgesellschaft.
BLAKEMORE, C. B., und G. F. COOPER, (1970): Development of the brain depends on the visual environment. Nature 228: 477–478.
BLOOM, B., (1971): Stabilität und Veränderung menschlicher Merkmale. Weinheim—Berlin—Basel: Beltz.
BOAS, F., (1938): The mind of primitive man. New York: Macmillan.
BOCHEŃSKI, I., (1954): Die zeitgenössischen Denkmethoden. München: Lehnen.
BOECKH, A., (^{2}1966): Enzyklopädie und Methodenlehre der philologischen Wissenschaften. I. Formale Theorie der philologischen Wissenschaften. Neuausgabe (von 1877). Darmstadt: Wiss. Buchgesellschaft.
BOLTZMANN, L., (1979): Populäre Schriften. Ausgewählt und eingeleitet von Engelbert Broda. Braunschweig—Wiesbaden: Vieweg.
BRAITENBERG, V., (1983): Alla ricerca di morfemi all' interno del cervello. Giornale Ital. Psicologia 10 (3): 521–541.
BRAUN-BLANQUET, J., (1928): Pflanzensoziologie. Grundzüge der Vegetationskunde. Wien—New York: Springer.
BRAUNFELS, W. (ed.), (1980): Die Kunst im Heiligen Römischen Reich. Band II. Die geistlichen Fürstentümer. München: Beck.
BRIÈRE, O., (^{2}1956): Fifty Years of chinese philosophy. Norwich: Jarrold.
BRINK, A., (1972): Der Weg zur Warmblütigkeit. In: Grzimeks Tierleben; Ergänzungsband. Entwicklungsgeschichte der Lebewesen. 252–262. Zürich: Kindler.
BRINKMANN, R., (^{10}1967): Abriß der Geologie. Stuttgart: Enke.
BROCKMAN, F., (1968): Trees of North America. New York: Golden Press.
BRONOWSKI, J., (1978): The origins of knowledge and imagination. London: Yale Univ. Press.
BROSS, I. R., und G. S. BOWDERY, (1939): A realistic criticism of a contemporary philosophy of logic. Philosophy of Science 6: 105–114.
BRUNSWIK, E., (1934): Wahrnehmung und Gegenstandswelt. Psychologie vom Gegenstand her. Leipzig—Wien: Deuticke.
BRUNSWIK, E., (1955): ›Ratiomorphic‹ models of perception and thinking. Acta psychol. 11: 108–109.
BÜHLER, K., (1913): Die Gestaltwahrnehmungen. Stuttgart: Spemann.
BÜHLER, K., (^{6}1930): Die geistige Entwicklung des Kindes. Jena: Fischer.
BUNAK, V., (1973): Die Entwicklungsstadien des Denkens und des Sprachvermögens und die Wege ihrer Erforschung. In: Schwidetzky, I. (ed.), Über die Evolution der Sprache. Frankfurt/M. — S. Fischer.
BURKHARDT, D., W. SCHLEIDT und H. ALTNER (eds.), (1966): Signale in der Tierwelt; vom Vorsprung der Natur. München: Moos.
BUTLER, R., und J. WOOLPY, (1963): Visual attention in the rhesus monkey. Journal of Comp. and Physiol. Psychol. 56: 324–328.

CAMPBELL, D., (1959): Methodological suggestions from a comparative psychology of knowledge processes. Inquiry 2: 152–182.

CAMPBELL, D., (1974): Evolutionary epistemology. In: Schilpp, A. (ed.), The philosophy of K. R. Popper, Open Court. LaSalle: 413–463.

CAMPENHAUSEN, C. VON, (1981): Die Sinne des Menschen. Band I: Einführung in die Psychophysik der Wahrnehmung. Band II: Anleitungen zu Beobachtungen und Experimenten. Stuttgart—New York: Thieme.

CAPELLE, W., (1968): Die Vorsokratiker. Die Fragmente und Quellenberichte. Stuttgart: Kröner.

CAPRA, F., (1983): Wendezeit; Bausteine für ein neues Weltbild. Berlin—München—Wien: Scherz.

CARNAP, R., (^{2}1961): Der logische Aufbau der Welt. Hamburg: Meiner.

CARNAP, R., (^{3}1974): Einführung in die Philosophie der Naturwissenschaft. München: Nymphenburger Verlagsbuchh.

CASSIRER, E., (1928): Zur Theorie des Begriffs. Kantstudien 33: 129–136.

CEHAK, K., (1978): Allgemeine Meteorologie. Wien: Prugg.

CERELLA, J., (1977): Absence of perspective processing in the pigeon. Pattern Recognition 9: 65–68.

CERELLA, J., (1979): Visual classes and natural categories in the pigeon. Journal of Exp. Psychol. Human Perception and Performance, 5: 68–77.

CERELLA, J., (1980): The pigeon's analysis of pictures. Pattern recognition, 12: 1–6.

CHAMBERS, J., und P. TRUDGILL, (1980): Dialectology. Cambridge: Cambridge University Press.

CHANG TUNG-SUN, (1952): A chinese philosopher's theory of knowledge. A review of general semantics 9: 203–226.

CHINERY, M., (1976): Insekten Mitteleuropas. Hamburg—Berlin: Parey.

CHOMSKY, N., (1959): Review of Skinner's verbal behavior. Language, 3: 26–58.

COLE, M., und S. SCRIBNER, (1977): Cross-Cultural studies of memory and cognition. In: Kail, R. und J. Hagen (eds.), Perspectives on the development of memory and cognition. Hillsdale (N. J.): Erlbaum.

COLLINS, A., (1978): Studies of plausible reasoning. Vol. 1: Human plausible reasoning. (BBN Report No. 3810). Cambridge (Mass.): Bolt Beranek Newman.

CONCLIN, H., (1954): The relation of Hanunóo culture to the plant world. Yale: Diss.

CONSTABLE, G., (1973): Die Neandertaler. Nederland: Time-Life Internat.

COPI, I. M., (1971): The theory of logical types. London: Routledge and K. Paul.

COREN, P., C. PORAC und L. WARD, (1979): Sensation and perception. New York—San Francisco—London: Academic Press.

CORETH, E., (1969): Grundlagen der Hermeneutik. Freiburg—Basel—Wien: Herder.

CREUTZFELDT, O., (1966): Information transmission in the visual system. In: Eccles, J. (ed.), Brain and conscious experience. Berlin—Heidelberg—New York: Springer.

DAHRENDORF, R., (^{3}1974): Pfade aus Utopia. Zur Theorie und Methode der Soziologie. München: Piper.

DAUMENLANG, K., und E. ROTH, (1974): Begriffsbildung und Intelligenz. Psycholog. Beiträge 16: 450–495.

DAVENPORT, R., C. ROGERS und I. RUSSELL, (1975): Cross-modal perception in apes: Altered visual cues and delay. Neuropsychologia 13: 229–235.

DENNIS, I., J. HAMPTON und S. LEA, (1973): New problem in concept formation. Nature 243: 101–102.

DE VRIES, L., (1971): Victorian inventions. Compiled in collaboration with Ilonka van Amstel. Norwich: Jarrold.

DIEMER, A., und I. FRENZEL (eds.), (1977): Philosophie (Fischer Lexikon). Frankfurt/M.: S. Fischer.

DITFURTH, H. VON, (1976): Der Geist fiel nicht vom Himmel. Die Evolution unseres Bewußtseins. Hamburg: Hoffmann und Campe.

DÖRNER, D., und L. KÖTTNER, (1967): Simulation menschlicher ›Begriffsbildung‹. In: Kroebel, H. (ed.), Fortschritte der Kybernetik. München—Wien: Oldenbourg.

DRESSLER, W., (1973): Sprachtypologie. In: Althaus, H. P., H. Henne und H. F. Wiegand (eds.): Lexikon der Germanistischen Linguistik. Tübingen: Niemeyer: 470–474.

DRESSLER, W., (1985): Progress in linguistics (Comment). In: T. Hägerstrand (Ed.): The identification of progress in learning. Cambridge: Cambridge Univ. Press: 139–142.

DRESSLER, W., (1985 a): Typological aspects of natural morphology. Wiener linguist. Gazette 35–36: 3–26.

DURANT, W., (1960): Kulturgeschichte der Menschheit (32 Bände). Lausanne: Editions Rencontre.

DU-RIETZ, E., (1930): Vegetationsforschung auf soziationsanalytischer Grundlage. Handbuch der biol. Arbeitsmethoden 5 (2): 293–480.

DUX, G., (1982): Die Logik der Weltbilder. Sinnstrukturen im Wandel der Geschichte. Frankfurt/M.: Suhrkamp.

EGGERS, H.-J., (1974): Methodik der Prähistorie. In: Thiel, M. (ed.), Methoden der Geschichtswissenschaften und der Archäologie. München—Wien: Oldenbourg: 142–215.

EHRENFELS, CH. V., (1890): Über Gestaltqualitäten. Vierteljahrsschrift f. wiss. Philosophie 14: 249–292.

EHRENSTEIN, W., (1947): Probleme einer ganzheitspsychologischen Wahrnehmungslehre. Leipzig: Barth.

EIBL-EIBESFELDT, I., (^{5}1978): Grundriß der vergleichenden Verhaltensforschung. München—Zürich: Piper.

EIBL-EIBESFELDT, I., (1984): Die Biologie des menschlichen Verhaltens. Grundriß der Humanethologie. München—Zürich: Piper.

EICHLER, W., und A. HOFER (eds.), (1974): Spracherwerb und linguistische Theorien. Texte zur Sprache des Kindes. München: Piper.

EILKS, H., und G. FISCHER, (1933): Charakterkunde, Typologie und Vererbungslehre; zur Auseinandersetzung mit Pfahlers ›Vererbung und Schicksal‹. Arch. ges. Psychol. **87**: 433–446.

EIMAS, P., (1985): Sprachwahrnehmung beim Säugling. Spektrum d. Wiss. 3 (1985): 76–83.

EINSTEIN, A., (1950): On the generalized theory of gravitation. Scientific American April 1950, **182**: 13–17.

EINSTEIN, A., (1972): Mein Weltbild. Frankfurt—Berlin—Wien: Ullstein.

EINSTEIN, A., und L. INFELD, (1965): Die Evolution der Physik. Von Newton bis zur Quantentheorie. Reinbek: Rowohlt.

ELIADE, M., (1978): Geschichte der religiösen Ideen, I. Freiburg—Basel—Wien: Herder.

EMANUEL, W., H. STUGART und P. STEVENSON, (1985): Klimaänderungen und Ökosysteme. Climatic Change 7 (1): 29–43.

ENGELS, E.-W., (1983): Evolutionäre Erkenntnistheorie — ein biologischer Ausverkauf der Philosopie? Zeitschr. f. allg. Wissenschaftstheorie 14 (1): 138–166.

ENGELS, E.-M., (1985): Was leistet die Evolutionäre Erkenntnistheorie? Eine Kritik und Würdigung. Zeitschr. f. allg. Wissenschaftstheorie 16: 113–146.

ENGELS, E. M., (1985 a): Die Evolutionäre Erkenntnistheorie in der Diskussion. Information Philosophie 2 (April 1985): 49–68.

ESCHER, M., (1971): The world of M. C. Escher. With texts by M. C. Escher and J. L. Locher. New York: Abrams H. N.

ESCHER, M., (²1975): M. C. Escher; Graphiken und Zeichnungen. München: Moos.

EVANS-PRITCHARD, E., (²1965): Witchcraft, oracles and magic among the Azande. Oxford: Clarendon Press.

EYFERT, K., (1959): Starrheit und Integration: Ein Vergleich der typologischen Forschungen von E. R. Jaensch und T. W. Adorno. Psychol. Rundschau 10: 159–169.

EYSINGA, F. VAN, (1970): Stratigraphic terminology and nomenclature; a guide for editors and authors. Earth-Sci. Rev. 6: 267–288.

FARBER, P., (1976): The Type-Concept in zoology during the first half of the nineteenth century. Journ. History of Biol. 9 (1): 93–119.

FESTER, R., (²1980): Die Sprache der Eiszeit. Die ersten sechs Worte der Menschheit. München—Berlin: Herbig.

FOPPA, K., (⁹1975): Lernen, Gedächtnis, Verhalten. Köln—Berlin: Kiepenheuer & Witsch.

FORD, J., (1954): The type concept revisited. Amer. Anthropologist 56: 42–54.

FRANKS, J., und J. BRANSFORD, (1971): Abstraction of visual patterns. Journal of Experimental Psychology **88**: 409–413.

FREEMAN, R., D. MITCHELL und M. MILLODOT, (1972): A neural effect of partial visual deprivation in humans. Science 175: 1384–1386.

FREYTAG-LÖRINGHOFF, B. VON, (1955): Logik. Ihr System und ihr Verhältnis zur Logistik. Stuttgart—Köln. Kohlhammer.

FROBENIUS, L., (1938): Schicksalskunde. Weimar: Böhlau (Nachfolger).

FUNG YU-LAN, (⁴1952): A history of chinese philosophy. Vol. I: The period of the philosophers (aus dem Chinesischen von D. Bodde). Princeton: Princeton Univ. Press.

GALLISTEL, C., (1980): The organization of action. A new synthesis. Hillsdale (N. J.): Erlbaum.

GARDNER, R., und B. GARDNER, (1978): Comparative psychology and language acquisition. In: Salzinger, K. und F. Denmark (eds.): Psychology: The state of the art. New York: N. Y. Academy of Sci.

GELMAN, R., (1978): Cognitive development. Annual Review of Psychology **29**: 297–332.

GIBSON, J., (1961): Ecological optics. Vision Research 1: 253–262.

GIBSON, J., (1979): The ecological approach to visual perception. Boston: Houghton-Mifflin.

GIPPER, H., (²1969): Bausteine zur Sprachinhaltsforschung. Neue Sprachbetrachtung im Austausch mit Geistes- und Naturwissenschaft. Düsseldorf: Schwann.

GIPPER, H., (1972): Gibt es ein sprachliches Relativitätsprinzip? Untersuchungen zur Sapir-Whorf-Hypothese. Stuttgart: G. Fischer.

GLASS, A., K. HOLYOAK und J. SANTA, (1979): Cognition. Reading (Mass.): Addison—Wesley.

GOETHE, J. W. VON, (1795): Erster Entwurf einer allgemeinen Einleitung in die Vergleichende Anatomie, ausgehend von den Osteologie. In: Goethe's sämtliche Werke, Band 36: 272–317. Stuttgart—Augsburg (1858): Cotta.

GOETHE, J. W. VON, (1830): Principes de Philosophie Zoologique. Discutés en Mars 1830 au sein de l'academie royale des sciences par Mr. Geoffroy de Saint-Hilaire. Paris 1830. In: Goethe's sämtliche Werke, Band 40: 488–526. Stuttgart—Augsburg (1858): Cotta.

GOETHE, J. W. VON, (1858): Sämtliche Werke in vierzig Bänden. Stuttgart—Augsburg: Cotta.

GOODMAN, N., (²1965): Fact, Fiction and Forecast. London: Athlone Press.

GOODMAN, N., (1975): Words, works, worlds. Erkenntnis 9: 57–73.

GRANET, M., (²1971): Das chinesische Denken — Inhalt, Form, Charakter. München: Piper.

GREGORY, W., (1951): Evolution emerging. A survey of changing patterns from primeval life to man. New York: Macmillan.

GRÜSSER-CORNEHLS, V., O.-J. GRÜSSER und T. H. BULLOCH, (1963): Unit responses in the frogs tectum to moving and non-moving visual stimuli. Science 141: 820–822.

GUTTMANN, W., (¹²1920): Medizinische Terminologie. Berlin: Urban und Schwarzenberg.

GUTZMANN, G., (1980): Logik als Erfahrungswissenschaft. Berlin: Duncker und Humblot.

HAERING, TH., (1947): Das Problem der naturwissenschaftlichen und der geisteswissenschaftlichen Begriffsbildung und die Erkennbarkeit der Gegenstände. Zeitschr. für Philos. 2: 537–579.

HAERING, TH., (1963): Philosophie des Verstehens. Versuch einer systematisch-erkenntnistheoretischen Grundlegung alles Erkennens. Tübingen: Niemeyer.

HAIDER, H., (1985): Who is afraid of typology? Folia linguistica 19: 109–145.

HAKEN, H., (²1981): Erfolgsgeheimnisse der Natur. Synergetik: Die Lehre vom Zusammenwirken. Stuttgart: Deutsche Verlags-Anstalt.

HALLER, H., (1950): Typus und Gesetz in der Nationalökonomie. Versuch zur Klärung einiger Methodenfragen der Wirtschaftswissenschaften. Stuttgart—Köln: Kohlhammer.

HARTMANN, N., (³1964): Der Aufbau der realen Welt. Berlin: De Gruyter.

HASSEMER, W., (1963): Der Gedanke der ›Natur der Sache‹ bei Thomas von Aquin. Arch. f. Rechts- u. Sozialphilos. 49: 29–43.

HASSEMER, W., (1968): Tatbestand und Typus. Untersuchungen zur strafrechtlichen Hermeneutik. Köln—Berlin—Bonn—München: Heymanns.

HASSEMER, W., (1981): Einführung in die Grundlagen des Strafrechts. München: Beck.

HASSENSTEIN, B., (1951): Goethes Morphologie als selbstkritische Wissenschaft und die heutige Gültigkeit ihrer Ergebnisse. Neue Folge d. Jahrb. d. Goethe-Gesellschaft 12: 333–357.

HASSENSTEIN, B., (1954): Abbildende Begriffe. Verhandlungen d. deutschen Zool. Ges. Bd. 1954: 197–202.

HASSENSTEIN, B., (1958): Prinzipien der Vergleichenden Anatomie bei Geoffroy Saint-Hilaire, Cuvier und Goethe. Act. Coll. int. Strasbourg, Publ. Fac. lettr. 137: 155–168.

HASSENSTEIN, B., (1976): Injunktion. In: Ritter, J. und K. Gründer (eds.): Historisches Wörterbuch der Philosophie, Band 4, 367. Basel—Stuttgart: Schwabe.

HASSENSTEIN, B., (1981): Umgangssprachliche und wissenschaftliche Begriffsbildung. Nova acta Leopoldina, N. F. 54 (245): 637–649.

HASSENSTEIN, B., (⁵1977): Biologische Kybernetik. Eine elementare Einführung. Heidelberg: Quelle & Meyer.

HEDBERG, H., (1972): An international guide to stratigraphic classification, terminology, and usage, 1–40. Oslo: Lethaia.

HELMHOLTZ, H. v., (1896): Handbuch der physiologischen Optik. Leipzig: Voss.

HEMPEL, C. G., (1952): Fundamentals of concept formation in empirical science. Chicago: Univ. of Chicago Press.

HEMPEL, C., (1960): Inductive inconsistencies. Synthese 12: 439–469.

HEMPEL, C., (1977): Aspekte wissenschaftlicher Erklärung. New York—Berlin: Walter de Gruyter.

HEMPEL, C., und P. OPPENHEIM, (1936): Der Typusbegriff im Lichte der neuen Logik. Leiden: Sijthoff.

HEMPEL, C., und P. OPPENHEIM, (1948): Studies in the logic of explanation. Philosophy of Science 15: 135–175.

HENLE, M., (1962): On the relation between logic and thinking. Psychol. review 69: 366–378.

HENLE, M., (1984): A rejoinder to Pribram. Psycholog. Research 46: 333–335.

HERRMANN, T., P. HOFSTÄTTER, H. HUBER und F. WEINERT (eds.), (1977): Handbuch psychologischer Grundbegriffe. München: Kösel.

HERRNSTEIN, R., (1979): Acquisition, generalization and discrimination reversal of a natural concept. Journal of Exp. Psychol.: Animal Behavior Processes 5: 116–129.

HERRNSTEIN, R., (1984): Objects, categories, and discriminative stimuli. In: Roitblat, H., T. Bever and S. Terrace (eds.), Animal Cognition. London: Erlbaum.

HERRNSTEIN, R., und P. DE VILLIERS, (1980): Fish as a natural category for people and pigeons. In: Bower, G. (ed.), The psychology of learning and motivation (Vol. 14). New York: Academic Press.

HEYDE, E., (1941): Typus. Ein Beitrag zur Bedeutungsgeschichte des Wortes Typus. Forsch. u. Fortschr. 17: 220–223.

HEYDE, E., (1952): Typus. Ein Beitrag zur Typologik. Studium Generale 5: 235–247.

HEYMANS, G., (1928): Zur Cassirerschen Reform der Begriffslehre. Kantstudien 33: 109–128.

HILL, J., und R. EVANS, (1972): A model for classification and typology. In: Clarke, D., Models in Archaeology, 231–273. London: Methuen.

HOFFMANN, J., (1982): Some basic assumptions regarding conceptual coding processes. In: Klix, F., J. Hoffmann und E. van der Meer, Cognitive research in psychology. Berlin (Ost): VEB Deutscher Verl. d. Wiss.

HOFFMANN, J., (1986): Die Welt der Begriffe. Psychologische Untersuchungen zur Organisation des menschlichen Wissens. Berlin: VEB Deutscher Verl. d. Wiss.

HOFSTADTER, D., (⁷1985): Gödel, Escher, Bach. Ein Endloses Geflochtenes Band. Stuttgart: Klett-Cotta.

HOFSTÄTTER, P., (1940): Über Typenanalyse. Arch. ges. Psychol. 105: 305–403.

HOFSTÄTTER, P., (1965): Psychologie (Erste Auflage 1957). Frankfurt/M.: G. Fischer.

HOLST, E. VON, (1957): Leistungen der menschlichen Gesichtswahrnehmung. Studium Generale 10: 231–243.

HUBEL, D., und T. WIESEL, (1962): Receptive fields, binocular interaction and functional architecture in the cat's visual cortex. J. Psychol. London 160: 106–154.

HULSE, S., H. FOWLER und W. HONIG, (eds.), (1978): Cognitive processes in animal behavior. Hillsdale (N. J.): Erlbaum.

HUMBOLDT, W. VON, (1836): Über die Verschiedenheit des menschlichen Sprachbaues. Berlin: Dr. d. Kgl. Akad. d. Wiss.

HUMBOLDT, A. VON, (1860): Ideen zu einer Physiognomik der Gewächse. Ansichten der Natur, Band 2. Stuttgart—Augsburg: Cotta.

HUNT, E., J. MARTIN und P. STONE, (1966): Experiments in induction. New York—London: Academic Press.

HUNT, M., (²1984): Das Universum in uns. Neues Wissen vom menschlichen Denken. München—Zürich: Piper.

HU SHIH, (²1963): The development of the logical method in ancient China. New York: Paragon.

INHELDER, B., (1978): Language and thought: Some Remarks on Chomsky and Piaget. Journal of Psycholinguistic Research 7: 263–268.

JOHANSSON, G., (1973): Visual perception of biological motion and a model for its analysis. Perception and Psychophysics 14: 201–211.

JOHANSSON, G., (1975): Visual motion perception. Scientific American 1975, Sammelband: Recent progress in perception: 67–75.

JOHNSON-LAIRD, P., (1975): Models of deduction. In: Falmagne, R. (ed.): Reasoning: Representation and process in children and adults. Hillsdale (N. J.): Erlbaum.

JOHNSON-LAIRD, P., und M. STEEDMAN, (1978): The psychology of syllogism. Cognitive Psychology 10: 64–99.

JÖRESKOG, K., J. KLOVAN und R. REYMENT, (1976): Geological factor analysis. Amsterdam—Oxford—New York: Elsevier.

JUDT, P., und U. KREBS, (1983): Vorsprachliche Beispiele experimentell erzeugter Kategorialurteile bei Hühnern *(Gallus domesticus)*. Psychol. Beiträge 25: 427–435.

JULESZ, B., (1971): Foundation of cyclopean perception. Chicago—London: Univ. Chicago Press.

JUNG, C. G., (⁸1950): Psychologische Typen. Zürich: Rascher.

JÜRGENS, H., (1965): Der Sozialtypus. Ein Beitrag zu seiner anthropologischen Begriffsbestimmung. In: Jürgens, H. und Ch. Vogel: Beiträge zur menschlichen Typenkunde, 159–248. Stuttgart: Enke.

JÜRGENS, H., und CH. VOGEL, (1965): Beiträge zur menschlichen Typenkunde. Stuttgart: Enke.

KAGAN, J., R. KEARSLEY und P. ZELAZO, (1978): Infancy: Its place in human development. Cambridge (Mass.): Harvard Univ. Press.

KANIZSA, G., (1976): Subjective contours. Scientific American 234: 48–52.

KEMPSKI, J. V., (1952): Zur Logik der Ordnungsbegriffe, besonders in den Sozialwissenschaften. Studium Generale 5: 205–218.

KLAGES, F., und U. WANNAGAT (eds.), (³1974): Chemie 1: Allgemeine Chemie. Frankfurt/M.: S. Fischer.

KLIX, F., (1969): Über Zusammenhänge zwischen Struktur und Dynamik der Informationsverarbeitung beim Menschen. In: Berichte über den 2. Kongreß der Gesellschaft für Psychologie in der DDR. Berlin: VEB Deutscher Verl. d. Wiss.

KLIX, F., (³1976): Information und Verhalten. Kybernetische Aspekte der organischen Informationsverarbeitung. Einführung in naturwissenschaftliche Grundlagen der Allgemeinen Psychologie. Bern—Stuttgart—Wien: Huber.

KLIX, F., (1980): Erwachsendes Denken. Eine Entwicklungsgeschichte der menschlichen Intelligenz. Berlin: VEB Deutscher Verl. d. Wiss.

KLUGE, F., (²⁰1967): Ethymologisches Wörterbuch der deutschen Sprache, 20. Aufl., bearbeitet von Walther Mitzka. Berlin: De Gruyter.

KOEHLER, O., (1952): Vom unbenannten Denken. Zool. Anzeiger, Suppl. 16: 202–211.

KOFFKA, K., (1935): Principles of Gestalt Psychology. New York: Harcourt and Brace.

KOGOJ, F., (1956): Symptomenkomplexe, Syndrome und Semisyndrome. Wiener med. Wochenschr. 106: 787–789.

KÖHLER, W., (1921): Intelligenzprüfungen an Menschenaffen; Neudruck 1963. Berlin—Heidelberg—New York: Springer.

KÖHLER, W., (1925): Gestaltprobleme und Anfänge einer Gestalttheorie. J. ber. Phys. 3 (1): 512–539.

KÖHLER, W., (1933): Psychologische Probleme. Berlin: Springer.

KÖHLER, W., (1958): The present situation in brain physiology. American Psychologist 13: 150.

KOLERS, P., und S. BRISON, (1984): Commentary: On pictures, words, and their mental representation. Journ. verb. learning and verb. behav. 23: 105–113.

KOLERS, P., und H. ROEDINGER, (1984): Procedures of mind. Journ. verb. learning and verb. behav. 23: 425–449.

KRAFT, V., (²1968): Der Wiener Kreis. Der Ursprung des Neopositivismus. Wien—New York: Springer.

KRAMM, B., (1983): Rene Thom's mathematisch-philosophische Theorie der Analogien und das Beispiel der Goethe-'schen Urpflanze. In: Goethes Bedeutung für das Verständnis der Naturwissenschaften heute. Univ. Bayreuth: Jahresbericht 82.

KREEB, K., et al., (1981): Zur Anwendung der ›Katastrophentheorie‹ für die Modellbildung im Bereich der Bio-Indikation. Angew. Bot. **55**: 149–167.

KREEB, K., (1983): Vegetationskunde. Methoden. Vegetationsformen unter Berücksichtigung ökosystematischer Aspekte. Stuttgart: Ulmer.

KRETSCHMER, E., (1921), (^{20}1951): Körperbau und Charakter. Berlin—Göttingen—Heidelberg: Springer.

KRETSCHMER, E., (1951 a): Der Typus als erkenntnistheoretisches Problem. Studium Generale **4**: 399–401.

KREUZER, F., (1981): Leben ist Lernen. Von Immanuel Kant zu Konrad Lorenz. Ein Gespräch über das Lebenswerk des Nobelpreisträgers. München: Piper.

KREUZER, F. (ed.), (1981 a): Ich bin — also denke ich. Die Evolutionäre Erkenntnistheorie. Franz Kreuzer im Gespräch mit Rupert Riedl und Engelbert Broda. Wien: Deuticke.

KREUZER, F., (ed.), (1984): Nichts ist schon dagewesen. Konrad Lorenz, seine Lehre und ihre Folgen. München—Zürich: Piper.

KRIEGER, A., (1944): The typological concept. American Antiquity **9**: 271–288.

KRISTOF, W., (1961): Über die Einordnung geometrisch-optischer Täuschungen in die Gesetzmäßigkeiten der visuellen Wahrnehmung. Arch. ges. Psychol. **113**: 127–150.

KUFFLER, S., (1953): Discharge patterns and functional organization of mammalian retina. J. Neurophysiol. **16**: 37–68.

KUHLEN, L., (1976): Die Denkformen des Typus und die juridische Methodenlehre. In: Koch, H.-J. (ed.), Juristische Methodenlehre und analytische Philosophie. Kronberg: Athenäum.

KUHN, TH., (^{2}1976): Die Struktur wissenschaftlicher Revolutionen. Frankfurt/M.: Suhrkamp.

KÜHNELT, W., (1953): Ein Beitrag zur Kenntnis tierischer Lebensformen. Verhandl. Zool. Bot. Ges. Wien **93**: 57–71.

KULLMANN, W., (1979): Die Teleologie in der aristotelischen Biologie. Sitz. ber. Heidelb. Akad. d. Wiss. 1979 (2): 6–72.

KUTSCHERA, F. v., (1971): Sprachphilosophie. München: Fink.

KUTSCHERA, F. v., (1972): Wissenschaftstheorie I und II. München: Fink.

KUTSCHERA, F. v., (1982): Grundlagen der Erkenntnistheorie. Berlin—New York: Walter de Gruyter.

KWUN, Y., (1964): Entwicklung und Bedeutung der Lehre von der ›Natur der Sache‹ in der Rechtsphilosophie bei Gustav Radbruch. Saarbrücken: Diss.

LABOV, W., (1973): The boundaries of words and their meanings. In: Baile, C.-J., und R. Shury (eds.): New ways of analyzing variation in English, vol. 1. Washington: Georgetown Univ. Press.

LaFLESCHE, F., (1930): The Osaga tribe. Rite of the Wa-Xo'-Be. Washington (D. C.): Annual Report, Bureau of American Ethnology (1927–28).

LAUTENSACH, H., (1953): Über die Begriffe Typus und Individuum in der geographischen Forschung. Münchner Geogr. Hefte **3**: 5–33.

LEA, S., (1984): In what sense do pigeons learn concepts? In: Roitblat, H., T. Bever und H. Terrace (eds.): Animal cognition. London: Erlbaum.

LEA, S., und S. HARRISON, (1978): Discrimination of polymorphous stimulus sets by pigeons. Quarterly Journal of Experimental Psychology **30**: 521–537.

LEEUWENBERG, E., (1968): Structural Information of visual patterns. Den Haag—Paris: Mouton u. Co.

LEHMANN, H., (1964): Glanz und Elend der morphologischen Terminologie. Festvortrag anläßlich des 60. Geburtstages von Prof. Dr. J. Büdel. Würzburger Geogr. Arbeiten **12**: 11–22.

LEIBER, B., und G. OLBRICH, (^{6}1981): Die klinischen Syndrome. Band 1: Syndrome. München—Wien—Baltimore: Urban und Schwarzenberg.

LENNEBERG, E., (1972): Biologische Grundlagen der Sprache. Frankfurt/M.: Suhrkamp.

LESKY, E., (1979): Franz Josef Gall. Naturforscher und Anthropologe. Bern—Stuttgart—Wien: Huber.

LETTVIN, J., H. MATURANA, W. McCULLOCH und W. PITTS, (1959): What the frog's eye tells the frog's brain. Proc. Inst. Radio Engrs. **47**: 1940–1951.

LÉVI-STRAUSS, C., (1972): Rasse und Geschichte. Frankfurt/M.: Suhrkamp.

LÉVI-STRAUSS, C., (^{4}1981): Das wilde Denken. Frankfurt/M.: Suhrkamp.

LÉVY-BRUHL, L., (1959): Die geistige Welt der Primitiven. Düsseldorf—Köln: Diederichs.

LITYNSKI, J., (1983): The numerical classification of the world's climates. World Climate Progr. (WCP/PMC) **63**: I–IV, 1–46.

LOH, W., (1984): Vorurteile und Wahn im logisch-mathematischen Grundlagenstreit und Probleme ohne Begründung. Zeitschr. f. allg. Wissenschaftstheorie. **XV** (2): 211–231.

LOONEY, T., und P. COHEN, (1974): Pictoral target control of schedule-induced attack in White Carneaux pigeons. Journal of Exp. Analysis of Behaviour **21**: 571–584.

LORENZ, K., (1941): Kants Lehre vom Apriorischen im Lichte gegenwärtiger Biologie. Blätter für deutsche Philosophie **15**: 94–125.

LORENZ, K., (1943): Die angeborenen Formen möglicher Erfahrung. Zeitschr. f. Tierpsychol. **5**: 235–409.

LORENZ, K., (1965): Über tierisches und menschliches Verhalten. Aus dem Werdegang der Verhaltenslehre. Gesammelte Abhandlungen Bände I u. II. München: Piper.

LORENZ, K., (1971): Knowledge, beliefs, and freedom. In: Weiss, P. (ed.): Hierarchically organized systems in theory and practice. New York: Hafner: 231–262.

LORENZ, K., (1973): Die Rückseite des Spiegels. Versuch einer Naturgeschichte menschlichen Erkennens. München—Zürich: Piper.

LORENZ, K., (1974): Analogy as a source of knowledge. In: Les Prix Nobel en 1973. The Nobel Foundation 1974: 176–195.

LORENZ, K., (1978): Vergleichende Verhaltensforschung; Grundlagen der Ethologie. Wien—New York: Springer.

LORENZ, K., und J. MITTELSTRASS, (1967): Die Hintergehbarkeit der Sprache. Kantstudien 58: 187–208.

LORENZ, K., und F. WUKETITS, (eds.), (1983): Die Evolution des Denkens. München—Zürich: Piper.

LOUIS, H., und K. FISCHER, (^{4}1979): Allgemeine Geomorphologie. Berlin—New York: De Gruyter.

LURIA, A., (1976): The mind of a mnemonist. Chicago: Regnery.

MACH, E., (1886): Die Analyse der Empfindungen und das Verhältnis des Physischen zum Psychischen. Jena: Fischer.

MACH, E., (^{2}1900): Die Prinzipien der Wärmelehre. Leipzig: Barth.

MALOTT, R., und J. SIDDALL, (1972): Acquisition of the people concept in pigeons. Psychological Reports 31: 3–13.

MARC-WOGAU, K., (1936): Inhalt und Umfang des Begriffs. Uppsala—Leipzig: Harrassowitz.

MARLER, P., und H. TERRACE, (1984): Learning to see: Mechanisms in experience-dependent development. In: Marler, P. und H. Terrace (eds.), Biology of learning. Berlin—Heidelberg—New York—Tokyo: Springer.

MARR, D., (1976): Early processing of visual information. Phil. Trans. R. Soc. Ser. B, 275: 483–524.

MARR, D., (1978): Representing visual information. Lect. Math. Life Sci. 10: 101–178.

MARR, D., (1982): Vision; a computational investigation into the human representation and processing of visual information. San Francisco: Freemann.

MARR, D., und E. HILDRETH, (1980): Theory of edge detection. Proc. R. Soc. Ser. B, 207: 187–217.

MARR, D., und H. NISHIHARA, (1978): Visual information processing: artificial intelligence and the sensorium of sight. Technol. Rev. 81: 2–23.

MARR, D., und H. NISHIHARA, (1978a): Representation and recognition of the spatial organization of three-dimensional shapes. Proc. R. Soc. Ser. B, 200: 269–294.

MARR, D., und T. POGGIO, (1980): A theory of human stereo vision. Proc. R. Soc. Ser. B, 204: 301–328.

MARR, D., T. POGGIO und S. ULLMAN, (1979): Bandpass channels, zero-crossing and early visual information processing. J. opt. Soc. Am. 69: 914–916.

MARTIN, R., und K. SALLER, (1957–1966): Lehrbuch der Anthropologie, Bände 1–4. Stuttgart: G. Fischer.

MATURANA, H., (1982): Erkennen: Die Organisation und Verkörperung von Wirklichkeit. Braunschweig—Wiesbaden: Vieweg.

MATURANA, H., J. LETTVIN, W. McCULLOCH und W. PITTS, (1960): Anatomy and physiology of vision in the frog *(Rana pipiens)*. J. Gen. Physiol. 43 (suppl. 2): 129–171.

MAYERTHALER, W., (1980): Ikonismus in der Morphologie. Zeitschrift für Semiotik 2: 19–37.

MAYERTHALER, W., (1981): Morphologische Natürlichkeit. Wiesbaden: Athenaion.

MAYERTHALER, W., (1982): Das hohe Lied der Ding- und Tunwortes, bzw. Endstation Aktionsding. Eine Wortstudie im Rahmen der Natürlichkeitstheorie. Papiere zur Linguistik 27 (2): 25–61.

MAYERTHALER, W., (1982a): Markiertheit in der Phonologie. In: Vennemann, Th. (ed.): Silben, Segmente, Akzente. Wien—Tübingen.

MAYR, E., (1963): Animal species and evolution. Cambridge (Mass.): Harvard Univ. Press.

MAYR, E., (1969): Principles of systematic zoology. New York: McGraw-Hill.

MCINTOSH, R., (ed.), (1978): Phytosociology (Benchmark Papers in Ecology, Vol. 6). Stroudsburg (Penn.): Dowden, Hutchinson u. Ross.

MCKIM, R., (1972): Experiences in visual thinking. Belmont (Cal.): Wadsworth.

MEDICUS, G., (1985): Evolutionäre Psychologie. In: Ott, J., G. Wagner und F. Wuketits (eds.), 126–150. Evolution, Ordnung und Erkenntnis. Hamburg—Berlin: Parey.

MENERT, E., (1960): Die physiologischen Grundlagen des logischen Denkens (tschechisch, mit deutscher Zusammenfassung). Nakladatelsti Československé Akademie VED.

MERVIS, C., und E. ROSCH, (1981): Categorization of natural objects. Ann. Rev. Psychol. 32: 89–115.

METZGER, W., (1966): Figural-Wahrnehmung. In: Handbuch der Psychologie, 1. Band, 1. Hälfte. Göttingen: Verlag für Psychologie Hogrefe.

MILLER, G., und P. JOHNSON-LAIRD, (1976): Language and perception. Cambridge: Belknap Pr. of Harvard Univ. Press.

MÖBIUS, F., und H. MÖBIUS, (^{2}1978): Bauornamente im Mittelalter, Symbol und Bedeutung. Wien: Edition Tusch.

MOHR, H., (1981): Biologische Erkenntnis, ihre Entstehung und Bedeutung. Stuttgart: Teubner.

MUELLER, C., und M. RUDOLPH, (^{3}1974): Licht und Sehen. Nederland: Time-Life.

MÜLLER, A., (1970): Lehrbuch der Paläozoologie, Band III, Teil 3: Mammalia. Jena: Fischer.

MÜLLER, G., (1923): Komplextheorie und Gestalttheorie. Ein Beitrag zur Wahrnehmungspsychologie, Göttingen: Vandenhoeck.

MÜLLER, K., (1981): Grundzüge des ethnologischen Historismus. In: Schmied-Kowarzik, W., und J. Stagl (eds.), 193–231. Grundfragen der Ethnologie. Berlin: Reimer.

NEISSER, U., (1967): Cognitive Psychology. New York: Meredith. (Deutsch: Kognitive Psychologie. Stuttgart: Klett, 1974).

NICEFORO, A., (1910): Die Anthropologie der nichtbesitzenden Klassen. Leipzig: Maas.

NOHL, H., (1908): Die Weltanschauungen der Malerei. Jena: Diederichs.

NOHL, H., (1915): Typische Kunststile in Dichtung und Musik. Jena: Diederichs.

OESER, E., (1969): Begriff und Systematik der Abstraktion. Die Aristotelesinterpretation bei Thomas von Aquin, Hegel und Schelling als Grundlegung der philosophischen Erkenntnislehre. Wien—München: Oldenbourg.

OESER, E., (1976): Wissenschaft und Information. Wien—München: Oldenbourg.

OPPENHEIM, P., (1926): Die natürliche Ordnung der Wissenschaften. Jena: Fischer.

OWEN, R., (1848): On the archetype and homologies of the vertebrale skeleton. Brit. Assoc. Rep. 1846: 169–340.

PASCAL, B., (1908–14): Œuvres complètes. (Herausgegeben von L. Brunschwieg und B. Boutroux, 14 Bände.) Paris: Hachette.

PETERSON, R., G. MOUNTFORT und P. HOLLOM, ([14]1985): Die Vögel Europas. Hamburg—Berlin: Parey.

PETTIGREW, J., (1973): Binocular neurons which signal change in disparity in area 18 of cat visual cortex. Nature 241: 123–124.

PFAHLER, G., (1954): Der Mensch und sein Lebenswerkzeug; Erbcharakterologie. Stuttgart: Klett.

PIAGET, J., (1975): Der Aufbau der Wirklichkeit beim Kinde. Gesammelte Werke, Band 2. Stuttgart: Klett.

PIAGET, J., ([3]1983): Biologie und Erkenntnis. Über die Beziehungen zwischen organischen Regulationen und kognitiven Prozessen (1. Auflage 1967). Frankfurt/M.: S. Fischer.

PITT, R., (1976): Toward a comprehensive model of problem-solving. Ph. D. dissertation in psychology, Univ. of California at San Diego.

POPPER, K., ([5]1973): Logik der Forschung. Tübingen: Mohr (Siebeck).

POPPER, K., ([2]1979): Die beiden Grundprobleme der Erkenntnistheorie. Tübingen: Mohr (Siebeck).

POSNER, M., (1969): Abstraction and the process of recognition. In: Bower, G. und J. Spence (eds.), The psychology of learning and motivation, vol. 3, 43–100. New York: Academic Press.

PREMACK, D., (1971): Language in Chimpanzee? Science 172: 808–822.

PREMACK, D., (1976): Intelligence in ape and man. Hillsdale (N. J.): Erlbaum.

PRIBRAM, K., (1984): What is iso and what is morphic in isomorphism? Psycholog. Research 46: 329–332.

PRIGOGINE, I., und I. STENGERS, ([2]1980): Dialog mit der Natur; neue Wege naturwissenschaftlichen Denkens. München—Zürich: Piper.

PUTNAM, H., (1975): Mind, language, and reality. Philosophical Papers, Bd. II. Cambridge (Mass.): Cambridge Univ. Press.

QUARTIER, A., ([2]1974): Bäume und Sträucher. München: BLV Verlagsgesellschaft.

QUINE, W. v., (1951): Two dogmas of empiricism. Philosophical Review 60: 20–43.

QUINE, W. v., ([2]1964): From a logical point of view. Cambridge (Mass.): Harvard Univ. Press.

QUINE, W. v., ([2]1980): Wort und Gegenstand. Stuttgart: Reclam.

RADBRUCH, G., (1948): Die Natur der Sache als juridische Denkform. In: Festschrift für Rudolf Laun zum 65. Geburtstag, 157–176. Hamburg: Toth.

RAMAT, P., (1985): Wilhelm von Humboldts Sprachtypologie. Zeitschr. Phon. Sprachwiss. Kommunik.forsch. 38 (5): 590–610.

READ, H., (1947), (Repr.): Education through art. London: Faber & Faber.

REED, S., (1972): Pattern recognition and categorization. Cognitive Psychology 3: 382–407.

REMANE, A., (1943): Bedeutung der Lebensformtypen für die Ökologie. Biologia Generalis 17: 164–182.

REMANE, A., (1951): Das Problem des Typus in der morphologischen Biologie. Studium Generale 4 (7): 390–398.

REMANE, A., ([2]1971): Grundlagen des natürlichen Systems der Vergleichenden Anatomie und der Phylogenetik. Königstein/Taunus: Koeltz.

RENSCH, B., (1973): Gedächtnis, Begriffsbildung und Planhandlung bei Tieren. Hamburg—Berlin: Parey.

RESCHER, N., (1979): Cognitive systematization. A systems-theoretic approach to a coherentist theory of knowledge. Oxford: Blackwell.

RÉVÉSZ, G., (1934): System der optischen und haptischen Raumtäuschungen. Z. Psychol. 131: 296–375.

REY, A., (1934): L'intelligence pratique chez l'enfant. Paris: Alcan.

RIEDL, R., (1953): Quantitativ ökologische Methoden mariner Turbellarienforschung. Österr. Zool. Zeitschr. 4 (1/2): 108–145.

RIEDL, R., (1966): Biologie der Meereshöhlen. Hamburg—Berlin: Parey.

RIEDL, R., (1975): Die Ordnung des Lebendigen. Systembedingungen der Evolution. Hamburg—Berlin: Parey.

RIEDL, R., (1977): A systems analytical approach to macro-evolutionary phenomena. Quart. Rev. of Biology 52: 351–370.

RIEDL, R., (1978–79): Über die Biologie des Ursachendenkens; ein evolutionistischer, systemtheoretischer Versuch. In: Mannheimer Forum. Mannheim: Boehringer: 9–70.

RIEDL, R., (1980): Die Entwicklung des Begriffs vom taxonomischen Merkmal und das Problem der Morphologie. Zool. Jahrb. Systematik **103**: 155–168.

RIEDL, R., (1980 a): Homologien; ihre Gründe und Erkenntnisgründe. In: Verh. Deutsch. Zool. Ges. (Berlin 1980). Stuttgart—New York: G. Fischer: 164–176.

RIEDL, R., (1980 b): Marine Ecology — A century of changes. P.S.Z.N.I. Marine Ecology **1**: 3–46.

RIEDL, R., (³1981): Biologie der Erkenntnis. Die stammesgeschichtlichen Grundlagen der Vernunft. Berlin—Hamburg: Parey.

RIEDL, R., (1981 a): Die Folgen des Ursachendenkens. In: Watzlawick, P., (ed.), Die erfundene Wirklichkeit. Wie wissen wir, was wir zu wissen glauben? Beiträge zum Konstruktivismus, 67–90. München: Piper.

RIEDL, R., (1983): Denkordnung als Abbild der Naturordnung. In: Riedl, R. und F. Kreuzer (eds.). Evolution und Menschenbild, 40–58. Hamburg: Hoffmann und Campe.

RIEDL, R., (1983 a): Mind and body. In: Braun, E. und H. Radermacher (eds.), Wissenschaftstheoretisches Lexikon. Graz—Köln—Wien: Styria.

RIEDL, R., (1983 b): Evolution und evolutionäre Erkenntnis; zur Übereinstimmung der Ordnung des Denkens und der Natur. In: Lorenz, K. und F. Wuketits (eds.), Die Evolution des Denkens. München—Zürich: Piper.

RIEDL, R., (1983 c): The role of morphology in the theory of evolution. In: Grene, M. (ed.). Dimensions of darwinism, 205–238. Cambridge—London—New York—New Rochelle—Melbourne—Sydney: Cambridge Univ. Press.

RIEDL, R., (³1983 d): Fauna und Flora des Mittelmeeres. Hamburg—Berlin: Parey.

RIEDL, R., (1984): Self-Organization: Some theoretical cross-connections. In: Ulrich, H., und G. Probst (eds.). Self-Organization and management of social systems, 42–59. Berlin—Heidelberg—New York—Tokyo: Springer.

RIEDL, R., (⁴1985): Die Strategie der Genesis. Naturgeschichte der realen Welt. München—Zürich: Piper.

RIEDL, R., (1985 a): Die Spaltung des Weltbildes. Biologische Grundlagen des Erklärens und Verstehens. Berlin—Hamburg: Parey.

RIEDL, R., (³1985 b): Evolution und Erkenntnis. Antworten auf Fragen aus unserer Zeit. München: Piper.

RIEDL, R., und F. KREUZER (eds.), (1983): Evolution und Menschenbild. Hamburg: Hoffmann und Campe.

RIEDL, R., und R. MACHAN, (1972): Hydrodynamic patterns in lotic intertidal sands and their bioclimatological implications. Marine Biology **13**: 179–209.

RIESMAN, D., N. GLAZER und R. DENNEY, (1956): Die einsame Masse. Darmstadt—Berlin: Luchterhand.

RISTAU, C., und D. ROBBINS, (1982): Language in the great apes: A critical review. In: Rosenblatt, J., P. Hinde, C. Beer und M.-C. Busnel (eds.), Advances in the study of behavior (Vol. 12). New York: Academic Press.

ROGER, J., (1965): Die Auffassung des Typus bei Buffon und Goethe. Naturwissenschaften **52** (12): 314–319.

ROHRACHER, H., (⁹1961): Kleine Charakterkunde. Wien—Innsbruck: Urban und Schwarzenberg.

ROITBLAT, H., T. BEVER und H. TERRACE (eds.), (1984): Animal cognition. London: Erlbaum.

RÖMER, A., (²1966): Vergleichende Anatomie der Wirbeltiere. Hamburg—Berlin: Parey.

ROSCH, E., (1973): Natural categories. Cognitive Psychology **4**: 328–350.

ROSCH, E., (1978): Principles of categorization. In: Rosch, E., und B. Lloyd (eds.), Cognition and categorization. Hillsdale (N. J.): Erlbaum.

ROTH, G., (1985): Die Selbstreferentialität des Gehirns und die Prinzipien der Gestaltwahrnehmung. Gestalt Theory 7 (4): 228–244.

RUMELHART, D., (1977): An introduction to human information processing. New York: Wiley.

RUTTKOWSKI, W., (1978): Typen und Schichten. Zur Einteilung des Menschen und seiner Produkte. Bern—München: Francke.

SAPIR, E., (1949): The status of linguistics as a science. In: Mandelbaum, D. (ed.): Language, culture, and personality. Cambridge (Mass.): Cambridge Univ. Press: 160–166.

SAVAGE-RUMBAUGH, E., D. RUMBAUGH, S. SMITH und J. LAWSON, (1980): The linguistic essential. Science **210**: 922–925.

SCHLEGEL, W., (1957): Körper und Seele. Stuttgart: Enke.

SCHLÜTER, O., (1924): Ein Beitrag zur Klassifikation der Küstentypen. Zeitschr. Ges. Erdkunde (1924): 288–317.

SCHOTTLAENDER, R., (1983): Der Schlüsselbegriff τύπος in der Praktischen Philosophie des Aristoteles. In: Irmscher, J. und R. Müller (eds.), Aristoteles als Wissenschafts-Theoretiker. Berlin (Ost): Akademie-Verlag.

SCHRIER, A., und F. STOLLNITZ (eds.), (1971): Behavior of non human primates. New York: Academic Press.

SCHRÖDINGER, E., (1951): Was ist Leben? München: Lehnen.

SCHWIDETZKY, I., (1950): Typensysteme als heuristische Methode. Homo **1**: 149–154.

SCRIBNER, S., (1977): Modes of thinking and ways of speaking: Culture and logic reconsidered. In: Johnson-Laird, P., and P. Wason (eds.): Thinking: Readings in cognitive science. Cambridge: Cambridge Univ. Press.

SEARLES, H. L., (³1968): Logic and scientific methods. New York: Ronald Pr.

SEIFERT, F., (1917): Zur Psychologie der Abstraktion und der Gestaltauffassung. Z. Psychol. **78**: 55–144.

SEIFFERT, A., (1953): Die kategoriale Stellung des Typus. Beihefte zur Zeitschr. f. Philos. Forschung 7: 1–71.

SEILER, H., (1983): Sprachliche Universalienforschung und Sprachtypologie. In: Forschung in der Bundesrepublik Deutschland. Weinheim: Verlag Chemie: 135–142.

SIBLEY, C., (ed.), (1969): Systematic biology. Proceedings of an international conference. Washington: Nat. Acad. of Sci.

SIMON, F., (1982): Präverbale Strukturen der Logik. Psyche **36**: 139–170.

SINGER, W., (1985): Hirnentwicklung und Umwelt. Spektrum d. Wiss. (1985/3): 48–61.

SKALIČKA, V., (1979): Typologische Studien. Braunschweig—Wiesbaden: Vieweg.

SNEATH, P., und R. SOKAL, (1973): Numerical taxonomy. The principles and practice of numerical classification. San Francisco: Freeman.

SNODGRASS, J., (1984): Concepts and their surface representation. Journ. Verb. learning and verb. behav. **23**: 3–22.

SOKAL, R., und P. SNEATH, (1963): Principles of numerical taxonomy. San Francisco: Freeman.

SPAULDING, A., (1953): Statistical techniques for the discovery of artifact types. American Antiquity **18**: 305–313.

SPRUNG, L., (1969): Komponentenanalyse des begriffsanalogen Klassifikationsverhaltens. Diss. Berlin.

STARK, D., (1978): Vergleichende Anatomie der Wirbeltiere auf evolutionsbiologischer Grundlage. Band 1: Theoretische Grundlagen. Berlin—Heidelberg—New York: Springer.

STEGMÜLLER, W., (1971): Das Problem der Induktion: Humes Herausforderung und moderne Antworten. In: Lenk, H. (ed.), Neue Aspekte der Wissenschaftstheorie, 13–74. Braunschweig: Vieweg.

STEMMER, N., (1973): An empiristic theory of language acquisition. The Hague — Paris: Mouton.

STENT, G., (1981): Cerebral hermeneutics. J. Social Biol. Struct. **4**: 107–124.

STERN, W., (⁵1928): Psychologie der frühen Kindheit bis zum sechsten Lebensjahre. Leipzig: Quelle.

STEWARD, J., (1955): Theory of Culture change. Urbana: Univ. of Illinois Press.

SWIGGER, P., (1984): Typological and universal linguistics. Lingua **64**: 63–93.

TAUSCH, R., (1959): Optische Täuschungen als artifizielle Effekte der Gestaltungsprozesse von Größen- und Formkonstanz in der natürlichen Raumwahrnehmung. Psychol. Forsch. **24**: 299–348.

TERRACE, H., (1984): Animal cognition. In: Roitblat, H., T. Bever und H. Terrace (eds.), Animal cognition. London: Erlbaum.

THENIUS, E., (1972): Die Kreidezeit. In: Grzimeks Tierleben; Ergänzungsband: Entwicklungsgeschichte der Lebewesen. Zürich: Kindler.

TRABASSO, T., (1975): Representation, memory, and reasoning. How do we make transitive inferences. In: Pick, A. (ed.), Minnesota Symposium on child psychology. Minneapolis (Minn.): Univ. of Minnesota Pr.

TROLL, W., (1941): Gestalt und Urbild. Gesammelte Aufsätze zu Grundfragen der organischen Morphologie. Leipzig: Becker und Erler.

UHR, L. (ed.), (1966): Pattern recognition. New York—London—Sidney: Wiley.

ULLMAN, S., (1979): The interpretation of structure from motion. Proc. R. Soc. Ser. B, **203**: 405–426.

ULRICH, H., und G. PROBST (eds.), (1984): Self-organization and management of social systems. Insights, promises, doubts and questions. Berlin—Heidelberg—New York—Tokyo: Springer.

VAIHINGER, H., (⁴1920): Die Philosophie des Als Ob. Leipzig: Meiner.

VIOLLET-LE-DUC, E., (1875): Dictionnaire raisonné du mobilier français de l'époque carlovingienne à la renaissance (Band 6). Paris: Libr. imprim. réunies (Morel).

VOLKMANN, H., (³²1944): Medizinische Terminologie. Berlin—München—Wien: Urban & Schwarzenberg.

VOLF, J., (1972): Einhufer oder Pferdeverwandte. In: Grzimeks Tierleben, Band XII: 541–582. Zürich: Kindler.

VOLLMER, G., (1975): Evolutionäre Erkenntnistheorie. Stuttgart: Hirzel.

WAINWRIGHT, S., W. BIGGS, J. CURREY und J. GOSLINE, (1976): Mechanical design in organisms. New York: Wiley.

WALTER, H., (²1979): Allgemeine Geobotanik. Stuttgart: Ulmer.

WALZEL, O., (1929): Gehalt und Gestalt im Kunstwerk des Dichters. Handbuch der Literaturwissenschaft, Band 3. Berlin—Neubabelsberg: Akad. Verlagsges. Athenaion.

WEIZSÄCKER, C. F. v., (³1977): Der Garten des Menschlichen. Beiträge zur geschichtlichen Anthropologie. München—Wien: Hanser.

WEIZSÄCKER, C. F. v., (³1982): Die Einheit der Natur. München: Deutscher Taschenbuch-Verlag.

WELLEK, A., (1955): Ganzheitspsychologie und Strukturtheorie. Zwölf Abhandlungen zur Psychologie und philosophischen Anthropologie. Bern—München: Francke.

WELSER, R., (1983): Käsegeruch ist erfahrungsgemäß unangenehm. Menschlich Allgemeingültiges aus der Juristenküche. Wien: Orac.

WERTHEIMER, M., (1923): Untersuchungen zur Lehre von der Gestalt II. Psychol. Forsch. **4**: 301–350.

WERTHEIMER, M., (1925): Drei Abhandlungen zur Gestalttheorie. Erlangen: Philos. Akad.

WHITE, E., und D. BROWN, (1973): Die ersten Menschen. Nederland: Time-Life International.

WHORF, B., (1976): Sprache, Denken, Wirklichkeit. Beiträge zur Metalinguistik und Sprachphilosophie. Reinbek: Rowohlt.

WIEDMANN, J., (1970): Problems of stratigraphic classification and the definition of stratigraphic boundaries. Newsl. Stratigr. **1** (1): 35–48.

WIESEL, T., und D. HUBEL, (1971): Long-term changes in the cortex after visual deprivation. München: Proc. 25th Int. Congr. physiol. Sci.

WILDGEN, W., (1983): Goethe als Wegbereiter einer universalen Morphologie (mit besonderer Berücksichtigung der

Sprachform). In: Goethes Bedeutung für das Verständnis der Naturwissenschaften heute. Univ. Bayreuth: Jahresbericht 82.

WILDGEN, W., (1985): Archaetypensemantik. Grundlagen einer dynamischen Semantik auf der Basis der Katastrophentheorie. Tübingen: Narr.

WIMMER, H., und J. PERNER, (1979): Kognitionspsychologie. Stuttgart—Berlin—Köln—Mainz: Kohlhammer.

WINCH, P., (1964): Understanding a primitive society. American Philosophical Quarterly 1 (4): 307.

WINKLER, E.-M., (1983): Volk, Ethnos, Kultur, Population, Typus. Zur Methodik der ›ethnischen Deutung‹. Mitt. Anthrop. Ges. Wien 113: 5–14.

WINKLER, E.-M., (1986): Von Kulturisten und Biologisten. Kulturation und Evolution aus der Sicht der Kulturwissenschaften und der Biologie. Mitt. Anthrop. Ges. Wien (im Druck).

WINKLER, E., und J. SCHWEIKHART, (1982): Expedition Mensch. Streifzüge durch die Anthropologie. München: Überreuter.

WINSTON, P., (1977): Artificial intelligence. Reading (Mass.): Addison-Wesley.

WITTGENSTEIN, L., (1958): Philosophische Untersuchungen. Neuauflage 1971. Frankfurt/M.: Suhrkamp.

WITTWOLL, A., (1926): Begriffsbildung. Eine psychologische Untersuchung. Leipzig: Hirzel.

WÖHRLE, G., (1985): Theophrasts Methode in seinen botanischen Schriften. Amsterdam: Grüner.

WOLF, R., (1985): Binokulares Sehen, Raumverrechnung und Raumwahrnehmung. Biologie in unserer Zeit 6: 161–178.

WOLFF, H., (1952): Typen im Recht und in der Rechtswissenschaft. Studium Generale 5: 195–205.

WÖLFFLIN, H., (1886): Prolegomena zu einer Psychologie der Architektur. Berlin: A. Buchholz.

WUKETITS, F., (1978): Wissenschaftstheoretische Probleme der modernen Biologie. Berlin: Duncker & Humblot.

WUKETITS, F., (1981): Biologie und Kausalität. Biologische Ansätze zu Kausalität, Determination und Freiheit. Hamburg—Berlin: Parey.

WULFFEN B. v., (1974): Hinter den Spiegel geblickt? Fragen zu Konrad Lorenz: ›Die Rückseite des Spiegels‹. Merkur 28: 798–804.

ZEKI, S., (1975): The functional organization of projections from striate to prestriate visual cortex in the rhesus monkey. Cold Spring Harb. Symp. quant. Biol. 40: 591–600.

ZITTEL, B., (1952): Der Typus in der Geschichtswissenschaft. Studium Generale 5: 378–384.

Personenregister

Sachregister

Aus der Reihe
»Biologie und Evolution interdisziplinär«

Die Evolutionäre Erkenntnistheorie

Herausgegeben von Prof. Dr. Rupert Riedl und Dr. Franz M. Wuketits, beide Wien.
Mit Beiträgen von William W. Bartley, Hoimar v. Ditfurth, Eve-Marie Engels, Johann Götschl, Rudolf Haller, Robert Kaspar, Bernulf Kanitscheider, Franz von Kutschera, Werner Leinfellner, Percy Löwenhard, Konrad Lorenz, Wilhelm Lütterfelds, Hans Mohr, Erhard Oeser, Henry C. Plotkin, Karl Popper, Gerard Radnitzky, Rupert Riedl, Michael Ruse, Günter Schiwy, Robert Spaemann, Günter Tembrock, Gerhard Vollmer, Günter P. Wagner, Karl-Friedrich Wessel, Kurt Wuchterl, Franz M. Wuketits.
1987. Ca. 240 Seiten mit 2 Tabellen. Gebunden DM 49,80
Erscheint Winter 1986/87
Zu dem Internationalen Symposium „Die Evolutionäre Erkenntnistheorie" an der Universität Wien im April 1986 wurden Vertreter unterschiedlicher Auffassungen und Richtungen dieser Lehre eingeladen. Dieser Band enthält alle Vorträge, Kommentare und Diskussionen.

Biologie der Erkenntnis

Die stammesgeschichtlichen Grundlagen der Vernunft
Von Prof. Dr. Rupert Riedl, Wien; unter Mitarbeit von Robert Kaspar, Wien.
3., durchgesehene Auflage. 1981. 231 Seiten mit 60 Abbildungen. Gebunden DM 29,80

Dieses Buch will dem Studierenden wie dem verantwortlichen Lehrer, Forscher und Politiker den Gesamtprozeß des Erkenntnisgewinns des Lebendigen darlegen; jene Systembedingungen und Selbstorganisationsprozesse, die seinen Gang und Erfolg garantieren. Es will als eine nunmehr biologische Theorie des Erkenntnisgewinns die Dimensionen von Wissen und möglicher Gewißheit objektiv begründen. Es will aber zugleich jenem weiten Leserkreis eine Aufklärung sein, der an den Hoffnungen wie an der Unvernunft der menschlichen Vernunft interessiert ist.

Die Spaltung des Weltbildes

Biologische Grundlagen des Erklärens und Verstehens
Von Prof. Dr. Rupert Riedl, Wien. 1985. 333 Seiten mit 54 Abbildungen. Gebunden DM 39,-

Mit diesem Band leistet Rupert Riedl einen weiteren Beitrag zu der von ihm mit dem Buch „Biologie der Erkenntnis" begründeten Buchreihe zur evolutionären Erkenntnistheorie. Er unternimmt hier den Versuch einer Synthese unseres gespaltenen Weltbildes im Sinne einer wissenschaftlichen Methodenlehre, mit deren Hilfe er die Evolution des Erklärens und Verstehens entwickelt. Preise Stand: 1.11.1986

Berlin
und
Hamburg